Wissenschaft unzensiert

Die Ideologie der Skeptiker

zu übersinnlichen Phänomenen

Astrologe & Autor Rainer Bardel

www.rainerbardel.com

Inhaltsverzeichnis

Vorwort...5

Die Zeitqualität im November 2016...6

Definition Scharlatan...7

Merkmale von Skeptikern...8

Anhänger und Plattformen der Skeptiker...10

Die Bewegung der Skeptiker...11

Die Skeptiker-Vereinigung GWUP...14

Psiram – Der Pranger im Netz...21

Mitglieder der GWUP und Psiram...29

Die Science Busters...31

Leserkommentare zu den Science Busters...33

Das goldene Brett...55

Kommentare der Skeptiker zu den Medien...63

Skeptiker zur Spiritualität in der Schweiz...66

Skeptiker zur Waldorfpädagogik...67

Progressive Wissenschaft zur Waldorfpädagogik...70

Skeptiker zum Veganismus...77

Progressive Wissenschaft zum Veganismus...86

Skeptiker zu Erdstrahlen...89

Progressive Wissenschaft zu Erdstrahlen...92

Skeptiker zum Elektrosmog...99

Progressive Wissenschaft zum Elektrosmog...104

Skeptiker zum Familienstellen...126

Progressive Wissenschaft zum Familienstellen...134

Skeptiker zum Granderwasser...138

Progressive Wissenschaft zum Granderwasser...142

Skeptiker zu Impfungen und Alternativmedizin...149

Progressive Wissenschaft zu Impfungen...152

Skeptiker zu den Bachblüten...154

Progressive Wissenschaft zu den Bachblüten...165

Skeptiker zur Homöopathie...167

Progressive Wissenschaft zur Homöopathie...175

Skeptiker zu Chemtrails...181

Progressive Wissenschaft zu Chemtrails...182

Skeptiker zur Astrologie...186

Progressive Wissenschaft zur Astrologie...194

Skeptische Kommentare zu astrologischen Prognosen...215

Aktionen der Skeptiker...229

Deutsche Mitglieder der GWUP...232

Österreichische Mitglieder der GWUP...257

Astrologische Analysen bekannter Skeptiker...298

Kritiker der Skeptiker...373

Kritische Artikel über die Skeptiker...378

Wissenschaftler öffnen sich dem Unsichtbaren...383

Empfehlungen...386

Danke...401

Vorwort

Ich habe die Entwicklung und Agitation der Skeptiker lange verfolgt. Es gibt in der Wissenschaft wegweisende Entwicklungen mit der Erkenntnis, dass das sogenannte Unsichtbare doch existiert. Die Komplementärmedizin, die Astrologie und Esoterik werden von immer mehr Menschen anerkannt und geschätzt, doch wozu betreiben die Skeptiker diese „moderne Inquisition"? Ist es nur eine gut gemeinte Warnung vor sogenannten „Scharlatanen", welche hilfesuchenden Menschen das Geld aus der Tasche ziehen? Ich bezeichne die Bewegung der Skeptiker als Vertreter der konservativen Wissenschaft, denn sie bewegen sich auf messbarem Terrain. „Was nicht messbar ist, gibt es nicht" ist ihr Credo. Eigens konstruierte Studien sollen belegen, dass die große Gruppe der Alternativmedizin sowie Esoteriker Scharlatane sind. Die Gruppe der Radiästheten, BachblütenberaterInnen, Homöopathen, Astrologen und Energetiker bezeichne ich als Vertreter der progressiven Wissenschaft. Sie leben Ihre Begabungen und forschen mit Freude und ohne selbst auferlegte Grenzen, denn diese existieren bekanntermaßen nur im Kopf. Rationalisten und damit die Bewegung der Skeptiker benutzen die linke Gehirnhälfte, so wie die Mehrheit des männlichen Geschlechts. Diese repräsentiert den logischen Verstand. Innovative und progressive Forscher agieren mit der rechten Gehirnhälfte, diese steuert Gefühle, Empathie, Vertrauen und die Intuition. Die Mehrheit der Frauen lebt über diese Gehirnhälfte. Das erklärt, weshalb der Großteil der Mitglieder und Sympathisanten der Skeptiker männlich sind. Die Naturwissenschaften leisten wertvolle Dienste für die Menschheit, sei es in der Physik, der Chemie, der Medizin und anderen Bereichen. Es gibt ständig Neues zu erforschen und wie es schon der indische Philosoph Osho sagte, sollten wir uns dabei die Neugierde der Kinder bewahren. Die Naturwissenschaft sollte Dinge, welche sich noch einer Überprüfbarkeit entziehen, messbar machen und nicht einfach ablehnen. Eine seriöse Differenzierung von Anbietern der Esoterik zum Wohle der Klienten und „Trittbrettfahrern", welche sich nur bereichern wollen, ist angebracht. „Wissen ist Macht" ist ein männlich geprägtes Zitat und schmeichelt dem Ego. Je mehr ich etwas bekämpfe, desto mehr Macht verleihe ich dem Gegenüber. Das ist ein universelles Gesetz und müsste den Skeptikern längst aufgefallen sein. Der Verstand ist ohne Herz und Gefühl ein lebloses Instrument.

Rainer Bardel im November 2016

Die Zeitqualität im November 2016

Im Herbst 2016 überschlagen sich die Ereignisse in der Politik, durch die ungelöste Flüchtlingskrise, den Staatsverweigerer und unsere gewohnten Sicherheiten lösen sich auf. Die Medien teilen uns mit, was gut und schlecht ist, in oder out, was wir zu denken haben oder wen wir wählen sollen. Das Ergebnis der US-Präsidentenwahl am 8. November 2016 mit dem Sieg von Donald Trump ist ein klares Signal dafür, dass die Mehrheit der Menschen vom herrschenden Establishment enttäuscht ist. Politologen, Politikwissenschaftler und andere „Experten" lagen wieder einmal ordentlich daneben, da sie Hillary Clinton als neue Präsidentin prognostizierten. Die Wahlumfragen repräsentieren nur einen Teil der Wahrheit, da sich Bürger in Zeiten der totalen Überwachung hüten, ihre wahre Meinung kundzutun. Es kann den Verlust des Arbeitsplatzes oder des Ansehens bedeuten, wenn man offen seine Meinung sagt. So werden wir auch mit gekauften Studien im Interesse der Konzerne beglückt. Bei einem Test von Zahnpasten im November 2016 auf orf.at fiel das teuerste Produkt, die Zahncreme der Marke Weleda auf Solebasis durch. Warum? Weil es kein Fluorid enthält. Fluorid ist ein hochgiftiges Abfallprodukt aus der Aluminiumproduktion und eine billige Basis zur Herstellung von Zahnpasta. Es sorgt für weiße Zähne, lagert sich aber in den Organen ab und verursacht Krebs. Der österreichische Physiker, Mag. Werner Gruber schreibt eine Rubrik in der Sonntagsausgabe der Kronen Zeitung. Im Frühjahr 2016 ging es um Vitamine in Lebensmitteln. Er empfahl für die Versorgung mit Vitamin C den Genuss von Frankfurter Würstchen, denn diese enthalten mehr Vitamin C als Zitrusfrüchte. Seine Liebe zu Fleisch- und Wurstwaren in Ehren, aber war das nicht eine versteckte Reklame der Industrie? Ein Schelm, der denkt.... Die Einschaltungen der Skeptiker-Bewegung decken sich großteils mit jenen der Konzerne und der Industrie. Der gesunde und bewusste Mensch ist ein Risiko für diese Gruppen, denn dieser benötigt keine Medikamente, legt Wert auf den Erhalt der Gesundheit und ist nicht mehr zu manipulieren. Er glaubt nicht mehr an Krankheiten, Armut und hat seine Ängste transformiert. Unbewusste Menschen führen Prozesse und zetteln Konflikte und Kriege an. Sie sind immer gegen etwas. Sobald ich gegen etwas bin, stärke ich das Gegenüber. Skeptiker wird es immer geben und das ist in Ordnung. Die Beweggründe und die fachliche Kompetenz sind zu hinterfragen, um einen Sinn im Tun und Handeln zu erhalten. Nur wenn dieses Dinge in Balance sind, ist ein nachhaltiges Wachstum möglich.

Definition „Scharlatan"

Als Scharlatan wird eine Person bezeichnet, die vortäuscht, ein bestimmtes Wissen oder bestimmte Fähigkeiten zu besitzen. Stadtstreicher hatten im Mittelalter den schlechten Ruf, durch die Gegend zu ziehen und arglosen Menschen mit Gaukeleien und Betrügereien das Geld aus der Tasche zu ziehen. Damit wurde der Begriff Scharlatan ein Synonym für das fahrende Volk. Heute werden Esoteriker und Alternativmediziner, welche sich mit ihrem Angebot wissenschaftlich messbaren Überprüfungen entziehen, von den organisierten und militanten Skeptikern stereotyp als Scharlatane bezeichnet.

Meine Definition eines Scharlatans

Anbieter einer Dienstleistung, welche ihre Intention primär in geldwerten, unethischen und dem Ego geschuldeten Vorteilen sehen

Mangelhafte Kenntnisse der angebotenen Leistung

Angebote, wie z.B. Partner zusammenführen zu können

Menschen für eine Menge Geld von einem Fluch zu befreien
- das ist schwarze Magie!

Das Wohl der Klienten oder Patienten sehe ich als Maßstab und Referenz für qualitätsvolle Arbeit. Es ist unerheblich, mit welchen Methoden Heilung, Erkenntnis und Bewusstsein mit einer höheren Lebensqualität erzielt wird.

Merkmale von Skeptikern

Folgende Merkmale gelten für alle Menschen, kommen bei Skeptikern jedoch auffallend oft vor. Hier fließen Physiognomie, Psychosomatik und die Astrologie ein.

Dunkle Augen

Die Augen sind ein Spiegel, aber auch das Tor zur Seele und dunkle Augen weisen auf eine tiefe Trauer hin.

Weit geöffnete Augen

Vorgeburtliche Traumata. „Was passiert als nächstes?" „Ich muss ständig auf der Hut sein".

Brillenträger

Was wollen und können sie nicht sehen?

Schmale Lippen

Hartherzigkeit

Gesenkte Mundwinkel

Pessimismus

Zeigen der Zähne

Aggression, „Angriff ist die beste Verteidigung"

Übergewicht

Schutzpanzer gegen seelische Verletzungen, Frustessen, Alles ist egal, Leben, als ob es kein Morgen gäbe, zugleich Vertrauen in Ärzte und Medikamente. „Die werden es schon richten"...

Fäkalsprache

Hinweis auf einen großen Zorn im Leben, frühkindliche Gewalterfahrungen, diese zeigt die eigene Lebenseinstellung und Lebensphilosophie an.

Zwanghaftes Verhalten

Der Drang zu missionieren, krampfhafte Fehlersuche, nie zufrieden sein können, die Sucht nach Auszeichnungen und Anerkennung.

Aggressives Verhalten

Aufgeblähtes Ego, Mangel an emotionaler Anerkennung, Mangel an sexueller Befriedigung, Angst, die eigene sexuelle Gesinnung zu leben.

Astrologische Aspekte

Vor allem Menschen mit den verletzten persönlichen Planeten Sonne, Mond oder Merkur in den Tierkreiszeichen Widder, Stier, Löwe und Jungfrau sind Kopfgesteuert, es mangelt an Vertrauen und Glauben, Verlustängste kommen häufiger vor.

Für alle Tierkreiszeichen gilt:

Eine Stellung der Sonne auf einem kritischen Grad, die Sonne in Spannung zu den äußeren Planeten Saturn, Uranus, Neptun, Pluto und Chiron weist auf ein Vaterproblem hin. Egokonflikte, Unsicherheit, Depressionen und Zynismus sowie Suchttendenzen sind angezeigt. Beim Mond beziehen sich die selben Aspekte auf eine Mutterproblematik.

Anhänger und Plattformen der Skeptiker

Bekannte Unternehmen und Personen, welche die Anliegen dieser Organisationen teilen.

Medienunternehmen:

FAZ

Profil

Der Standard

Der Falter

Kurier

News

Kleine Zeitung

Österreich

Radio FM4

u.s.w.

Personen:

Barbara Karlich - Die Karlich Show - ORF

Kabarettist Reinhard Nowak - Supernowak - Puls4

Kabarettist Thomas Maurer - ORF

Michael Häupl - Bürgermeister Wien

Niko Alm - Unternehmer

Die Bewegung der Skeptiker

Die Skeptikerbewegung ist ein internationales Netzwerk von Vereinigungen und Einzelpersonen mit dem Anspruch einer kritischen Auseinandersetzung mit Pseudo- und Parawissenschaftlichen Themen, die unter anderem in den Bereich des Aberglaubens oder der Alternativmedizin fallen. Im Sinne einer sozialen Bewegung wird der Begriff auch als Eigenbezeichnung verwendet. Die Bewegung beruft sich auf wissenschaftliche Methodik und naturalistische Erklärungen. Anders als im klassischen Skeptizismus halten Mitglieder der Bewegung den Gewinn von zuverlässigen Erkenntnissen prinzipiell für möglich.

Geschichte

Im Jahr 1947 wurde in Belgien das Comité pour l'Investigation Scientifique des Phénomènes Réputés Paranormaux kurz: Comité Para gegründet, das sich der Auseinandersetzung mit Hellsehern, Astrologen und Wünschelrutengängern verschrieb, die nach dem Ende des Zweiten Weltkrieges versprachen, bei der Suche nach Kriegsvermissten zu helfen. Eine frühe Publikation, die zu den Ursprüngen der Skeptikerbewegung gerechnet werden kann, ist Martin Gardners 1957 erschienenes Buch Fads and Fallacies in the Name of Science. Nach einem von 186 Wissenschaftlern unterzeichneten Manifest gegen astrologische Erklärungen und nach der Auseinandersetzung mit Michel Gauquelins Mars-Effekt gründete Paul Kurtz im Jahr 1976 das Committee for the Scientific Investigation of Claims of the Paranormal (CSICOP), das heutige Committee for Skeptical Inquiry. Gründungsmitglied war auch der Soziologe Marcello Truzzi, der ein Magazin namens The Zetetic herausgab, das unter interessierten Akademikern zirkulierte und 1975 erweitert wurde zu einer Informationsplattform über paranormale Erklärungen und deren Kritik. Nach dem Rücktritt Truzzis von der Herausgeberschaft wurde daraus die Verbandszeitschrift des CSICOP unter dem Titel Skeptical Inquirer und der Herausgeberschaft Kendrick Fraziers (zuvor Herausgeber von Science News). Neben seiner Tätigkeit im Skeptikerverband war Kurtz auch Vorsitzender des atheistischen Council for Secular Humanism und Geschäftsführer des Verlages Prometheus Books. Die Skeptics Society, ist neben Committee for Skeptical Inquiry eine große Gruppierung in den USA und wurde 1991 von Michael Shermer und Pat Linse gegründet.

Charakteristik

Vertreter der Skeptikerbewegung sehen eine Behauptung nur dann als Faktum an, wenn sie durch wissenschaftliche Belege gestützt und nicht experimentell widerlegt ist. Im Gegensatz zu den traditionellen, philosophischen Skeptikern stellen sie nicht die Möglichkeit einer Erkenntnis über die Wirklichkeit grundsätzlich in Frage, sondern akzeptieren methodologische Kriterien, anhand deren Wissensbehauptungen überprüft werden können. Dies können experimentelle Tests oder logische Schlussfolgerungen sein. Häufige behandelte Themen sind: Homöopathie und andere alternative Behandlungsmethoden, Astrologie, Parapsychologie, außersinnliche Wahrnehmungen, Wünschelrutengehen, Entführungen durch Außer-irdische, aber auch religiöse Ideen wie bspw. Kreationismus und Reinkarnation. Außerdem kritisieren sie Verschwörungstheorien, wie solche in Bezug auf die Terroranschläge des 11. Septembers 2001 oder die Klimawandelleugnung. Einige bekannte Vertreter der Bewegung sind prominente Wissenschaftler, wie etwa Carl Sagan, Richard Dawkins oder Stephen Jay Gould. Andere Mitglieder sind prominente Zauberkünstler wie James Randi oder Journalisten wie Martin Gardner.

Vereinigungen

Skeptikervereinigungen sind auf europäischer Ebene im European Council of Skeptical Organisations (ECSO), einer 1995 gegründeten Dachorganisation, organisiert. Im deutschsprachigen Raum ist die Gesellschaft zur wissenschaftlichen Untersuchung von Parawissenschaften (GWUP) die bekannteste Skeptikerorganisation.

Kontroversen

Nach Ansicht von Carl Sagan übt die Skeptikerorganisation CSICOP, der er von Anfang an angehörte, eine wichtige soziale Funktion aus. Sie sei eine Art Gegengewicht zur „pseudowissenschaftlichen Leichtgläubigkeit" vieler Medien. Gleichwohl sah er die Hauptschwäche der Skeptikerbewegung in ihrer Polarisierung. Die Vorstellung, ein Monopol auf die Wahrheit zu besitzen und die anderen Menschen als unvernünftige Schwachköpfe zu betrachten, sei nicht konstruktiv. Dieses Verhalten verurteile die Skeptiker zu einem permanenten Minderheitenstatus. Auf größere Akzeptanz stoßen könne demnach „ein einfühlsamer Umgang miteinander, der von Anfang an das Menschliche an der Pseudowissenschaft und am Aberglauben akzeptiert". Das CSICOP-

Gründungsmitglied Marcello Truzzi, das die Organisation aufgrund inhaltlicher Differenzen verließ, definiert einen „wirklichen Skeptiker" als jemanden, der eine agnostische Position einnimmt und selbst keine Behauptungen aufstellt. Eine These könne nicht „widerlegt", sondern nur „nicht bewiesen" sein. „Skeptiker", die die Ansicht vertreten, es gebe Belege gegen eine Behauptung, bezeichnet Truzzi als „Pseudo-Skeptiker", die dann ihrerseits die Beleglast zu tragen hätten. Solche Negativ-Behauptungen seien jedoch zuweilen ziemlich außergewöhnlich und oft eher auf Plausibilitätserklärungen gestützt, statt auf empirische Belege. Als Beispiel führt Truzzi einen PSI-Test an, bei dem der Proband die Möglichkeit hat, zu betrügen. Dies reduziere den Belegwert des Experiments zwar erheblich, reiche jedoch nicht aus, die untersuchte Behauptung zu widerlegen. Wissenschaft könne zwar statuieren, was empirisch unwahrscheinlich, nicht jedoch, was empirisch unmöglich ist. Im Zuge einer vereinsinternen Auseinandersetzung innerhalb der GWUP verließ 1999 der Mitbegründer und damalige Redaktionsleiter von deren Publikationsorgan Skeptiker Edgar Wunder die Skeptiker-Organisation. Nach Wunder ist ein strukturelles Merkmal der Skeptikerbewegung eine Diskrepanz zwischen Anspruch und Wirklichkeit. So würden etwa viele GWUP-Mitglieder einen Weltanschauungskampf ohne hinreichende fachliche Kenntnis führen und selektiv und unsachlich argumentieren. An wissenschaftlichen Untersuchungen von Parawissenschaften seien sie höchstens insofern interessiert, „als deren Ergebnisse ‚Kanonenfutter' für öffentliche Kampagnen liefern könnten." Die GWUP hat 2008 zu der Kritik Stellung bezogen.

Die Skeptiker-Vereinigung GWUP

GWUP
Gesellschaft zur wissenschaftlichen Untersuchung von Parawissenschaften

www.gwup.org

Die Geschichte der GWUP

1987

Heft 1 des Skeptiker erscheint im Mai 1987, herausgegeben von dem Vorläufer der GWUP, der ASUPO (Arbeitsgemeinschaft der Skeptiker zur Untersuchung von Pseudowissenschaften und Okkultem). Im Laufe des Jahres wird die Entscheidung getroffen, einen Verein zu gründen unter dem Namen GWUP. Die GWUP wird am 11. Oktober 1987 als Verein in Bonn gegründet.

1988

Die erste GWUP-Konferenz findet in Bonn statt.

1989

Die GWUP hat 100 Mitglieder.

1990

Kassler Wünschelrutentest der GWUP: Rutengänger wünscheln im Trüben.

1996

Die GWUP geht ins Internet: www.gwup.org startet.

1998

Die GWUP hat 500 Mitglieder und veranstaltet den Second World Skeptics Congress in Heidelberg. Der Fernsehpfarrer Jürgen Fliege erhält den Negativpreis (den verbogenen Löffel) für die "peinlichste esoterische Simpelei".

1999

Gründung des Zentrum für Wissenschaft und kritisches Denken. Leiter ist Dr. Martin Mahner.

2000

Das Zentrum für Wissenschaft und kritisches Denken vertritt als "Center for Inquiry – Europe" die amerikanische Skeptiker-Organisation CSI "Center for Inquiry – Transnational" und fungiert als Verwaltungsstelle des European Council of Skeptical Organisations (ECSO).

2001

GWUP geht mit neuem Webauftritt online (Archiv).

2002

Die GWUP führt das Projekt Wahrsagercheck.de zusammen mit Michael Kunkel ein. Die Regionalgruppe der GWUP in Wien gründet sich im September.

2004

Die GWUP beginnt eine neue Testreihe, die Psi-Tests, die seither jährlich stattfinden.

2007

Die österreichische Regionalgruppe gründet einen eigenen Verein, die Gesellschaft für kritisches Denken (GkD) (Ansprechpartner Prof. Dr. Dr. Ulrich Berger)

Mit Kanälen bei YouTube, Flickr, Myspace sowie einem Blog bei Wordpress startet die GWUP ins Web 2.0

Erstmals wird die GWUP-Konferenz mit einem Live-Blog begleitet. Mit über 750 Mitgliedern feiert die GWUP ihr 20-jähriges Bestehen. 1.500 Leser abonnieren den Skeptiker, 3.000 den Newsletter e-Skeptiker und täglich besuchen 500 Interessierte den Webauftritt unter gwup.org.

2008

Die GWUP hat über 850 Mitglieder. Sie verleiht den Carl-Sagan-Preis an den Wissenschaftsjournalisten Dr. Joachim Bublath.

2009

Die GWUP geht mit einem neuen Webauftritt online und ist bei Twitter und bei Facebook zu finden. Sie zählt 900 Mitglieder. Skeptiker-Chefreporter und Autor Bernd Harder übernimmt federführend den Ausbau des GWUP-Blogs. Das Layout des Skeptikers wird komplett überarbeitet.

2010

Die jährlichen Prognosenauswertungen und Psi-Tests werden von Presse/Medien weiterhin sehr aktiv nachgefragt.

2011

Die GWUP nimmt an der internationalen 10:23 Kampagne teil. Die Mitgliederzahl übersteigt die Tausender Marke, der Skeptiker erreicht über 2200 Abonnenten. Auf der GWUP-Konferenz in Wien wird erstmals das "Goldene Brett vorm Kopf" verliehen. Der GWUP-Blog behauptet sich dauerhaft unter den Top 4 der deutschen Wissenschaftsblogs.

2012

Die GWUP feiert im Oktober ihr 25-jähriges Jubiläum. Der 6. World Skeptic Congress hat in Berlin stattgefunden. Die GWUP hat über 1100 Mitglieder. Die Wiener Skeptiker verleihen zum zweiten Mal das "Goldene Brett vorm Kopf". Bei Prezi gibt es eine animierte Präsentation anlässlich des 25-jährigen Jubiläums.

2013

Die GWUP-Konferenz wird unter dem Label Skepkon fortgeführt. Der Skeptiker ist zusätzlich zur Druckversion in elektronischer Version erhältlich.

2014

Der Skeptiker erscheint ab Heft 1/2014 im neuen Layout und im Innenteil in Farbe. Die GWUP hat 1300 Mitglieder und ca. 2500 "Skeptiker"-Abonnenten. Einige Vorträge der Skepkon 2014 sind bei YouTube verfügbar.

2015

Im Januar erfolgt der Relaunch von www.gwup.org. Die GWUP hat bei Twitter über 6100 Follower und bei Facebook über 9300 Likes.

2016

Im Januar geht der überarbeitete Auftritt der GWUP-Konferenzen unter www.skepkon.org online. Die GWUP hat über 1400 Mitglieder, über 12 000 Follower auf Facebook und über 7170 Follower auf Twitter. Die GWUP unterstützt die Initiative: "Informationsnetzwerk Homöopathie".

Was wir wollen

- Die GWUP hat es sich zur Aufgabe gemacht, die Wissenschaft und das wissenschaftliche Denken zu fördern.
- Die GWUP untersucht parawissenschaftliche Thesen nach dem aktuellen wissenschaftlichen Kenntnisstand und berichtet öffentlich und allgemeinverständlich über ihre Ergebnisse.
- Die GWUP möchte wissenschaftliches bzw. kritisches Denken und wissenschaftliche Methoden verbreiten, allgemeinverständlich erklären und echte Wissenschaft klar von Parawissenschaft abgrenzen. Auf diese Weise will sie dazu beitragen, die Anfälligkeit der Gesellschaft für parawissenschaftliche Vorstellungen und Versprechungen abzubauen.
- Die GWUP ist eine international ausgerichtete Gesellschaft. Sie arbeitet gerne mit gleichgesinnten Personen, Organisationen und Institutionen zusammen.

Wissenschaft nützt uns allen

Wir alle profitieren vom wissenschaftlichen Fortschritt. Medizin und Technik lassen uns länger und gesünder leben als je eine Generation vor uns. Moderne Technologien erleichtern uns den Alltag und bringen uns in Kontakt mit Menschen und Ideen aus der ganzen Welt. Das aufgeklärt-rationale Weltbild nimmt uns uralte Ängste und lässt uns begeistert über Dinge staunen, die unseren Vorfahren noch unerklärlich oder völlig unbekannt waren. Wissenschaft und rational-kritisches Denken sind die einzigen verlässlichen Methoden, mit denen wir unsere Welt objektiv und nachprüfbar erforschen und verständlich erklären können.

Immer wieder stößt man auf Behauptungen oder Erklärungsansätze, die sich wissenschaftlich nicht belegen lassen, aber trotzdem von vielen Menschen geglaubt werden:

- Lässt sich aus der Bahn der Sterne und Planeten die Zukunft vorhersagen?
- Wirken Globuli wirklich?
- Kann man mit homöopathischer Wasserinformation heilen?

- Gibt es Menschen, die Gedanken lesen oder mit ihrer Willenskraft Objekte bewegen können?
- Sind Wasseradern und Erdstrahlen eine Gefahr für uns?

Auf den ersten Blick ist es manchmal gar nicht einfach, solche Behauptungen aus dem Bereich der Parawissenschaften von ernsthafter, durch Fakten belegter Wissenschaft zu unterscheiden. Die GWUP hat es sich zur Aufgabe gemacht, die Grenze zwischen echter Wissenschaft und parawissenschaftlichen Behauptungen klar sichtbar zu machen. Wir bleiben zunächst einmal skeptisch und prüfen nach – mit allgemein anerkannten wissenschaftlichen Methoden, auf der Grundlage des aktuellen wissenschaftlichen Erkenntnisstands.

Wenn sich dann herausstellt, dass an den paranatürlichen oder unbelegten Behauptungen nichts dran ist, dann haben wieder ein bisschen mehr Licht ins Dunkel der außergewöhnlichen Behauptungen gebracht – und falls sich irgendwann ein solches Phänomen tatsächlich als wahr herausstellen sollte, dann hätten wir es mit einer aufregenden wissenschaftlichen Sensation zu tun.

Eine offene und demokratische Gesellschaft braucht sachliche und verlässliche Informationen. Oft treffen Menschen auf der Basis fragwürdiger Behauptungen und Heilsversprechen wichtige Entscheidungen und setzen Vermögen, Beruf oder sogar ihre Gesundheit aufs Spiel. Klassische Verbraucherschutzorganisationen oder wissenschaftliche Einrichtungen sind meist nicht gerüstet, Fragen zu diesen Themenbereichen zu beantworten. Die GWUP hat es sich deswegen zur Aufgabe gemacht, verlässliche, objektive (....!) und nachvollziehbare Informationen zu vermitteln, um vernünftige Entscheidungen zu ermöglichen.

Wer wir sind

Die GWUP setzt sich aus kritisch denkenden Menschen verschiedener beruflicher und sozialer Gruppen zusammen. Unsere Arbeitsfelder, Weltanschauungen und politischen Ansichten sind unterschiedlich. Unsere gemeinsame Überzeugung ist jedoch, dass Wissenschaft und kritisches Denken für die gesellschaftlichen Herausforderungen von heute und morgen wichtiger sind denn je. Wir GWUP-Mitglieder nennen uns Skeptiker - das heißt, wir betrachten ungewöhnliche Behauptungen zwar mit Skepsis, lehnen sie aber nicht vorschnell ab, sondern prüfen sie mit anerkannten wissenschaftlichen Methoden und den Instrumenten des kritischen Denkens. Die GWUP fördert die Volksbildung und ist daher als gemeinnütziger Verein anerkannt. Im deutschsprachigen Raum sind wir Ansprechpartner für Behörden, Medien und für jeden, der an verlässlichen Erkenntnissen über Parawissenschaften interessiert ist.

Was wir tun

Neben unserer Webseite betreiben wir ein Informationszentrum samt Spezialbibliothek, geben die Zeitschrift "Skeptiker" und den Newsletter "e-Skeptiker" heraus, pflegen einen Blog und organisieren Veranstaltungen wie bspw. Skeptics in the Pub – Köln oder den jährlichen PSI-Test in Würzburg. Daneben findet einmal im Jahr eine Skeptiker-Konferenz statt, bei der die Vielfalt an Personen, Ideen und Themen, die unseren Verein ausmacht, in zahlreichen Vorträgen sichtbar wird.

Ganz entscheidend wird die GWUP von ihren zahlreichen GWUP Regionalgruppen geprägt, die auf lokaler Ebene viele spannende Events und Aktivitäten anbieten. Der Verein wird vom Vorstand geführt, der ehrenamtlich tätig ist. Die wissenschaftliche Arbeit wird durch den GWUP-Wissenschaftsrat begleitet. Eine Übersicht gibt das GWUP-Organigramm. Die GWUP lebt jedoch in erster Linie vom Einsatz ihrer einzelnen Mitglieder.

Psiram - Der Pranger im Netz

Wiki mit geschlossenem Autorenkreis

Sprachen: deutsch, englisch, französisch, italienisch, russisch

Betreiber: anonym

Redaktion: anonym

Online: seit 2007 esowatch.com; seit 2012 als psiram.com (aktuell aktiv)

www.psiram.com

Psiram (früher EsoWatch) versorgt Sie mit dem notwendigen Realismus zu den Themen Esoterik, Religion, Gesundheit, und hilft Ihnen dabei, Ihren Geldbeutel zu schonen. Psiram präsentiert falsche Prediger, Ideologen, Scharlatane und Betrüger. Psiram versteht sich als kritischer Verbraucherschutz vor scheinheiligen, nutzlosen und wirkungslosen Produkten, Therapien und Ideologien.

Psiram ist eine der Skeptikerbewegung nahestehende Website, die sich selbst als „Verbraucherschutzseite" und als „Wiki der irrationalen Überzeugungssysteme" beschreibt und sich gegen Pseudowissenschaft, Esoterik und Verschwörungstheorien wendet. Die Betreiber sowie die Autoren der Website sind anonym. Das Akronym Psiram wird aus Pseudowissenschaft, Irrationale Überzeugungssysteme, Alternative Medizin hergeleitet. Thematisch werden die vier Kernbereiche Glaubenssysteme, Beutelschneidereien, Pseudowissenschaften und pseudowissenschaftliche Heilmethoden kritisch betrachtet. Die Website existiert seit 2007. Bis Juli 2012 trug sie den Namen EsoWatch.

Technische Aspekte und Struktur

Das Angebot besteht aus einem mehrsprachigen digitalen Lexikon, einem Blog und einem Diskussionsforum. Psiram verwendet für die lexikalische Darstellung der Beiträge die MediaWiki-Software. Dazu gehören mit Stand vom Oktober 2015 über 3000 esoterikkritische, meist deutschsprachige Artikel im Stil der Wikipedia, die von 130 freigeschalteten Autoren eingestellt wurden. Die Autoren schreiben pseudonym, die Betreiber der Website sind nicht öffentlich bekannt.Das anonyme Auftreten dient laut Psiram dem Schutz der Autoren vor möglichen Belästigungen. Die Domain esowatch.com wurde laut eigener Auskunft über eine Firma in Hongkong registriert, neue Autoren werden auf Anfrage zugelassen.

Einige ähnlich klingende oder unter anderer TLD laufende Domainnamen werden von Psiram-Gegnern betrieben (Cybersquatting).

Rezeption

2010 wurde Esowatch in der Computerzeitschrift „c't" unter der Rubrik „Websites aktuell" vorgestellt. Demnach widme sich Esowatch dem Kampf gegen Aberglauben, Scharlatanerie und Pseudowissenschaft, die Einträge im Lexikon seien umfangreich mit Quellen versehen und stellten eine „Fundgrube für naturwissenschaftlich haltbare Argumente" dar. Michael Utsch von der Evangelischen Zentralstelle für Weltanschauungsfragen wandte sich 2012, kurz nach der Umbenennung des Wikis in Psiram, vor allem gegen die mangelnde Transparenz in einem „Internet-Krieg um Alternativmedizin". Bei Psiram sah er neben den differenzierten Informationen auch heftige Übertreibungen und Polemiken. Zudem würden Psiram-Gegner die Nutzer mit ähnlich benannten Angeboten wie „Psiram.de" gezielt in die Irre führen, wie es zuvor auch schon bei EsoWatch der Fall war.

Wer steckt hinter Psiram.com (ehem. Esowatch.com) (Internetkriminalität)?

Willkommen bei EselWatch.com

EselWatch.com ist eine Wiki mit Hintergrundinformationen über den am 1. Juni 2007 in Mainz gegründeten anonymen Internet-Pranger Esowatch.com (eigene Schreibweise: EsoWatch). EsoWatch.com nutzt einen „Anonymous Hosting" genannten Service des türkischen Providers MediaOn.com. Ziel dieser Konstruktion ist es, die Autoren und den Herausgeber von der medienrechtlichen Verantwortung für Inhalte freizustellen und eine juristische Verfolgung von strafrechtlich sowie privatrechtlich relevanten Delikten unmöglich zu machen.

Zusammenfassung für Rechtsanwälte und Staatsanwälte

Über einen Link auf dieser Seite gelangen Sie zu einer wichtigen Zusammenfassung, welche die medienrechtliche Verantwortung und Herausgeberschaft von Klaus Ramstöck und seiner Ehefrau Anja Ramstöck für Inhalte der Webseite esowatch.com (Wiki Blog Forum) dokumentiert. Die Fülle der Beweise und Indizien ist seit Mai 2011 so erdrückend und in sich schlüssig, dass sie für privatrechtliche Indizienprozesse ausreichen sollte.

RA Markus Kompa: Musterprozess vor dem Landgericht Hamburg
(Az 324 O 650/10)

September 2011: Unter dem Aktenzeichen 324 O 650/10 verhandelt die Zivilkammer 24 des Landgerichts Hamburg in einem Rechtsstreit zwischen Dr. Nikolaus Klehr (vertreten durch die Kanzlei Schwenn und Krüger) und Dr. R. (vertreten durch Rechtsanwalt Markus Kompa). Dieser Prozess hat möglicherweise den Charakter eines Esowatch-Musterprozesses, weil er die medienrechtliche Verantwortung von Dr. R. für alle unter „http://www.esowatch.com" veröffentlichten Inhalte klären wird. Weiterführende Informationen befinden sich im Weblog Promed.Watch: Kritische Fragen an RA Markus Kompa, Esowatch.com, Dr. Nikolaus Klehr und Aktenzeichen 324 O 650/10 betreffend.

FAQ: Häufig gestellte Fragen zum Projekt Esowatch.com

1. Wo finde ich eine Zusammenfassung wichtiger Informationen über das Projekt "http://www.esowatch.com"?

Die Seite Esowatch.com (Internet-Kriminalität) fasst wesentliche Informationen zum Internetprojekt Esowatch.com zusammen.

2. Wie beurteilen Juristen das Projekt Esowatch.com?

Ein großer Teil der EsoWatch.com-Inhalte erfüllt juristisch die Bedingungen der Schmähkritik sowie der „Üblen Nachrede" gemäß § 186 StGB. Sehr viele Wiki-Artikel wie z. B. jener über Jocelyne Lopez (siehe:PromedWatch-Doku Nr. 5) erfüllen sogar den Straftatbestand der „Verleumdung"gemäß § 187 StGB, da hier ehrabschneidende Aussagen frei erfunden wurden. Seit Sommer 2010 ermittelt die deutsche Justiz strafrechtlich gegen Unbekannt, seit Januar 2011 werden die Ermittlungen unter dem Aktenzeichen 3031 PLs 453/11 geführt. Da üble Nachrede und Verleumdung in der Regel nicht als Offizialdelikt eingestuft und auf den Weg der Privatklage verwiesen werden, deuten die staatsanwaltschaftlichen Ermittlungen auf eine besondere Schwere der Delikte hin.

3. Wer steckt hinter Esowatch.com?

Hinter Esowatch.com stecken zunächst einmal weder Pharmaunternehmen noch Geheimdienste oder gar der Verfassungs-schutz. Auch Roland Wilhelm Ziegler (Bullshit vom KOPP Verlag: Roland W. Ziegler) ist nicht Herausgeber von Esowatch.com, obwohl er dem Kernteam sehr nahesteht und das Vorgänger-Projekt Paralex verantwortet. Hinter dem Projekt Esowatch.com stecken ausschließlich Klaus Ramstöck und seine Ehefrau Anja Ramstöck sowie ein (zu besten Zeiten, d.h. 2009 und Anfang 2010) maximal 20 Personen großes Kernteam. Dieses Esowatch.com-Kernteam setzt sich aus Freunden der Ramstöcks zusammen, die nahezu alle zur sog. Skeptiker-Bewegung gehören und überwiegend in folgenden Organisationen aktiv sind:

1. Impfinformationen.de/.at alle Unterzeichner des folgenden Aufrufs sind mutmaßliche Autoren der Esowatch.com-Wiki. Zu den Unterzeichnern des kuriosen Aufrufs gehört auch Anja Ramstöck.

2. Promed e.V. Chef dieses Vereins ist die SPD-Politikern Sigrid Herrmann-Marschall, die gemäß dieser Promed.Watch-Doku fleißig für Esowatch.com arbeitete und ebenfalls den kuriosen Aufruf von Impfinformationen.de unterzeichnete. Zu den dubiosen Mitbegründern von Promed e.V. Verein gegen unlautere Praktiken im Gesundheitswesen gehört übrigens Ralf Behrmann, der bereits mehrfach wegen Stalking-Delikten rechtskräftig verurteilt wurde.

3. Ratio2000.de Hinter Ratio2000.de steckt nach einer Selbstdarstellung unter Impfinformationen.de: „Sabine Henke-Werner, Mutter, Marketing-Assistentin und Web-Designerin Gründerin und Inhaberin von www.ratio2000.de und www.gesund-infos.de". Die Webseite

Ratio2000.de war zuletzt OFFLINE, möglicherweise um vor dem Hintergrund der laufenden staatsanwaltschaftlichen Ermittlungen Spuren zu beseitigen. Auf der Webseite selbst steht: „RATIO2000 ist das private Projekt von Sabine Henke-Werner und Klaus Werner."

4. Gesellschaft zur wissenschaftlichen Untersuchung von Parawissenschaften (GWUP) e.v. Klaus Ramstöck und Anja Ramstöck sind sehr wahrscheinlich Mitglieder des Skeptiker-Vereins GWUP e.V. Führende GWUP-Repräsentanten, darunter auch Vorstandsmitglieder wie Ulrich Berger, haben Esowatch.com aktiv promoted und Straftaten des Projekts im Rahmen ihrer politischen Agitation kaltschnäuzig gebilligt. Siehe auch das Denunziations-Projekt: „Das goldene Brett vorm Kopf" und Nebelkerzen von Prof. Edzard Ernst.

5. „Gesellschaft für Kritisches Denken" (GKD) Bei der „Gesellschaft für Kritisches Denken" (GKD) handelt es sich um die Wiener Regionalgruppe des Skeptiker-Vereins GWUP, die sich durch ein aggressives und Andersdenkende herabwürdigendes Verhalten auszeichnet. GKD-Aktivisten, die eng mit Esowatch.com kooperieren sind u.a. Wolfgang Maurer (auch Unterzeichner des seltsamen Aufrufs von Impfinformationen.de/at), Ulrich Berger und Michael Horak (alias „fatmike182"). Der GWUP.WATCH-Artikel „Cyber-Mobbing bei ScienceBlogs.de: Marc Scheloske und fanatische Skeptiker von GWUP und Esowatch dokumentiert, wie sich Anja Ramstöck (Esowatch.com), Ulrich Berger (GKD) sowie Wolfgang Maurer (GKD) an einer primitiven Mobbingaktion gegen den Medizinjournalisten Bert Ehgartner beteiligt haben. Ein konzertiertes Vorgehen von Esowatch.com und GKD wird auch in der Mobbingaktion gegen die Europauniversität Viadrina deutlich.

6. TG-1 Forum (transgallaxys.com/~kanzlerzwo): Das Forum TG-1 ist (wie das Paralex von Roland W. Ziegler auch) ein Vorgänger-Projekt von Esowatch.com. Analog zu Esowatch.com wurden und werden im Forum TG-1 kuriose „Akten" von Personen veröffentlicht, die der (möglicherweise psychisch kranke) Herausgeber Aribert Deckers für verfolgungswürdig hält. Aribert Deckers hat Esowatch.com im Mai 2011 - wahrscheinlich vor dem Hintergrund der staatsanwaltschaftlichen Ermittlungen – verlassen.

7. Kidmed.de Hinter dem Namen Kidmed.de verbirgt sich eine Webseite des Frankfurter Kinderarztes Ralf Behrmann. Herr Behrmann war bis Anfang 2010 ein Top-Autor von Esowatch.com. Nach Veröffentlichung der Mobbingseite „www.claus-fritzsche.com" wurde er von Klaus Ramstöck massiv kritisiert und verließ danach das Esowatch.com-Kernteam. Ralf Behrmann gehört zu den Mitbegründern des Vereins Promed e.V. und ist bereits mehrfach wegen einschlägiger Stalking-Delikte rechtskräftig verurteilt worden. Das Verhalten von Ralf Behrmann (zuletzt Stalking unter dem Pseudonym Volker Samt) deutet auf eine schwere psychische Diagnose hin.

4. Welche Ziele hat EselWatch?

Ziel von EselWatch.com ist es, mutmaßlichen Esowatch-Autoren und -Unterstützern Stück für Stück ihre bequeme Anonymität zu nehmen. Die Autoren dieser Wiki verstehen sich als Geschädigte der EsoWatch-Plattform und eines Netzwerks militanter und gewaltbereiter Aktivsten der Skeptiker-Bewegung, die auch außerhalb der Webseite "http://www.esowatch.com" Straftaten begehen und durch sehr aggressives Verhalten gegenüber Andersdenkenden auffallen. Wir handeln im Sinne des § 32 StGB in Notwehr.

NEWS: Nachrichten zu Esowatch.com-Straftaten und zur juristischen Aufarbeitung

28. März 2011: Eine Esowatch.com betreffende justiziable IP-Falle führt zur SyroCon Consulting GmbH in Eschborn und stützt die bisher schon über den IT-Freelancer Dr. Ing. Klaus Ramstöck veröffentlichten Informationen massiv. Das vereinfacht die jurisitsche Aufarbeitung und öffnet den Weg für Indizienprozesse. Noch folgende Strafrechts- und Schadensersatzprozesse dürften sich auf das Herausgeber-Ehepaar Klaus und Anja Ramstöck konzentrieren.

21. Mai 2011: Innerhalb des Esowatch-Kernteams hat es im Mai 2011 ein schweres Zerwürfnis gegeben. Der rund 15 Personen große innere Kreis rund um Klaus Ramstöck und Anja Ramstöck teilt sich derzeit in eine Gruppe auf, die das Risiko einer mehrjährigen Haftstrafe locker in Kauf nimmt und an ihre Unverwundbarkeit glaubt sowie eine weitere Gruppe, die nicht mit den juristischen Konsequenzen des eigenen Tuns konfrontiert werden will und sich daher heimlich aus dem Staub macht.

21. Mai 2011: Das Projekt Eselwatch.de dokumentiert auf einer Seite verleumderische, verzerrende und schmähende Darstellungen von Esowatch.com-Autoren.

28. Mai 2011: Der Esowatch.com-Kooperationspartner „Gesellschaft für Kritisches Denken" (GKD) veranstaltet das wenig intelligente Denunziations- und Hexenjagd-Projekt „Das goldene Brett vorm Kopf" im Rahmen der „GWUP-Konferenz 2011 – Fakt und Fiktion", die vom 2. bis 4. Juni 2011 im Naturhistorischen Museum und an der Technischen Universität Wien stattfindet. Siehe hierzu: „Strafbare Schmähkritik? Informationen über Michael Horak alias „fatmike182", Hrsg. www.goldenesbrett.at gesucht" sowie „Ethisch nicht akzeptabel: Edzard Ernst, Twitter, die GWUP-Konferenz 2011 und ‚Das goldene Brett vorm Kopf'. Seitens der GKD arbeiten Ulrich Berger, Wolfgang Maurer und Michael Horak schon lange eng mit Esowatch.com zusammen. Hauptmotiv: Schmähkritik und die öffentliche sowie menschlich herabwürdigende Anprangerung von Andersdenkenden. Eine sachliche, professionelle, fachlich fundierte und menschlich respektvolle inhaltliche Auseinandersetzung wie z. B. im Artikel „Die Magie der Pseudomaschine" vom Physiker und Psychologen Dr. Dr. Walter von Lucadou ist seitens des Projekts „Das goldene Brett vorm Kopf" nicht erkennbar.Es geht ausschließlich um das Abreagieren von Hass, Aversion und negativen Emotionen. Für diese Annahme sprechen auch aufgezeichnete unsachliche und emotionale Kommentare von Michael Horak..

Weiterführende Informationen sind uns immer gerne willkommen. Unsere Kontaktadresse: eselwatch@inbox.lv

Veröffentlicht am 21. April 2012 in Uncategorized

Psiram, wir haben ein Problem

Seit knapp zwei Wochen ist Psiram (Esowatch) offline. Auch wurden wohl alle Suchtreffer von Psiram.com bei Google entfernt. Bei Psiram Facebook und Twitter gibt es keine Informationen über die Hintergründe. In der Diskussion bei Wikipedia über den Psiram-Artikel, hat Wikipedia-Autor Bernhard Beier den Psiram-Down aus GWUP.Watch Sicht sehr treffend formuliert: "Auch wenn uns hier letztlich (noch!) nicht zu interessieren braucht, warum die Seite 'down' ist, so ist mit einiger Sicherheit davon auszugehen, dass die Betreiber ernsthafte Probleme haben, welche nicht rein technischer Natur sind. Immerhin ist es vielsagend, dass sie - siehe Psiram bei facebook und bei Twitter- selbst ihren 'Fanclub' noch immer nicht darüber informiert haben, was eigentlich los ist. Jeder, der eine mit viel Arbeit beim Publikum eingeführte Webseite betreibt, wird sich üblicherweise bei Ausfällen - und hier spreche ich auch aus eigener Erfahrung, was derartige Situationen betrifft - darum bemühen, die Öffentlichkeit über andere 'Kanäle' auf dem Laufenden zu halten. Dass dies in Sachen Psiram nicht stattfindet, spricht für sich: Die Macher/innen wollen offenbar gar nicht, dass etwas über die Hintergründe bekannt wird. Nachhaken scheint unerwünscht zu sein. O-Ton bei Facebook: "Bevor weitere Nachfragen kommen..."" Die nächsten 14 Tage werden zeigen, wie es mit der Mobbing-Seite Psiram (Esowatch) weitergeht. GWUP.Watch bleibt dran.

Quelle:"http://de.wikipedia.org/wiki/Diskussion:Psiram"

Eingestellt von Rajiv Singh am 15. September 2014 um 04:57

Psiram ist wieder da

Seit gestern ist das Eso-und-Schwurbelei-Aufklärungs-Wiki-ohne-gültiges-Impressum a.k.a. Psiram wieder da. Hausgemachte Serverprobleme sollen die gleichermaßen beliebte wie gehasste Webseite für Wochen nicht zugänglich gemacht haben. Jetzt fliegt die Eule wieder!

Eingestellt von Sebastian Bartoschek am 9. Mai 2016 - In Wissen

Mitglieder der GWUP und Psiram
(inklusive den vorliegenden Geburtsdaten)

Florian Aigner, geboren am 19. November 1979 in Freistadt, OÖ

Niko Alm, geboren am 30. August 1975 in Wien, Ö

Sebastian Bartoschek, geboren am 20. August 1979 in Recklinghausen, D

Lydia Benecke, geboren als Ewelin C. Wawrzyniak laut eigenen Angaben im November 1982 in Bytom (Beuthen), Polen

Ulrich Berger, (Abrax auf Psiram) geboren am 15. Juli 1970 in Steyr, Ö

Edmund Berndt, geboren 1948 am Attersee, Ö

Ernst Bonek, geboren Mitte Februar 1942 in Wien, Ö

Peter Brugger, geboren 1957 in Zürich, CH

Erich Eder, geboren 1965 in Linz, Ö

Edzard Ernst, geboren am 30. Januar 1948 in Wiesbaden, D

Krista Federspiel, geboren 1941 in Niederösterreich

Florian Freistetter, geboren am 28. Juli 1977 um 10:33 in Krems, NÖ

Anne Frütel, geboren 1978 in Aschaffenburg, D

Natalie Grams, geboren am 12. April 1978 in München, D

Werner Gruber, geboren am 15. März 1970 in Ostermiething, OÖ

Bernd Harder, geboren im März 1966 in Hagen, D

Wolfgang Hell, geboren 1948 in Deckbergen, D

Eckart von Hirschhausen, geboren am 25. August 1967 in Frankfurt, D

Michael Horak, (@fatmike182 auf Twitter) unveröffentlicht in Wien, Ö

Holm Gero Hümmler, geboren am 22. September 1970 in Hanau, D

Knut Junker, (@KnutUweMaria auf Twitter) in Wuppertal, D

Thomas Krappweis, geboren am 9. Mai 1972 in München, D

Christian Kreil, geboren am 15. Dezember 1966 in Steyr, Ö

Peter Kröling, unveröffentlicht in München, D

Michael Kunkel, geboren am 15. Juli 1960 in Aschaffenburg, D

Stefan Laurin, geboren am 13. Dezember 1964 in Gelsenkirchen, D

Philippe Leick, geboren 1976 in Bonn, D

Harald Lesch, geboren am 28. Juli 1960 um18:10 in Gießen, D

Martin Mahner, geboren am 9. Mai 1958, unbekannter Geburtsort, D

Wolfgang Maurer, unveröffentlicht in Wien, Ö

Martin Moder, geboren am 10. Januar 1988 in Wien, Ö

Theodor Much, geboren 1942 in Tel Aviv, lebt in Wien, Ö

Nikil Mukerji, geboren am 1. Mai 1981 in München, D

Thomas Nückel, geboren am 20. Dezember 1962 in Herne, D

Elisabeth Oberzaucher, geboren am 30. Mai 1974 in Hermagor, Ö

Martin Puntigam, geboren am 9. April 1969 in Graz, Ö

Anna & Klaus Ramstöck, unveröffentlicht als Pseudonym im Internet, D

Holger von Rybinski, unveröffentlicht in D

Amardeo Sarma, geboren am 27. Dezember 1955 in Kassel, D

Marc Scheloske, geboren in den 70er Jahren in Schwäbisch Gmünd, D

Christoph Schurian, unveröffentlicht in Bochum, D

Mario Sixtus, geboren am 6. März 1965 in Ratingen, D

Ulrike Traub, geboren am 17. August 1965 in Singen, D

Stefan Uttenthaler, geboren am 30. September 1978 in Haag, OÖ

Gerhard Vollmer, geboren am 17. November 1943 in Speyer, D

Alexa Waschkau, geboren am 13. Dezember 1974 in Bad Pyrmont, D

Alexander Waschkau, geboren am 1. Dezember 1975 in Minden, D

Jörg Wipplinger, geboren am 12. November 1975 in Dornbirn,Ö

Die angeführten Personen beteiligen sich am medialen Kesseltreiben und betreiben einschlägige Blogs, um Anhänger der Alternativmedizin und Esoterik zu diffamieren.

Die Science Busters

Die Science Busters sind ein österreichisches Wissenschaftskabarett. Gegründet wurden sie 2007 von den beiden Physikern Heinz Oberhummer (Theoretische Physik, † 2015) und Werner Gruber (Experimentalphysik) und dem Kabarettisten Martin Puntigam. Früher hielten Oberhummer und Gruber Vorträge in der Technischen Universität Wien unter dem Motto „Science in Films", bei denen sie Filme auf wissenschaftliche Plausibilität untersuchten. Ab 2007 traten Oberhummer, Gruber und Puntigam im Rabenhof Theater in Wien mit dem Programm "Science Busters" auf. Die Science Busters waren seither auf vielen nationalen und internationalen Bühnen, im Radio und Fernsehen, Podcasts und aus DVDs präsent. Sie sind Autoren von mehreren populärwissenschaftlichen Büchern und Hörbüchern. Die Science Busters (nach eigenem Bekunden die „ungebrochen schärfste Scienceboygroup der Milchstraße") versuchten, Wissenschaft mit Humor für eine breite Öffentlichkeit zu kommunizieren. Das von ihnen gestaltete Kabarettprogramm beinhaltet auch auf der Bühne durchgeführte Experimente.Heinz Oberhummer starb am 24. November 2015 in Wien. Martin Puntigam kündigte im Dezember 2015 an, die Science Busters mit wechselnder Besetzung weiterzuführen. An seiner Seite spielen Florian Freistetter, Gunkl, Ronald Mallett, Elisabeth Oberzaucher und Helmut Jungwirth. Im Februar 2016 gab Werner Gruber bekannt, die Science Busters zu verlassen.

Leserkommentare zu den Science Busters
als Vertreter der konservativen Wissenschaft

Rezensionen für 3 Bücher auf Amazon

Rezensionen zum Buch: Wer nichts weiß, muss alles glauben

Rezension von Vienna Reader am 26. Februar 2013:

Politische Populärwissenschaft

Um anscheinend zu einem Verleger zu kommen hat sich dieses populärwissenschaftliche Buch der politischen Korrektheit bedient und agiert teils aggressiv auf Gläubige und auch (natürlich) auf alle nicht Linken. Was das in einem wissenschaftlichen Buch verloren hat, frage ich mich schon. Die Themen sind ja nicht schlecht, und ich bezweifle auch nicht die Kompetenz der 2 Wissenschaftler. Doch der CO Autor, ein Moderator von FM 4 - in Österreich als linker Sender bekannt - drückt diesem Buch seinen Stempel auf. Ein bisschen weniger politische korrekte „Bildung" und weniger Wiener „Schmäh" hätten diesem Buch sicherlich besser getan. Schade darum!

Antwort von Seu Salvador:

Gott hat in der Wissenschaft nichts zu suchen. Er verkompliziert unnötigerweise schon extrem komplexe Sachverhalte und erschwert das Vordringen zu neuen Erkenntnissen. Das ist nicht aggressiv auf Gläubige. Das macht Gläubige aggressiv. Glaub ich.

Rezension von Mirabilis am 27. Januar 2011:

Enttäuscht

Vielleicht sollte man als Naturwissenschaftler dieses Buch gar nicht zur Hand nehmen.. Ich bekam es geschenkt also habe ich es gelesen. Sicher, es ist witzig, locker, flapsig geschrieben, doch schießt es für meinen Geschmack immer wieder übers Ziel hinaus. Die Physik oder überhaupt die Naturwissenschaften schließen meiner Meinung nach Werte wie Religion und Glauben nicht aus, im Gegenteil... Doch mit einer Penetranz werden diese lächerlich gemacht. "Glaube" wird, wie der Titel schon sagt, mit Unwissenheit und Naivität gleichgesetzt. Sicher, von einem Buch das so viele Themen behandelt kann man keine Tiefe erwarten, aber ob die fiktive Beschreibung von Sex in gemeinsamen Plastikunterhosen (oder so ähnlich) im All um nicht durch fehlende Schwerkraft auf der Erde nicht vorhandene Probleme zu bekommen, notwendig ist, na ja...

Antwort von Mag. Werner Cejnek:

Liebe Schwester, waren Sie echt schockiert ? Wenn ja, spricht es für das Buch.

Antwort von Zimmermann:

Natürlich schließen sich Naturwissenschaft und Religion im Individualfall nicht aus, sie haben aber grundsätzlich nichts miteinander zu tun. Physik ist eine Wissenschaft, und zwar eine exakte, wogegen Glauben bedeutet "nicht wissen ob, aber hoffen dass". Das ist eine völlig andere Baustelle und keinesfalls sakrosankt.

Antwort von Katharina:

Lieber Zimmermann: Dazu kann ich nur sagen: Hans Peter Dürr lesen. Er ist ein Atomphysiker und verbindet Physik und Religion und erklärt warum die "neue Physik" sehr wohl keine "exakte" Wissenschaft ist - und warum man dennoch (oder deswegen?!) sehr gut damit leben kann.

Antwort von Dichtung und Kritik:

Die Aussage ist zwar sicherlich unterschreibbar, hat aber mit dem, was der Rezensent kritisiert, nichts zu tun. Denn dieser - so verstehe ich ihn - plädiert ja gerade dafür, dass Physik und Religion nicht unmittelbar etwas miteinander zu tun haben - und bittet nur darum, sich deswegen nicht gegenseitig mit Schmutz zu bewerfen. Die Physiker sollten nicht den symmetrischen Fehler begehen: wenn sie (sicher zurecht) stört, dass sich die Religion oft in die Physik eingemischt hat und bestimmen wollte, was 'richtig und falsch' ist - dann soll sie umgekehrt die Religion aber bitteschön genauso in Frieden lassen. Ansonsten unterschreibt man, dass Physik 'wahrer' sei als Religion ... und ich denke, da ist noch viel Diskussionsbedarf offen.

Rezension von Katharina am 2. Juni 2011:

Wer glaubt alles zu wissen.....

....erfährt nichts Neues. Humorvoll ist es durchaus (der Wiener Schmäh ist mir als Eingeborene vertraut), aber was einen Wissenschaftler ausmacht ist das Streben nach Wissen und nicht das "Abschaseln" (wienerisch für schlecht machen) von Themen die wissenschaftlich zwar nicht belegt, aber auch nicht entkräftet werden können. Das hieß doch: was messbar ist messen, was nicht messbar ist messbar machen und nicht: was nicht messbar ist gibt's net. Die zwei Sterne sind für das Schweinsbraten Rezept.

Antwort von Seu Salvador:

Sie haben weder den Experimentalphysiker noch den Theoretiker verstanden.

Rezension von Dr. Georg Ramsauer am 24. Oktober 2010:

Ich bin enttäuscht

Ich habe kein Problem, wenn in einem populärwissenschaftlichen Buch auch der Humor nicht zu kurz kommt. Der (Wiener) Humor in diesem Buch ist aber mehr als gewöhnungsbedürftig. Was mich am meisten gestört hat, ist die Überheblichkeit der Autoren. Muss es unbedingt sein, dass man sich über Religion, Homöopathie etc. lustig macht? Ich betrachte diese Punkte auch kritisch. Mir würde aber niemals einfallen, mich darüber lustig zu machen. Hier lassen die Herrschaften doch einen gewissen Anstand vermissen. Es gibt durchaus einige interessante Artikel in dem Buch. Die Hälfte des Buches hat allerdings mit seriösen wissenschaftlichen Erkenntnissen nichts zu tun und ist nur seichtes Blabla. Ebenso wenig verstehe ich, warum man in einem wissenschaftlichen Buch unbedingt seine politische Einstellung kund tun muss. Der Hinweis auf den mehr als umstrittenen Verein (DÖW) hat in diesem Buch eigentlich nichts verloren. Ich habe den Herrn Gruber bis dato sehr geschätzt. War auch bei einem interessanten Vortrag über die Physik des Kochens bei ihm. Der Zusammenschluss mit seinen beiden Co-Autoren war sicher nicht die beste Idee. Ich werde mir sicher kein Buch dieser drei Herren mehr kaufen.

Antwort von Seu Salvador:

Glaubt hier, weil er den Doktor raushängen lässt, darf man berechtigte Religionskritik und ebensolchen Medizinschmarrn nicht an den Pranger stellen. Ist aber auch höchste Zeit ‚dass profundierte Wissenschafter mal Tacheles reden. Und das noch zum Zerkugeln.

Antwort von Filk Frog:

@DrRamsauer:...weil sie ziemlich linksextrem sind. Habt Ihr vielleicht noch nicht mitbekommen!! Allerdings nicht! Und ich reagiere eher empfindlich auf Links-(und auch Rechts-) Extreme.

Antwort von Richter:

Und warum, frage ich den Onkel Doktor, sollte man sich über Religion nicht lustig machen dürfen? Es ist vielleicht das einzige, was dagegen hilft.

Antwort von Christoph Haas:

Warum sollten persönliche Einstellungen der Autoren gegenüber Politik und Glauben im Buch nichts verloren haben? Immerhin handelt es sich hier ja nicht um ein wissenschaftliches Lehrbuch.

Ein weiterer Kommentar wurde am 26. März 2013 wegen hetzerischen Inhalts gelöscht.

Rezension von Stephan Seither am 17. Oktober 2010:

Verhilft Humor der Physik zu mehr Sexappeal???

Jein! Zugegeben, für Physik hatte ich mich schon während meiner Schulzeit nicht sonderlich begeistern können - zu trocken war der damalige Frontalunterricht geraten...Der nun hier gewählte Ansatz, den (Wieder-)Einstieg in trockene Themenbereiche, wie z.B. Experimentalphysik, Kern-/Astrophysik, über den lockeren Weg des Kabarett zu ermöglichen, hat mich interessiert und letztlich auch dazu veranlasst, nach dem Buch zu greifen. Die Kapitel sind voller Theorien und Experimente, um dem Leser die gewählten Themen, dem Verständnis und Weltbild der Autoren folgend, zu erschließen: Universum, Materie, Leben, Gehirn, Glaube, Liebe, Hoffnung, Tod. Warum ich am Ende "nur" drei Sterne vergebe? Meinem gewonnenen Eindruck nach mangelt es den Autoren schlicht an Respekt gegenüber Menschen, welche Ihr Leben auf die Grundlage der drei christlichen Prinzipien: Glaube, Liebe, Hoffnung stellen. Manch Lacher ist mir im Hals stecken geblieben... - warum? Führen den Physiker nämlich selbst ausgeklügelte Modelle, Studien, oder Experimente nicht hin zu einer belastbaren Antwort, nimmt man hier sofort für sich in Anspruch, der Lösung auf der Spur zu sein - die christliche Lehre hingegen verkommt zur ständigen Zielscheibe für zynische Urteile, wodurch, in meinen Augen, mancher Scherz, manches Kapitel am Rande der Geschmacklosigkeit landet... Fazit: "Die Theorie liefert viel, aber dem Geheimnis des Alten bringt sie uns doch nicht näher. Jedenfalls bin ich überzeugt davon, dass der nicht würfelt." Albert Einstein 1926

Antwort von Seu Salvador:

Glaubeliebehoffnung. Das war das falsche Buch für sie.

Antwort von Mag. Werner Cejnek:

wie ich sehe, hat bereits ein anderer Kommentator auf den sogenannten "Gottesbrief" von Albert Einstein hingewiesen. Suchen sie ihn im Internet, Sie werden ihn finden. Einstein als gläubigen Menschen hinzustellen, sehe ich als posthume Verleumdung.

Antwort von RuhigBleiben:

Sehr geehrter Herr Seither, die Zielrichtung des Buches ist bereits aus dem Titel her ersichtlich. Erstaunlich ist, dass Gläubige sofort Religionskritik als mangelnden Respekt interpretieren. Warum darf man die Religionen nicht kritisieren? In der Wissenschaft werden überholte

Theorien verworfen, die Religionen verteidigen diese mit aller Macht. Außerdem wird häufig von christlichen Werten gesprochen, welche Arroganz, die jeglichen Respekt vor Andersdenkenden vermissen lässt. Anmerkung am Rande, sich als Christ auf Albert Einstein zu berufen, zeugt von sachlicher Unkenntnis, wie ein Brief aus dem Jahr 1954 an Gutkind beweist. Hochachtungsvoll Ruhigbleiben

Antwort von Abacus:

"Meinem gewonnenen Eindruck nach mangelt es den Autoren schlicht an Respekt gegenüber Menschen, welche Ihr Leben auf die Grundlage der drei christlichen Prinzipien: Glaube, Liebe, Hoffnungstellen." Ja, religiöse Gefühle haben die Besonderheit, dass sie für Verletzungen sehr anfällig sind. Michael Schmidt-Salomon hat das als emotionales Glasknochen-Syndrom bezeichnet. In der Regel genügt eine kleine, spitze Bemerkung und der religiöse Knochenbruch ist vorprogrammiert. Aber ist es wirklich sinnvoll, Tabu-Zonen für Kritik zu schaffen? Bei Lichte betrachtet hätten aufklärerisch gesinnte, religionsfreie Menschen eigentlich weit triftigere Gründe, sich aufgrund der zahlreichen religiösen Angriffe auf ihre Lebenshaltung in ihren weltanschaulichen Gefühlen verletzt zu sehen. Auch dürfen wir hoffen: Wer religiöse Gefühle verletzt, fördert die Denkfähigkeit.

Antwort von Senton:

Ihrem Urteil möchte ich mich kurz und bündig anschließen. Zu oft sind sehr seichte und völlig überzogene Breitseiten gegen jedwede Glaubensrichtung untergekommen, die ich nur mit einem Kopfschütteln kommentieren konnte. Auch finde ich es für so ein Buch absolut unpassend, so genannte wienerische Wörter einzubauen, die dann per Fußnote wieder "übersetzt" werden. Nicht einmal ich als Österreicher finde das lustig oder passend. Das ganze gibt dem Buch einen unprofessionellen Beigeschmack und man stellt sich während dem Lesen nicht nur einmal die Frage, welcher Verleger dieses Buch in dieser Form abgesegnet hat. Unabhängig davon werden die behandelten Themen verständlich und gut aufbereitet präsentiert. Man ist danach zumindest nicht planloser als zu Beginn des Buches.

Rezensionen zum Buch: Das Universum ist eine Scheißgegend

Rezension von Martin F. Am 11. Februar 2016:

Ein Buch für einen eingegrenzten Personenkreis

das Buch zu lesen ist amüsant, dafür verbeuge ich mich vor den Autoren für ihr schriftstellerisches Talent. Aber aus welchem Jahrhundert stammen die Autoren? Ist es immer noch erforderlich, gemäß des Laplaceschen Standpunktes, bei wissenschaftlichen Themen die Bedeutung von Gott und Religion ins Lächerliche zu ziehen? Das wird in dem Buch so ausführlich praktiziert, dass es mich als Menschen christlichen Glaubens immens gestört hat. Und so denke ich, ist das Werk nur für den Personenkreis geeignet, der bei der Fülle der Häme, die über die christlichen Kirchen ausgeschüttet wurde, nicht peinlich berührt ist. Als unglücklich empfand ich es auch, dass die Wissenseinschübe "Fact Boxes" in kursiver magentafarbener Schrift abgedruckt wurde. Die Leserlichkeit bleibt in diesen Abschnitten auf der Strecke.

Dazu gibt es noch keine Antwort.

Rezension von thx1138 am 13. März 2016:

Ein anderer Weg - für welches Publikum soll das sein?

Ein Populärwissenschaftliches Hörbuch bei dem ich nach dem hören nicht genau weiß welche Zielgruppe angesprochen werden soll. Ist es ein sehr junges Publikum (13-18) dann geht dieses Buch als absolut OK durch.Für eine allerdings etwas bewanderte Klientel ist es nicht wirklich ernst zunehmen. Über den Dialekt und die Sprecher geht es jetzt nicht. Tut bei Wissenschaft ja auch nichts zur Sache. Obwohl da doch ein gewisser Unterhaltungsfak..........ach.egal ;-) -Sehr flache Witze, wirklich sehr flach. - Kontinuierliches Religions-Bashing ohne Sinn und Zweck. Entweder ich mache Wissenschaft oder Religion. Über den Philosophie Diskurs kann auch beides zusammen recht anregend sein. Hier wird aber nur grundlos gebasht.- Hörbuch ist sehr, ja ultrakurz geschnitten. Man kann keine Kapitel fühlen, man glaubt sich manchmal für ein paar Sekunden im dem Vorherigen.

Rezension von Wolf am 31. Oktober 2015:

> Viel zu kindisch

Im Grunde genommen eine gute Idee, Astronomie verständlich und lustig erklären zu wollen. Leider wurde hier stark übertrieben, das Ganze ist so kindisch und lächerlich erzählt, dass einem die Lust am Hören vergeht. So ist das Buch allenfalls nur für Kinder geeignet.

Antwort von Seu Salvador:

Ist halt für einfacher Gestrickte etwas zu komplex. Empfehle Struwelpeter.

Rezensionen zum Buch: Gedankenlesen durch Schneckenstreicheln

Rezension von Urlauber am 26. Januar 2013:

Ich habe die Science Busters vor dem Lesen des Buches nicht gekannt. So bin ich dem mal ziemlich neutral gegenüber gestanden. Jetzt nachdem Lesen des Buches habe ich mir bei YouTube ein Video angeschaut und finde sie da eigentlich ganz lustig. Insofern verstehe ich warum andere das Buch so positiv bewerten. Jetzt aber nur das Buch alleine beurteilt schaut es schon ganz anders aus. Die zwei Positiv-Punkte erhält das Buch einerseits, weil es tatsächlich ein paar ganz tolle Stories (Pistolenkrebs & Co.) gibt. Also wirklich ein paar lehrreiche Infos, welche leider nur teils lustig verpackt sind. Man muss aber auch anmerken, dass fast alles Wissen das hier vermittelt wird im Leben des Otto-Normalverbrauchers keine große Rolle spielen wird. Also ein Buch zum Zeitvertreib. Interessanter wird es beim Thema Blitze, welche ja doch Einfluss auf das Leben und den Tod von Jederfrau/mann haben. Aber gerade hier erschließt sich mir eine wissenschaftliche Beschreibung überhaupt nicht. Wenn ein Blitz ins Wasser einschlägt, warum sollte sich der dort halbkreisförmig ausbreiten? So zumindest steht es im Buch. Ist Wasser/See/Meer nicht etwas dreidimensionales und die Elektronen wollen sich dort dann wohl eher halbkugelförmig aus dem Staub machen. Wer Wissenschaft verbreitet, sollte es auch einleuchtend tun und nicht Fragezeichen hinterlassen. Die doch etwas schlechte Bewertung meinerseits, erhält das Buch vor allem für den billigen Humor. Wer

Edmund Sackbauer aus der uralten Fernsehserie "Ein echter Wiener geht nicht unter" kennt, ja aus meiner Sicht ist der Witz in diesem Buch über lange Strecken auf diesem Niveau beheimatet. Also sehr tief. Meiner Meinung hat die Naturwissenschaft das nicht verdient. Völlig enttäuschend, sogar abstoßend, empfinde ich, die wirklich laufend eingestreuten Bemerkungen gegen aber- und gläubige Menschen. Bitte spart euch und uns das. Jeder darf Atheist oder Gläubig oder sonst etwas sein. Aus meiner Sicht hat der Dalai Lama, der hier ziemlich verrissen wird, durch stummes dasitzen mehr zum Weltfrieden beigetragen als viele andere Menschen. Wir alle profitieren vom Frieden und einem positiven sozialem Gefüge. Klar die Wissenschaft findet ja nicht nur das Leben wissenschaftlich interessant. Auch das Sterben, den Tod, Kriege und Co. lassen sich prima wissenschaftlich verarbeiten. Die Herren haben natürlich das Recht in ihrem Buch das einzubauen was sie für "lustig" halten. Nur ist mir jetzt schade um mein Geld für dieses enttäuschende "Werk". Weiters finde ich es sehr interessant woher die Herren wissen, dass Bienen in einer Monarchie leben. Nur weil eine der Damen als Königin bezeichnet wird? Diesen Titel hat sie von Menschen erhalten und das hat überhaupt nichts mit dem politischen System in einem Bienenvolk zu tun. Wissen Sie wer die Entscheidungen in einem Bienenvolk triff? Sie sollten ein wenig aufpassen was sie alles als wissenschaftlich bewiesen verkaufen!

Dazu gibt es noch keine Antwort.

Rezension von katze am 22. Oktober 2012:

nett, mehr nicht

Ein Buch mit dem Anspruch, wissenschaftliche Fakten auf unterhaltsame Art zu präsentieren und zum Nachdenken anzuregen. Leider schießen die Autoren (wie "Sciencebuster" schon erahnen lässt..) übers Ziel der einfachen und humorigen Erklärung hinaus und verlieren sich bisweilen in selbstverliebten und recht hölzernen Anekdötchen und Anmerkungen. Auch die etwas penetrante Religionskritik hat in einem solchen Buch nichts verloren. Wenn auch interessante Fakten und zum Teil sogar anregende Schlussfolgerungen auftauchen, macht der doch bemüht lockere Schreibstil dies teilweise wieder zunichte. Guter Humor und treffende Pointen sehen anders aus. Wissenschaft auf unterhaltsame

Weise zu präsentieren ist halt doch mehr als Fakten und Witze zu mixen. Ich kannte "die schärfste Science-Boygroup der Milchstraße" vorher nicht und werde sie mir danach auch nicht näher ansehen. Trotzdem gibt es auch einiges Interessantes im Buch zu entdecken. Die Tatsachen sind streckenweise gut dargestellt, wenn auch nicht immer 100% korrekt, was möglicherweise aber auch stilistisch bedingt ist. Fazit: mit weniger "Humor" könnte es noch ein gutes Buch werden.

Antwort von Mag. Werner Cejnek:

was im Buch ist nicht korrekt ? Vielleicht gibt es ein sprachliches Problem...

Antwort von katze:

Die spritzige und geistreiche Formulierung lässt Ihren Sinn für Humor erkennen und die bestechende Herleitung der Schlussfolgerung einen soliden wissenschaftlichen Hintergrund. Danke dass Sie die Netzgemeinde vom Nektar Ihrer Expertenmeinung kosten lassen...

Antwort von Mag. Werner Cejnek:

ich vermute, dass Sie weder Humor noch wissenschaftliches Verständnis haben. Vielleicht haben die Autoren auch Ihren Aberglauben beleidigt...

Antwort von N. Schmid:

Vielleicht sollt man sich vorher die ein oder andere Folge der Science Busters anschauen um zu klären ob der Humor der in der Sendung/Buch dargeboten wird zum eigenen passt...wenn ja: Buch kaufen und freuen, wenn nicht: Brockhaus und Telefonbuch sollen ja auch ganz interessant sein ;)

Antwort von katze:

...und alle, die reflexhaft bei jedem noch so schlechten Witz wiehern, sollten nicht versuchen einen ebenso dämlichen hier unterzubringen.

Antwort von calma:

Alle, die in den Keller lachen gehen, seien vor diesem Buch gewarnt. Für sie wurde der Brockhaus und das Telefonbuch geschrieben

Rezension von Wolfgang 69 am 13. Juli 2014:

Habe mir die letzten 100 Seiten erspart....

Den Autoren gelang es, mir, einem Viel-Leser, das Lesen derart zu verleiden, dass ich nach langer, langer Zeit wieder ein Buch weit vor dem Ende aus der Hand legte und auf ein Weiterlesen verzichtete. Der krampfhafte, oder besser verkrampfte Versuch, einen jung klingenden Schreibstil zu erzwingen, geht ab einem gewissen Zeitpunkt so auf die Nerven, dass sich eine, in dieser Form noch nie erlebte, Unlust etablierte, auf den Rest der Lektüre dankend zu verzichten. Noch dazu, da zum Teil schon sehr lang bekannte Themen zum Besten gegeben werden. Gewisse Themen derart negiert werden, dass man sich fragt, ob es tatsächlich stimmt, dass hier zwei Wissenschaftler und nur ein Komiker am Werke sind... Die Quantenphysik, ein tatsächlich interessantes Thema, wird nur oberflächlichst angekratzt und, so kam es mir vor, halt nur deshalb für richtig bewertet, da ihre Existenz tatsächlich nachgewiesen wurde! Hätte mich sehr interessiert, wie sie davongekommen wäre, wenn es Cern nicht geben würde und nur Einsteins Theorie zur Verfügung gestanden hätte? Ein Schelm, der denkt ... ;) Egal. Tatsache ist, ich habe mich auf ein interessant klingendes Buch gefreut, habe gute Rezessionen über dieses Werk gelesen, kann diese leider nicht nachvollziehen und mir auch nicht vorstellen, dass ich die letzten 100 Seiten irgendwann mal zu Ende lesen werde. Leider. Will aber noch anmerken, dass meine subjektive Toleranzschwelle für gute und auch lustige Lektüre relativ hoch angesiedelt ist. Wünsche jedem der dieses Buch lesen will trotzdem viel Spaß dabei.

Dazu gibt es noch keine Antwort.

Rezension von Alexander Droste am 21. August 2014:

    Wer zuletzt lacht, lacht am besten.

getreu nach dem Motto eines Berliner Sponti-Spruchs "Leute, fresst mehr Sch...., Milliarden Fliegen können nicht irren!" ziehen die Autoren alles, was sie für nicht wissenschaftlich halten, borniert durch den Kakao. Die wissenschaftlichen Fakten sind durchaus interessant und wären auch erheiternd, wenn man dieses arrogante Getue um Religion und Esoterik weglassen würde. Mag ja sein, dass so manches davon Hokus-Pokus-Kokolores ist, aber anderes wiederum ist es nicht. Da gehört die Wissenschaft hin, solches kritisch und sachlich zu untersuchen. Nur weil es für manche Phänomene keine adäquaten Untersuchungsmethoden gibt, heißt es noch lange nicht, dass sie Humbug sind wie z.B. Homöopathie. Rupert Sheldrakes morphischen Felder sind unbewiesen und unwiderlegt. Es gibt gedankliche Beweisführungen, die man auch kritisch hinterfragen kann. Eine sachliche Diskussion darum ist unterhaltsamer. Eine Aburteilung in diesem Stil ist unseriös, genauso wie eine Erhebung zu einer Lehre.

Antwort von Gammaspririt:

Dankeschön, sie haben gut auf den Punkt gebracht, was mich an dem Buch stört. Die Plattitüden-Sprüche des Buches lenken mich persönlich häufig von den eigentlichen Fakten ab. Ich finde, wenn man sich über etwas lustig macht (zudem noch auf eine derart satirische Weise des Buches, die wirklich nicht allzu wissenschaftlich erscheint), sollte man wenigstens Gegenargumente in petto haben, die die Sache rationell erklären bzw. in einem aktuell reellen Licht darstellen. Sheldrake ist ein treffendes Beispiel: Er wurde weder bewiesen, noch widerlegt, er wird nicht einmal diskutiert (siehe dazu auch den entsprechenden Wikipedia-Eintrag zu ihm).

Rezension von Maggy Gray am 23. Juli 2015:

    Tolles Thema, grauenhaft umgesetzt.

Schon die Aufmachung des Buches hat mich dazu verleitet, es lesen zu wollen, das Thema bzw. die Themen an sich sowieso. Die einzelnen Themen fand ich sehr interessant, und es hat mich auch nicht gestört, dass sie teilweise nur oberflächlich behandelt worden sind - es sollte ja ein unterhaltsames Sammelsurium an witzigen Dingen sein, die man naturwissenschaftlich aufarbeitet. Nach dem ersten Drittel fing das Buch aber dann leider schon an zu nerven: dieser gewollt witzige Stil ist mit der Zeit einfach nur noch lästig. Anfangs ging es ja noch, aber irgendwann schleift sich halt auch der dümmste Kalauer immer noch weiter ab und es hängt einem echt nur noch zum Halse raus. Keine Angst, die Leute verstehen schon wissenschaftlich gemeintes, man muss nicht ständig versuchen, "cool" und "lässig" daherzukommen, damit man Anklang findet. Ganz im Gegenteil. Was mir das Buch dann aber gänzlich vermiest hat, waren die e w i g e n Seitenhiebe auf Religionen, Esoterik und artverwandte Dinge. Es ist doch okay, wenn man als "aufgeklärter" Mensch nicht an (einen) Gott glaubt bzw. dessen Existenz leugnet, es ist auch in Ordnung sich kritisch zu äußern, aber deshalb alle anderen, die an eine höhere Existenz glauben, mehr oder weniger als dumme Idioten abzustempeln, ist ungezogen und respektlos. Und auch etwas lächerlich. Was glauben denn die Autoren, warum die Physik, die Chemie, die Biologie etc. so funktioniert, wie sie eben funktioniert? Trotz aller Aufklärung und Erkenntnisse können auch die Autoren letztendlich nicht beweisen, dass es eine höhere Macht nicht gibt. Die Herren Gruber und Oberhummer mögen ja tolle Wissenschafter sein, in gutem Benehmen brauchen sie aber noch Nachhilfe - und genau das hat mir dieses Buch so unsympathisch gemacht. Schade. Das hätte man besser machen können.

Antwort von Echo 1954:

Hallo! Aufgewacht! Der Herr Puntigam ist – Kabarettist! Satire darf alles! Wenn's ihnen nicht gefällt, lesen's es halt nicht! In einem Staat, der eine Beinahe Staatskirche hat, ist sowas dringend nötig! Oder wollen's lieber eine Diktatur wie den "Ständestaat" 1934 bis 1938, eine klerikalfaschistische Einheitspartei?

Ein weiterer Kommentar wurde am 8. Februar 2016 wegen hetzerischen Inhalten gelöscht.

Antwort von Maggy Gray:

Und wieder jemand, der gefühlt spuckesprühend "Satire darf alles" rausblökt. (Das haben wir seit Frankreich ja medienunterstützt gelernt, gell.) Lassen wir doch kurz unter den Tisch fallen, dass dies kein Satire- sondern ein Sachbuch ist, in das die Autoren ihre eigene, persönliche Meinung mit einfließen haben lassen. Ist ja alles in Ordnung. Aber wenn man die Grenze von Anstand und guter Erziehung (die man hoffentlich genossen hat) hinter sich lässt, bleibt ein fader Beigeschmack, weil sich die sicherlich hochkompetenten Autoren dadurch selbst disqualifizieren. Das ist schade. Wenn die Autoren einen solchen Hass auf Religionen, Esoterik etc. haben, warum formulieren sie ihre Gedanken dann nicht in einem, von der Wissenschaft losgelösten, Buch? Die Nichtexistenz eines Gottes beweisen zu wollen, weil man irgendeinen Vorgang wissenschaftlich erklären kann, ist doch reichlich dumm und überheblich. Und noch ein klitzekleiner Hinweis an Herrn Echo: ob mir ein Buch gefällt oder nicht, weiß ich doch erst NACH dem Lesen, ts ts ts.

Antwort von Großer Lauscher:

Liebe Maggy Gray, das Buch ist *kein* Sachbuch! Martin Puntigam ist Kabarettist, seine Mitautoren sind außer Wissenschaftlern ebenfalls Kabarettisten. Sie gehen wissenschaftliche Themen von der kabarettistisch-satirischen Seite her an, um sie auch Laien leicht verständlich zugänglich zu machen."Trotz aller Aufklärung und Erkenntnisse können auch die Autoren letztendlich nicht beweisen, dass es eine höhere Macht nicht gibt." (doppelte bajuwarische verneinung?) Die Kirche behauptet, dass es einen Gott gibt. Überall ist es so, dass derjenige, der etwas behauptet, dies auch beweisen muss. Wo bleiben die Beweise der Kirche? Solange diese Beweise ausbleiben, gibt es keinen Gott. Außer vielleicht für Sie. Deshalb sind Sie auch so stinkig auf die Autoren."Heinz Oberhummer war unter anderem im wissenschaftlichen Beirat der Giordano-Bruno-Stiftung und im Wissenschaftsrat es Freidenkerbunds Österreichs. Er war bis Mai 2011 Vorsitzender des Zentralrats der Konfessionsfreien sowie bis Mai 2010 Vorsitzender der Gesellschaft für kritisches Denken, der österreichischen Regionalgruppe der Gesellschaft zur wissenschaftlichen Untersuchung von Parawissenschaften. Er gehörte zu den Initiatoren der Initiative gegen Kirchenprivilegien und war seit dem 21. Juni 2011 Obmann der Initiative Religion ist Privatsache."(Quelle:Wikipedia) Es versteht sich daher von selbst, dass er gegen jede Art religiösem Wahn ist. Es ist übrigens wirklich dämlich, ein Buch zu kaufen und zu lesen, dessen einer Autor ein bekennender Antireligiöser und massiver Kirchenkritiker ist und sich dann über dessen Religions- und Kirchenkritik aufzuregen. Kaufen Sie auch Bücher von Deschner und regen sich über dessen Kirchenkritik auf? Kaufen Sie auch Bücher von Sara Wiener und regen sich darüber auf, dass sie nicht kochen kann? Wahrscheinlich.

Antwort von Maggy Gray:

Lieber Großer (Bruder?) Lauscher, ich bin immer wieder berührt, wenn sich Groupies für ihre Idole regelrecht zerreißen, aber Ihr Kommentar zu meiner Rezension ist nicht schlecht, deshalb antworte ich Ihnen gerne. 1. Ob dieses Buch nun ein Sachbuch oder ein Schenkelklopferbuch ist, ob die Autoren nun Wissenschaftler oder Kabarettisten sind, ich verlange auch keine Beweise für dieses oder jenes, ich verlange nur eins: Anstand und Respekt. Ich spreche niemanden ab, dass man sich mal im Ton vergreift, das passiert mir auch ab und an. Aber die Art und Weise, wie die Autoren Religionen und andere Strömungen, von denen sie nichts halten, verunglimpfen, zeigt einfach nur ihre geringe geistige Reife. Und das ist schade, denn ihr Buch ist, abgesehen davon, wirklich sehr gut! Man kann Kritik auch formulieren - und auch gerne etwas schärfer - ohne die Regeln einer guten Erziehung außer Acht zu lassen.

2. Wenn man der Meinung ist, die einzige Möglichkeit ein Buch zu lesen, sei der Kauf, dann ist DAS ganz schön dämlich. Fragen Sie Wikipedia mal nach "Ausleihe" oder "Bücherei" oder "Lesekreis" oder "Buchclub", Sie finden sicherlich was passendes. Und ja: wenn ich bei einem Kochbuch feststelle, dass der Autor / die Autorin nicht kochen kann, dann rege ich mich darüber auf. Oder glauben Sie, ich recherchiere erst mal den Lebenslauf eines Autors und versuche dann zu ergründen, ob er dieses oder jenes Buch so geschrieben hat, dass es mir gefällt, bevor ich es lese ??

3. "Gedankenlesen durch Schneckenstreicheln" ist weder ein Kabarettbuch, noch eines, das "religiösen Wahn" zum Thema hat, sondern kurzweilige wissenschaftliche Abstecher in die Kuriositäten der Physik und dem Tierreich. Und diese waren auch wirklich amüsant. Leider hat das "Ich-glaube-nicht-also-bin-ich"-Geblöke alles kaputt gemacht. Und das ist sehr sehr schade.

Rezension von Joh111 am 23. Dezember 2012:

> Gedankenlesen durch Schneckenstreicheln

Ich habe das Buch bis etwa zur Hälfte gelesen und habe dann aufgehört. Es ist mir zu "marktschreierisch" verfasst. Die Autoren geben sogenannte wissenschaftliche Erkenntnisse (auch solche mit offenbar relativ kurzer Halbwertzeit) von sich und was sie selbst nicht begreifen wird völlig heruntergemacht.

Dazu gibt es noch keine Antwort.

Rezension von Rene Baron am 4. November 2013:

> Kein „Seich", aber seichte Unterhaltung – mehr nicht

Ziemlich borniert präsentiert sich dieses Panoptikum gekünstelt zusammengeklaubter, naturwissenschaftlicher Sauglattismen zwischen schwülstig plüschrosa Buchdeckeln. Nebst vorpupertärem ScienceKitsch trägt vor allem die an Unlesbarkeit grenzende Farbe des darin enthaltenen Kleingedruckten viel dazu bei, dieses Stück schenkelklopfender Populärliteratur den darin oft zitierten (sind die Autoren eigentlich SchleimFetischisten?) Gruseltierchen vorzuwerfen. Nein, sorry, wer mir mit Wissenschaft kommt, sollte sich, wenn es schon nicht anders geht oder er nicht anders kann, sich ehrlich auf die darin enthaltene Kürze trivial-pursuitiver Antworten beschränken, und nicht auch noch versuchen, das Ganze mit Verbalmüll Massenmarkttauglicher zu gestalten als es dann wirklich rausgekommen ist. Zudem, die darin gesponserte, basisbegrenzten Überzeugung, dass Leben mit dem wissenschaftlichen Ansatz allein erklärt werden könne, geht hier, so in dieser ruppig autoritären Form nun mal überhaupt nicht mehr! Mittlerweile haben wir 21. Jahrhundert, wo Seitenhiebe auf Religion, Esoterik und Trallala völlig unnötig geworden sind und eine Intelligentia beleidigen, die sehr wohl zwischen Müll und Nuggets zu unterscheiden weiss ohne das von einseitig Verbildeten unter die Nase gerieben zu bekommen. Vor allem dann, wenn diese Leserschaft in ihrem Leben schon einiges mehr gemacht hat, als nur grad mal Wissenschaftler gewesen zu sein, und welche sich den wissenschaftlichen Status deshalb, anders als die Autoren denen wohl nicht viel mehr geblieben ist als die akademische Weihe - auch nicht mehr zwanghaft wiederholt in

Neonfarben auf Stirn und Buchdeckel schreiben muss. Fazit: Es kann sein, dass der plüschige Einband zur Wohnungseinrichtung passt. Wenn nicht, sollte man sich dieses Buch nicht schenken, sondern lassen.

Dazu gibt es noch keine Antwort.

Rezension von Blauschlumpfine am 23. Mai 2013:

albern, Po-pulär und fäkalscherzlastig

Gedankenlesen durch Schneckenstreicheln - zu albern um Spass zu haben - zu chaotisch um sich ernsthaft Wissen anzueignen.Warum dies harsche Urteil ? Mir ging die gewollt witzige Schreibe nach kurzer Zeit auf die Nerven.obwohl eingeschworene Freundin des gepflegten erbärmlichen Reims und tabuloser Albernheit haben Kapitelüberschriften wie: "Der Hering furzt die Forscher lachen, so kann man billig Freude machen" ; " Töröö" oder "Ice, Ice Baby" mich zusammen mit den permanenten gewollten Jokes, durchzogen mit Wissenschaftshäppchen des meist unnützen Wissens beim Schmökern zermürbt. Da half dann auch die pinkfarbene Fact Box zur Wissensvertiefung, die im Fall der Adeline Pinguine eine Formel für Pinguinweitschiss servierte, nicht mehr. Dank dieses Machwerks des Autorentrios Puntigam - Gruber- Oberhummer weiß ich jetzt was ich mir von einem Wissenschaftssachbuch erwarte. Humor spielt da eine eher untergeordnete Rolle. Ein roter Faden der sich konstant durchzieht, weniger Schmäh und mehr Ernsthaftigkeit. Gerne mal einen kleinen Gag zwischendurch aber keine Sensationshascherei wie sie die sog. Science Busters betreiben. Fazit: Unterhaltsame Populärwissenschaft gerne aber ohne Cindy aus Marzahn Attitude. Sonst ist wegen Buchabbruchs der Lerneffekt zu gering.

Antwort von Mag. Werner Cejnek:

bevorzugen Sie "deutschen" Humor ??

Antwort von Blauschlumpfine:

Ich bevorzuge humorvollen Humor. Gibt es überhaupt DEN deutschen Humor ? Sind hier die Engländer nicht die führende Nation ?

Rezension von Gerhard Cordes am 7. Mai 2015:

Wiener Schmäh

Hier wird vorgeführt, was geschlossene Denksysteme sind. Alles, was jenseits des Mainstreams geschieht, wird negiert oder lächerlich gemacht. (z.B. Sheldrake) Zuweilen kam es mir vor, als ob das der eigentlich Zweck des Buches sei. Der Humor wirkt verkrampft. Der Abschnitt, zu welchen abartigen Tötungsmethoden Menschen fähig sind, erinnert mich an die Schulzeit. Und auf Salz mit Rieselaluminium werde ich weiterhin verzichten, auch wenn die Autoren behaupten, Salz sei Salz und sonst nichts.

Dazu gibt es noch keine Antwort.

Rezension von Frank, Peter am 7. April 2013:

Muss man Wissen so verkaufen?

Ein zwar effektiv informatives Buch, das es aber durch seinen befremdlichen Humor zunehmend schwer macht, es zu Ende zu lesen.

Dazu gibt es noch keine Antwort.

Rezension von ATT am 23. Juli 2013:

Unterhaltsam und lehrreich, aber stellenweise nervend

Ich habe das Buch gerne gelesen und oft herrlich gelacht. Aber eines nervt: das Problem, das die Autoren offensichtlich mit der Religion, besonders der christlichen, haben. Ihre Kritik hätten sie genauso unterhaltsam und frech einfließen lassen können wie sie es bei den anderen Themen machen, das wäre in Ordnung und witzig gewesen. Doch die Art und Weise, in der sie - immer und immer wieder (!) - die Religionen und deren Vertreter lächerlich zu machen versuchen, kann ich nur als polemisch und teilweise arrogant bezeichnen. Irgendwann fing es an zu nerven, da es mit den Ausführungen des Buches nichts mehr zu tun hatte. Daher gibt es zwei Punkte angezogen. Schade um das Buch.

Dazu gibt es noch keine Antwort.

Rezension von bellafruit am 13. November 2013:

Mittelmäßiger Versuch, Wissen humorvoll zu vermitteln

Ich bin leider ein bisschen enttäuscht worden von dem Buch. Die pinke Aufmachung und der "plüschige" Umschlag sind schon sehr verlockend. Inhaltlich, muss ich sagen, hat mir das Buch öfter ein nicht so ernst gemeintes "Haha, sehr witzig" entlockt, als dass es mich tatsächlich zum Lachen gebracht hätte. Der Versuch, alles immer recht lustig zu erzählen, geht doch des Öfteren gewaltig in die Hose. Zumindest trifft es meinen Humor nicht. Teilweise ist die Erzählweise so grausam, dass man geneigt ist, einfach mit dem Lesen aufzuhören - ja ich weiß, was schockiert, merkt man sich... Ich bin schon gewillt, Neues zu lernen, aber ALLES muss ich auch wieder nicht wissen. Sehr engstirnig finde ich auch, dass über jegliche Art von alternativen Dingen hergezogen wird. Da kommt nix gut weg: angefangen von Homöopathie, über Esoterik bis hin zum Glauben wird einfach alles als lächerlich abgetan. Vielleicht werden die drei Herren Autoren irgendwann einmal in ihrem Leben eines Besseren belehrt. Denn meiner Meinung nach gibt es nach wie vor viele, viele Dinge, die die Wissenschaft so gar nicht erklären kann! Kurz gesagt: für mich ein langweiliges Buch mit leider wenigen interessanten Inhalten. Hätte mir mehr erwartet.

Antwort von Oscar Wilde:

"Da kommt nix gut weg: angefangen von Homöopathie, über Esoterik bis hin zum Glauben wird einfach alles als lächerlich abgetan." Aber lieber Herr, Homöopathie, Esoterik und Glauben SIND doch nun mal alle lächerlich!

Antwort von Walter Keller:

LOL... eben... und da ist dann so ein Vertreter der Gattung "Muss was dran sein" und schreibt eine schlechte Kritik... nu hammas aber...-sesselfall-

Antwort von Echo 1954:

Muss nicht alles Wissen ? Das ist Katholische Wissenschaftstheorie, meine Liebe! Die Kirche der Letzten Esoteriker heizt schon den Scheiterhaufen an!

Antwort von Großer Lauscher:

"Denn meiner Meinung nach gibt es nach wie vor viele, viele Dinge, die die Wissenschaft so gar nicht erklären kann!" Ja, die gibt es zuhauf. z. B. warum so viele Leute diesen Esotherik-Blödsinn glauben, das lässt sich wissenschaftlich weder erforschen noch erklären. Schon Albert Einstein wusste: "Die menschliche Dummheit und das Universum sind unendlich. Bei letzterem bin ich mir allerdings nicht so sicher."

Rezension von Georg am 3. Oktober 2014:
Man muss so was mögen – oder eben nicht

Ich habe mich durchgelesen, aber nicht mit großer Begeisterung. Aus meiner Sicht nichts Tolles, die 20 Euro könnte man besser anlegen. Es wird überall ein wenig rumgestochert, nirgendwo mal in die Tiefe gegangen. Dafür sind einige primitive Ausdrücke zu finden (S. 160: ... scheißt...), oder es wird auf die SS Bezug genommen (S. 110). Es soll oft wohl witzig sein, ist aber eher schal (z.B. S. 143, wenn sich Gott drittelt.).

Dazu gibt es noch keine Antwort.

Rezension von Bernd J. Breloer am 14. Januar 2013:
Angestrengt lustig!

Wenn das komisch sein soll, dann waren Heisenberg ein Comedian und Lenin ein Philosoph. Allenfalls zu geringen Teilen lehrreich, kann man dem Buch/Hörbuch zubilligen, das sich vor allem auf exotische Fauna kapriziert. Ansonsten angestrengt lustig und oft nervtötend, besonders wenn Vorleser Rowolt sich bemüht, amerikanischer als ein Amerikaner zu klingen. Und es soll wohl auch lehrreich oder gar auch lustig sein, wenn gleich mehrfach sämtliche Menschen, die an einen Gott glauben, als Deppen dargestellt werden. Es gibt sehr viel bessere Bücher auf diesem Gebiet. So einen Schmarren braucht man nicht. Also alles andere als empfehlenswert!

Antwort von Großer Lauscher:

Noch so einer, der angepisst ist, weil jemand über Religionen und deren Anhänger die Wahrheit schreibt.

Rezension von Anja am 9. Mai 2013:

Inhalt und Titel nicht sonderlich zusammenpassend

Gedankenlesen ist im Grunde gar kein Thema und Physikalisches lernt man auch nicht. Ist man in Biologie gar nicht bewandert, so kann das Buch ein paar Einzeltatsachen vermitteln. Plumper recht derber Humor rundet den Gesamteindruck der CD ab. Über einen Witz habe ich auch lachen können, viel über Fäkal-Inhalte versucht drüberzuspulen. Empfehlung: nicht kaufen

Dazu gibt es noch keine Antwort.

Rezension von Nicole Schmidt am 31. Januar 2013:

Enttäuschend

Ich finde das die Autoren respektlos gegenüber höheren Schöpfungsprinzipien sind. Sie verlieren sich in der getrennten Betrachtung der wissenschaftlichen Erklärung Darwinscher Evolutionstheorie. Diese hat auf einer Ebene sehr wohl ihre Berechtigung. Auch sind die Beispiele sehr interessant und wohl auch richtig. Die Verachtung des Modells der Höheren Schöpfungsprinzipien, wird meiner Meinung nach zu viel Betonung beigemessen. Mir fehlt in diesem Bezug die Neutralität, das hat die Freude an den durchaus gelungenen Themen genommen.

Antwort von Andreas Fritzelas:

Höheren Schöpfungsprinzipien, was soll, wissenschaftlich betrachtet, das denn sein???

Antwort von J. Pfeifer:

...das mit den "höheren Schöpfungsprinzipien" würde mich auch mal interessieren, ist bestimmt so ein kreationistischer Mumpitz.

Antwort von Mag. Werner Cejnek:

wer religiösen Aberglauben als Lebensprinzip hat, kann das Buch nicht gut finden. Das spricht für das Buch.

Rezension von Werner am 30. Januar 2013:

Schade ums Geld...

Der Autor hätte sich das gequält humorvolle an diesem Buch sparen können! Auch die häufigen Seitenhiebe auf die (christliche) Religion sind völlig unangemessen! Vom Kindle gelöscht...

Antwort von Andreas Fritzelas:

als ernst zu nehmender wissenschaftler kann man die christliche (und alle anderen) religionen ja auch nicht ernst nehmen...

Ein weiterer Kommentar wurde am 26. Februar 2013 wegen hetzerischen Inhalten gelöscht.

Das goldene Brett

Das „Goldene Brett vorm Kopf" oder kurz „das Goldene Brett" ist ein Negativpreis, der von einer deutsch-österreichischen Initiative vergeben wird. Ausgezeichnet wird der nach Ansicht der Jury „erstaunlichste pseudowissenschaftliche Unfug" des Jahres im deutschsprachigen Raum. Der Preis wurde erstmals 2011 im Rahmen der Skeptiker-Konferenz in Wien vergeben. Seit 2016 wird er parallel auch in Hamburg verliehen. Die Organisation in Wien übernimmt die dortige Regionalgruppe der „Gesellschaft zur wissenschaftlichen Untersuchung von Parawissenschaften" (GWUP), die „Gesellschaft für kritisches Denken" (GkD). In Hamburg ist die Veranstaltung eine Zusammenarbeit von Science-Slam-Organisatoren und der Forschungseinrichtung DESY.

Verfahren

Über das Internet können Kandidaten nominiert werden. Aus den Nominierungen wählt eine Fachjury drei Top-Kandidaten aus. In die Bewertung fließen dabei ein: Grad der Abwegigkeit, Kritikresistenz, kommerzielles Interesse, Aktionsradius, Pseudowissenschaft und Gefahrenpotenzial. Im Rahmen einer öffentlichen Preisverleihung werden diese drei Kandidaten durch jeweils einen Laudator in einer ironischen Rede vorgestellt. Die drei Kandidaten können zu ihrer Nominierung Stellung nehmen. Anschließend wird der Sieger bekannt gegeben, der eine goldene Statue mit einem Brett vor dem Kopf überreicht bekommt und die Möglichkeit hat, eine Dankesrede zu halten. 2012 bestand die Fachjury unter anderem aus Heinz Oberhummer (Physiker), Werner Gruber (Physiker), Johannes Grenzfurthner (Künstler) sowie den Laudatoren Mario Sixtus (Journalist), El Awadalla (Schriftstellerin) und Niko Alm (Unternehmer). Im Jahr 2012 wurde erstmals auch ein Preis für das Lebenswerk vergeben. Ausgezeichnet wird eine Person, die sich nach Meinung der Jury „jahrzehntelang mit besonders beeindruckender Resistenz gegen wissenschaftliche Fakten einen Namen gemacht hat".Die Preisverleihung wurde 2012 vom österreichischen Verein für Konsumenteninformation sowie seit 2013 vom Deutschen Konsumentenbund finanziell unterstützt. Im Jahr 2015 war die österreichische Zweigstelle der Cochrane Collaboration ein Kooperationspartner. In Wien wird die Veranstaltung seit 2011 durch den Journalisten Martin Thür moderiert. Die Veranstaltung in Hamburg erfolgt seit 2017 in Zusammenarbeit mit DESY.

Die Chronologie dieser Veranstaltung

Jahr	Lebenswerk	Preisträger	Weitere Nominierte
2011	nicht vergeben	Peter-Arthur Straubinger und sein Film „Am Anfang war das Licht"	Claudia von Werlhof (künstliche Erdbeben mittels HAARP) Mario-Max Prinz zu Schaumburg-Lippe (Reichtums-Elixier)
	Laudatoren 2011 Anne Frütel auf Claudia von Werlhof Robert Misik auf Prinz zu Schaumburg-Lippe Werner Gruber auf Peter-Arthur Straubinger		
2012	Erich von Däniken	Harald Walach von der Europa Universität Viadrina (Esoterik und Alternativmedizin)	Dieter Broers (Weltuntergangsprognosen) Österreichische Ärztekammer (Therapiemethoden ohne Wirksamkeitsnachweis)
	Laudatoren 2012 Niko Alm auf Dieter Broers Mario Sixtus auf Harald Walach El Awadalla auf die Österreichische Ärztekammer Science Busters auf Dieter Broers		

Jahr	Lebenswerk	Preisträger	Weitere Nominierte
2013	Rüdiger Dahlke	Verein „Homöopathen ohne Grenzen" (Einsatz von Homöopathie in Krisengebieten)	Lebensmittelkette Spar (Verkauf von Granderwasser) Politiker und Mediziner Marcus Franz (Behauptungen zu Homosexualität)
	Laudatoren 2013 Lorenz Meyer (Alter ego Sheng Fui) auf Spar Claudia Wild auf Marcus Franz Renée Schroeder auf Homöopathen ohne Grenzen Niko Alm auf Rüdiger Dahlke		
2014	Jochen Kopp -Kopp Verlag	Der Sänger Xavier Naidoo (rechte Verschwörungsparanoia)	Netzwerk Impfentscheid (für die Verbreitung gefährlicher Falschinformationen zum Thema Impfen) NRW-Gesundheitsministerin Barbara Steffens Pseudowissenschaftlichkeit an Universitäten)
	Laudatoren 2014 Michael Freissmuth (MedUni Wien) auf das Netzwerk Impfentscheid Martin Moder (europäischer Science Slam Champion 2014) auf Barbara Steffens Alexa Waschkau auf Xavier Naidoo Niko Alm auf Jochen Kopp		

Jahr	Lebenswerk	Preisträger	Weitere Nominierte
2015	Matthias Rath	Stefan Lanka (Virenleugner und Impfgegner)	Jim Humble (Vermarktung von MMS als Wundermittel)
			Susanne Winter (Politikerin mit Sympathie für Esoterik, Klimawandel-Leugnerin)
Laudatoren 2015			

Laudatoren 2015

Kurt Kotrschal auf Susanne Winter

Caroline Snijders (Skeptikerin und Mentorin) auf Jim Humble

Boris Lemmer (Physiker und Scienceslammer) auf Stefan Lanka

Ben Goldacre auf Matthias Rath

Jahr	Lebenswerk	Preisträger	Weitere Nominierte
2016	Zentrum der Gesundheit	Ryke Geerd Hamer (Wunderheiler)	Roland Düringer (Förderung von Verschwörungstheorien)
			Krebszentrum Brüggen-Bracht (pseudomedizinische Aussagen zur Krebsentstehung und -therapie)

Laudatoren 2016

In Wien: Judith Denkmayr (VICE Austria) auf Ryke Geerd Hamer

Sebastian Huber & Fritz Jergitsch (Tagespresse) auf Roland Düringer

Sebastian Bartoschek auf Krebszentrum Brüggen-Bracht

In Hamburg: Stefan Niggemeier

Lorenz Meyer (Bildblog, Sheng Fui) auf Ryke Geerd Hamer

Mai Thi Nguyen-Kim (The Secret Life of Scientists)

Eckart von Hirschhausen vergibt das Lebenswerk per Videobotschaft

Jahr	Lebenswerk	Preisträger	Weitere Nominierte
2017	Cornelia Bajic und Deutscher Zentralverein homöopathischer Ärzte	Peter Fitzek (Esoteriker und Gründer einer Reichsbürgerbewegung)	Dr. Johannes Huber (Theologe, Autor, Wissenschaftler und Esoteriker) Andrew Wakefield (Impfgegner, Filmemacher)
	Laudatoren 2017		
	In Wien: Elisabeth Oberzaucher		
	Alwin Schönberger (Leiter des Wissenschaftsressorts von Profil)		
	Ulla Kramar-Schmid (ORF, zib2), Edzard Ernst		
	In Hamburg: Lydia Benecke		
	Alexa und Alex Waschkau		
	Armin Himmelrath		
2018	Demeter-biologischer Anbauverband	Das Krankenhaus Nord in Wien, gemeinsam mit dem Energetiker Christoph Fasching, der einen „energetischen Schutzwall" um das Krankenhaus zog	Christina von Dreien (Esoterik-Wunderkind) Hans Tolzin (Molkereifachmann und Betreiber von Websites gegen evidenzbasierte Medizin)
	Laudatoren 2018		
	In der Urania in Wien:		
	Sylvia Margret Steinitz, Kolumnistin beim Stern		
	Christian Kreil, "Stiftung Guru-Check" beim Standard		
	Lisz Hirn, Philosophin		
	Erich Eder, Biologe an der Universität Wien		

Im Altonaer Museum in Hamburg:
Matthias Grübel, Autor bei Extra 3
Nicola Kuhrt, Wissenschaftsjournalistin
Marcus Rohwetter, Kolumnist bei der ZEIT

Jahr	Lebenswerk	Preisträger	Weitere Nominierte
2019	Granderwasser	Hevert-Arzneimittel (Homöopathika-Hersteller)	Dieter Köhler und die Unterzeichner seiner Stellungnahme International Foundation for Original Play (Spielkonzept)
	Laudatoren 2019 Ingrid Brodnig, Autorin Peter Weinberger, Science Buster Magdalena Meergraf, Medizinjournalistin			
2020	Ken Jebsen (KenFM)	Sucharit Bhakdi (Mikrobiologe, für seine Behauptungen zur COVID-19-Pandemie)	Michael Ballweg (Unternehmer und Gründer der Querdenken 711-Initiative) Attila Hildmann (Kochbuchautor und Verbreiter von Falschinformationen zur COVID-19-Pandemie)
	Laudatoren 2020 Alexa und Alex Waschkau auf Attila Hildmann Krista Federspiel auf Sucharit Bhakdi Katharina Nocun auf Michael Ballweg Ulrich Berger auf Ken Jebsen			

Medienecho

Das Medienecho reicht von zahlreichen Erwähnungen in der Blogosphäre wie bei ScienceBlogs (Astrodicticum Simplex, Kritisch gedacht oder Fischblog und Mathlog) bis hin zu österreichischen Medien wie Der Standard, Die Presse, orf.at, News, Heute und Vice.

Ferner berichtet auch das Wissenschaftsformat IQ – Wissenschaft und Forschung von Bayern 2 über den Preis, 2015 berichtete der ORF im ZIBflash über die Preisverleihung. Weitere Erwähnungen erfolgten in der taz, der Berliner Zeitung sowie in der Basler Zeitung.

Unter dem Titel "Denkzettel für Scharlatane" schrieb die Frankfurter Rundschau einen Beitrag. 2014 wurde der Preis im Magazin Rolling Stone und bei Futurezone erwähnt. 2015 berichtete u. a. das Laborjournal unter dem Titel:"Aids-Leugner erhält „Goldenes Brett" und im Standard unter dem Titel „Goldenes Brett: Schmähpreis für einen Aids-Leugner und Impfgegner". 2016 berichteten Spiegel Online, das Nachtmagazin der ARD, Standard.at sowie Galileo.TV. und das Hamburger Abendblatt. 2017 berichtete die Stuttgarter Zeitung. Über die Preisträger der Jahre 2019 und 2020 berichteten der Standard und weitere ideologisch nahestehende Medien.

Kommentare der Skeptiker zu den Medien

Sensationsmedien gefährden die Wissenschaft

In unserer Medienwelt zählt das Außergewöhnliche. So werden pseudowissenschaftliche Querköpfe oft zu Medienstars, obwohl sie es nicht verdient haben. Ein Flugzeugabsturz ist eine Schlagzeile wert. Ein Flugzeug, das planmäßig ankommt, sicher nicht. Berichtenswert ist nur das Außergewöhnliche – das ist ein allgemein akzeptiertes Gesetz der Medienwelt. Für die Verbreitung des wissenschaftlichen Denkens hat das oft fatale Konsequenzen. Eine korrekte, sauber argumentierte und überprüfbare Theorie wird viele Anhänger finden und wirkt daher gewöhnlich und uninteressant. Das macht dann all jene, die eine falsche, absurde und eigentlich längst widerlegte Gegentheorie vertreten, zu exotischen Außenseitern – und dadurch manchmal zu Medienstars. Die Strategie, mit der wir diesem Problem begegnen, wird die Zukunft von Medien und Demokratie entscheidend beeinflussen.

Die Fundamente wackeln nicht

In der Wissenschaft ist es nicht anders als in anderen Lebensbereichen: Es gibt Uneinigkeit, Streit, Eifersucht und Feindschaft. Natürlich stimmen Fachexperten über ihre aktuellen Forschungsfragen nicht immer überein: Stünden alle Antworten von vornherein fest, bräuchte man keine Forschung. Das soll aber nicht darüber hinwegtäuschen, dass über die wohlerprobten Fundamente der Wissenschaft normalerweise allergrößte Einigkeit besteht. Quantentheoretiker streiten vielleicht über die korrekte Interpretation von irgendwelchen neuen atomphysikalischen Messergebnissen – an die Gültigkeit der Quantenphysik zweifelt aber keiner von ihnen. Paläontologen mögen über die Bedeutung eines neugefundenen Fossils uneinig sein, doch keiner von ihnen wird die Gültigkeit der Evolutionstheorie in Frage stellen. Wenn die Leute, die sich beruflich jahrelang jeden Tag mit diesen Themen beschäftigen, über solche Theorien einer Meinung sind, dann ist das ein äußerst starker Hinweis darauf, dass diese Theorien tatsächlich sehr viel Wahrheit enthalten und auch in Zukunft als gültig betrachtet werden können.

Außenseitern soll man zuhören

Nun gibt es aber immer wieder Leute, die sich aus verschiedenen Gründen gegen diesen wissenschaftlichen Mainstream stellen, vielleicht, weil sie die Wissenschaft nicht richtig verstehen, vielleicht weil in übersteigerter Phantasie Fakten mit Vermutungen verwechseln, aber vielleicht auch, weil sie dafür gute Argumente gefunden haben, die bisher noch niemand gesehen hat. Wissenschaftliche Außenseiter liegen erfahrungsgemäß meistens falsch – aber sie haben selbstverständlich das Recht, ihre Ideen zu verbreiten und sich in ehrlicher Diskussion mit der etablierten Wissenschaft zu messen. In der Wissenschaftsgeschichte waren es bisher nicht die radikalen Außenseiter, die große wissenschaftlichen Umbrüchen angestoßen haben. Newton, Planck, Einstein, sie alle waren Leute, die zwar neue, wagemutige Ideen formulierten, aber das wissenschaftliche Mainstream-Wissen ihrer Zeit ordentlich gelernt hatten und ihre Überlegungen logisch und schlüssig an die Gedanken ihrer wissenschaftlichen Vorgänger anknüpfen konnten. Das heißt aber nicht, dass schrullig-verquere Außenseiter nicht auch einmal bahnbrechende Gedanken haben könnten. Wir sollten also auch Außenseitermeinungen unbedingt die Chance zugestehen, sich zu bewähren, solange diese Meinungen mit Argumenten untermauert werden.

Ungesichertes Wissen für die Zeitung?

Zum Problem werden skurrile Außenseitermeinungen aber dann, wenn sie unhinterfragt in die Medien geraten, und dort als wahr dargestellt werden - oder zumindest als Standpunkte, die der etablierten Wissenschaft ebenbürtig sind. Leider passiert das sehr leicht: Wer behauptet, die Wissenschaft aus den Angeln gehoben zu haben, macht sich automatisch interessant. Wer seine eigenen, exotisch klingenden Pseudo-Wissenschaftsbereiche erfindet – von geheimnisvoller Lichtnahrung bis hin zu Quanten-Reinkarnation – wird rasch zum gefragten Interviewpartner. Eine besonders gern gewählter Pfad zum Medienruhm ist die Verbreitung von Weltuntergangsszenarien. Killerbakterien, Todesstrahlen, Mörderchemikalien-je weltzerstörerischer umso größer die Auflage. Werden diese Behauptungen dann als Unfug entlarvt, ist das keine Pressemeldung mehr wert. Zweifel an etablierten Theorien ist interessant, die zwölftausendsiebenhundertachte Bestätigung einer etablierten Theorien ist medial irrelevant. Das ist nicht die Schuld der Wissenschaft - das ist die Folge einer unehrlichen und oberflächlichen Medienwelt.

Demokratie heißt nicht Gleichheit von Wahr und Falsch

Aber - so könnte man einwenden - wenn es Uneinigkeit gibt zwischen Mainstream und Außenseitern, muss man dann nicht in einem demokratischen Diskurs zumindest beide Seiten medial zu Wort kommen lassen? Die Antwort ist ganz einfach: Nein! Das muss man gewiss nicht! Die Medienwelt ist ein permanenter Wettlauf um unsere Aufmerksamkeit – und manche Ideen, Gedanken und Theorien haben unsere Aufmerksamkeit einfach nicht verdient. Wenn man im Fernsehen einen Astrologen einem Astronomen gegenübersetzt, dann ist das kein gleichberechtigter Wettstreit verschiedener Sichtweisen, sondern eine Konfrontation zwischen mittelalterlichem Blödsinn und moderner Wissenschaft (...). Beiden in gleichem Maß Medienpräsenz zukommen zu lassen ist eine tragische Perversion des Gleichheitsgedankens. Manches sieht spektakulär aus, hat mit Wissenschaft, Wahrheit und Verstand aber nichts zu tun. Dass Außenseitersichtweisen spannend sind, ist klar. Dass Journalisten manchmal über schräge Ideen berichten wollen, ist verständlich. Aber in solchen Berichten muss unbedingt auch klargestellt werden, ob es sich um eine ernsthafte neue Theorie handelt, die sich gerade erst verbreitet, oder ob es eine skurrile Verrücktheit ist, über die man in der Fachwelt nur den Kopf schüttelt. Keinesfalls darf man in falsch verstandener postmoderner Gleichmacherei den Fehler begehen, alle Sichtweisen als gleich akzeptabel auf eine Stufe zu stellen. Es gibt nun einmal fundierte Theorien und wackelige Theorien, es gibt Bauchgefühle und Fakten, es gibt Wahrheit und Unfug. Nicht jede Meinung hat dasselbe Gewicht. Auch in einer politischen Diskussionssendung würde man den frischgewählten Klassensprecher aus der Hauptschule Gerasdorf nicht gegen die Präsidentin von Frankreich antreten lassen. Die Neugier nach Außergewöhnlichem lässt sich schließlich auch mit echter Wissenschaft befriedigen. Vielleicht muss man dann auf quotentreibende Weltuntergangsberichte, auf mystische Quantenheilungsgeschichten und auf nervenaufreibende UFO-Storys verzichten, aber ich bin ganz sicher: Auch in Wissenschaft und Forschung findet man ausreichend viele Themen, die uns vor Staunen nach Luft schnappen lassen.

Florian Aigner, naklar.at, 26. Dezember 2017

Skeptiker zur Spiritualität in der Schweiz

Eine aktuelle Umfrage des „Schweizer Bundesamtes für Statistik"(BFS) beschäftigt sich mit den religiösen Vorstellungen in der Schweiz. Neben den etablierten Religionen beschäftigen sich viele Schweizer auch mit Esoterik. Der Umfrage zufolge glaubt jeder Zweite in der Schweiz an einen einzigen Gott, vor allem natürlich in den etablierten religiösen Gemeinschaften. 71 Prozent der Gläubigen gaben an, immerhin fünf Mal pro Jahr eine religiöse Einrichtung aufzusuchen, allerdings werden Gottesdienste von vielen dieser Gläubigen nur bei gesellschaftlichen Anlässen wie Hochzeiten oder Taufen aufgesucht. Jedoch variieren diese Zahlen, je nach Glaubensgemeinschaft. Jeder Vierte der Befragten glaubt an eine höhere Macht. 12 Prozent gaben an, Atheisten zu sein, 22 Prozent, keine Religion zu haben. Interessant ist, dass von diesem Fünftel nicht konfessionell Gebundener immerhin 31 Prozent zu Protokoll gaben, dass sie an ein von einer höheren Macht bestimmtes Schicksal glauben. 41 Prozent glauben gar,, Religion und Kultur ergab, dass es (übersinnliche) Gaben wie Hellsehen und Heilen gibt. Immerhin 13 Prozent der Befragten in der Westschweiz gaben an, im Jahr vor der Befragung einen Heiler aufgesucht zu haben (im Vergleich zu 4 und 5 Prozent in Deutschschweiz und der italienischen Schweiz). Auch „Gegenstände mit glück-, schutz- oder heilbringender Wirkung" werden , je nach Region von einem Fünftel bis einem Viertel der Schweizer verwendet. Das Fazit des Bundesamtes für Statistik: „Ohne Konfession heißt nicht ohne Spiritualität". Wenig überraschend, dass auch „alternative" Heilmethoden in der Schweiz populär sind, und sogar von den gesetzlichen Kassen erstattet werden können.

Holger von Rybinski, 24. April 2016

Skeptiker zur Waldorfpädagogik

Schule ohne Schulleitung

Waldorfschulen kommen ohne Schulleitung aus. Die Schulen werden durch das Kollegium als Ganzes geführt. Die Entscheidungsfindung erfolgt jedoch nicht demokratisch durch Abstimmung, sondern durch das „Einmütigkeitsprinzip". Eine Entscheidung gilt dann als einmütig getroffen, wenn niemand im Kollegium widerspricht. Andersherum hat jeder eine Art Vetorecht. Man kann sich leicht vorstellen, dass dieses Verfahren leicht zu Spannungen im Kollegium führen kann. Cornelia Giese berichtet sogar davon, dass nichtanthroposophische Lehrkräfte nicht an so genannten „Internen Konferenzen", die die wesentlichen Dinge der Schule besprechen, teilnehmen dürfen. Ob dies an Waldorfschulen übliche Praxis ist, ist mir nicht bekannt.

Zeugnis und Beurteilung

Für manche Eltern erscheint es sehr attraktiv, dass die Waldorfschulen auf Noten verzichten. Damit ist auch verbunden, dass die Waldorfschule kein Sitzenbleiben kennt – letztlich folgt dies auch aus der starren Entwicklungslehre und der Vorstellung der Klasse als Schicksalsgemeinschaft. Statt Noten gibt es Textzeugnisse, die sich in einen objektive und einen subjektiven Teil gliedern und mit einem Zeugnisspruch enden, der auswendig gelernt und zu allerlei Anlässen vor der Klasse oder der ganzen Schule rezitiert wird, wie z.B.,,Arbeit zur rechten Zeit, zur rechten Zeit Spiel, Schaffen und Lauschen führt uns zum Ziel. Die Schüler sollen in den Zeugnissen umfangreich charakterisiert werden. Die Beurteilung geht also weit über ein Notenzeugnis hinaus. Die Charakterisierung erfolgt projektiv entlang dem anthroposophischen Verständnis von Wille, Verstand und Gefühl. Da hat man „freudig teilgenommen", „geht gut mit", oder hat das „Gebotene innerlich aufgenommen". Der Lehrer kann auch seinen Unmut zum Ausdruck bringen. So vermerkt das Zeugnis eines aufmüpfig-kritischen Jungen in der 9. Klasse für das Fach Geschichte, es mangele ihm „an kraftvollem Arbeitseinsatz, die häuslichen Aufgaben zu verrichten' und den ‚Darbietungen mit ungeteilter Aufmerksamkeit zu folgen." Ein Jahr später ist Besserung zu erkennen, der Musiklehrer atmet auf: "Er hat mit der Zeit immerhin so viel Achtung vor der Musik Beethovens entwickelt, dass er die grobianistischen Störungen unterlassen konnte." Auch an

Staatsschulen gibt es, teilweise bis zur vierten Klasse, Textzeugnisse. Diese bedienen sich jedoch allgemeiner Formulierungen und sind fachbezogen. Moralische Wertung oder Charakterbeschreibung gehört nicht in ein Staatsschulzeugnis. In der Waldorflehre kommt eine deterministische Karma-Lehre zur Anwendung. Aus dem Zahnstand und Zahnstatus meint man auf den Charakter von Kindern schließen zu können. Hinzu kommt die Lehre von den Temperamenten, die den Charakter der Kinder ohne nachvollziehbare Begründung in vier Grundtypen einteilt. Ein unwissenschaftliches, esoterisches entwicklungspsychologisches Stufenmodell führt zur Ablehnung naturwissenschaftlicher Arbeitsweisen bis in die Mittelstufe hinein. Kritisches Denken wird bis ins Erwachsenenalter abgelehnt. Autorität und Nachfolge sind stattdessen laut Steiner die obersten pädagogischen Prinzipien. Ein Punkt, den man jedem vor Augen halten sollte, der das Wort „Reformpädagogik" im Zusammenhang mit Waldorferziehung im Munde führt. War die Reformpädagogik doch ursprünglich angetreten, um den alten autoritären Geist aus den Klassenzimmern zu fegen, ist der Klassenlehrer an einer Waldorfschule ein Alleinherrscher. Die angeblich ganzheitliche Sicht auf das Kind entpuppt sich bei näherem Hinsehen als kosmisch-esoterisches Orakel, dessen Spruch sich einmal pro Schulhalbjahr auf dem Gesinnungszeugnis Schülern und Eltern offenbart. Die subjektiven „Schauungen" des Waldorflehrers werden zu absoluten kosmischen Wahrheiten erhoben. Außerdem ist die gesetzlich vorgeschriebene Waldorflehrerausbildung mehr als fragwürdig. Viele weitere Kritikpunkte müssen an dieser Stelle unberücksichtigt bleiben. Sie würden den Rahmen des Artikels sprengen, lohnen aber eine weitere kritische Beschäftigung mit dem Thema. Dazu zählen die hier nur angerissenen rassistischen Äußerungen Rudolf Steiners, die vor allem wegen der fehlenden Abgrenzung der Anthroposophen von ihrem Übervater problematisch sind, oder die Eurythmie, ein esoterischer Tanz, der an allen Waldorfschulen unterrichtet wird, sowie die Rolle der anthroposophischen Medizin in Waldorfeinrichtungen. Problematisch ist auch die Finanzierung der Waldorfschulen, die zum größten Teil durch öffentliche Zuschüsse erfolgt. Darüber hinaus müssen Waldorfeltern Schulgeld bezahlen und sind an vielen Waldorfschulen zu umfangreicher Mitarbeit verpflichtet. Sie haben jedoch kaum Möglichkeiten zur Mitsprache. Die Aufzählung ließe sich noch lange fortführen.Klaus Prange (2000), fragt ketzerisch, was Anthroposophen eigentlich sehen, wenn sie durch ihre schiefen Fenster in die Welt blicken. Vielleicht sehen sie ja tatsächlich die Kobolde, Elementarwesen, Feen und Elfen von denen sie so gerne erzählen. Es scheint jedoch unbedingt geboten, dass die Schulaufsichten einen genaueren Blick durch die schiefen Fenster in die Waldorfschulen und Waldorflehrerseminare hineinwerfen. Die Aufsichtsbehörden sind vor allem deshalb gefragt, weil die Rolle, die tatsächliche Rolle der Anthroposophie in der Unterrichtspraxis stark vom Lehrer abhängt. Es ist jedenfalls nicht hinnehmbar, dass Geschichtsunterricht bei Atlantis beginnt und naturwissenschaftlicher Unterricht mit der Lehre von Elementarwesen verwässert wird. Es gibt sicher Waldorflehrer, die die Anthroposophie und die hier kritisierten Konzepte außen vor lassen. Waldorfkritische Publikationen und das Curriculum der Waldorflehrerseminare belegen aber auch, dass anthroposophisch geprägten Unterricht an den meisten, wahrscheinlich sogar an allen Waldorfschulen an der Tagesordnung ist und dass dies vom Dachverband „Bund der Freien Waldorfschulen" gewollt ist. Ich habe mit Lehrern und ehemaligen Schülern von insgesamt vier Waldorfschulen in Bremen, Niedersachsen und Baden-Württemberg gesprochen. An allen gab oder gibt es anthroposophisch geprägten Unterricht.Einige berichteten von einem sektenhaften Charakter der Schule und ihres Umfelds. Letztlich ist es jedoch nicht möglich, allgemeingültige Aussagen zu treffen. Das ist das Dilemma der Waldorfkritik: Man erfährt sehr wenig von dem, was tatsächlich in den Klassenräumen passiert. Lehrbücher, die man kritisch untersuchen könnte, gibt es nicht. Eine Bremer Waldorflehrerin prahlte im Frühjahr bei einem Eltern-Infoabend damit, dass man, entgegen dem Wunsch der Senatorin für Bildung, nicht an den VERA Vergleichsarbeiten (eine Lernstandserhebung in Grundschulklassen) teilgenommen habe. Hier sollte die Politik mehr Druck ausüben und Waldorf- und andere Privatschulen verpflichten in den offenen Wettbewerb mit den staatlichen Schulen einzutreten und an Evaluationsstudien teilzunehmen. Die Waldorfschulen könnten dies als Chance begreifen die selbst postulierte Überlegenheit der Waldorfpädagogik zu belegen. Im umgekehrten Fall wäre es eine Chance sich von Rudolf Steiner und seiner kruden Lehre zu emanzipieren.

André Sebastiani, geb. 1977, studierte an der Westfälischen Wilhelms-Universität in Münster Lehramt für die Primarstufe. Nach seinem Referendariat in Vechta arbeitet er seit 2005 an einer Grund- und Sekundarschule in Bremen.

Progressive Wissenschaft zur Waldorfpädagogik

21 Fragen und Antworten zur Waldorfpädagogik

1. Welche Kinder werden an einer Waldorfschule aufgenommen?

Waldorfschulen stehen grundsätzlich allen Kindern offen – unabhängig von Religion, ethnischer Herkunft, Weltanschauung und Einkommen der Eltern. Nach ausführlichen Informationsveranstaltungen findet für jedes Kind ein individuelles Aufnahmegespräch an der Schule statt. Auch in höhere Klassen können Schüler als Quereinsteiger aufgenommen werden.

2. Worin unterscheiden sich Waldorfschulen überhaupt von anderen Schulen?

Waldorfschulen wollen gleichermaßen intellektuelle, kreative, künstlerische, praktische und soziale Fähigkeiten bei den Kindern und Jugendlichen entwickeln. Alle Waldorfschüler durchlaufen ohne Sitzenbleiben 12 Schuljahre. Vom ersten Schuljahr an lernen die Schüler zwei Fremdsprachen. Gemeinsam besuchen Mädchen und Buben den Handarbeits- und Werkunterricht. Die ersten zwei Stunden des Schultages erleben die Schüler in Form eines Epochenunterrichts. In der achten und zwölften Schulstufe studieren sie ein anspruchsvolles Theaterstück ein und setzen sich in einer großen Jahresarbeit mit einem Thema ihrer Wahl in Theorie und Praxis auseinander. Die Fächer Gartenbau und Eurythmie sind feste Bestandteile des Lehrplans.

3. Wer war Rudolf Steiner und was hat er mit der Waldorfpädagogik zu tun?

Rudolf Steiner ist der Begründer der Waldorfpädagogik. Emil Molt, Besitzer der damaligen Waldorf Astoria Zigarettenfabrik, gründete mit ihm zusammen die erste Waldorfschule in Stuttgart. Inhalt und Methoden der Waldorfpädagogik beruhen auf Rudolf Steiners Erkenntnissen über die Gesetzmäßigkeiten der Entwicklung von Kindern und Jugendlichen. Neben der Pädagogik fanden Rudolf Steiners geisteswissenschaftliche Forschungen auch Eingang in die biologisch-dynamische Landwirtschaft, die Anthroposophische Medizin und die Kunst.

4. Muss ein Kind künstlerisch begabt sein, damit es für die Waldorfschule geeignet ist?

Nein, die Waldorfschule ist eine Schule für alle Begabungsrichtungen. Die neuere Hirnforschung hat aber eindrucksvoll belegt, dass Kinder und Jugendliche durch künstlerisches Üben viele Kompetenzen erwerben, die weit über die unmittelbare Tätigkeit hinausreichen. Wenn Waldorfschüler malen, zeichnen, plastizieren oder musizieren, geht es daher vor allem um die Schulung differenzierter Wahrnehmungen und die Entfaltung ihres schöpferischen Potentials; die Begabungen der einzelnen Schüler werden dabei natürlich berücksichtigt. Waldorflehrer sind bestrebt, den Verstand, die Kreativität und die eigenständige Persönlichkeit ihrer Schüler gleichwertig zu entwickeln.

5. Ist es nicht so, dass hauptsächlich Kinder mit Lernschwierigkeiten auf eine Waldorfschule gehen?

Ausdrücklich nein. An Waldorfschulen lernen Kinder aller Begabungsrichtungen wie an den staatlichen Schulen auch, nur dass hier neben intellektuellen Fähigkeiten gleichgewichtig auch soziale und handwerklich-künstlerische Fähigkeiten gefordert werden. Die individuelle Förderung von Kindern mit besonderem Assistenz- und Förderbedarf ist eine wichtige Säule der Waldorfpädagogik, die entweder in Schulen mit einem inklusiven Konzept oder in heilpädagogischen Schulen umgesetzt wird.

6. Stimmt es, dass Waldorfschulen immer sehr große Klassen haben?

Das ist von Schule zu Schule verschieden, aber es ist richtig, dass es manchmal größere Klassen gibt. In vielen Fächern werden die Klassen dann geteilt. Kinder, die sich in einem Fach leichter tun, helfen denen, die es schwerer haben. Schülern, die ganz besonders schnell auffassen, geben die Lehrer schwierigere Zusatzaufgaben. In einer großen Klasse entsteht durch die Vielzahl der unterschiedlichen Persönlichkeiten, Temperamente und Eigenschaften der Kinder über zwölf Schuljahre eine soziale Gemeinschaft, in der die jungen Heranwachsenden aneinander lernen.

7. Stimmt es, dass es an Waldorfschulen keine Noten und kein Sitzenbleiben gibt?

An Stelle der Noten stehen verbale schriftliche Beurteilungen, in denen die Lehrer gleichermaßen auf die Persönlichkeitsentwicklung und die Lernfortschritte ihrer Schüler eingehen. Es zählt also nicht allein der Wissensstand, sondern die Gesamtentwicklung in einem bestimmten Zeitraum. Waldorfschüler lernen von der ersten bis zur zwölften Schulstufe in einer stabilen Klassengemeinschaft, unabhängig vom angestrebten Schulabschluss: Niemand wird unterwegs sitzen gelassen.

8. Ohne Noten und ohne Sitzenbleiben: Sind die Kinder dann überhaupt zum Lernen motiviert?

Da der Waldorfunterricht sehr handlungsorientiert und auf die Phase der Schüler abgestimmt ist, stellt sich dieses Problem nur selten. Eigeninitiative entwickeln die Kinder und Jugendlichen nicht aufgrund von äußerem Leistungsdruck, sondern aus lebendigem Interesse und persönlicher Begeisterung für die vielfältigen Unterrichtsinhalte. Diese gestaltet der Lehrer kreativ und lebensnah, so dass sie sich an der persönlichen Erfahrungswelt der Kinder orientieren und ihnen eigene Erlebnisse vermitteln. Waldorflehrer bereiten sich auf diese anspruchsvolle pädagogische Tätigkeit an eigenen Seminaren und Hochschulen vor.

9. Ist Waldorfpädagogik nicht so etwas wie das Vorgaukeln einer heilen Welt? Kommen die Schüler später mit der „harten Realität" zurecht?

Die Praxis zeigt, dass gerade Waldorfschüler in der Berufswelt besonders geschätzt werden. In einer Schule, die nicht nur die intellektuellen Fähigkeiten anspricht, entwickeln sich Schlüsselqualifikationen wie Teamfähigkeit, Kreativität und die Fähigkeit prozessual zu denken – vom ersten Schultag an. Absolventenstudien zeigen, dass Waldorfschüler in allen Studien – und Berufsfeldern sehr erfolgreich studieren und arbeiten.

10. Welche Abschlüsse können an einer Waldorfschule gemacht werden?

Die eigentliche Waldorfschulzeit endet nach der 12. Klasse mit dem Waldorfabschluss. Danach gibt es verschiedene Möglichkeiten sich auf die Matura vorzubereiten. Einige Waldorfschulen bieten dafür ein 13. Schuljahr an, die Schüler können auch die letzte Klasse einer AHS oder eines ORG besuchen und dort die Matura ablegen oder aber ein Abendgymnasium besuchen.

11. Ist die Waldorfschule eigentlich teuer?

Es ist ein Prinzip der Waldorfschulen, kein Kind aus finanziellen Gründen abzulehnen. Obwohl Waldorfschulen erwiesener-maßen besser wirtschaften als Regelschulen, sind sie auf Elternbeiträge angewiesen. Zwar besteht das Recht auf freie Schulwahl, aber die Zuschüsse der öffentlichen Hand an die Privatschulen sind wesentlich niedriger als die Mittel, die sie für Regelschulen aufwendet. Nachdem die Eltern in Gesprächen die Bedürfnisse der Schule kennengelernt haben, legen sie ihre Beiträge selbst so fest, dass diese einerseits den Notwendigkeiten des Schulbetriebs, andererseits ihren eigenen finanziellen Möglichkeiten entsprechen.

12. Die Waldorfschulen nennen sich „freie Schulen". Heißt das, dass die Kinder dort antiautoritär erzogen werden?

Der Begriffe „freie Schulen" bedeutet nicht, dass es keine Regeln gibt, sondern dass diese Schulen eine weitgehende pädagogische Autonomie haben. Waldorflehrerinnen und –lehrer bauen in der Unterstufe ein von „liebevoller Autorität" geprägtes Verhältnis zu ihren Schülern auf. Kinder suchen ihre Grenzen. Nur wenn sie diese von den Erwachsenen erfahren, fühlen sie sich einerseits sicher und erleben sich andererseits als eigene Persönlichkeit. Im Laufe der Schulzeit wandelt sich das Lehrer-Schüler-Verhältnis immer mehr zu einer umfassenden Lernpartnerschaft.

13. Warum haben die Kinder in den ersten sechs bis acht Schuljahren nach Möglichkeit ein und denselben Klassenlehrer?

In einer Gemeinschaft, die von Beständigkeit und Rhythmus geprägt ist, können Kinder sich gesund entfalten. Um ihnen darin eine verlässliche Stütze zu sein, begleitet ein Waldorf-Klassenlehrer „seine" Klasse nach Möglichkeit sechs bis acht Jahre lang und unterrichtet jeden Morgen mindestens die ersten beiden Stunden eines Schultages. In wechselnden „Epochen" bringt er den Schülern jeweils über mehrere Wochen den Stoff unterschiedlicher Themengebiete nahe. Dabei lernt er seine Schüler sehr gut kennen und kann individuell auf ihre Stärken und Schwächen eingehen.

14. Was ist unter „Epochenunterricht" zu verstehen?

Während der ersten beiden Stunden eines Schultages arbeiten die Schüler über mehrere Wochen intensiv an jeweils einem Fachgebiet. So haben die Schüler zum Beispiel drei Wochen lang jeden Morgen zwei Stunden Mathematik, Geografie, Deutsch, Geschichte oder ein anderes Hauptfach. Sie können sich auf diese Weise intensiv mit einem Stoffgebiet verbinden. Grundfertigkeiten wie Rechnen oder Schreiben festigen die Schüler über den Epochenunterricht hinaus in fortlaufenden Übungsstunden. Im Anschluss an den Epochenunterricht übernehmen Fachlehrer den Unterricht in Sport, Fremdsprachen, Eurythmie, Religion, Musik und in den handwerklich-künstlerischen Fächern.

15. Kann ein Lehrer überhaupt in allen Fächern qualifiziert sein?

Klassenlehrer decken an einer Waldorfschule tatsächlich ein großes Spektrum an Fächern ab. In besonderen Ausbildungswegen, die sie in einem Vollstudium oder postgraduiert im Anschluss an eine Ausbildung an einem der Seminare oder an einer Hochschule mit Waldorf-qualifikation durchlaufen, werden sie gezielt darauf vorbereitet. Für Klassen-, Fach- und Oberstufenlehrer gilt gleichermaßen, dass ihre Ausbildung mindestens gleichwertig zur staatlichen Ausbildung sein muss. In der Unter- und Mittelstufe liegt der Schwerpunkt allen Lernens nicht nur auf der Vermittlung reinen Fachwissens, sondern es geht auch darum, den Schülern eine lebendige, erfahrungsgesättigte Beziehung zu den Lerninhalten zu ermöglichen. So kann Lernen Freude machen – ein Leben lang.

16. Wie werden die Jugendlichen in der Oberstufe auf die Berufswelt vorbereitet?

In der Oberstufe unterrichten in allen Fächern akademisch beziehungsweise handwerklich ausgebildete Lehrer die Jugendlichen. Die praktischen Fähigkeiten, die die Schüler sich über die gesamte Schulzeit hinweg angeeignet haben, finden von der achten Schulstufe an Ergänzung durch diverse Praktika: In einem Landwirtschafts- und einem Forstpraktikum, einem Feldmess-, einem Betriebs- und einem Sozialpraktikum erhalten die Schüler eine ausgesprochen lebensnahe Ausbildungsgrundlage. Dabei liegt der Sinn der Praktika nicht in der Berufsfindung, sondern vor allem im Erüben wichtiger sozialer Fähigkeiten.

17. Kommt die Vorbereitung auf die Abschlüsse nicht zu kurz, wenn Praktika stattfinden, Theater gespielt und handwerklich gearbeitet wird?

Die Erfahrung zeigt, dass die Prüfungsleistungen hierunter nicht leiden. Denn die Abschlussnoten der Waldorfschüler liegen im Durchschnitt mindestens auf dem gleichen Niveau wie bei Schülern von staatlichen Schulen.

18. Werden die Kinder an der Waldorfschule weltanschaulich unterrichtet?

Die von Rudolf Steiner entwickelte Anthroposophie ist eine Erkenntnishilfe für die Lehrer, zu keinem Zeitpunkt aber ist sie Gegenstand des Unterrichts. Da die Waldorfschule eine überkonfessionelle Schule ist, entscheiden zunächst die Eltern, welchen Religionsunterricht ihr Kind besuchen soll. Später entscheiden die Jugendlichen das dann selbst.

19. Was hat es mit dem Fach Eurythmie auf sich?

Eurythmie ist eine Bewegungskunst, die an Waldorfschulen unterrichtet wird. Im Unterschied zu gymnastischen, pantomimischen oder tänzerischen Bewegungen, die völlig frei gestaltet werden können, gibt es in der Eurythmie für jeden Buchstaben und jeden Ton eine ganz bestimmte Gebärde – es handelt sich also um sichtbar gemachte Sprache und Musik. In der Lauteurythmie stellen die Schüler zum Beispiel dar, was in einem Gedicht an Lauten lebt, und in der Toneurythmie, was in den Tonintervallen einer musikalischen Komposition lebt. Eurythmie ist aber nicht nur ein Unterrichtsfach an Waldorfschulen, sie ist auch Bühnenkunst und Bestandteil erfolgreicher Therapien.

20. Welche Rolle spielen die Naturwissenschaften an der Waldorfschule? Und wie stehen die Waldorfschulen zum Umgang mit dem Computer?

An der Waldorfschule stehen die naturwissenschaftlichen Fächer gleichwertig neben allen anderen Unterrichtsfächern. Informatik ist fester Bestandteil im Lehrplan der Waldorfschulen. Waldorfschulen legen allerdings Wert darauf, dass die Kinder die Welt zuerst mit ihren Sinnen erfahren und daran ihr kreatives Potential und soziale Kompetenz entwickeln. In der Oberstufe ist der Umgang mit der Soft-und Hardware für jeden Schüler eine Selbstverständlichkeit. Eine PISA-Studie zu den Naturwissenschaften bescheinigte Waldorfschülern weit überdurchschnittliche naturwissenschaftliche Kompetenzen und führte dies unmittelbar auf die praktizierte Unterrichtsmethode zurück.

21. Was ist, wenn meine Familie umzieht?

In Österreich sind die Waldorfschulen in allen Bundesländern vertreten. Weltweit gibt es über 1000 Waldorfschulen, wobei jedes Jahr weitere Neugründungen dazukommen. Damit sind die Waldorf- und Rudolf Steiner – Schulen die größte überkonfessionelle und nichtstaatliche Bewegung der Welt. Eine aktuelle Weltschulliste finden sie auf www.waldorf.at

Nachsatz: In dieser Darstellung versuchen wir die häufigsten Fragen zur Waldorfschule übersichtlich und knapp zu beantworten. Natürlich können dabei nicht alle Themen und Fragen beantwortet werden.

Herausgeber und Redaktion:
Waldorfbund Österreich
www.waldorf.at

Skeptiker zum Veganismus

Risiko Veganismus

Immer mehr Menschen entscheiden sich dazu, Fleisch aus ihrem Ernährungsplan zu streichen. Andere gehen sogar noch weiter und verzichten auf alle tierischen Produkte – sie praktizieren also einen veganen Lebensstil. Die Motive für solch eine Entscheidung sind vielfältig. Viele Veganer haben beispielsweise ein sehr geschärftes Gesundheitsbewusstsein oder entscheiden sich auf Grund ihrer moralischen Ansichten gegen den Verzehr von tierischen Erzeugnissen. Wer sich rein pflanzlich ernähren möchte, sollte allerdings einige Dinge beachten, um gefährliche Risiken zu vermeiden. Schließlich sollte die Gesundheit im Fokus der Ernährung stehen.Mangelversorgung durch gezielte Lebensmittelauswahl vermeiden Es ist logisch: Wer auf Fleisch und andere tierische Produkte verzichtet, dem fehlen automatisch wichtige Vitamine, Eisen und Calcium. Viele Veganer streichen Eier, Milch, Fleisch und Co aus ihrem Ernährungsplan und vergessen dabei Alternativen für diese Nahrungsmittel zu finden. Genau das ist der Fehler, denn der menschliche Körper benötigt die Inhaltsstoffe aus all diesen Nahrungsmitteln und ist auf sie angewiesen. Nur wer seine Nahrungsauswahl bewusst angeht, kann eine Mangelversorgung vermeiden. Laut der Studie eines chinesischen Wissenschaftlerteams, steigt durch den Veganismus das Risiko von Gefäßerkrankungen deutlich an. Auf Grund von Mangelerscheinungen kann es zu einem erhöhten Homocysteinspiegel kommen, wodurch die Konzentration des HDL-Cholesterins sinkt. Dies schützt jedoch die Arterien vor Verkalkungen und ist von wichtiger Bedeutung für den Menschen. Eine komplett pflanzliche Ernährung ist im Hinblick auf unsere Gefäße also nicht empfehlenswert.

Achtung bei Zusatzstoffen

Wer sich vegan ernährt, wird sich bestimmt manchmal fragen was heute auf den Teller kommt. Oft fällt die Wahl dann auf vegane Fertigprodukte, die leider alles andere als gesund sind. Schon beim Kauf sollte man daher gezielt auf die Inhaltsstoffe achten, um künstliche Zusatzstoffe und Geschmacksverstärker zu umgehen. Bunte Logos und Markennamen werben mit gesundem und rein veganem Essen, das jedoch meistens voller Fett und Salz ist. Für Verbraucher gilt: Nicht nur auf die Verpackung achten! Gerade Veganer plädieren für eine gesunde

Ernährung und sollten Fertigprodukte daher besonders unter die Lupe nehmen. Eine weitere Frage, die sich besonders Eltern stellen: Ist der Veganismus für mein Kind gesund? Die Ansichten dazu sind kontrovers. Einige Wissenschaftler sind zu dem Entschluss gekommen, dass auch für Kinder hohe Risiken, auf Grund einer rein pflanzlichen Ernährung bestehen. Dabei handelt es sich um mögliche Wachstumsstörungen und Auffälligkeiten bei der Blutbildung. Falls Eltern ihre Kinder also vegan ernähren möchten, sollte genau auf eine Ausgewogenheit geachtet werden. Kinder befinden sich in einem Wachstumsprozess und brauchen Proteine, Fette, Vitamine und noch vieles mehr, um sich gesund entwickeln zu können. Mangelerscheinungen sollten daher absolut vermieden werden. Wer mit dem Gedanken spielt, sich vegan zu ernähren, sollte also einige Dinge beachten und sich vorher ausreichend informieren. Nur dann ist der Veganismus gesund und gut für den Körper.

Vegane Ernährung: Nährstoffversorgung und Gesundheitsrisiken im Säuglings- und Kindesalter

Eine vegane Ernährung ist durch den ausschließlichen Verzehr von pflanzlichen Lebensmitteln gekennzeichnet. Auf jegliche tierische Produkte bis hin zu Honig wird verzichtet. Es gibt eine Vielzahl von Ausprägungen der veganen Ernährung, bei denen aus religiösen oder weltanschaulichen Gründen die Lebensmittelauswahl zum Teil (noch) weiter eingeschränkt wird. Ein Beispiel ist die makrobiotische Ernährungsweise. Diese sieht als Basis Vollkorngetreide vor, außerdem werden frisches Gemüse, Hülsenfrüchte, Nüsse, Samen und geringe Mengen Obst verzehrt. Akzeptiert werden auch aus Algen hergestellte Produkte, fermentierte Sojaprodukte und je nach Ausgestaltung des makriobiotischen Prinzips in begrenztem Maße Fisch (womit die Ernährungsweise im eigentlichen Sinne nicht mehr vegan ist). Generell abgelehnt werden Fleisch, Nachtschattengewächse wie Kartoffeln, Tomaten und Paprika, Milch und Milchprodukte, Zucker, Konserven, Kaffee und Alkohol. Gleiches gilt für Früchte und Gemüse, die unter Verwendung von Mineraldünger oder Pflanzenschutzmitteln erzeugt worden sind. Auch Nahrung, die nicht aus der eigenen Lebensregion stammt oder nicht der Saison entspricht, wird abgelehnt. Die Makrobiotik ist eine äußerst fettarme Ernährung (ca. 10 Energie%). Als Fettquellen dienen lediglich kaltgepresste Öle sowie Nüsse und Samen. In älteren Schätzungen internationaler Vegetarierorganisationen wurde ermittelt, dass es in Deutschland 3 Millionen Vegetarier (3,5 % der Bevölkerung) gibt, wobei sich jeder 12. Vegetarier vegan ernährt. Dies würde etwa 0,3 % der Bevölkerung entsprechen. Laut der neuen Nationalen Verzehrsstudie II (NVS II) bezeichnen sich in Deutschland insgesamt nur 1,6 % der 14- bis 80-Jährigen als Vegetarier (2,2 % der Frauen und 1,0 % der Männer). Vegan ernähren sich demnach ca. 0,1 % (MRI 2008). Angaben zur Anzahl vegetarisch bzw. vegan ernährter Schwangerer, Stillender, Kleinkinder und Kinder liegen nicht vor. Bei einer veganen Ernährung kann es aufgrund des Verzichts auf jegliche tierische Lebensmittel zu einer Unterversorgung mit Energie, Protein, Eisen, Calcium, Jod, Zink, Vitamin B2 (Riboflavin), Vitamin B12 (Cobalamin) und Vitamin D kommen und die Zufuhr langkettiger n-3 Fettsäuren ist ebenfalls gering. Das Risiko für die Entwicklung von Nährstoffmangelzuständen bei veganer bzw. makrobiotischer Ernährung betrifft aufgrund des hohen Anspruchs an die Nährstoffdichte während des Wachstums bzw. wegen der geringeren Nährstoffspeicher vor allem Säuglinge, Kleinkinder und Kinder. Ernähren sich Stillende vegan bzw. makrobiotisch und nehmen keine Supplemente ein, besteht das Risiko schwerer neurologischer Störungen und Entwicklungsverzögerungen für das Kind (s. u. Jod, Vitamin B12). Das Risiko ist weiterhin erhöht, wenn die Ernährung beim Kleinkind ohne tierische Lebensmittel fortgeführt wird. Daher sollten Kleinkinder und Kinder laut European Society of Paediatric Gastroenterology, Hepatology and Nutrition (ESPGHAN) nicht vegan ernährt werden. In einer niederländischen Kohorte mit Kindern bis 10 Jahren unter makrobiotischer Ernährung wurde vor allem im Alter zwischen 4 und 18 Monaten ein retardiertes Wachstum festgestellt. Es wurde eine geringe Fett- und Muskelmasse und eine langsamere psychomotorische Entwicklung als in der Kontrollgruppe gemessen, die sich omnivor (mit Mischkost) ernährt hat. Gleichzeitig wurde eine defizitäre Zufuhr an Energie, Protein, Vitamin D, Riboflavin, Vitamin B12 und Calcium festgestellt. Eine zumindest geringe wöchentliche Gabe von Fett (mind. 20-25 g/Tag; Zufuhr von Energie) sowie von tierischen Lebensmitteln wie Milchprodukte (mind. 150-250 g/Tag; Zufuhr von Calcium, Riboflavin, Protein) und Fisch (mind. 100-150 g/Woche; Zufuhr langkettiger n-3 Fettsäuren, Vitamin D, Vitamin B12) wird empfohlen (Dagnelie und van Staveren 1994).

Energie und Protein

Vereinzelt wurde bei veganer Ernährung der Mutter ein erniedrigter Gehalt an Energie, Lactose, Fett und Protein in der Muttermilch beobachtet, teilweise mit klinischen Folgen wie Wachstumsretardierung und erhöhte Infektanfälligkeit für den voll gestillten Säugling. Bei Verwendung industriell hergestellter Muttermilchersatznahrung sind nicht-gestillte Säuglinge unabhängig von der Ernährung der Mutter in den ersten Monaten ausreichend mit Nährstoffen versorgt. Soll auch auf Kuhmilch bzw. daraus hergestellte Säuglingsnahrungen verzichtet werden, wird häufig auf Säuglingsnahrungen auf Sojabasis zurückgegriffen. Diese sind jedoch kein Ersatz für Kuhmilchprodukte und nicht für die Ernährung gesunder Säuglinge gedacht. Nicht oder nicht voll gestillte Säuglinge sollten Sojaerzeugnisse nur in begründeten Ausnahmefällen und nach ärztlicher Empfehlung regelmäßig bekommen. Sojagetränke und andere vegetarische „Milchen" wie Mandelmilch, Frischkornmilch, Reismilch etc. sind nicht auf die speziellen Nährstoffbedürfnisse des Säuglings abgestimmt und daher völlig ungeeignet. Gedeihstörungen aufgrund von Energie- und Proteinmangel und weitere Nährstoffdefizite können die Folge sein. Nach Young und Pellett (1994) kann eine Ernährung auf ausschließlich pflanzlicher Basis durchaus ein normales Wachstum von Kindern ermöglichen. Allerdings betonen sie die Notwendigkeit der Kombination verschiedener pflanzlicher Proteinquellen (z. B. Soja und Getreide) zur Erhöhung der biologischen Wertigkeit (Prinzip der Ergänzungswirkung von Protein bzw. Aminosäuren). Demgegenüber kann laut Krajcovicova-Kudlackova der Bedarf an unentbehrlichen Aminosäuren in Phasen hohen Bedarfs wie dem Wachstum nicht ausschließlich durch pflanzliches Protein gedeckt werden, da die biologische Wertigkeit von pflanzlichem Protein niedriger ist als die von tierischem Protein. Acosta (1988) beobachtete, dass vegan ernährte Kinder trotz scheinbar ausreichender Aminosäuren- und Stickstoffzufuhr oft ein geringeres Wachstum aufwiesen als omnivor ernährte Kinder. Die Autorin führte dies neben der geringen Zufuhr an Energie, Calcium, Zink, Vitamin B12 und Vitamin D auf die durch den hohen Gehalt an Ballaststoffen verringerte Bioverfügbarkeit von Aminosäuren und Stickstoff aus veganer Ernährung zurück. In der Praxis wurden Anzeichen von Energie-Protein-Malnutrition und eine daraus resultierende Verzögerung des Wachstums und der psychomotorischen Entwicklung bei makrobiotisch und vegan ernährten kaukasischen Säuglingen und Kleinkindern beobachtet. Zu diesen Mangelsymptomen kam es vor allem beim Übergang der Muttermilchfütterung auf feste Kost bzw. Familienkost, also ungefähr im Alter zwischen 6 und 24 Monaten. Danach fand jedoch ein (begrenztes) Aufholwachstum statt, das umso ausgeprägter war, je häufiger die Kinder - infolge einer der Familie empfohlenen Modifikation der makrobiotischen Ernährung - fetten Fisch und/oder Milchprodukte verzehrt hatten. Dies deutet darauf hin, dass es bei einigen streng vegetarischen Ernährungsformen durch eine begrenzte Lebensmittelauswahl und nicht ausreichende Ergänzungswirkung verschiedener pflanzlicher Proteinquellen durchaus zu einer nicht adäquaten Proteinzufuhr in den ersten Lebensjahren kommen kann.

Eisen

Im Säuglings- und Kleinkindesalter ist die Prävention von Eisenmangel ein wichtiges Anliegen, weil es bei einem Defizit an Eisen nicht nur zu einer Anämie, sondern auch zu Beeinträchtigungen im Verhalten und in der psychomotorischen Entwicklung kommen kann. Eisenmangel gehört in der westlichen Welt zu den häufigsten Mangelerscheinungen bei Säuglingen und Kleinkindern. Bei einjährigen Kindern aus 11 Regionen Europas betrug die Prävalenz eines Eisenmangels 7,2 % und die einer Eisenmangelanämie 2,3 % (Male et al. 2001). In veganen Gruppen mit religiös bedingter eingeschränkter Lebensmittelauswahl wurde neben anderen Nährstoffdefiziten auch Eisenmangel bei Säuglingen und Kleinkindern beschrieben. Im direkten Vergleich zwischen omnivor und makrobiotisch ernährten Säuglingen und Kleinkindern war die Prävalenz von Eisenmangel in letztgenannter Gruppe höher als bei omnivor ernährten Kindern. Ob sich der Eisenstatus von vegan bzw. vegetarisch ernährten Kleinkindern mit einer abwechslungsreichen Lebensmittel- auswahl und dem Verzehr von Vollkornbrot als Grundlebensmittel sowie von Vitamin C-reichem Obst und Gemüse von dem von omnivor ernährten Kleinkindern unterscheidet, ist aufgrund der unzureichenden Datenlage unklar. Für alle Säuglinge und Kleinkinder gelten daher gleichermaßen die Empfehlungen der ESPGHAN zur Vermeidung von Eisenmangel im Säuglings- und Kleinkindesalter (ausschließliches Stillen bis zum 6. Monat bzw. Verwendung Eisenangereicherter Formulanahrungen, Einführung von Kuhmilch als Milchgetränk erst im 2. Lebensjahr, Zufuhr Eisenreicher Beikost). Um die Bioverfügbarkeit von Eisen aus fleischloser Kost zu steigern, ist es besonders wichtig, Lebensmittel so zu kombinieren, dass die Ausnutzung von Eisen aus pflanzlicher Kost gefördert wird.

Calcium

Bei makrobiotisch ernährten Säuglingen bzw. Kleinkindern betrug die Calciumzufuhr im Alter von 6 bzw. 14 Monaten im Mittel 247 bzw. 309 mg pro Tag und damit nur 62 % bzw. 52 % des D-A-CH-Referenzwerts für die Calciumzufuhr. Außerdem könnte die gleichzeitig beobachtete hohe Ballaststoffzufuhr die Calciumabsorption negativ beeinflusst und damit zur Entstehung von Rachitis beigetragen haben. Auch bei etwas älteren makrobiotisch ernährten Kindern lag die Calciumzufuhr deutlich unter den Empfehlungen. Wurden allerdings geringe Mengen Fisch, Milchprodukte und andere tierische Lebensmittel in der Ernährung zugelassen (Makrobiotik nach Acuff, im eigentlichen Sinne nicht vegan), lag die Calciumzufuhr deutlich höher, wenngleich noch unter der empfohlenen Menge. Trotz dieser Maßnahme betrug die Calciumzufuhr in einem niederländischen Kollektiv 9- bis 15-jähriger Mädchen und Jungen immer noch nur ca. 50-60 % der Calciumzufuhr omnivor ernährter Kinder. In diesem Kollektiv wurden signifikant niedrigere Knochenmineralstoffgehalte im Vergleich zu einer omnivoren Kontrollgruppe gemessen, was die Autoren auf die seit frühester Kindheit (zu) niedrige Calciumzufuhr und den suboptimalen Vitamin D-Status, aber auch auf mögliche weitere Unterschiede in der makrobiotischen Ernährung (weniger Energie, Protein, Fett, Riboflavin, Vitamin B12, mehr Ballaststoffe, Thiamin und Nicht-Hämeisen) zurückführten.

Zusammenfassend lässt sich festhalten, dass durch den Verzicht auf Milch und Milchprodukte die Calciumzufuhr zumeist deutlich unter der empfohlenen Zufuhr liegt. Die American Dietetic Association unterstreicht daher die Bedeutung von Calcium-angereicherten Lebensmitteln und Supplementen für Veganer.

Jod

Vor allem Veganer weisen in verschiedenen Untersuchungen weitaus häufiger eine zu geringe Jodzufuhr auf als Mischköstler. In Fallbeschreibungen wird von Jodmangel und Hypothyreoidismus bei voll gestillten Neugeborenen bzw. (Klein-) Kindern von Veganerinnen berichtet. Infolge eines schweren Jodmangels besteht die Gefahr des Kretinismus, eines Krankheitsbildes, das u. a. durch mentale Retardierung gekennzeichnet ist. Unabhängig von der Ernährung sollte während Schwangerschaft und Stillzeit eine Jodmangelprophylaxe durch Zufuhr von 100 (-150) µg Jod/ Tag in Tablettenform durchgeführt werden. Mit der Einführung von Beikost und der Auswahl geeigneter, mit Jod angereicherter Breimahlzeiten auf Getreidebasis kann die Jodmangelprophylaxe auch beim vegan bzw. makrobiotisch ernährten Kind wie empfohlen fortgeführt werden.

Zink

Bei einer Gruppe vegan ernährter Säuglinge einer religiösen Gemeinschaft (Black Hebrews) wurde neben weiteren Nährstoffdefiziten auch ein Zinkmangel beobachtet. Bei (streng) vegetarischer Ernährung von Säuglingen und Kindern rät die American Dietetic Association (2009) mit Einführung von Beikost zu einer individuellen Beurteilung der Zinkzufuhr und in Abhängigkeit des Ergebnisses zu einer Zufuhr von Supplementen oder angereicherten Lebensmitteln..

Vitamin B12

Vitamin B12 ist nahezu ausschließlich in tierischen Lebensmitteln enthalten. Erwachsene entwickeln wegen der relativ großen Leberspeicher und der hohen Reutilisationsrate von Vitamin B12 im enterohepatischen Kreislauf erst frühestens nach 5- bis 10-jähriger Vitamin B12-freier Ernährung Mangelerscheinungen. Neugeborene verfügen nur über geringe Vitamin B12-Speicher. Für den Transfer von Vitamin B12 zum Fetus sowie in die Muttermilch scheint mehr die gegenwärtige Zufuhr des Vitamins als der Vitamin B12-Körperbestand ausschlaggebend zu sein. Bereits im Alter von 4 bis 6 Monaten entwickelten Kinder von Veganerinnen, die sich lediglich 3 Jahre vegan ernährt hatten, einen Vitamin B12-Mangel. Wie diverse Fallberichte zeigen, wurde bei voll gestillten Säuglingen und Kleinkindern vegan ernährter Mütter ein Vitamin B12-Mangel mit u. a. Störungen der Blutbildung, verzögerter körperlicher Entwicklung sowie schweren, teilweise irreversiblen neurologischen Symptomen (z. B. Reizbarkeit, Krampfanfälle, Lethargie, Hirnatrophie, Retardierung und Regression der Entwicklung) festgestellt. Dies unterstreicht die Bedeutung einer ausreichenden Vitamin B12-Zufuhr während Schwangerschaft und Stillzeit. Die American Dietetic Association empfiehlt bei veganer Ernährung die Zufuhr von Vitamin B12-angereicherten Lebensmitteln oder von Vitamin B12-Supplementen. Dies schließt gestillte Kinder von Veganerinnen dann ein, wenn letztgenannte nicht regelmäßig auf angereicherte Lebensmittel oder Supplemente zurückgreifen. In den U.S. Dietary Reference Intakes wird empfohlen, gestillte Säuglinge veganer

Mütter von Geburt an mit Vitamin B12 zu supplementieren (Institute of Medicine 1998). Der Verzehr fermentierter Lebensmittel oder Vitamin B12-reicher Algen stellt keine Alternative zu Supplementen oder angereicherten Lebensmitteln dar, weil fermentierte Lebensmittel nur geringe Vitamin B12-Gehalte aufweisen und Vitamin B12 aus Algen (Nori, Spirulina) weniger gut bioverfügbar sein soll.

Vitamin D

Aus Untersuchungen mit Kindern liegen Hinweise vor, dass ein Vitamin D-Mangel bei makrobiotischer Ernährung im Vergleich zu anderen vegetarischen Ernährungsformen häufiger auftritt. Die Prävalenz von Rachitis ist hoch. Dies ist darauf zurückzuführen, dass in der makrobiotischen Ernährung Vitamin D-Supplemente und Vitamin D-angereicherte Säuglingsmilchen abgelehnt werden. Auch bei veganer Ernährung mit begrenzter Lebensmittelauswahl und Ablehnung von Supplementen kam es bei Säuglingen und Kleinkindern zu Rachitis und Hypocalcämien. Im ersten Lebensjahr sollte unabhängig von der Art der Ernährung (Muttermilch oder Muttermilchersatznahrung) eine kontinuierliche Rachitis-Prophylaxe mit Vitamin D-Supplementen durchgeführt werden. Wird dieser Empfehlung gefolgt, ist beim Kleinkind das Risiko eine Rachitis zu entwickeln gering. Die Ernährungsweise (omnivor, vegetarisch oder vegan) spielt dann bis zum Ende der Prophylaxe für den Vitamin D-Status nur eine untergeordnete Rolle.

Langkettige n-3 Fettsäuren

Die Gesamtzufuhr von n-3 Fettsäuren ist bei Veganern, Vegetariern und Mischköstlern ähnlich. Allerdings gibt es Unterschiede in der Zufuhr der langkettigen n-3 Fettsäuren Eicosapentaensäure (EPA) und Docosahexaensäure (DHA). Die Zufuhr dieser Fettsäuren ist bei veganer Ernährung sehr gering, was sich auch in geringeren Konzentrationen in verschiedenen Körpergeweben bei Veganern im Vergleich zu Vegetariern und Omnivoren zeigt. Die Milch stillender Veganerinnen wies mehr als doppelt soviel Linolsäure und Linolensäure auf als die von omnivoren Müttern, während sie gleichzeitig weniger als die Hälfte der Menge an DHA aufwies. Bei den gestillten Kindern spiegelten die Anteile von DHA am Fettgehalt der Erythrozyten die Gehalte in der Muttermilch wider. Der DHA-Anteil in den Erythrozyten lag bei gestillten Kindern veganer Mütter um die Hälfte unter dem von Kindern, die mit einer nicht mit DHA angereicherten Muttermilchersatznahrung gefüttert wurden. Ob diese niedrigere Zufuhr an langkettigen n-3 Fettsäuren mit Konsequenzen für die neurologische Entwicklung des Säuglings verbunden ist, ist noch nicht hinreichend geklärt. Allerdings wird von vorteilhaften Effekten einer höheren Zufuhr langkettiger n-3 Fettsäuren auf die Entwicklung beim Fetus bzw. Kleinkind berichtet. Daher sollten Schwangere und Stillende durchschnittlich täglich mind. 200 mg DHA zuführen und Muttermilchersatznahrung sollte mit langkettigen n-3 Fettsäuren angereichert sein.

Fazit

Die Wahrscheinlichkeit eines Nährstoffmangels ist umso größer, je stärker die Lebensmittelauswahl eingeschränkt wird. Bei veganer bzw. makrobiotischer Ernährung besteht das Risiko einer defizitären Zufuhr von Energie, Protein, langkettigen n-3 Fettsäuren, Eisen, Calcium, Jod, Zink, Riboflavin, Vitamin B12 und Vitamin D. Auf die Zufuhr dieser Nährstoffe muss besonders geachtet werden. Hier sind spezielle Kenntnisse der Lebensmittelauswahl und -zubereitung bzw. die Sicherstellung der Versorgung durch angereicherte Lebensmittel oder Supplemente erforderlich. Ansonsten können die Entwicklung und Gesundheit des Kindes Schaden nehmen, z. B. durch Störungen der Blutbildung (Vitamin B12-Mangel), Wachstumsverzögerung und teilweise irreversible neurologische Störungen wie mentale Retardierung (Mangel an Vitamin B12 und Jod). Um das Risiko für Nährstoffdefizite gerade in den ersten Lebensjahren so gering wie möglich zu halten, empfiehlt die DGE eine Ernährung, die alle im Ernährungskreis aufgeführten Lebensmittelgruppen einschließt. Unter Beachtung einer ausreichenden Eisen- und Jodversorgung (ggf. mit Hilfe von Supplementen oder angereicherten Lebensmitteln sowie bei Eisen durch eine optimale Ausnutzung des Nicht-Hämeisens durch Kombination mit Vitamin C-reichen Lebensmitteln) ist auch eine ovo-lactovegetarische Ernährung möglich. Da sich mit dem Verzicht auf jegliche tierische Lebensmittel das Risiko für Nährstoffdefizite erhöht, hält die DGE eine rein pflanzliche Ernährung in Schwangerschaft und Stillzeit sowie im gesamten Kindesalter für nicht geeignet, um eine adäquate Nährstoffversorgung und die Gesundheit des Kindes sicherzustellen.

Deutsche Gesellschaft für Ernährung: Vegane Ernährung: Nährstoffversorgung und Gesundheitsrisiken im Säuglings- und Kindesalter. April 2011

Progressive Wissenschaft zum Veganismus

Die Vorteile einer veganen Ernährung

Die folgenden Vorteile sind überwiegend anthropozentrisch

Vorteile für die eigene Psyche & somit für die Gesellschaft

Vegane Ernährung basiert für die meisten Veganer an erster Stelle auf Mitgefühl und dem einfachen Gedanken, dass man nicht das mitverursachen will, was man niemandem wünscht. Sie ermöglicht es, im Einklang mit den eigenen Idealen zu leben. Das bedeutet Selbstverwirklichung. Es tut gut, den eigenen Emotionen treu zu sein, erzeugt mehr Tiefe und weniger Beliebigkeit in jeder Beziehung. Es verwischt das Gefühl der Machtlosigkeit. Die Welt mag "hart und ungerecht" bleiben, das eigene Leben aber kann nach Belieben umgestaltet werden. Es ist keine große Sache - macht aber Spaß. Ein neues Lebensgefühl entsteht. Da die Ernährung einen sehr großen Umfang in unserem Leben einnimmt, ist eine Ernährungsumstellung sehr oft mit einer Öffnung gegenüber anderen, ganz neuen Themen verbunden. Es ist gut möglich, dass viele Menschen den Wechsel ins Vegane scheuen, da sie unterbewusst wissen, dass es nicht bei einem Wandel bleiben wird. Viele Menschen setzen sich parallel zum veganen Lebensstil verstärkt für andere (egal welcher Spezies) ein. Das gibt dem eigenen Leben Sinn und hilft auch anderen, und sei es nur, anderen Menschen zu vermitteln, dass man etwas ändern kann, wenn man will. Wer vegan mit dem Bewusstsein ist, dass nicht jedes Bewusstsein im selben Maße oder zum selben Zeitpunkt erweiterungsfähig sein will wie das eigene, der lebt besonders glücklich. Leider kennt jeder Veganer eine Art von Vegan-Burn-out Syndrom. Man fragt sich ständig: "Was ist nur mit denen los? Warum schnallen die es nicht? Warum hängen die so an ihren Gewohnheiten, obwohl sie so viel Negatives verursachen?" und fühlt sich immer entfremdeter. Es ist wichtig, Allesesser nicht zu verurteilen, sondern ihnen eine Tür offen zu lassen. Umgeben Sie sich mit Menschen, die sie nicht immer wieder in Diskussionen verwickeln, herausfordern und ganz einfach taktlos sind, indem sie zum Beispiel Witze machen, die die angebliche Wertlosigkeit von Tieren zum Thema haben. Da auch Veganer Menschen sind, ist es ganz natürlich, wenn Sie auch nicht mit jedem Veganer 100%ig harmonieren. Wahre Freunde sind unbezahlbar, egal bei welcher Ernährungsform. Umgeben Sie sich mit denen, die Sie glücklich machen. Wer glücklich ist (und leckere Kuchen backt), sät die meisten Sonnenblumen.

Vorteile für die eigene physische Gesundheit

Hülsenfrüchte, Vollkorn, Gemüse, Obst, sich gesund ernährende Veganer konsumieren bis zu 3 mal mehr Ballaststoffe als Allesesser. Ballaststoffe halten den Darm in Schwung, transportieren Cholesterin und andere körpereigene Toxine ab und schützen so vor degenerativen Erkrankungen. Dazu gibt es Studien. (Vor allem rohe) Pflanzen stecken voller natürlicher Antioxidantien, welche vor Arthritis, Herz-Kreislauf-Erkrankungen und anderen degenerativen Erkrankungen schützen. Isoflavone kommen vor allem in Sojabohnen vor und schützen vor Prostatakrebs, Brustkrebs und können die Knochengesundheit verbessern, wie einige Studien nachweisen konnten. Isoflavone werden auch "Phytoöstrogene" genannt, da ihre chemische Struktur der von Östrogen - aber auch den Androgenen - ähnlich ist. Mit diesem Namen, zusammen mit der Volksweisheit, dass Soja Frauen in den Wechseljahren hilft, wird Menschen (insbesondere Männern) vor allem vor "Verweiblichung" Angst gemacht. "Phytoöstrogen" ist eigentlich eine unvollständige, wenn nicht sogar irreführende Bezeichnung der Isoflavone.

1. Gibt es unterschiedliche Isoflavone, deren Wirkung in einen Topf geworfen wird

2. ähneln Isoflavone auch Androgenen (warum also die Angst vor Verweiblichung?)

3. scheinen Isoflavone erst in sehr hohen Dosen eine geschlechtshormonelle Wirkung zu haben (da sie Östrogen und Androgenen ähnlich, aber nicht identisch sind)

4. ist nicht eindeutig klar, ob Frauen in den Wechseljahren dank Isoflavonen oder dank der ganzen Sojapflanze beschwerdefreier leben. Selbst kritische Stimmen merken an, dass die Wirkung isolierter Isoflavone nicht garantiert positiv ausfallen muss. Vollwertige Soja-Produkte wie Tofu und Sojamehl fallen aber nicht in diese bedenkliche Kategorie, da es sich nicht um isolierte Isoflavone handelt. Sojabohnen aufgrund von "Phytoöstrogenen" zu kritisieren und vegane Ernährung auf Sojabohnen zu reduzieren ist also viel zu vereinfacht gedacht. Werden Sie kreativ mit Lupinen, der heimischen Sojabohne - ohne

"Phytoöstrogene" und Purine, dafür ebenfalls sehr eiweißreich und alle essentiellen Aminosäuren beinhaltend. (Lupineneiscrème ist der Hit.) Weniger Cholesterin und gesättigte Fettsäuren bedeuten eine geringere Gefahr an Diabetes und Krebs zu erkranken.

Vorteile für die Welt

Für die Erzeugung von einem Pfund Rindfleisch werden 16 Pfund Getreide verbraucht. Über den Umweg Fleisch nehmen wir nur 10% der Energie auf, die uns durch Pflanzen (Getreide, Soja) zur Verfügung stehen würde. "540 Gramm Sojaschrot stecken umgerechnet in jedem Kilo Schweinefleisch." (…) "Der Sojaschroteinsatz in der -deutschen Bullenmast beträgt 920 Gramm pro Kilogramm verwertbarem Rindfleisch." (…) "Für jedes Kilogramm Hühnerfleisch werden 470 Gramm Sojaschrot als Futtermittel eingesetzt."(...) "Gesamtfläche für deutschen Bedarf: 2,9 Mio. Hektar. Damit entfallen rein rechnerisch auf jeden Bundesbürger 350 m2 Soja-Anbaufläche pro Jahr."

Quelle: Regenwaldreport.

Pflanzenfleisch zu essen bedeutet mit Rohstoffen (Wasser, Land und Pflanzen) vernünftig umzugehen und Rücksicht auf die Erde zu nehmen, die wir alle miteinander teilen, ob wir wollen oder nicht. Wer sich pflanzlich ernährt, hat keine Antibiotikaskandale zu verantworten. Der Großteil (laut einigen Quellen 99%) aller tierischen Produkte kommt aus der Massentierhaltung. Die Massentierhaltung setzt Antibiotika fleißig ein. Die Tiere stehen dicht an dicht gedrängt und benötigen Antibiotika, um nicht lange vor der Schlachtung an Krankheiten zu sterben. Der Einsatz von Antibiotika wird hierbei als "Tierschutz" beschönigt. Es konnte nachgewiesen werden, dass unsere Böden unter Antibiotika-Einsatz leiden, da sich durch die Ausfuhr von Gülle antibiotikaresistente Bakterien bilden. Bio-vegane Landwirtschaft ist aber nicht auf Gülle angewiesen. Es gibt zu viel Gülle für zu wenige Anbauflächen und somit eine Überdüngung der Böden, worunter das gesamte Ökosystem extremen Schaden nimmt. Dies ist nur ein kleiner Teil ökologischer Katastrophen, die durch vegane Ernährung nicht länger mit-verantwortet werden.

Diana Heit, Vegane-Inspiration.com

Skeptiker zu Erdstrahlen

Alles,was Sie wissen müssen, um sich vor deren Auswirkungen zu schützen, erfahren Sie hier. Aber beachten Sie bitte: Das Nachdenken über Erdstrahlen kann Ihren Aberglauben gefährden. Lesen Sie nur weiter, wenn Sie sicher sind, dass Sie die Wahrheit vertragen.Sie wollten die Wahrheit wissen: Die Störzonen, in denen Erdstrahlen entstehen, befinden sich nicht in der Erde, sondern im Kopf. Nanu, wer hat hier Störzonen im Kopf? Kann man nicht Erdstrahlen mit Magnetometern eindeutig nachweisen? Sind sie nicht von Generationen von Rutengängern immer wieder an denselben Stellen gefunden worden? Haben nicht zahlreiche unter Aufsicht durchgeführte Experimente die Existenz von Erdstrahlen und ihre krankmachende Wirkung bestätigt? Ist nicht Tatsache, dass Rutengänger Wasseradern finden, wo alle wissenschaftlichen Methoden versagen? Werden nicht die Erdstrahlen von den Wissenschaftlern nur deshalb totgeschwiegen, weil sie mit ihrer Weisheit am Ende sind? Nichts davon ist wahr. Von Rutengängern angegebene Störzonen, Erdstrahlen oder Gitterlinien wurden noch nie mit Messgeräten nachgewiesen. Sie sind Hirngespinste. Dass die Messgeräte nicht empfindlich genug seien, kann nur jemand behaupten, der nie mit ihnen gearbeitet hat. Geophysikalische Messgeräte zeigen nämlich so manches, was kein Rutengänger sieht, aber auf die angeblichen Störzonen reagieren sie nicht. Es ist schon lange bekannt, dass jeder Rutengänger die Störzonen woanders findet. Wenn man genügend viele Rutengänger nacheinander auf dieselbe Wiese schickt, bleibt zum Schluss überhaupt keine ungestörte Stelle mehr übrig (Gassmann 1946). Die Rutengänger erklären dies damit, dass sie auf verschiedene Strahlungen ansprechen. Tatsächlich reagiert aber jeder auf die momentanen Impulse seiner Phantasie. Wassersuchen gilt in Rutengängerkreisen als einfach, als Brotgewerbe für diejenigen, die keine höhere Begabung besitzen. Trotzdem sind die Ergebnisse katastrophal (Wagner 1955). Von einem Hartmann-Gitter, heute Kernstück jedes Vortrags über Erdstrahlen, hat vor der "Entdeckung" durch Dr. Hartmann 1951 kein einziger Rutengänger etwas bemerkt. Waren die damaligen Rutengänger denn alle Nieten? Rutengänger finden nur das, was ihnen in Schulungen beigebracht wird, und das hängt von der Schule ab und ändert sich auch von Zeit zu Zeit. In einem Punkt sind sich allerdings alle einig: genau unter Ihrem Bett ist eine üble Störzone, ein Kreuzungspunkt des Hartmanngitters mit dem Curry-Gitter, und mit noch mindestens einer

Wasserader darunter. Darauf können Sie sich verlassen wie auf das Amen in der Kirche. Schließlich wollen Sie ja für Ihr Geld auch ein ordentliches Resultat sehen, oder nicht? Lassen Sie sich nicht durch das pseudowissenschaftliche Kauderwelsch beeindrucken, mit dem Sie in Vorträgen und Druckschriften von Rutengängern überschüttet werden. Die Rutengänger brauchen es, um ihr unbedarftes Publikum zu beeindrucken, und glauben vielleicht selber daran, aber sie wissen nicht, wovon sie reden. Seien Sie besonders vorsichtig, wenn sich der Rutengänger mit akademischen Titeln wie Prof., Dr. oder Ing. schmückt. Auch bei Akademikern kann sich schnell mal eine Schraube lockern oder eine Sicherung durchbrennen. Wir müssen peinlicherweise gestehen, dass es dafür auch in den letzten Jahren mehrere Beispiele gibt. Gehören Sie vielleicht zu denjenigen, die alles glauben, was gedruckt ist? Natürlich nicht. Aber werfen Sie einmal einen Blick in eines der Bücher von Prokop und Wimmer über Radiästhesie (so lautet der Fachausdruck für das Rutengehen) oder den modernen Okkultismus. Wetten, dass Sie dort manches entdecken, was Sie bis jetzt unbesehen geglaubt haben, obwohl es längst als Täuschung erkannt ist? Vielleicht gehen ja die Rutengänger wirklich etwas eigenwillig mit naturwissenschaftlichen Begriffen um, aber was zählt, sind doch ihre unbestreitbaren praktischen Erfolge! Glauben Sie nur nichts von dem, was ein Rutengänger Ihnen erzählt. Er ist ein Märchenerzähler, der so überzeugend erzählt, dass er seine Geschichten nachher selber glaubt. Rutengänger können Phantasie und Wirklichkeit nicht auseinanderhalten. Ihnen fehlt die Selbstkontrolle, die von jedem Wissenschaftler verlangt wird. Selbst der rutengängerfreundliche Wünschelruten-Report der Münchner Professoren König und Betz kommt um den Schluss nicht herum, dass die Rutengänger ihre eigenen Fähigkeiten maßlos überschätzen und ihre Treffsicherheit gering ist. Schon die Römer kannten das Sprichwort "Was man will, das glaubt man gern". Wer glaubt nicht gern an ein paar geheimnisvolle Zusammenhänge hinter den alltäglichen Dingen? Hier steht doch einfach Meinung gegen Meinung. Die Wissenschaftler haben sich auch schon oft genug geirrt. Kann man überhaupt ohne Fachkenntnisse entscheiden, wer recht hat? Ein paar naturwissenschaftliche Grundkenntnisse helfen natürlich schon beim Nachdenken darüber, ob etwas möglich ist oder nicht. Aber die besten Argumente gegen den Erdstrahlenwahn liefern die Rutengänger selber, und das können Sie auch als Laie beurteilen. Machen Sie sich die Mühe und lesen Sie die Originalveröffentlichungen von Pohl, Hartmann oder anderen Exponenten des Erdstrahlenglaubens. Sie können sie in Bibliotheken ausleihen oder antiquarisch (ZVAB) erwerben. Wir zitieren für Sie ein paar Auszüge aus diesen Texten. Der Bericht von Dr. Hartmann über die Entdeckung des globalen Reizzonengitters ist geradezu ein Musterbeispiel dafür, wie man sich unaufhaltsam in eine Wahnidee hineinsteigern kann. Oder lesen Sie das Buch des Freiherrn v. Pohl, der 1932 den Begriff "Erdstrahlen" geprägt hat und sich dann gleich ein Abschirmgerät dagegen patentieren ließ. Er konnte damit angeblich eine ganze Stadt von Erdstrahlen befreien. Das nimmt ihm heute niemand mehr ab, nicht einmal die Rutengänger. Warum sollte man dann dem Rest seines Buches Glauben schenken? Oder denjenigen, die sich ständig auf dieses Buch berufen, ohne es gelesen zu haben? JETZT REICHT'S ABER! ICH WILL ENDLICH WISSEN, WAS ICH GEGEN DIE ERDSTRAHLEN IN MEINEM SCHLAFZIMMER TUN KANN! (Vorsicht:Rutengänger-Werbung!) Oder wollen Sie sich noch genauer informieren? Dann sind die Webpages der GWUP (Gesellschaft zur wissenschaftlichen Untersuchung der Parawissenschaften) der richtige Einstieg. Sehr lesenswert sind auch die Erfahrungen des Illusionisten und Skeptikers James Randi mit Rutengängern. Das Wasser, das uns hier in Form von imaginären Wasseradern begegnet, ist ein Lieblingsobjekt der esoterischen Spekulation.Ein paar Beispiele habe ich in einem Vortrag mit dem Titel Glaubt das Wasser auch daran? besprochen. Sie können das Manuskript auch als MS-Word-Dokument herunterladen. Der Ausschlag von Wünschelruten und Pendeln wird oft fälschlicherweise auf so genannte Erdstrahlen zurückgeführt. Diese angebliche Wahrnehmungsfähigkeit bzw. die „Wissenschaft" davon nennt man Radiästhesie (griech. für Strahlenfühligkeit), entsprechend begabte Personen werden als Radiästheten bezeichnet. In der Physik sind Erdstrahlen jedoch nicht bekannt und alle Versuche eines Nachweises müssen als gescheitert betrachtet werden. Wirkliche Ursache für das Ausschlagen von Wünschelruten sind ideomotorische Bewegungen. Darunter versteht man unwillkürliche Muskelbewegungen, die durch mentale Vorstellungen hervorgerufen werden. Dennoch betrachten Radiästheten die imaginären Erdstrahlen als Ursache für zahlreiche Beschwerden und Krankheiten, vor allem Krebs (zuerst behauptet 1932 von Gustav Freiherr von Pohl in seinem Buch „Erdstrahlen als Krankheitserreger"). Irregulärer Pflanzenwuchs wird in der Radiästhesie ebenfalls fälschlich auf Erdstrahlen zurückgeführt. Zur Diagnostik von Erdstrahlen oder „Störzonen" bieten Rutengänger ihre Dienste an, als Gegenmaßnahme empfehlen sie gewöhnlich das Umstellen von Betten. Darüber hinaus sind unterschiedliche Geräte auf dem Markt, die eine Abschirmung der schädlichen Erdstrahlen versprechen. Erdstrahlen werden auf unterschiedliche Ursprünge zurückgeführt: Wasseradern, geologische Verwerfungen, Gitternetze. Aus geologischer Sicht sind „Wasseradern" Ausnahmeerscheinungen, die in speziellen geologischen Situationen auftreten (Karst), aber kaum jemals im Untergrund städtischer Wohngebiete. Grundwasser ist in der Regel flächenhaft vorhanden und fließt nur sehr langsam. Verwerfungen (Bruchflächen im Gestein, an denen tektonische Bewegungen stattgefunden haben) sind großflächig und stehen normalerweise nicht senkrecht, sodass eine zentimetergenaue Zuordnung zu einer „Störzone" sinnlos ist. Die postulierten „Gitternetze" nach Hartmann (seit 1951; Krankheit als Standortproblem, 5. Auflage 1986), und nach Curry (1952) sind Phantasiegebilde, die mögliche Lücken zwischen anderen Störzonen so dicht auffüllen, dass sich unter jedem Ehebett ein Störstreifen lokalisieren lässt. Der oft behauptete Zusammenhang der Gitternetze mit Anomalien des Erdmagnetfelds wird durch hochauflösende Magnetfeldkartierungen, wie sie in der Archäologie üblich sind, widerlegt.

Inge Hüsgen, Prof. Dr. Erhard Wielandt

Progressive Wissenschaft zu Erdstrahlen

Einführung in die Radiästhesie

Radiästhesie (lat. radius, „Strahl", griech. aisthanomai, „empfinden") bedeutet Strahlenfühligkeit oder Strahlen-empfindlichkeit. Geprägt wurde der Begriff 1930 durch den Geistlichen Abbé Mermet L. Bouly. Der Geistliche verfasste ein Buch darüber, das 1935 unter dem Titel "Grundlagen und Praxis der Radiästhesie" erschien. Die Radiästhesie beschäftigt sich mit der Untersuchung geopathogener Störzonen wie Wasseradern und Erdstrahlen mittels Wünschelrute, Pendel und anderer Hilfsmittel. Besonders Strahlenfühlige können sogar ohne jegliches Werkzeug, mit bloßen Händen, Erdstrahlen erspüren. Diese traditionellen Methoden werden heute durch moderne Verfahren zur Messung elektromagnetischer und radioaktiver Strahlung ergänzt (Szintillationszähler zur Messung der Erdstrahlung und 3D-Magnetometern zur Messung des Erdmagnetfeldes). Die Anwendungsgebiete liegen in der Geologie und Hydrologie, Botanik, Biologie und Medizin, Psychologie.

Die Radiästhesie untersucht elektromagnetische Felder außerdem elektromagnetische Gitternetze (Hartmann-Netz, Curry-Netz) der Erdatmosphäre, Lagerstätten, geologische Verwerfungszonen mit erhöhter radioaktiver Strahlung, schnell fließende Wasseradern.

Der Kampf um Anerkennung der Radiästhesie

Die Radiästhesie wird von Naturwissenschaftlern zumeist abgelehnt. Der Kritikpunkt ist die ihrer Meinung nach geringe intersubjektive Nachvollziehbarkeit unter wissenschaftlichen Bedingungen. Im Doppelblindversuch durchgeführte Untersuchungen zeigten seit Beginn der Diskussionen um Radiästhesie, dass die Ergebnisse von Rutengängern im Durchschnitt nicht über Zufallsergebnisse liegen. Das Hauptproblem der Radiästhesie ist die Unterschiedlichkeit der verschiedenen Ansichten und Methoden ihrer Verfechter. Der Mensch ist bei der Radiästhesie das Instrument zur Strahlenmutung. In diesem Falle kann „das Instrument" natürlich nicht wie jedes andere naturwissenschaftliche Messinstrument exakt geeicht werden. Diese junge Wissenschaft hat noch eine große Entwicklungsphase vor sich, so wie es bei vielen anderen jungen Wissenschaften wie der Psychologie oder Geologie erging, wo anfangs unterschiedlichste Lehrmeinungen existierten und große Pioniere anfangs oft wegen ihrer kühnen Hypothesen verlacht wurden. Tatsache ist, dass Lebewesen Erdstrahlen empfinden können und diese eine reale Auswirkung auf den Organismus haben. Dass Mutungen dem wissenschaftlichen Beweis nicht standhalten, liegt vor allem in der unpassenden Untersuchungsmethode und dem fehlenden einheitlichen Lehrgebäude der Radiästhesie. Jedem Kritiker und Zweifler sei geraten, selbst mal eine Wünschelrute oder ein Pendel in die Hand zu nehmen und damit Untersuchungen im Gelände an ausgesprochen negativen Zonen oder Kraftorten zu machen. Die Liste von Naturwissenschaftlern, darunter Biologen, Botaniker, Geologen, Geografen, Physiker etc., welche die Radiästhesie anerkennen, wird immer größer.

Die Bovis-Einheit

In Bovis-Einheiten (BE, benannt nach dem französischen Radiästheten Antoine Bovis [1871–1947]) wird oft von Wünschelrutengängern und Pendlern die Stärke des Strahlungsfeldes bzw. der Energie angegeben. 6500 BE werden in der Radiästhesie meist als „neutral" angesehen. Orte,

Gebäude, Wasser, Lebensmittel u. a., die weniger „Lebensenergie" enthalten, entziehen dem Menschen Energie, solche, die mehr enthalten, sogenannte Kraftorte, spenden dagegen Energie.

Geomantie

Geomantie bzw. Geomantik bedeutet ursprünglich Weissagung aus der Erde (von griech. gaia = Erde, manteia = Weissagung) und beansprucht, eine ganzheitliche Form der Naturwissenschaft zu sein. Sie beschäftigt sich damit, „natürliche Energieströme" und „Energiezentren" auf der Erdoberfläche auszumachen und in landschaftsgestaltende Maßnahmen einzubeziehen. In der Geomantik wird der Lebensraum als ein vernetztes System aus Energien, Informationen und Beziehungen zueinander gesehen. Sie stellt Fragen nach der „Magie von Orten" wie: Warum gelten Orte als heilig? Warum werden an ein und demselben Ort über Jahrtausende Gottheiten verehrt und Wallfahrten unternommen? Gibt es Wasseradern, Erdstrahlen, o.ä.? Gibt es großräumige Landschaftsstrukturen, liegen z.B. auffallende Steine, oder Landmarken auf besonderen Linien. Inwieweit sollten Bauherren ihr Bauvorhaben an die Gegebenheiten des Ortes anpassen? Die Geomantie sieht ihre Aufgabe im Verstärken so genannter „positiver" und im Abschwächen so genannter „negativer Kräfte und Energiefelder", um so ein Optimum an Harmonie im Lebensumfeld zu erreichen. Der Geomant kombiniert die unterschiedlichen „Kräfte", er reduziert die „schlechten Einflüsse" für den Menschen und aktiviert die „positiven" und versucht festzustellen, welche Auswirkungen und Veränderungen auf das Lebensumfeld etwa beim Bau eines Gebäudes auftreten; er ergreift Maßnahmen, um Gleichgewicht und Harmonie herzustellen. Für Anhänger der Geomantie ist es nicht unwesentlich, wie ein Gebäude platziert, ein Raum gestaltet oder die Umgebung in das Gesamtgefüge positiv eingegliedert wird. Die Geomantie wird von der modernen Naturwissenschaft nicht anerkannt und fällt eher in den Bereich der Esoterik oder Pseudowissenschaften. Bei der Berechnung der geomantischen Landschaftsstruktur, die durchaus anspruchsvolle mathematische Methoden verwendet, werden historische Bauwerke als Basispunkte des Landschaftsnetzes verwendet. Dies geschieht unter der Annahme, dass die Menschen im Altertum bzw. Mittelalter bereits geomantisch optimale Bauplätze gewählt haben. In der Geomantie spielen die sogenannten Ley-Linien eine wichtige Rolle. Ein Erklärungsversuch lautet, diese Linien wiesen auf ein prähistorisches System der Landvermessung hin, dass auf astronomischen und religiösen

Grundlagen beruhe. Wichtige Gebäude, Megalithen oder alte Kultstätten liegen oft aufgereiht an diesen Ley-Linien.

Rutengehen mit Pendel und Wünschelrute

Um Wasseradern oder Erdstrahlen aufzuspüren, verwendet der Rutengeher bzw. Radiästhet verschiedenste Instrumente. Jeden ist die typische natürlich gewachsene Wünschelrute aus einem Y-förmigen Haselzweig bekannt. Heute bestehen die Wünschelruten meist aus moderneren Materialien wie Kupferdraht oder Kunststoff. Das Material spielt dabei gar nicht die wesentliche Rolle. Der eigentliche Sensor für die Strahlenmutung ist der Mensch selbst. Instrumente wie Wünschelrute oder Pendel zeigen nur die unbewussten Muskel-zuckungen an, die durch das "Erspüren" der Strahlen ausgelöst werden. Sie sind vielmehr ein Zeiger.

Die Fähigkeit des Rutengehens

Bei der Kunst des Rutengehens verhält es sich wie bei vielen anderen Dingen: ein wenig gehört Talent dazu, doch das meiste ist Übung. Wichtig ist ein entspannter Zustand. Dies ist vor allem dann der Fall, wenn im Gehirn die Alpha-Wellen dominieren, welche eine gewisse heitere Gelassenheit erzeugen. Wichtig beim Rutengehen oder Pendeln ist, dass man die Rute "gehen lässt" und ja nicht versucht, sie irgendwie zu beeinflussen. Man sollte das ganze unvoreingenommen und sich das Gesuchte nur Vorstellen - unter dem Motto: "Geschehen lassen, und was geschieht ist gut". Für die erste Übung sollte man sich dabei rein auf Wasseradern konzentrieren und versuchen, Wasserleitungen oder Brunnen zu muten. Dabei hält man das Pendel oder die Wünschelrute auf der Höhe des Solar Plexus und schreitet in mehreren Bahnen das Gelände ab. Überquert man ein Wasserrohr (mit fließendem Wasser), dann gibt es zuerst eine sogenannte Vorankündigung. Hier beginnt der Wirkungsbereich der Leitung. Je tiefer das Rohr ist, um so breiter ist der Wirkungsbereich. Jeweils am Anfang und in der Mitte des Wirkungsbereiches gibt es einen Pendelausschlag. Dadurch lässt sich die Tiefe bestimmen.

Die Wünschelrute (Y- und V-Rute)

Die klassische Wünschelrute ist eine Y-förmige Spannrute aus einem elastischen Material, bei der die zwei Enden (Gabel) mit beiden Händen in Spannung gehalten werden. Kleinste Muskelbewegungen lassen sodann die Rute nach oben oder nach unten Schwingen. Ein natürlich gewachsener gabelförmiger Zweig aus biegsamen Holz erwies früher gute Dienste. Heute verwendet man eher V-Ruten aus Kunststoff oder Metall. Diese kann man auf Esoterik-Messen oder im einschlägigen Fachhandel kaufen, oder sie auch ganz einfach selbst herstellen, indem man z.B. zwei elastische Kunststoffstäbe am Ende mit einem Draht zusammenbindet und so eine V-Rute bekommt.

Die Winkelrute

Die Profis lehnen die Winkelruten zumeist ab, aber sie sind oft gerade für Ungeübte besser zu handhaben, als Y- oder V-Ruten. Die Rute besteht aus zwei Metallstäben, welche in einem rechten Winkel gebogen sind. Die kurzen Teile von etwa 10cm werden in den beiden Händen gehalten, die längeren fungieren als Zeiger. Herzustellen ist diese Rute ganz einfach: Man nimmt zwei Draht-Kleiderbügel, und schneidet sie mit einem Drahtschneider zurecht. Man hält sie dann möglichst parallel. Wenn sich die langen Enden überkreuzen oder auseinander gehen, dann befindet man sich über einer Strahlung.

Das Pendel

Pendel haben etwas mystisches an sich und man denkt dabei eher an Wahrsager, doch eignen sich diese auch sehr gut zum Muten. Das Pendel besteht eigentlich nur aus einer Schnur und einem Gewicht am Ende. Dieses Gewicht sollte nicht allzu schwer und von einer regelmäßigen Symmetrie sein. Ein Messingsenkblei, wie es die Maurer verwenden, eignet sich dafür auch sehr gut. Man hält die Schnur in einer Hand zwischen Zeigefinger und Daumen und lässt bis zum Gewicht ungefähr 10cm Abstand. Man sollte verschiedene Längen ausprobieren. Das Pendel sollte in eine leichte Vor- und Rückwärtsschwingung gebracht werden. Durch die Mutung sind dann zwei verschiedene Reaktionen möglich: Der Übergang in eine kreisförmige Bewegung oder eine Veränderung der Schwingungsachse. Mitunter kann auch bei der kreisförmigen Bewegung die Richtung von Bedeutung sein. Das Pendel wird vor allem für die Fein-Mutung verwendet.

Kraftorte.at

Umwelteinflüsse

Schwingungen werden in Hertz gemessen, so beträgt die Erdschwingung 7,83 Hertz. Die ideale Frequenz beim Menschen liegt bei 6,5 bis 7 Hertz. Dieser entspannte Zustand ist vergleichbar mit frisch verliebten Menschen. Kraftplätze haben eine Frequenz bis zu 10 Hertz. Gesenkt auf 3,5 - 4 Hertz wie im Tiefschlaf wird eine bessere Regeneration des Körpers nach Unfällen erzielt. Stressbelastete Menschen befinden sich in einer Schwingung von etwa 30 Hertz. Wasser schwingt mit 34 Hertz, das ist auch bei einem Suchtverhalten des Menschen der Fall.

Tiefschlaf 3,5- 4 Hz

Idealzustand 6,5-7 Hz

Eisenbahn 16,66 Hz

Störzonen 30 Hz

Katzen 32 Hz

Steckdose 50 Hz

TV-Gerät 100 Hz

Mobiltelefon 217 Hz

Schnurlostelefon 320 Hz

Natürliche Störzonen

Wasseradern

Verwerfungen (durch Absacken mehrerer Gesteinsschichten)

Globalgitter (Hartmann) NS und OW 2,0 und 2,5 m

Curry-Gitter (Diagonalgitter) NW-SO und NO-SW

PWL-Störfeld (Benkergitter)

Tellurische Schlote (Verwirbelungen -/+ polig)

Künstliche Störzonen

Elektrosmog wie Stromleitungen, Mobilfunkanlagen, WLAN, Schnurlostelefone, Mikrowellengeräte, Röntgengeräte usw.

Diese Zonen haben immer eine negative Auswirkung auf den Körper, kosten Energie, können unter Dauerbelastung und zusätzlicher Nachtarbeit wie z.B. bei Lokführern schneller altern lassen oder krank machen! Das frühe Pensionsantrittsalter dieser Berufsgruppe bestätigt diese These.

Tiere können den Menschen gute oder belastete Orte anzeigen: Hunde bezeichnet man als „Strahlenflüchter", diese schwingen bei etwa 6 Hertz. Ein Hund sucht sich nach Möglichkeit immer eine Stelle, welche unbelastet ist. Auf Weiden legen sich Kühe nur nieder, wenn die Stelle strahlungsarm ist. Kraftplätze sind zumeist Orte, an denen Kirchen oder Kapellen errichtet wurden. Spüren kann man diese Orte, indem man gerne verweilen möchte und sich einfach wohlfühlt. Im Gegensatz dazu gelten Katzen als „Strahlensucher" und schwingen auf 32 Hertz. Gestresste Menschen gehen mit Katzen in Resonanz, da sie dieselbe Schwingung haben.Der Mensch kann sich an Orten, welche Katzen aufsuchen, nicht regenerieren!

Weitere Anzeichen für eine Belastung

Erdstrahlen

Verdrehte Bäume, Misteln, schnell fließende Bäche, viel Klee oder viele Heilkräuter gehäuft in einer Wiese, verkümmerte Pflanzen, Bewuchs durch Efeu, Holunderstrauch, Ficus (Gummibaum), Ameisenhügel (diese zeigen eine Currygitterkreuzung an), Insektenschwärme.

Wasseradern

Feuchte Wände, Quellen durch Asphalt

Es ist belegt, dass Betten auf Wasseradern nicht nur den Schlaf beeinträchtigen, sondern der betroffene Körperteil einer zusätzlichen Belastung ausgesetzt ist. Nach einer Veränderung des Schlafplatzes ist in wenigen Tagen eine signifikante Verbesserung zu spüren. In der Tierzucht gibt es Aufzeichnungen, dass Kühe auf Störzonen weniger Milch liefern und auch anfälliger für Krankheiten sind.

Rainer Bardel

Skeptiker zum Elektrosmog

Gesundheitsgefahren durch "Elektrosmog"?

Neun Antworten auf typische Argumente

"Die biologischen Wirkungen von Elektrosmog sind noch gar nicht bekannt, die jetzigen Grenzwerte sind zu hoch."
Es gibt mittlerweile so viele Publikationen, dass selbst Experten sie kaum noch überblicken. Datenbanken wie die Information Ventures in Philadelphia haben bis Mitte 2002 über 25.000 wissenschaftliche Arbeiten gesammelt, die von Fachleuten ausgewertet wurden. Wenn die in Deutschland geltenden Grenzwerte eingehalten werden, sind nach Meinung internationaler Experten und Gremien Schadwirkungen ausgeschlossen. "Die neuen, digital gepulsten Hochfrequenztechniken sind besonders gefährlich." Seit einem halben Jahrhundert gibt es Fernsehen, das zu ca. 80% aus gepulsten Signalen besteht. Negative Auswirkungen auf die Gesundheit sind nicht bekannt. Dafür, dass andere gepulste Signale, wie die des digitalen Mobilfunks, gesundheitsschädlich sind, gibt es bisher ebenfalls keinerlei epidemiologische Anhaltspunkte.

"Langzeitwirkungen des Elektrosmogs sind unbekannt."
Nieder- und hochfrequente technische Felder gibt es seit Beginn des letzten Jahrhunderts, also seit gut drei Generationen. Diese Zeit, in der sich unsere Lebenserwartung verdoppelt hat, ist sicher lang genug, um mögliche Langzeitwirkungen ausschließen zu können.

"Die Wirkung von Elektrosmog wird ebenso bagatellisiert wie einst die von Radioaktivität und Röntgenstrahlen."
Nein, bei Radioaktivität und Röntgenstrahlen handelt es sich um ionisierende Strahlen, deren schädliche Wirkungen man seit Jahrzehnten genau kennt. Gäbe es vergleichbare Wirkungen durch Elektrosmog, sie wären längst genauso bekannt. Selbst wenn man auf biologische Effekte stößt, bedeutet das noch keineswegs, dass sie gesundheitsschädlich sind. Rechnungen und Messungen ergaben, dass Handys mit Strahlungsleistungen von 0,1 bis 1 W nur lokale Erwärmungen im Kopfbereich um

höchstens 0,1° erzeugen können. Die auf den Körper einwirkenden Feldstärken der Basisstationen, die von der Bevölkerung vor allem bei Sichtkontakt (!) gefürchtet werden, sind um mehrere Zehnerpotenzen schwächer und können daher mit Sicherheit nicht thermisch wirksam sein. Im Sinne des Vorsorgeprinzips ist zudem bei den Grenzwerten noch ein Sicherheitsfaktor von 50 berücksichtigt. Eine Schadwirkung ist daher auszuschließen.

"Es gibt Untersuchungen, in denen schädliche Wirkungen nachgewiesen worden sind"

Die gibt es unter Tausenden von Publikationen immer. Welche Aussagekraft eine Untersuchung hat, wie zuverlässig sie ist, das kann nur der Experte sagen, der sie im Zusammenhang mit vergleichbaren Studien beurteilt und prüft, ob sie fehlerfrei durchgeführt wurde.

"Elektrosmog ist sicher gefährlich, weil noch niemand beweisen konnte, dass keine Gesundheitsgefahr besteht."

Man kann nur etwas beweisen, was wirklich existiert - Nicht-Existenz ist nicht beweisbar. Kein Wissenschaftler kann daher nachweisen, dass Elektrosmog absolut unschädlich ist - auch wenn dies objektiv so ist. Aber man kann berechnen, innerhalb welcher Grenzen sich schädliche Wirkungen bewegen würden, wenn es sie gäbe. Und die wären beim Elektrosmog so klein, dass sie - im Vergleich zu bekannten Umweltgefahren - zu vernachlässigen sind.

"Ich bin absolut sicher, dass Elektrosmog gesundheitsschädlich ist, denn ich kenne viele, die darunter leiden."

Fallbeispiele sind menschlich anrührend, aber sie haben keine wissenschaftliche Aussagekraft. Denn wir alle neigen dazu, das wahrzunehmen und zu empfinden, was wir bewusst oder unbewusst erwarten. Und so schlafen viele besser, wenn sie ihren Schlafraum freischalten, oder ihr Handy ausmachen - dank des wohlbekannten Placebo-Effekts. Aber sie schlafen genau so gut, wenn sie nur glauben, der Strom sei abgeschaltet, auch wenn er es gar nicht ist. Kurzum: Es geht uns gesundheitlich schlechter, wenn wir glauben, schädlichen Umweltfaktoren ausgesetzt zu sein, und besser, wenn wir meinen, dass wir vor ihnen geschützt sind Das sind typische Placebo- und Nocebo-Effekte! Ein typisches Beispiel ist eine Basisstation in Amberg, die in der Reichstr.12 errichtet wurde. Kaum war sie Ende 1998 aufgestellt, gab es Klagen über Seh- und Schlafstörungen. Der Sendebetrieb begann aber erst im April 1999.

"Die zunehmende Krebsrate beweist, dass wir immer mehr schädlichen Umwelteinflüssen ausgesetzt sind."

Die Zahl der Krebserkrankungen in den Industrieländern ist - bezogen auf die jeweilige Altersgruppe - seit 1900 nahezu konstant geblieben. Die Zunahme der Krebserkrankungen erklärt sich zwanglos durch die höhere Lebenserwartung.

"Experten und Studien sind von der Industrie gekauft und daher nicht glaubwürdig."

Die Fachleute, die die Untersuchungen durchführen und beurteilen, kommen aus Unis und staatlichen Institutionen. Sie sind zu Neutralität verpflichtet. Käuflichkeit wäre sinnlos, denn objektive naturwissenschaftliche Zusammenhänge lassen sich durch Geld nicht ändern.

"Würden Sie denn eine Mobilfunkantenne auf Ihrem eigenen Haus dulden?"

Ja. Ich wohne übrigens direkt im Strahl einer Antenne, die auf dem Haus eines Nachbarn montiert ist.

Folgende wissenschaftliche Ergebnisse sprechen eindeutig gegen die Annahme, dass "Elektrosmog" Gesundheitsschäden hervorruft:

Von 420 000 mehrjährigen Handy-Nutzern erkrankten 10% weniger an Krebs als in einer Vergleichsgruppe, die keine Handys besaß. Wenn Handys schädlich sind, dann sollten Leute, die viel telefonieren, häufiger erkranken: und zwar besonders an der Kopfseite, an die sie das Handy halten. Diese Erwartung trifft nicht zu. In Deutschland gab es 1997 etwa 10.000 "Elektrosensible", die an diversen Befindlichkeitsstörungen litten. In England, Finnland, Italien und Österreich dagegen sind solche Fälle kaum bekannt. Daher handelt es sich hier sehr wahrscheinlich um ein psychologisches Phänomen: Um Auto- bzw. Fremdsuggestion, die parallel zur Resonanz in den Medien erfolgt.

Bei ca. 400 000 Personen, die jahrelang in der Nähe von Hochspannungsleitungen gelebt hatten, ergab sich keine Zunahme der Krebsrate. Wissenschaftliche Untersuchungen - z.B. an der Universität Witten-Herdecke - zeigten, dass "Elektrosensible" nicht fähig sind, schwache elektromagnetische Felder tatsächlich zu spüren. Bei Tests zeigten sie vielerlei Befindlichkeitsstörungen - unabhängig davon, ob die Testfelder eingeschaltet waren oder nicht. Der Begriff "Elektrosmog" ist ein Unwort: Er ist negativ vorbelastet durch die sachlich unbegründete Assoziation mit der realen Schadwirkung von chemischen Umweltgiften ("Smog"). Wie irrational die Angst vor Elektrosmog ist, zeigt sich in dem lauten Protest gegen hohe, weithin sichtbare Sendemasten, obwohl sie Mensch und Umwelt weniger belasten als bodennahe Sender - und diese noch hundertmal weniger als die Handys, die selbst von prominenten Mobilfunk-Gegnern in der Praxis bedenkenlos genutzt werden. Gesundheit sollte oberste Priorität haben. Wenn man aber aus gut gemeinter Vorsicht die Sendeantennen aus den Wohngebieten entfernen würde, dann müssten die Handys mit höheren Leistungen strahlen als bisher. Und wenn man die Grenzwerte weiter senkt, müssen weit mehr Sendeantennen aufgestellt werden - Masten, die die Angst steigern, weil man ihnen dann allerorts begegnet. Es besteht die Gefahr, dass dann wegen des "Nocebo-Effekts" noch mehr Menschen sich - allein durch Suggestion! - von Elektrosmog beeinträchtigt fühlen als heute. So ist zu erwarten, dass Befindlichkeitsstörungen der Anwohner umso mehr zunehmen, je näher sie an einer weithin sichtbaren Sendeantenne wohnen. Denn wer sich vor etwas fürchtet, kann allein aus Angst davor organisch erkranken. Wir halten es daher für unverantwortlich, Angst und Panik zu verbreiten vor etwas, dessen Schädlichkeit bis heute wissenschaftlich nicht belegt ist. "Es gibt bis heute keinen wissenschaftlich glaubwürdigen Nachweis, dass sich bei Einhalten der gültigen Grenzwerte Elektrosmog - über Nocebo-Effekte hinaus - gesundheitsschädlich auswirkt. Elektro-Smog ist ein Elektro-Spuk - allein die Angst davor macht krank!" (Prof. Dr. med. P. Kröling, Universität München) Dagegen ist die Nützlichkeit des Mobilfunks schon allein auf der Gesundheitsebene unbestreitbar. Über 60 Millionen Bundesbürger besitzen mittlerweile ein Handy. Allein in Deutschland gehen täglich Zehntausende von Notrufen via Mobilfunk ein. Hierdurch haben sich die Rettungszeiten z.B. bei Verkehrsunfällen drastisch verkürzt, und es ist kaum zu überschätzen, wie viele Menschenleben so gerettet werden. "Nicht das Vorhandensein hochfrequenten Elektrosmogs ist demnach ein konkretes Gesundheitsrisiko, sondern seine Abwesenheit in Form der. "Funklöcher", die eine schnellstmögliche Hilfe im Notfall verhindern".

Ergänzung zum Thema „Erdstrahlen"

Das einzige, bisher bekannte „Messgerät" zum Nachweis von angeblich gesundheitsschädlichen „Erdstrahlen" ist die Wünschelrute (bzw. Pendel oder Ähnliches). Wann und wo eine Wünschelrute ausschlägt, das verrät schon ihr Name: Dort nämlich, wo der Muter dies – bewusst oder unbewusst – wünscht, also dort, wo er eine Störzone – bewusst oder unbewusst – erwartet. Solche angeblichen Störzonen können unsere Befindlichkeit in der Tat beeinträchtigen – dann nämlich, wenn wir an ihre Existenz glauben und uns vor schädlichen Wirkungen fürchten. Tatsache aber ist, dass bis heute noch niemand die Existenz dieser angeblichen Störzonen nachgewiesen hat. Solange dies nicht erfolgt ist, gilt: Rutengehen ist nach bestem heutigen Wissen Humbug, aber nicht Bluff. Denn die Rutengänger sind ja selbst von der Existenz der angeblichen Störzonen fest überzeugt. Und damit täuschen sie nicht nur ihre zahlungswilligen Kunden, sondern – vor allem – auch sich selbst. Fazit: Ob gesundheitsgefährdende Erdstrahlen existieren, ist nicht eine Sache des subjektiven Glaubens, sondern objektiven Wissens; des Wissens nämlich, dass ihr Nachweis bis heute noch nie gelungen ist. Jeder, der von den angeblichen Gefahren des Mobilfunks redet, muss erst einmal erklären, wie sich seine Meinung mit den unter 1-5 genannten wissenschaftlichen Daten verträgt. Die Schädlichkeit von Elektrosmog ist ebenso wenig erwiesen wie die angebliche Existenz der "Erdstrahlen" oder "Wasseradern", vor denen findige Wünschelrutengänger und selbsternannte "Baubiologen" warnen; noch keiner von ihnen konnte bisher das Preisgeld abholen, das seit vielen Jahren für einen Rutengänger ausgesetzt ist, der einen objektiven Test erfolgreich besteht. So verständlich die Besorgnis der Mobilfunkgegner und ihr öffentliches Engagement sein mag: Die damit verbundene Panikmache halte ich ethisch für höchst unverantwortlich, denn sie bedeutet eine echte, akute Gefährdung der Gesundheit der Bevölkerung.

Dr. habil. Rainer Wolf, Würzburg

Progressive Wissenschaft zum Elektosmog

Was ist Elektrosmog?

Durch technisch erzeugte Elektrizität entstehen Wechselfelder, die unserer Gesundheit schaden können. In diesen Feldern üben elektrisch geladene Teilchen innerhalb des Einflussbereichs Kraft auf einen Körper aus. Diese Wechselfelder schwingen in einer gleichbleibenden Frequenz, welche in Hertz (Hz: Schwingungen pro Sekunde) gemessen wird. Im niederfrequenten Bereich werden elektrische Felder und magnetische Felder unterschieden.

Niederfrequente elektrische Felder

werden durch elektrische Spannung erzeugt;

sind vorhanden, sobald eine elektrische Leitung unter Spannung steht, also solange der Stecker in der Steckdose steckt. Leitungen, welche in der Wand verlaufen, erzeugen ebenso elektrische Felder;

werden in Volt pro Meter (V/m) gemessen;

lassen sich durch elektrisch leitfähige Materialien sehr gut erden; nehmen mit zunehmender Entfernung vom Verursacher ab.

Niederfrequente magnetische Felder

entstehen nur, wenn Strom fließt, also bei Stromverbrauch;

werden in nanotesla (nT) und Mikrotesla (µt) gemessen;

können nicht abgeschirmt werden;

nehmen mit zunehmender Entfernung vom Verursacher ab.

Hochfrequente elektromagnetische Felder

Ab 30.000 Hertz beginnt der Hochfrequenzbereich. Hier sind die elektrischen und die magnetischen Felder untrennbar miteinander verbunden. Die hochfrequenten elektro-magnetischen Felder breiten sich wellenförmig aus und können zu Strahlen gebündelt werden. Man spricht dann von Richtfunk;

werden von Sendeantennen wellenförmig abgestrahlt;

werden in Watt pro Quadratmeter (W/m²) gemessen; werden mit der Entfernung und durch Hindernisse abgeschwächt; sie werden auch durch Metallbleche in ihrer Wirkung etwas geschwächt.

Auswirkungen von Elektrosmog auf den Menschen

Der Körper verfügt über ein Abwehrsystem, um elektrische Felder über eine kurze Zeit verkraften zu können. Ermüdet jedoch dieses Abwehrsystem, sind Erkrankungen vorprogrammiert. Leider werden Erdstrahlen und Elektrosmog noch immer nicht als Ursachen für Krankheiten erkannt. Die Mobilfunk-Lobby, skrupellose Immobilien-Maklern und teilweise sogar die Schulmedizin wollen der Tatsache nicht ins Gesicht sehen. Wie in vielen anderen Bereichen, wird auch hier die Gefährdung der Gesundheit und das Leben von Mensch und Tier bewußt in Kauf genommen. Umso mehr muss der einzelne selbst für sein Leben und seine Gesundheit Verantwortung tragen. Kein Mensch will heute auf die Annehmlichkeiten des modernen Lebens verzichten. Überall ist man mit elektrischen Geräten konfrontiert. Der Stromverbrauch durch Haushaltsgeräte und Unterhaltungselektronik ist in den letzten Jahrzehnten rapide angestiegen. Wer darauf nicht verzichten will, sollte wenigstens den Einflussbereich von Elektrosmog minimieren, d.h. vor allem im Schlafzimmer sollte man darauf achten, wie die Geräte aufgestellt sind. Statt einen Fernseher im Standby-Betrieb zu lassen, sollte man ihn besser vom Netz nehmen. Dadurch erspart man sich auf das Jahr gerechnet auch einiges an Stromkosten. Für den Abstand zum Fernseher gilt die Regel: Bildschirmdiagonale x 10.

Folgende Symptome können durch die Belastung von Elektrosmog auftreten:

Allergien, Augenbrennen und Sehbeschwerden, Schlafstörungen, Gereiztheit, Erschöpfungszustände, Leistungsverlust, Herzrhythmusstörungen, Konzentrationsschwierigkeiten, Kopfschmerzen, Erhöhte Transpiration, Überreizung des Nervensystems, ständige Müdigkeit und Schwäche. In weiterer Folge können diese Symptome zu ernsthaften Erkrankungen führen, vor allem wenn man den ganzen Tag und über einen längeren Zeitraum dieser Strahlung ausgesetzt ist.

Wie kann man sich vor Elektrosmog schützen?

Der beste Schutz ist die Vermeidung von Strahlungsemittenten. Vor allem der Bettbereich sollte so gestaltet sein, dass keine Elektrogeräte oder stromführende Leitungen in unmittelbarer Nähe sind. Die Strahlenbelastung sollte durch einen Fachmann festgestellt werden.

Folgende Tipps sollten sie beachten

Schlafräume möglichst weit weg von Trafostationen;

Sicherungs- und Zählerkästen möglichst nicht in Wohn- und Schlafräumen;

Keine Heizdecken verwenden;

Keine elektrischen Heizungen benutzen;

Abstand zu Halogenlampen und Leuchtstofflampen einhalten;

Computerbildschirme nach MPR-III-Norm, oder besser noch nach TCO'95-Norm;

Für mehrere Geräte eine Mehrfachsteckerleiste mit Netzschalter verwenden;

Babyphone mindestens 2 Meter vom Kind entfernt;

Radiowecker mindestens 1,5 Meter vom Bett entfernt;

Während des Betriebs von Mikrowellen Abstand halten;

möglichst keine elektrischen Zahnbürsten oder Rasierer verwenden;

überhaupt auf Elektrogeräte, die nur der reinen Bequemlichkeit dienen, verzichten;

möglichst kurze Verlängerungskabel verwenden;

Netzgeräte wie, z.B. jene eines Laptops möglichst weit weg stellen.

Elektrosmog durch Hochspannungsleitungen

Viele Menschen in der Nähe von Freilandleitungen klagen über Schlafstörungen. Es wurde sogar beobachtet, dass sich Tiere bei Hochspannungsleitungen ganz anders verhalten, Bienen werden z.B. aggressiver.

Will man sich ein Haus bauen oder kaufen, oder sich eine Wohnung mieten, sollte man sich das Umfeld nach diesen Kriterien prüfen. Hochspannungsleitungen schaden der Gesundheit.

Folgende Abstände zu Freilandleitungen sind ratsam

380 KV: 500 Meter

220 KV: 300 Meter

110 KV: 200 Meter

Kraftorte.at

Mobiltelefonie

Nach einer Stunde Mobiltelefonie (wird im Auto verstärkt) erhöht sich die Körpertemperatur um einen Grad. Wenn möglich, nicht im Auto telefonieren und den Finger nicht über die Antenne halten. Die höchste Belastung wird im Verbindungs- und Gesprächsaufbau erzeugt, dann am besten nicht zum Kopf halten. Bei Männern, welche das Mobiltelefon in der Hose tragen, kann sich das nachteilig auf die Fruchtbarkeit auswirken.

Mobilfunkmasten

Im Sichtbereich bis zu einer Entfernung von 500 m ist die Belastung am größten. Landwirte haben nach der Errichtung eines solchen Masten erhöhte Sterblichkeitsraten bei Jungtieren sowie Totgeburten zu verzeichnen.

Steckdosen

Im Schlafzimmer so wenig als möglich installieren und keine elektrischen Geräte betreiben.

Mikrowellen

Erzeugt 4500 Megahertz (4,5 Millionen Hertz!) pro Sekunde, es ist erwiesen, dass Nährstoffe, Vitamine und feinste Strukturen im Kochgut zerstört werden.

Am besten vermeidet man bei der Wahl des Wohnortes folgende sichtbaren Einflüsse:

Eisenbahnstrecken

Umspannwerke

Starkstromleitungen

Hochhäuser (Strahlung wird über Stahlgerüste nach oben verstärkt!)

Mobilfunkantennen (die Belastung ist im Sichtbereich am höchsten)

Folgende Punkte sind für den Wohnbereich wichtig

Keine Metallbetten

Keine Elektrogeräte im Schlafzimmer

Keine Elektrogeräte im Standby-Modus

W-LAN vermeiden

Steckdosenleisten mit Ausschalter verwenden

Idealerweise installieren Sie eine Nachtabschaltung der Stromversorgung in den Schlafräumen.

Rainer Bardel

Fixkolumne Elektrosmog: Handy = Zeichen des Tieres

Ich glaube, es gibt gewisse Tore, die einzig die Krankheit öffnen kann. Es gibt jedenfalls einen Gesundheitszustand, der uns nicht erlaubt, alles zu verstehen. Vielleicht verschließt uns die Krankheit einige Wahrheiten, ebenso aber verschließt uns die Gesundheit andere oder führt uns davon weg, so dass wir uns nicht mehr darum kümmern. Ich habe unter denen, die sich einer unerschütterlichen Gesundheit erfreuen, noch keinen getroffen, der nicht nach irgendeiner Seite hin ein bisschen beschränkt gewesen wäre, wie solche, die nie gereist sind.(André Gide, 1869-1951, französischer Schriftsteller, Nobelpreisträger für Literatur 1947) In den Artikeln der Jahre 2009-15 widmete ich mich den 3 grobstofflichen Schadwirkungen des Elektrosmog: wie krank, dumm & charakterlich schlecht uns Elektrosmog macht. In diesem Teil der Artikelserie möchte ich mich der (spirituellen) Schadwirkung widmen, welche gleichzeitig die Quintessenz der anderen 3 ist. Ich lege dar, warum das Handy ohne jeden Zweifel das in der Bibel erwähnte Zeichen des 666-Tiers ist & warum ab 2020/21 die größte Krebswelle der Geschichte droht. Das Verständnis dieser Themen & die Entscheidung, danach zu handeln oder nicht zu handeln, könnte eine der wichtigsten Entscheidungen Ihres Lebens sein, oder sogar *die* wichtigste...

Vorbemerkung: leben wir wirklich in der Endzeit?

In der Lehre der Eschatologie ist die Endzeit die Schlussphase des Kali Yuga (Dunklen Zeitalters), welches im Jahr 3102 v.Chr. mit dem Tod des Avatars Krishna begann. Salopp gesagt ist Endzeit die globale Inventur. Ich verwende den Begriff der Endzeit (im engeren Sinne) für die 40 Quartale der Prüfung der Menschheit seit dem 22./23.8.2013. Im Sinne der perinatalen Matrizen nach Stan Grof sind diese 10 Jahre der Durchgang durch den Geburtskanal, vor der Neugeburt. In den 3 Abrahamitischen Religionen (Christentum, Islam, Judentum) meint dies die Zeit vor der Ankunft/Wiederkehr des Messias. Im weitesten Sinne meint die biblische ‚Endzeit' sogar die mittlerweile 2.000 Jahre zwischen dem ersten & dem zweiten Kommen von Jesus Christus. Das erste Kommen vor 2000 Jahren war der leidende Messias, das zweite Kommen ist der herrschende Messias, siehe dazu der Basler Theologe Dr. Roger Liebi. Bibel & Koran nennen viele konkrete Vorzeichen, wie man die Endzeit erkennt. Beide (!) stimmen darin überein, dass das Schlussereignis das Erscheinen von Jesus Christus ist (in welcher Form auch immer). Prophezeit wurde in der Bibel, dass sich das jüdische Volk zuerst für sehr lange Zeit über die ganze Welt verstreut (Diaspora), um am Ende wieder zurückzukehren. Ab 1882 kehrten immer mehr Juden nach Palästina zurück, was 1948 in der Gründung Israels kulminierte. Das war das wichtigste Zwischenkriterium, aber erst seit Sommer 2015 sind *alle* wesentlichen Kriterien für die Endzeit erfüllt. Denn im Sommer 2015 trat ein Ereignis ein, auf das die Endzeitgemeinde fast 2.000 Jahre gewartet hat: Ankündigung der Errichtung des 3. jüdischen Tempels in Jerusalem. Der 2. Tempel wurde im Jahr 70 zerstört. Der Verantwortliche für den Bau des 3. Tempels ist der Messias Ben David, in den Hadithen (2. Quelle der islamischen Lehre neben dem Koran) bekannt als Dajjal. Der Messias Ben David ist der Vorbereiter für den Messias Ben Josef, der eigentliche Messias. Der Dajjal & der Madhi (= islamischer Messias) leben zur selben Zeit. Mit dem Bau des 3. Tempels ist auch die Aufgabe der Freimaurerei erledigt. Unglaublicherweise deuten die Zahlen der Bibel (1260, 1290, 1335) auf ein ganz konkretes Jahr: 2023. Der Beginn des Kalenders ist das Beenden der Opfer im Tempel von Jerusalem im Jahr 602 v. Chr., worauf 597 v. Chr. Die Diaspora begann. Das wichtigste Zwischendatum war der Bau des Felsendoms in Jerusalem ab 688. Die Diaspora endete eigentlich erst im Juni 1967, mit der Rückeroberung Ost-Jerusalems im 6-Tage-Krieg. Sie dauerte exakt (+/-1 Jahr) die Hälfte eines Weltzeitalters von 5.125 Jahren (13 Baktun im Maya-Kalender). 5.125 Jahre vom Tod von Krishna im Jahr 3102 v. Chr. deuten ebenfalls auf das Jahr 2023, so ein ‚Zufall' aber auch... In der Bibel finden wir viele Stellen, die auf die Endzeit referieren, wobei der Schlüssel das Tier (= Antichrist) ist, mit seiner Zahl 666. Erst durch die Ereignisse des Jahres 2015 können wir sicher sein, dass sich diese Endzeit-Prophezeiungen tatsächlich auf die kommenden Jahre (maximal Jahrzehnte) beziehen. Das 666 Tier bzw. Lucy(fer) wurde eindeutig am 24.8.2015 rausgelassen, was den Beginn der 7 schlechten Jahre (= Trübsal) bis Ende 2022 markiert. Die erste Hälfte (3.5 Jahre) bis Anfang 2019 ist noch ziemlich harmlos, richtig zur Sache geht's erst in der 2. Hälfte: ab Frühling 2019 große Trübsal (42 Monate der Herrschaft des Tieres).

Apokalypse (Offenbarung des Johannes) & das Tier

Die Endzeit wird an vielen Stellen im Alten & Neuen Testament diskutiert, am meisten jedoch in der Offenbarung des Johannes: Das Tier sorgt dafür, dass dem Bilde des Tieres ein Geist eingegossen wird, so dass es sprechen kann. (Offenbarung13:15) Ich kenne nur ein Bild, das sprechen kann: ein Bild-Schirm (mit Lautsprecher). Ein Bildschirm ist nichts anderes als ein sich dauernd änderndes Bild. Bildschirme & Computer gibt es erst seit wenigen Jahrzehnten in großer weltweiter Verbreitung. Und es macht, dass sie allesamt, die Kleinen und Großen, die Reichen und Armen, die Freien und Sklaven, sich ein Zeichen machen an ihre rechte Hand oder an ihre Stirn, und dass niemand kaufen oder verkaufen kann, wenn er nicht das Zeichen hat, nämlich den Namen des Tieres oder die Zahl seines Namens. (Offenbarung13:16-17) Die 666 zeigt sich gleich in 5 Aspekten: Handy = Zeichen des Tieres: Was hat denn heute (fast) *jeder* Mensch, selbst in den armen Staaten? Es kann sich nur um das Handy handeln, welches man zum Schreiben in der (meist rechten) Hand hält *oder* zum Telefonieren an den Kopf. Das ‚oder' ist ein Hinweis, dass es sich um keine Fixinstallation & damit keinen RFID-Chip handelt. Internet WWW=666 = Zahl des Tieres: Das WWW des Internets entspricht dem hebräischen Zahlencode 666 (Link). Seit wenigen Jahren sind fast alle Dumbphone-Besitzer über die mobilen Daten permanent (!) mit dem WWW=666 verbunden. Barcode 666: Die Zahl des Tieres steht auf jedem Strichcode drauf, siehe unten. *Jedes* Produkt im normalen Einzelhandel hat heute diesen Barcode, so erfüllt sich die Prophezeiung, dass niemand mehr ohne die 666 kaufen oder verkaufen kann. Der erste Barcode wurde am 2.74 um 8:01 in Troy/ Ohio gescannt (mit der 66). Passenderweise war das nur Tage vor meiner Geburt, also gibt es recht viele Ähnlichkeiten in beiden Horoskopen (alle Körper außer Sonne, Mond & Venus an ähnlichen Stellen) - was die Resonanz erklärt. Aber warum gerade in einem Kaff wie Troy, weit weg von jeder Großstadt? Ein Hinweis, dass es sich beim Barcode in Wahrheit um ein Trojanisches Pferd handelt… Das Horoskop des Barcodes wird in den 38 Jahren bis 2039 nur 1x aktiviert durch eine Sonnenfinsternis: 26.12.2019 und 21.6.2020. Der Barcode sollte also 2019-21 sehr dominant werden. Das ist einer von Dutzenden Gründen, warum die 42 Monate der Herrschaft des 666-Tiers im Frühling 2019 beginnen, inklusive den assoziierten Phänomenen (Krebswelle)… Logistik: Die komplette Logistik der Weltwirtschaft läuft heute über das Internet, d.h. selbst die wenigen Produkte ohne Barcode basieren immer noch auf der 666. Das CERN hat ebenfalls die 666 im Logo – rein ‚zufällig' versteht sich. Diese Wahnsinnigen wollen über Dimensionsportale möglichst viele Dämonen reinholen. Papst Franziskus heißt mit bürgerlichem Namen Bergoglio: wenn man diesen Namen über die ALT-Taste & den Nummernblock auf der rechten Seite der Tastatur eingibt, dann addiert sich das rein ‚zufällig' zu 666. Offenbarung 13: 18 stellt klar fest: „Hier braucht man Weisheit. Wer Verstand hat, berechne den Zahlenwert des Tieres. Denn es ist die Zahl eines Menschennamens; seine Zahl ist 666". Franziskus kam 2013 an die Macht, im Jahr des Beginns der Endzeit (40 Quartale/10 Jahre der Kreuzigung der Menschheit).Bergoglio erinnert zudem stark an Google, gemeinsam mit Apple & Microsoft Luzifers 3 Säulen in der digitalen Versklavung der Menschheit. Alle, die das Tier & sein Zeichen anbeten haben Tag und Nacht keine Ruhe mehr. (Offenbarung 14:9-11) Mittlerweile möchten viele Handy-Missbraucher 24/7 erreichbar sein, sie haben daher Tag & Nacht keine Ruhe mehr vor den todbringenden Mikrowellen (Selbstterror). Einer der schwerwiegendsten Effekte von Elektrosmog ist die Reduktion des Meister-Hormons Melatonin, welches v.a. in der Meister-Drüse gebildet wird, der

Zirbeldrüse. Melatonin hat eine ähnliche übergeordnete Funktion wie das Meister-Vitamin D. Melatonin-Mangel führt zu Schlafschwierigkeiten, d.h. wie in der Bibel gewarnt fehlt die Nachtruhe. Melatonin ist der Meisterfaktor im Abbau von Tumorzellen, eine weiterer Grund für die schlimmstmögliche Krebswelle. Jene, die das Zeichen annehmen, werden mit Feuer gequält. (Offenbarung14:9-11) Das heutige Wort für „gequält werden mit Feuer" ist Burnout. Folgerichtig heißen die Maschinen zur Tötung von Milliarden Menschen mittels Mikrowellen auch Hotspots. Dumbphones, Tablets, WLAN-Router usw. sind ein schwacher Mikrowellenherd, fast im selben Frequenzspektrum wie ein normaler Mikrowellenherd. Schon nach wenigen Minuten am Handy zeigen sich die Symptome von Burnout, laut den Messungen des deutschen Arztes Dr. Manfred Doepp. Mikrowellen quälen & erhitzen das Gehirn wie Feuer, sowohl grobstofflich als auch feinstofflich. Tatsächlich ist die (grobstoffliche) Erhitzung des Gehirns leider immer noch offizieller Maßstab zur Beurteilung der Gefährlichkeit von Mikrowellen. Und ich sah Stühle, und sie setzten sich darauf, und ihnen ward gegeben das Gericht; und die Seelen derer, die enthauptet sind um des Zeugnisses Jesu und um des Wortes Gottes willen, und die nicht angebetet hatten das Tier noch sein Bild und nicht genommen hatten sein Malzeichen an ihre Stirn und auf ihre Hand, diese lebten und regierten mit Christus 1000 Jahre. (Offenbarung20:4) Hier wird abermals die persönliche Wahl betont, d.h. man kann das Handy (= Zeichen des Tieres) annehmen oder nicht. Das ist ein weiteres Indiz dafür, dass es keinen Zwang im engeren Sinne gibt. Aber natürlich gibt es heute einen unglaublichen sozialen & ökonomischen Druck zum Handy. Der erste (Engel) ging und goss seine Schale über das Land. Da bildete sich ein bösartiges und schlimmes Geschwür an den Menschen, die das Kennzeichen des Tieres trugen und sein Standbild anbeteten.(Offenbarung16:1-2) Einen bösartigen Tumor nennt man heute Krebs... Die Bibel warnte also erstaunlicherweise schon vor mehr als 1500 Jahren, dass die Handybenutzer Krebs bekommen. Diesem Thema widme ich ein eigenes Kapitel, basierend auf medizinischen Erkenntnissen.

Krebswelle durch das Zeichen des Tieres (Handy)

Der heutige Mensch schaut die Hälfte der Zeit auf einen Bildschirm, d.h. auf das Bild des Tieres. Aus der Sicht eines Sehers vor 2000 Jahren wirkte das so, als ob man den Bildschirm anbetet, da er so viele Stunden am Tag die Aufmerksamkeit bekommt (oft mehr als Partner oder Kinder).

Es sah also so aus, als ob dies der neue Gott ist, um den sich alles dreht. Das Anbeten ist zugleich ein Hinweis auf eine aktive & (eher) freiwillige Handlung. Noch wird niemand eingesperrt, wenn er nicht auf Bildschirme schaut. Das Schauen auf einen Bildschirm selbst hat nur eine schwach karzinogene Wirkung (wenn überhaupt). Daher war Bildschirmarbeit bis zum frühen 20. Jahrhunderts im Schnitt kaum karzinogen. Erst seit 5-10 Jahren ist das Schauen auf einen Bildschirm zu 95-99% mit todbringenden Mikrowellen verbunden. Insofern bestätigt sich auch das Timing der seit mehr als 2.000 Jahren angekündigten Endzeit: frühestens in der kommenden Dekade. Wie in den früheren Artikeln beschrieben, führt Mikrowellenstrahlung von Handy, WLAN & Co. zu einer unfassbaren Erhöhung der Krebsraten. Zitat der bekannten Epidemologin Dr. Devra Davis:"Kein anderes Umweltkarzinogen zeigte eine derartige Erhöhung des Risikos in nur einer Dekade." Vor 10-20 Jahren erkrankte im sozialistischen Block EUSApan pro Jahrzehnt etwa 5% der Bevölkerung an Krebs. Diese Zahl steigt seit einiger Zeit deutlich an. Ich prognostiziere, dass in den 2020ern (spätestens Mitte der 2030er) 80-95% der Bevölkerung pro Dekade an Krebs erkranken (also fast jeder Mensch). In den letzten Jahrtausenden fragte man: wer bekommt Krebs? Ab der Endzeit lautet die Frage sinnvollerweise umgekehrt: wer hat seltsamerweise *keinen* Krebs. Ein 2011 im Fachjournal Neurology & Neurophysiology vorgestelltes Modell errechnet eine 2400% (= 25fach!) erhöhte Wahrscheinlichkeit für Hirntumore: Das dürfte hinkommen für die Elektrosmogbelastung in den frühen 2000ern, die allerdings noch 10-100x geringer war als in den Jahren um 2020. In den letzten Jahren wurden den Menschen neue starke Elektrosmog-Verursacher schmackhaft gemacht oder sogar aufgezwungen (v.a. Energiespar-lampen). Zudem wurde in dieser Studie eine Latenzzeit von läppischen 30 Jahren ab dem ersten Mobilfunkgebrauch angenommen. Klar ist, dass die Krebsrate nachher noch 20-30 Jahre weiter ansteigt & erst nach 50+ Jahren ihre Spitze erreicht. Bezugspunkt ist der Erstkontakt mit den Mikrowellen-WMDs in der Hosentasche, was sehr schlecht gewählt ist. Denn das ist das Modell für normale Strahlenschäden, wo man z.B. durch einen Super-GAU einmalig eine große Dosis abbekommt & das war's. Beim Mikrowellen-Selbstmord trifft dies jedoch überhaupt nicht zu, da es um die über viele Jahre kumulierte Last geht, nicht um singuläre Ereignisse. Das verschiebt - ceteris paribus - die Spitze der Krebswelle auf 70-80 Jahre nach dem Beginn des globalen Selbstmords, also in die 2070er & 2080er. Aus diesen 3 Gründen halte ich im 21. Jahrhundert einen Anstieg der Zahl der Hirntumore um das 100fache für eine superkonservative (!) Prognose. Haben wir bis ins 20. Jahrhundert eine 10-Jahres-Prävalenz von etwa 0.1%, dann kann sie locker auf 10% ansteigen (oder mehr). Die meisten Hirntumore sind auf jener Kopfseite (meist die rechte), wo das Handy gehalten wird. Natürlich steigt auch die Zahl der anderen Krebsarten exorbitant an, wenn auch nicht 100fach, da das Gehirn am meisten vom Mobilfunk geschädigt wird. England ist anscheinend eines der wenigen Länder mit sauberen Daten. Die Zahl der Sterbefälle fiel bis etwa 2011, seither steigend & 2015 gab es jedoch den größten Jahresanstieg. Überraschend kommt das nicht: im Premium-Bereich wurde schon im Sommer 2015 diskutiert, dass das globale Suchvolumen nach suicide über Nacht den größten Anstieg der Geschichte aufwies. Der Anstieg des Suchvolumens auf das Allzeithoch gerade im Sommer 2015 ist natürlich kein Zufall, sondern weil der Spätsommer 2015 den Beginn der 7 Jahre der Trübsal markierte. Immer mehr Seelen spüren (zu 99% unbewusst) seit Sommer 2015, was kommt...

Latenzzeit von Krebs

Der Schlüssel für alle Prognosen ist die Latenzzeit, d.h. die Zeit vom Kontakt mit dem Karzinogen bis zur Krebserkrankung. Die empirischen Daten zeigen, dass in den ersten 10-15 Jahren nach einem Strahlenschaden die Hirntumorrate so gut wie gar nicht reagiert. Erst nach 15-20 Jahren klettert die Krankheitsrate langsam nach oben, nach 30 Jahren gibt es einen starken Anstieg, erst nach 50+ Jahren finden wir das Top. Endlich bestätigen auch die letzten Forschungen, dass sogar schon geringste, bislang als harmlos eingestufte Dosen nichtionisierender Strahlung DNS-Schäden verursacht. Die Latenzzeit für Strahlenschäden (ionisierend & nicht-ionisierend) hat eine Bandbreite 2-60 Jahre bzw. ist sogar transgenerational, sie hängt von vielen Faktoren ab: Dosis des Strahlenschadens: am wichtigsten. z.B. stiegen in der Präfektur Fukushima (Bevölkerung 2 Millionen) die Fälle von Schilddrüsenkrebs bereits binnen 3 Jahren nach dem Super-GAU 2011 auf das 40fache (!). In den 1990ern hatten wir noch eine 100x geringere Elektrosmog-Belastung als jetzt 2016. Bei diesen schwachen Strahlenschäden waren die Latenzzeiten noch normal, d.h. die üblichen 30-60 Jahre. Jetzt im Anmarsch auf 2020 dürfte die Latenzzeit auf 5-15 Jahre sinken, aufgrund der extrem hohen Dosis von todbringenden Mikrowellen. Das bedeutet, dass im sozialistischen Block die schwachen Belastungen rund um das

Jahr 2000 & die starken Belastungen der 2010er zeitlich ungefähr im selben Zeitraum für eine unfassbare Krebswelle konvergieren: in den 2020er (ev. erst 2030er). In den armen Ländern könnte das 5-10 Jahre später eintreffen.

Art des Strahlenschadens

Auf jeden Fall zeigen sich die *vollen* Schadeffekte erst in der 2. Hälfte des 21. Jahrhunderts. Der wichtigste Grund ist, dass die Eier einer Frau bereits in ihrer Zeit als Fötus angelegt werden. Im Gegensatz dazu werden die männlichen Spermien jeden Tag gebildet. Wenn eine Frau also in den 2010ern mit einem Mädchen schwanger ist, werden die Eier des Fötus massiv geschädigt durch den Elektrosmog (die Eier sind viel schadenanfälliger als alles andere). Das zeigt sich aber erst 20-40 Jahre später, wenn diese Frau schwanger wird bzw. schwanger werden möchte. Zum Glück werden die meisten Frauen der Generation E (Jahrgänge 2012-24) ohnehin unfruchtbar sein, denn der Rest wird viele arme & lebensunfähige Kreaturen auf die Welt bringen. 130 Studien bestätigen die negative Wirkung der Todesstrahlen auf die Reproduktionsorgane.

Art der Krebserkrankung

Lebensalter: Junge Menschen sind Potenzen anfälliger für Strahlenschäden. Eine Studie aus der Mobilfunk-Steinzeit (2004) fand bereits nach >5 Jahren Mobilfunkbenutzung (ohne Latenzzeit!) eine Ver8fachung (+717%) der Zahl der Hirntumore bei 20-29jährigen. Die durchschnittliche Erhöhung bei Erwachsenen war hingegen nur +35%. Dass ab den 2020ern gerade die jungen Leute umfallen wie die Kartoffelsäcke ist besonders schlimm. Die Generation E (Jahrgänge 2012-24) wird ziemlich abgeräumt, teilweise auch schon die Generation Z (Jahrgänge 2000-2011). Die besten Überlebenschancen haben die Generationen X (Jahrgänge 1965-1986) & Y (Jahrgänge 1987-1999).

Persönlichkeitsmerkmale (Kontrolle)

Die bei weitem beste & aussagekräftigste mir bekannte psychologische Krebsstudie demonstrierte einen Anstieg des Krebsrisikos um Tausende (!) Prozente bei jenen Probanden, die ihre Gefühle am meisten kontrollieren. Warum ist Kontrolle der bei weitem wichtigste psychische Faktor? Nach dem indischen Homöopathen Dr. Sankaran ist das Thema des Krebs-Miasmas Kontrolle/ Ordnung/ Struktur, d.h. das Unterdrücken der Eigenäußerung. Dieses Miasma repräsentiert perfekt das heutige

System v.a. im sozialistischen Block: (a) ein alles kontrollierender & überwachender Staat mit unendlich vielen Gesetzen (b) ein sozialistisch-planwirtschaftliches Wirtschaftssystem (c) Totalkontrolle durch die Technik (d) Schafe, die sich dagegen nicht zur Wehr setzen, großteils bemerken sie den Wahnsinn nicht einmal. Früher ließen sich die Leute lieber den Kopf abschlagen als sich zu unterwerfen. Heute im Krebs-Miasma haben wir nur mehr lauter dressierte Affen, mit dem Höhepunkt der Neurose im Gutmenschentum. Der Mensch im Krebs-Miasma opfert *alles*, damit die bestehende Ordnung erhalten bleibt, z.B. wird heiliger (gerechter) Zorn unterdrückt. Wer alles behalten will, wird alles verlieren... Als Ausgleich für das Krebs-Miasma & als (unbewusster) Versuch der Selbstheilung braucht es Rapugees, die von Selbstkontrolle nicht das Geringste halten, von spontanen Massenvergewaltigungen nach Lust & Laune jedoch sehr viel. Das kommende Totalchaos ist anscheinend notwendig, um das kollektive Krebs-Miasma zu klären. Heilend für das Krebs-Miasma sind so böse & politisch unkorrekte Sätze wie „Leck mir den Arsch fein recht schön sauber." (Zitat von Wolfgang Amadeus Mozart) Wenn das Bösartige abgespalten wird (= Gutmenschentum), dann somatisiert es sich als bösartiger Tumor. Das Krebs-Miasma ist Pluto im Steinbock bis 2023/24. Dann entgleitet jegliche Kontrolle (= Steinbock), statt dessen geht's bis in die 2040er ins heilende Chaos (= Wassermann).

Elektrosmog-Sensibilität

Der homöopathische Konstitutionstyp Phosphorus ist gefährdeter als andere. genetische Prädisposition/ Miasma-Belastung und psychischer Stress.

Karma/ Schicksal

Die nordischen Länder waren führend im Mobilfunk, sie sind daher besonders aufschlussreich. In Dänemark ist laut offiziellen Zahlen die Zahl der Hirntumore schon in den 7 Jahren 2003-10 um satte +60% gestiegen. Das dürften so ziemlich die einzigen unverfälschten Daten sein. In Schweden gab es zur selben Zeit angeblich eine perfekt stabile Zahl von Hirntumoren. So eine massive Divergenz in jeder Hinsicht ähnlichen Nachbarländern ist äußerst unwahrscheinlich. Nach-forschungen der Schwedischen Stiftung für Strahlenschutz zeigten, dass die schwedischen Daten getürkt sind & in Wahrheit den dänischen Daten ähneln. Im Ranking von 180 Ländern weltweit ist Dänemark die #1 im

Korruptionsindex, Schweden immerhin noch #4. Wenn man nicht einmal den offiziellen Daten der 4 ‚saubersten' Ländern trauen kann, dann sind die Daten (fast?) aller anderen Länder ein Fall für die Mülltonne. Aber dieser gewaltige Anstieg ist schon 6-13 Jahre her, damals waren die normalen Latenzzeiten noch überhaupt nicht erfüllt. Laut einem Wissenschaftler aus Zürich ist vor allem in den letzten paar Jahren die Zahl der Hirntumore exorbitant angestiegen. Die Veröffentlichung dieser besorgniserregenden Daten wird jedoch gescheut, denn die Wireless-Mafia bekämpft die Wahrheit mit allen Mitteln. 1993 leitete der US-Epidemiologe Dr. George Carlo eines der ersten & größten Forschungsprojekte zum Mobilfunk. Als er die Wahrheit zu den unglaublichen Gefahren veröffentlichte, wurde sein Haus niedergebrannt & er in die Psychiatrie gesteckt. Mobilfunk ist heute eine Riesen-Branche mit sagenhaften $17 Billionen Umsatz, was 1/5 des Welt-BIPs ist. Beachten Sie, dass in der Bibel nichts vom Krebstod geschrieben steht. Die Todesraten dürften bei ‚nur' 5-20% liegen, viel weniger als die derzeitige Krebs-Mortalität von circa 50%. Der Grund ist ganz einfach: die wenigsten Krebspatienten sterben am Krebs selber, fast alle durch ABC-Waffen im Krankenhaus, besser bekannt unter dem irreführenden Namen ‚Chemotherapie'. Es wird ab den 2020ern & 2030ern glücklicherweise zu viele Krebsfälle geben, um sie alle mit Chemotherapie zu töten - also werden die meisten überleben. Allerdings dürften wir erwähnt verschiedene Kohorten sehr unterschiedlich betroffen sein: Todesrate nur 1-10% in den Generationen X (Jahrgänge 1965-1986) & Y (Jahrgänge 1987-1999), jedoch 20-80% in Generation E (Jahrgänge 2012-24). Die Krebsforschung erlaubt aus ‚ethischen Gründen' nur den Vergleich von Tötungssubstanz A mit Tötungssubstanz B. Das ist logisch, denn mit randomisierten Doppelblindstudien (Verum & Placebo) würde man sofort einsehen, dass Chemotherapie nichts als Massenmord ist. Die konservative Wissenschaft tut also ihr Bestes, um die Wahrheit zu verdunkeln. Aber indirekte Studien besagen trotzdem, dass die mit Chemotherapie & Co. ‚Behandelten' ein 2-5faches Sterberisiko gegenüber Nichtbehandelten haben, abhängig von vielen Faktoren. Die Wahrheit kam z.B. im Rahmen eines österreichischen Gerichtsverfahrens ans Licht. Im österreichischen Linz brachte es die Assistentin eines Frauenarztes nicht übers Herz, Frauen ihre Krebsdiagnose mitzuteilen. Nach vielen Jahren & 99 unterschlagenen Krebsdiagnosen flog der Schwindel auf. Vor Gericht stellte sich unglaublicherweise heraus, dass keine einzige (!) dieser 99 Frauen verstorben war, oder auch nur ein fortgeschrittenes Krankheitsbild zeigte. Nur 6 der 99 waren überhaupt behandlungsbedürftig, und da auch nur marginal. Wären diese Patientinnen in die Fänge der Pharmamafia gelangt, dann hätten sie furchtbare Schmerzen erlitten & viele könnten sich heute die Radieschen von unten anschauen. Diese tapfere Arzthelferin hat also einen Massenmord durch Onkologen verhindert. Führende Forscher wie Dr. Dietrich Klinghardt oder die russische Onkologin Dr. Tamara Lebedewa erkennen im Tumorgewebe teilweise Parasiten wie Trichomonas vaginales. Das Thema Parasiten führt zum Gutmenschentum zurück: Sozialismus = Parasitismus & fördert Parasiten auf allen Ebenen, auch körperlich = Krebs. Der führende österreichische Ökonom Ludwig von Mises (29.9.1881-1973) prognostizierte als vielleicht einziger bereits in den 1930ern, wie lange der Sowjetsozialismus überleben kann: 40-70 Jahre. Dann nämlich ist auch das Letzte kaputt, was vom vorherigen Kapitalismus mitgebracht wurde: Immobilien. Parasiten sind Mini-Rapugees: Invasoren, die den Wirt vergewaltigen. Sie treten nur dort auf, wo es Gift gibt, d.h. das zugrundeliegende Problem ist das Miasma: Vergiftung & Milieu. Aufbauend u.a. auf den Arbeiten des deutschen Forschers Prof. Günther Enderlein leitete der französische Hydrologe Prof. Louise Claude Vincent aus 3 Faktoren des Blutes (pH-Wert, elektrischer Widerstand r & elektrischer Faktor rH2) die 4 Quadranten des biologischen Milieus ab. Ab den 2020ern werden immer größere Teile des Planeten in den 4. Quadranten eintreten, wodurch Leben im herkömmlichen Sinne kaum mehr möglich ist.

Biblisches Timing: Krebswelle ab 2021?

Die epidemiologischen Studien deuten auf die 2020er (reiche Staaten) bis 2030er (arme Länder) für den Beginn der größten Krebswelle der Geschichte. Klar ist, dass die Krebswelle in den reichen Industrieländern früher & stärker eintreten sollte.

Gründe

Elektrosmog schon länger: Die Elektrifizierung begann in Europa schon vor 120+ Jahren, Ende des 19. Jahrhunderts.

mehr Elektrosmog: Die armen Länder haben erst seit wenigen Jahren eine hohe Handy-Penetration. Afrika hatte noch 2010 erst 45% Mobilfunk-Penetration.

sonstige Vorschädigung seit Jahrhunderten

Das Endzeit-Modell sagt, dass sich die Weltgesundheit schon in den nächsten 4 Jahren deutlich verschlechtert, aber Ende 2020 bis Ende 2021 völlig kollabiert. Das deckt sich mit Jupiter auf der Achse Anfang Löwe/Anfang Wassermann Anfang 2021, was seit 2000 Jahren die Masterkonstellation für Seuchen ist: seit der Antoninischen Pest im Jahr 165 (Sterberate 30% im Römischen Reich). Erst ab 2024 geht es langsam wieder aufwärts mit der Weltgesundheit. Wir können einen ersten groben Timing-Hinweis aus dem Bibel-Zitat herauslesen, dass (annähernd) ‚alle' ein Handy (Mal des Tieres) tragen. Eine solche Marktsättigung gibt es erst seit etwa 2013/14. 2005 hatten wir erst 33% globale Mobilfunkpenetration, 2014 schon 96% (Link). 2013 gab es schon 6.666 (Zahl des Tieres!) Milliarden Mikrowellenwaffen. Die Bibel bezieht sich also *frühestens* auf die mittleren 2010er, denn bis vor kurzem trugen nicht (fast) alle das Zeichen des Tieres. Möglicherweise datiert die Bibel den Beginn der großen Krebswelle auf 2020/21 (primär/ hauptsächlich in den reichen Ländern?). Es gibt Hunderte verschiedene Bibel-interpretationen, aber *ich* gehe davon aus, dass die 7 Siegel der Apokalypse in den 7 Jahren der Trübsal geöffnet werden. Das 1. Siegel wird 2016/17 geöffnet (= jüdisches Jahr 5777), 2022/23 das 7. = letzte Siegel (Link). Die Abgrenzung erfolgt laut jüdischem Kalender, d.h. mit dem Posaunenfest Rosch ha-Schana im September/Oktober. Das jüdische Jahr 5777 (= 2016/17) öffnet das in der Bibel beschriebene 777-Fraktal: Die 7 Siegel der Apokalypse werden geöffnet. Das 7. Siegel enthält die 7 Posaunen. Die 7. Posaune bereitet die 7 Schalengerichte vor. Die 4 ersten Siegel gehen mit den 4 Reitern der Apokalypse einher: Der 4. Reiter (September 2019-September 2020) ist fahl/bleich: Symbol für Krankheit & Seuchen. Offenbarung 16:10-11 schreibt zum 5. Engel (2020/21): „Und der 5. Engel goss aus seine Schale auf den Stuhl des Tiers; und sein Reich ward verfinstert, und sie zerbissen ihre Zungen vor Schmerzen und lästerten Gott im Himmel vor ihren Schmerzen und vor ihrer Geschwüre (...)"

Einheitliche Feldtheorie von Burkhard Heim & Vortex Healing®

Unser Körper wird früher oder später sowieso Würmerfraß, daher ist es viel schlimmer, wenn die Bibel sagt, dass Elektrosmog die Verbindung zum Göttlichen blockiert. Die Bibel warnt hier vor den größtmöglichen Schaden für das Seelenheil. Es ist kein Zufall, dass die Reptilien seit Jahrhunderten nur eine Religion 24/7 bekämpfen: das Christentum. Denn nur Jesus Christus war der direkte Sohn Gottes: „Niemand kommt zum

Vater denn durch mich." Laut biblischen Angaben war der 1. Sündenfall im Jahr 3983/84 v. Chr., rein ‚zufällig' 6006. 6 (-> 666!) Jahre vor dem Schlüsseljahr 2022/23... Der erste Sündenfall war ein Schritt in die tiefste Dualität & die Voraussetzung dafür, dass sich Jahrhunderte später das Dunkle Zeitalter (Kali Yuga) etablieren konnte. Der erste Sündenfall begann bekanntlich mit einem Apfel & dasselbe wiederholt sich jetzt in der Endzeit beim 2. Sündenfall... Was für ein „Zufall", dass das wertvollste Unternehmen in der Endzeit die Mobilfunkfirma Apple ist (gegründet vom Apfel-Fanatiker Steve Jobs). Und noch ein größerer ‚Zufall' ist, dass der erste Apple-Computer am 11.4.1976 um $666.66 (Zahl des Antichristen) verkauft wurde... Zum Verständnis dieser Vorgänge brauchen wir die einheitliche Feldtheorie des deutschen Physikers Burkhard Heim (9.2.1925-2001) & die Erkenntnisse des Vortex Healing®. Die einheitliche Feldtheorie ist die wichtigste physikalische Theorie, darum ist sie auch so gut wie unbekannt. Sie ist auch unglaublich kompliziert, vermutlich verstehen sie nur eine Handvoll Personen auf dem Planeten. Ihre wirkliche Bedeutung wird erst ab 2027 erkannt werden. Vor kurzem wurde gemeldet, dass Gravitationswellen endlich gemessen wurden: das machte Burkhard Heim schon vor mehr als 50 Jahren, in den 1950ern. Nach Heims Theorie gibt es 12 Dimensionen ($X1$-$X12$), wobei die oberen 4 Dimensionen $X9$-$X12$ die 4 Gottesdimensionen sind: $G1$-$G4$/ Hintergrundraum/ Bewusstsein.

$X12 = G4$: Weltengeist, göttliche Intelligenz

$X11 = G3$: göttlicher Wille (dem alle Möglichkeiten offen stehen)

$X10 = G2$: Gottmenschentum, Dodekaeder (12-Flächner),

Möglichkeitsbewusstsein (= Ideen für spezifische Möglichkeiten), nur mehr eine einzige Form der Konditionierung geht so tief, nämlich Intelligenzfelder

$X9 = G1$: freier menschlicher Wille, der aus dem Möglichkeitsbewusstsein ($X10$) wählt & dadurch Möglichkeitsfäden erschafft

$X8$, $X7$: Information, Seele (Einzelseele $X7$ & Gruppenseele $X8$), Akasha-Chronik, vitales Gewebe

$X6$, $X5$: Energie, Emotionen, Struktur, morphische Felder

$X4$: Zeit

$X1$, $X2$, $X3$: 3D-Realität (physisch, emotional, mental)

Herkömmlicher Elektrosmog (Haushaltsstrom) entfaltet seine (schwache) Störwirkung nur bis zur X6, d.h. er greift *nicht* die Seele an. Hochfrequenz-Elektrosmog stört jedoch unglaublicherweise nicht nur bis X8, sondern sogar in die X9. Das bedeutet, dass Elektrosmog nicht nur die Seele (X7 & X8) angreift, sondern gar den freien menschlichen Willen (X9). Dadurch entstehen jene schrecklichen seelenlosen & ferngesteuerten Zombies, deren Zahl seit ein paar Jahren explodiert. Warum checken das die Leute nicht? Weil viel schwarze Magie drauf liegt. Ein deutscher Arzt sagte mir 2009 in einem persönlichen Gespräch, Mobilfunk sei die heutige schwarze Magie. Zu diesem Zeitpunkt verstand ich das noch nicht wirklich, erst im Laufe der Jahre wurde mir klar, dass diese Aussage 100% stimmt, weil sie keine direkte Wahrnehmung dieser Dimensionen haben.Das Thema der fehlenden Wahrnehmung beschäftigt mich immer noch. Ich persönlich bin hochsensibel für Elektrosmog (ES/EHS) & spüre ihn in den Fingerspitzen. Im Sommer 2010 war ich wie jedes Jahr am Untersberg, bei dieser Gelegenheit besuchte ich auch Hans Luginger in Salzburg. Dieser arbeitete mit DI Heinz Karl Milfait zusammen,früher Universitätsprofessor für Nachrichtentechnik an der Technischen Universität Wien. Wir sprachen über die Gefahren der Ausgleichsströme zwischen Mobilfunk-Basisstationen & fuhren von Mobilfunkstation zu Mobilfunkstation, wo ich mit der Rute die Zahl & Position der Ausgleichsströme ausmutete. Man kann die Ausgleichsströme mit der Rute finden oder seit einiger Zeit auch mit einem Gerät, basierend auf einem ungarischen Patent. Meine Trefferquote war 100%, was Luginger sehr erstaunte. Laut seinen Angaben ließ er bereits Dutzende professionelle Radiästheten antanzen, von denen nur eine einzige (!) die Ausgleichsströme muten konnte. Das war ‚Großmeisterin' Käthe Bachler, *die* österreichische Pionierin der Radiästhesie. Zweites Beispiel: meine Ärztin ist unglaublich feinfühlig auf vielen Kanälen, z.B. Pendel, Irisdiagnose, Fußreflexzonenanalyse usw. Aber auch sie kann die negativen Auswirkungen vom Elektrosmog *nicht* feststellen. Wir führten über Monate Experimente zu ihrer sonstigen Treffsicherheit durch, weil ich ihr das nicht glauben konnte, bis ich w/o geben musste. Sie kann in den Fußreflexzonen sogar lesen, was man zu sich genommen hat. Es gibt kein Nahrungsmittel, das auch nur annähernd so schädlich wie der Kaffee ist. Ich persönlich trinke daher seit 2008 keinen Kaffee mehr. Kaffee erkennt sie in den Fußreflexzonen daran, da er *alle* Organe energetisch (= X5 & X6) gleichmäßig schädigt. Das erklärt auch die Störwirkung des Kaffees für homöopathische Medikamente, welche vor allem in den Dimensionen X5 & X6 arbeiten, manchmal X7 & höher, wie z.B. die Potenz D21 laut Dr. Reimar Banis. Die konservative Wissenschaft tut ihr Bestes, um die Wahrheit zu verdrehen, mit den vielen Studien, welche die positive Wirkung des Kaffees belegen. Das ist nicht ganz falsch: Kaffee hält den Körper in der konfliktaktiven Phase. Kaffee hilft daher tatsächlich dem Körper teilweise bzw. für einige Zeit, ruiniert jedoch die Seele, welche sich nur in der konfliktgelösten Phase regeneriert. Aus der Neuen Medizin von Dr. Hamer wissen wir, dass nur ~20% der Krankheiten in der konfliktaktiven Phase auftreten, ~80% jedoch in der konfliktgelösten Phase. Diese Erkenntnis ist nicht wirklich neu, schon die alten Homöopathen des 19. Jahrhunderts beobachteten, dass Patienten oft sterben, wenn man große Konflikte bzw. Themen völlig löst. Sie empfahlen zur Maximierung der Überlebensrate, große Konflikte auf ein ganz geringes Maß zurückzufahren, ohne sie ganz zu klären. Das ist aus ärztlicher Sicht verständlich, aber aus Sicht der Seelenevolution wäre es besser, das Fahrzeug für diese Inkarnation zu opfern, um die Seele ganz zu reinigen. Große geistig-seelische Weiterentwicklung ist ohne ernste bis lebensbedrohliche Krankheit äußerst unwahrscheinlich bis undenkbar. Insofern ist klar: die größte geistig-seelische Weiterentwicklung der Menschheitsgeschichte (der letzten 5.000 Jahre) muss mit der größten Krankheitswelle & Krise der Geschichte einhergehen. Insofern sind Elektrosmog, Chemtrails, HAARP & Gentechnik-Nahrungsmittel die Erfüllungsgehilfen des Schicksals. Es gibt esoterische Rattenfänger wie Rüdiger Dahlke & Co., die behaupteten oder immer noch behaupten, dass Krankheit immer ein Zeichen sei, dass man etwas falsch gemacht hat. Auch aus der Psycho-Szene gibt es viel zu viele Versuche, Krankheit zu privatisieren, wenn sie in Wahrheit systemische Ursachen hat. Viele dieser Gurus sind die besten Helfer des Widersachers, der NWO & der Illuminati, denn sie lenken die Aufmerksamkeit von der Tatsache ab, dass immer mehr Krankheiten eine exogene Ursache haben, teilweise sogar gezielt als Kriegsführung der Reptilien gegen uns Menschen. Zudem erklärt man viele zu Hypochondern & psychosomatisch Kranken, um vom Totalversagen der Schulmedizin abzulenken. Wenn solche Schundliteratur ein Bestseller wird, dann ist von vornherein klar, dass der Wahrheitsgehalt dieser Werke sehr niedrig sein muss. Wie schon Le Bon im 19. Jahrhundert erkannte, wird die Masse niemals von der Wahrheit angezogen, sondern immer nur von der Lüge.

Conclusio & Schutzmöglichkeiten

Wenn selbst die Top-Profis durch die Bank beim Thema Elektrosmog versagen, wie sollen dann die 99-99.9% der Normalmenschen spüren und wahrnehmen, was läuft? Die ernüchternde Antwort ist: bis zum Ausbruch der größten Krebswelle der Menschheitsgeschichte gar nicht, dann in Form furchtbarer Schmerzen & Ableben. Allerdings braucht es keine Wahrnehmung, denn es gibt mehr als 10.000 Studien, die die Schädlichkeit des Elektrosmog dokumentieren. Wenn Sie das hier lesen & verstehen, dann gehören Sie *vielleicht* zu den 144.000 Auserwählten...Von den 7+ Milliarden Menschen auf der Welt realisiert so gut wie *niemand* außerhalb der Amanita-Leserschaft (& ein paar Top-Illuminati), dass seit kurzem bereits fast 100% der Menschen das Zeichen des Antichristen tragen. Das ist 180° entgegengesetzt zur allgemeinen Fehlannahme, dass das Zeichen des Tiers ein RFID-Chip ist. Damit will ich nicht behaupten, dass eingepflanzte RFID-Chips nicht doch noch kommen - aber es ist erstaunlich unwichtig & die Zeit für diese Maßnahmen wird sehr knapp. Hier sieht man, dass der Widersacher perfekte Arbeit darin geleistet hat, die Menschen zu verwirren (diabolisch = verwirrend). Obamas Gesetzesvorlage HR 3200 beinhaltete eine Datenbankpflicht für RFID-Chips, ging aber nicht durch. In Österreich forderte der frühere ärztliche Leiter des Hartmannspitals, Dr. Marcus Franz, aber definitiv verpflichtende RFID-Chips. Viele befürchten, dass jemand ihnen etwas mit Gewalt einpflanzt. Es handelt sich zugleich um eine Projektion: das Böse lauert immer irgendwo draußen. Die unbequeme Wahrheit ist, dass sich heute fast 100% der Menschen selber was einpflanzen... Die Konsequenzen dieser Täuschung sind gewaltig: selbst jene, die das Zeichen des Tiers nicht annehmen wollen, tragen es. Sich gegen das Zeichen das Tieres zu schützen oder nicht dürfte für die meisten eine der wichtigste Entscheidungen Ihres Lebens sein, wenn nicht sogar *die* wichtigste... Aber nach der Entscheidung dafür stellt sich immer noch die Frage nach dem ‚wie', damit man zu den 1-10% (im besten Falle 20%) der Menschen in den reichen Ländern gehört, die in den 2020ern & 2030ern *keinen* Krebs bekommen. Das Thema Schutz vor Elektrosmog ist Lichtjahre komplizierter als gemeinhin diskutiert, es wird im kommenden Artikel erörtert. Gleich vorweg: die angebotenen Schutzmöglichkeiten helfen nur teilweise & meist nur bis zur X6-X7, also nicht in den höheren Dimensionen X8-X9.

Mag. Manfred Zimmel, amanita.at

Mobilfunktürme gelten als Krebsverursacher

Kann Strahlung von Handymasten tatsächlich für mehr als 7000 Krebstote verantwortlich sein? Die Fakten aus neuen Untersuchungen in Brasilien sprechen für sich. Die Studie aus der drittgrößten brasilianischen Stadt Belo Horizonte zeigte eine direkte Verbindung zwischen Krebstoten und dem Handynetzwerk.

Woher stammt diese direkte Verbindung?

Mehr als 80 Prozent der Patienten, die an bestimmten Formen von Krebs erkrankten, lebten ungefähr 500 Meter entfernt von einer der vielen Hundert Mobilfunkantennen in der Stadt. Diese Krebstumoren in Prostata, Brust, Lunge, Niere und Leber sind von der Art, die mit Kontakt zu elektromagnetischen Feldern (EMF) in Verbindung gebracht wird. Es ist besorgniserregend für alle Handynutzer - und auch für Nichtnutzer. Denn wer die Mobilfunktechnik ablehnt, leidet trotzdem unter den Folgen der Strahlung von Handymasten.

Ist die brasilianische Studie ein Einzelfall?

Studien über Handymasten, bei denen die Beziehung zwischen Strahleneinwirkung und Krebshäufigkeit untersucht wurde, gab es seit 1970 in San Francisco sowie Städten in Österreich, Deutschland und Israel. Alle Studien ähnelten sich im Ergebnis: Das Leben in einer bestimmten Nähe zu einem Handymast erhöht das Krebsrisiko um zwei bis 121 Prozent, abhängig davon, welche Art von Krebs diagnostiziert wurde. Dr. Adilza Condessa Dode, Ingenieurwissenschaftlerin und Koordinatorin der brasilianischen Studie, wendet sich an alle, die über Strahlung von Handymasten besorgt sind und erklärt, dass es sich bei der Studie nicht um einen Einzelfall handle: »Diese Werte (EMF) sind bereits hoch und gesundheitsschädlich für den Menschen. Je näher Sie an einer Antenne leben, desto größer der Kontakt mit dem elektromagnetischen Feld.« Die brasilianische Studie deckt nur eine einzige Stadt in Brasilien ab. Auch Einwohner der USA und anderer Länder sind gefährdet, weil es dort Hunderttausende dieser Strahlung aussendenden Masten gibt. In den USA ist die Zahl der Handymasten durch die Zunahme von Handys und den steigenden Bedarf der Handynutzer in den letzten Jahren regelrecht explodiert.

Erdrückende Beweise

Eine wachsende Zahl von Organisationen und viele weitere Studien stützen die Schlussfolgerungen der brasilianischen Studie. Die Internationale Agentur für Krebsforschung (IACR) kam auf der Grundlage von Untersuchungen einer internationalen Arbeitsgruppe zu dem Schluss, dass Funkfrequenzstrahlung, auch die von Handymasten, ein mögliches Karzinogen darstellt. Der BioInitiative 2012 Report, den eine international zusammengesetzte Gruppe führender unabhängiger Wissenschaftler erstellt hat, warnt davor, sich EMF auszusetzen. Dazu gehört auch, sich in der Nähe von Handymasten aufzuhalten.

Warum sind Handymasten so besonders gefährlich?

Die Bedrohung liegt in der ständigen Aktivität der Masten, sie senden gepulste Radiofrequenzstrahlung aus. In Tausenden von Studien hat sich erwiesen, dass diese Strahlung biologische Schäden im Körper verursachen und Krankheiten auslösen kann. Folgende Gefahren (neben Krebs) werden mit der Schädigung durch EMF und Handymasten in Verbindung gebracht:

Genmutationen, Gedächtnisstörungen, Lernbehinderung, Schlaflosigkeit ADHS, Gehirnerkrankungen, Störung des hormonellen Gleichgewichts, Unfruchtbarkeit, Demenz, Herzkomplikationen

Angesichts dieser Gefahren muss dringend etwas unternommen werden. Handymasten werden bleiben, aber ihre Errichtung muss hinsichtlich Ort und Strahlung besser überwacht werden. Beispielsweise gewährt das US-Telekommunikationsgesetz von 1996 der Öffentlichkeit nicht das Recht, wegen möglicher gesundheitlicher Risiken gegen Handymasten zu protestieren. Handymasten sollten nur weit weg von Wohngebieten und sehr weit weg von Schulen und Kindertagesstätten aufgestellt werden.

Kopp Online, 29. Juni 2014

Quellen:
GetMeFacts.info
Hellkom.co.za
Cell-Out.org
WhyFry.org
CDN.bizcommunity.com
MagdaHavas.com

Skeptiker zum Familienstellen

Familienstellen nach Hellinger - ein destruktiver Kult?

An Patentrezepten, zumal mit dem Nimbus des Magischen versehen, ist die Psychoszene nicht arm. Eines dieser umstrittenen Angebote ist das Familienstellen. Zwar gibt sich diese Technik als Weiterentwicklung der etablierten systemischen Familientherapie aus, ist jedoch aufgrund des weltanschaulichen Kontextes und der praktischen Implikationen etwas grundsätzlich anderes, nämlich ein Rückfall in vorwissenschaftliche Denkmuster und quasi-exorzistische Praktiken. Schon lange vor Hellinger nutzte man die Möglichkeit, familiäre und andere Beziehungsgeflechte durch räumliche Anordnung von Personen darzustellen und mit Hilfe dieses Mediums therapeutisch zu intervenieren. So wurde beispielsweise von Virginia Satir der Begriff „Familienskulptur" geprägt. In der wissenschaftlich fundierten Familientherapie galt dieses Vorgehen als hinterfragbare Einzeltechnik in einem rational zu begründenden psychotherapeutischen Gesamtkonzept (widerspruchsfreie und empirisch prüfbare Theorie über Veränderung von Verhalten). Doch mit und nach Hellinger mutierte dieses Verfahren, wie im Folgenden zu zeigen sein wird, zu einem kultisch inszenierten Selbstzweck, zu einer Methode der „Aufdeckung" und „Lösung" für alles und alle. Das technische Prinzip des hellingerschen Familienstellens besteht darin, dass ein Gruppenteilnehmer (Klient, Patient, Ratsuchender) – auch „Protagonist" genannt – aus der Gruppe so genannte Stellvertreter als Rollenspieler auswählt und mit diesen „sein inneres Bild seiner Gegenwarts- oder Herkunftsfamilie" aufstellt. Auch für sich selbst sucht der Protagonist zunächst einen Repräsentanten aus. Wenn die Konstellation steht, teilen die Stellvertreter nacheinander mit, wie sie sich an ihrem Platz fühlen. Angeblich stehen sie dabei in Verbindung zu einer Art Überseele, von anderen auch „wissendes Feld" genannt. Der Aufstellungsleiter (Therapeut) entwickelt nun unter Berücksichtigung der Rückmeldungen der Mitwirkenden ein „Lösungsbild". Das ist erreicht, wenn alle Stellvertreter das Gefühl zu haben glauben, dass die „Ordnung" wiederhergestellt ist, was in der Regel durch ein Unterwerfungsritual bestätigt wird. Die in der Aufstellung inszenierte „Lösung" soll sich auf wunderbare Weise in die Wirklichkeit übertragen: Suizidale entdecken ihre Lebenslust, Inzesttraumata werden aufgelöst, Rückenschmerzen verschwinden und Krebs wird geheilt. Wenn nicht, hätte man sich immerhin mit seinem unentrinnbaren Schicksal versöhnt. Hellinger selbst gibt dieses Spektakel oft vor hunderten von Zuschauern zum Besten. Die Vorgehensweise wird inzwischen auf Fragestellungen aller Art übertragen. In der Szenerie können, repräsentiert durch Stellvertreter, Lebende und Tote erscheinen, reale Personen und fiktive, ja sogar Funktionen, Zustände, Gefühle, Körperteile bis hin zu homöopathischen Arzneimitteln. Zum Verständnis und zur Bewertung dieser Praxis ist es wichtig, einige Eckpfeiler des dahinterstehenden Welt- und Menschenbildes näher unter die Lupe zu nehmen.

Patriarchale Ordnungsvorstellungen

Hellinger schwört auf das Senioritätsprinzip: Wer vorher da war, ist kraft dieses Faktums als höherrangig einzustufen. Die Dynamik von Geben und Nehmen wird hauptsächlich aus der Perspektive der Weitergabe des Lebens betrachtet, das Individuum somit weitgehend reduziert auf seine Funktion als Gattungswesen. Kinder sind per Definition Nehmende und Eltern Gebende. Die einen verpflichtet dies zutiefst, umfassend und unbefristet, die andern werden dadurch in den Zustand seliger Immunität und immerwährender Verehrungswürdigkeit versetzt. „Das Elternsein ist unabhängig von der Moral und jenseits von Gut und Böse" - Bert Hellinger.In Hellingers Worten: „Das Elternsein ist unabhängig von der Moral und jenseits von Gut und Böse, Jede Beurteilung der Eltern ist anmaßend. Das Ergebnis (sic!) nämlich, das Kind, stellt sich ja unabhängig vom Gutsein oder Bösesein der Eltern ein und begründet eine Bindung vor und jenseits jeder Moral". An anderer Stelle: „Und die Bindungsunschuld erleben wir als unserer Kindersehnsucht letztes Ziel. Aus Liebe ist ein Kind bereit, alles zu geben, selbst das eigene Leben und Glück, wenn es den Eltern und der Sippe dadurch besser geht. Das sind dann die Kinder, die für ihre Eltern oder Ahnen in die Bresche springen, vollbringen, was sie nicht geplant, sühnen, was sie nicht getan, tragen, was sie nicht verschuldet haben oder für erlebtes Unrecht anstelle ihrer Eltern Rache üben". Das lässt erahnen, wie nach Hellinger Unglück und Leid in die Welt kommen, gleichzeitig ergibt sich daraus eine wichtige therapeutische Maxime: „Wenn man den Eltern Ehre erweist, kommt etwas tief in der Seele in Ordnung". Wie weit dieses Dogma getrieben wird, zeigt der nächste Abschnitt.

(Be-)Deutung von Sexualität und Inzest

Hellinger sieht im Inzest keine persönlich zu verantwortende Tat, sondern ein „systemisches" Geschehen, in dem es letztlich weder Täter noch Opfer noch unschuldig beteiligte Dritte gebe, sondern nur Statisten in einem von einer transzendenten Macht inszenierten Drama. Vor allen Dingen sollen die, die nach allgemeinem Rechts- und Gerechtigkeitsempfinden als Hauptschuldige gelten, entschuldigt werden: „Den Tätern, seien es Väter, Großväter, Onkel oder Stiefväter, wurde etwas vorenthalten, oder es wird etwas nicht gewürdigt, und der Inzest ist dann ein Versuch, dieses Gefälle auszugleichen". Mit dieser Entschuldigung für die Patriarchen forciert Hellinger gleichzeitig die Beschuldigung der Frauen: „Kommt hinzu, dass es auch noch einen Mangel an Austausch und Ausgleich bei den Partnern gibt, zum Beispiel in der sexuellen Beziehung, entsteht in diesem System ein unwiderstehliches Bedürfnis nach Ausgleich, das sich wie eine Triebkraft durchsetzt und der naheliegende Ausgleich ist, dass die Tochter sich anbietet oder die Frau dem Mann die Tochter überlässt oder anbietet". Macht Hellinger hier nicht den Körper des Kindes zur Manövriermasse in einem obskuren Spiel des „Ausgleichs"? Wer diese Logik einmal akzeptiert hat, wundert sich auch nicht mehr über seine Lösungsvorschläge: „Die Lösung für das Kind ist, dass das Kind der Mutter sagt: ‚Mama, für dich tue ich es gerne', und dem Vater: ‚Papa, für die Mama tue ich es gerne'". Man beachte die Rollenverteilung: „Der Mann ist nur Blitzableiter, er ist in der Dynamik verstrickt, weil die alle gegen ihn zusammenwirken. Er ist sozusagen das arme Schwein", die Mutter hingegen glaubt Hellinger generell als die „graue Eminenz des Inzests" dingfest gemacht zu haben. Zöge die missbrauchte Tochter den Vater nun juristisch zur Verantwortung, würde sie laut Hellinger damit signalisieren, dass sie „lieber stirbt als ihrem Vater die Ehre zu geben". Dazu muss man wissen, dass solche gegen die „Ordnungen der Liebe" verstoßende Taten in Hellingers „Krankheitslehre" oft die „Ursache" von tödlichen Krankheiten sind. Da Hellinger den Menschen offenbar zu einem tumben Gattungswesen degradiert hat, sieht er im „sexuellen Vollzug" den „größten menschlichen Vollzug überhaupt". Er geschehe „im Angesicht des Todes", was auch immer das heißen mag. Darüber hinaus scheinen „schicksalhafte" Ereignisse wie Kriege oder Sexualverbrechen von höheren Mächten gesteuert zu sein. Darum gilt für Hellinger: „Wenn es eine Vergewaltigung gab, dann ist die Sexualität dennoch etwas ganz Großes", denn sie komme „vor der Liebe" und sei größer als diese. Die Therapie einer durch Vergewaltigung traumatisierten Frau kann dann darin bestehen, dass sie – in der „Aufstellung" – zum Vergewaltiger sagen soll: „Ich habe dich benutzt. Es tut mir leid". Nach Hellingers Weltsicht fügt sich nämlich da, „wo Schicksal wirkt und Demut heilt", so einer seiner Buchtitel, letztlich alles wieder in die „Ordnungen der Liebe", so ein anderer Buchtitel. Große Worte für eine Haltung, die besser mit Schicksalsgläubigkeit, Demütigungskult und patriarchalem Ordnungswahn umschrieben wäre.

Eine okkultistische Ursachenlehre

Nach Hellinger rühren die meisten Probleme, die ein Psychotherapeut zu Gesicht bekommt, nicht aus der individuellen Lebensgeschichte eines Menschen her, sondern sind „Wiederholung eines fremden Schicksals". Dies geschehe unter dem Druck des „Sippen- oder Gruppengewissens", das sich der „nicht Gewürdigten und der Toten" annehme, indem es einen unschuldigen „Nachgeborenen" auswähle, der unbewusst das Schicksal des nicht Gewürdigten erleide, sozusagen als Preis und Sühne für das erlittene Unrecht des Ahnen. Nach Hellinger ist diese „Identifizierung" eine Art „systemischer Wiederholungszwang, der Früheres noch einmal inszeniert und wiederholt, ein nachträglicher Versuch, einer ausgeklammerten Person noch einmal zu ihrem Recht zu verhelfen". Und: „Bei uns werden so viele krank oder gestört, weil einige aus dem System ausgestoßen sind. Oft sind das Verstorbene. Wenn man die wieder hereinholt, sind die anderen wieder frei". Hellingers Lehre von den Krankheitsursachen zeigt auffallende Parallelen zu dem Gespensterglauben und Ahnenkult der Zulus, bei denen er längere Zeit als Missionar gewirkt hat. Er selbst dazu: „Wenn man sich Geistergeschichten anhört, sind Geister Wesen, denen man die Zugehörigkeit verweigert hat. Sie klopfen an, bis sie ihren Platz bekommen. Wenn sie den haben, geben sie Frieden". Man fragt sich, wer hier wen bekehrt hat, denn lt. „Enzyklopädie vielsprachiger Kulturwissenschaften" ist es bei den bantusprachigen Völkern Südafrikas heilige Pflicht, die Ahnen zu ehren. Wenn sie aber „vergessen werden, dann bringen sie sich oft schmerzhaft in Erinnerung." Die Folge: „Unglück, Krankheit, Verluste, Niederlagen". Abhilfe schafft hier wie dort rituelle Ehrerweisung.

Aufstellung als Orakel

Von den „Stellvertretern" wird angenommen, dass sie durch das Therapieritual der Aufstellung in die Lage versetzt werden, gewissermaßen störungsfrei die Seele des jeweiligen Familienmitgliedes zu repräsentieren. Die Stellvertreter sind also laut hellingerscher Aufstellungsphilosophie keine Rollenspieler, sondern mystische Repräsentanten der dargestellten Personen (ob tot oder lebendig). Doch ihre oft kolportierten, angeblich so erstaunlichen und stimmigen Reaktionen können mühelos auf bekannte psychologische Mechanismen (Erwartungshaltung, Illusion, Einfühlungsvermögen, Suggestion, Manipulation) zurückgeführt werden. Die Äußerungen, Symptome und psychophysischen Zustände, von denen die Stellvertreter scheinbar heimgesucht werden, geben der Wissenschaft also keinerlei Rätsel auf. Rätselhaft mag höchstenfalls sein, wie mitunter sogar Menschen, die an einer deutschen Universität eine wissenschaftliche Ausbildung genossen haben, diesem Hokuspokus erliegen können. „Im Grunde kann der diagnostische Anspruch des Familienstellens in die Tradition des Hellsehens und der Wahrsagepraktiken eingereiht werden." Im Grunde kann der „diagnostische" Anspruch des Familienstellens in die Tradition des Hellsehens und der Wahrsagepraktiken eingereiht werden. Analog dem Deuten von Sternenkonstellationen (Astrologie), des Vogelflugs (Ornithomantie), von Karten (Tarot) usw. glauben auch Familiensteller, auf wunderbare Weise Einsicht in verborgene Wirklichkeiten zu gewinnen, die weder dem Alltagsverständnis noch dem auf wissenschaftlicher Grundlage arbeitenden Therapeuten zugänglich sind. Eine in der therapeutischen Profession übliche Anamnese, also eine ausführliche Befragung nach psychologisch oder medizinisch relevanten Daten, findet daher nicht statt. Sie wird von Hellinger sogar explizit abgelehnt: Der Verzicht auf solche fachliche Standards „spart viel Zeit, weil man dann nicht danach zu fragen braucht, was das für ein Mensch war. Das lenkt ab und verwirrt". Dies führt unweigerlich dazu, dass ein von diesem therapeutischen Konzept eingenommener Therapeut seine Klienten bei Aufstellungen dirigiert, manipuliert, sie in Konstellationskonstrukte hineinbugsiert oder ihnen – nicht selten unter Drohungen – „Lösungen" aufdrängt: „Bei der Psychotherapie", so Hellinger, „geht es einem wie einem guten Führer. Ein guter Führer sieht, was die Leute wollen, und das befiehlt er ihnen". Will ein Klient sich nicht gleich auf generationenübergreifende und personentranszendierende Problemsichten einlassen, sondern seine individuelle Lage und Sicht mitteilen, hat Hellinger schnell den Verdacht, dieser wolle ihn „zum Handlanger machen für das, was er für die richtige Lösung hält". Das lasse er nicht zu, er schaue dann am Klienten vorbei. Versuchte ihm ein

Klient seine persönlichen Probleme mit seinen Eltern zu erzählen, z. B. von einer depressiven Mutter oder einem fordernden Vater, würde Hellinger gleichsam allergisch reagieren: „Das tut mir physisch echt weh. Da hätte ich vorher schon unterbrochen. Ich richte mich da nach meinem Wohlbefinden. Was mir physisch weh tut, kann nicht relevant sein". Das Nicht-Zuhören geht bei Hellinger Hand in Hand mit einer Vorliebe für makaber anmutende Schnellschüsse: „Vor kurzem war ein junger Mann in einem Seminar. Mein Bild war: Er lebt nicht lange. Er schaute in eine Richtung, und da wurde mir auf einmal klar: Es ist der Tod, auf den er schaut". Hellinger begründet solch gefährliche Kaffeesatzleserei philosophisch, er nennt es die „phänomenologische Vorgehensweise": Dabei setze er sich „einem größeren Zusammenhang aus, ohne Furcht vor dem, was hochkommt. Ich fürchte mich auch nicht, wenn etwas Entsetzliches hochkommt", und währenddessen komme „blitzartig die Einsicht". Dieser Vorgang, nämlich von solchen Eingebungen heimgesucht zu werden, sei „sehr demütig" und „das Gegenteil von Wissenschaft". Letzteres in der Tat! Doch Hellingers Demutsrhetorik wird nicht glaubhafter, wenn er an anderer Stelle hinzufügt: „Phänomenologie ist Gottesschau". Damit wird jeder vernünftige Diskurs unmöglich, denn gegen Offenbarungen gibt es bekanntlich keine.

Aufstellung als magisches Theater

Der Therapeut gewinnt nach Hellinger durch die Aufstellung nicht nur Einblick in fremde und zukünftige Schicksale, sondern soll diese durch szenische Manipulationen auch abwenden können, sofern die Abwendung des Schicksals vom Schicksal vorgesehen ist. Andernfalls wüsste der Klient wenigstens, dass er seinem Schicksal nicht entgehen kann, und wenn er es doch versucht, „landet (er) im Grab". Hilfe kommt offenbar aus der quasimagischen Wirkung der Aufstellung. Hellinger: „So, wie die wirkliche Familie in dieser Aufstellung gegenwärtig ist, so wirkt auch die Lösung von der dargestellten Familie auf die wirkliche Familie zurück". Und zwar unabhängig davon, ob die reale Familie etwas davon wisse. Auf eine wissenschaftliche Prüfung will er es dennoch nicht ankommen lassen: „Die Erfolgskontrolle ist schlimm in der Psychotherapie". Außerdem sei in den „Aufstellungen etwas von Liturgie" und der Aufstellungsleiter habe eine „priesterliche" Funktion: „Als Therapeut fühle ich mich im Einklang mit einer größeren Ordnung. Nur weil ich in diesem Einklang bin, sehe ich die Lösung". Diese besteht dann meist darin, dass eine „Identifizierung" aufgelöst und den Ahnen per

Unterwerfungsritual die Ehre erwiesen wird. Dabei geht der Klient auf die Knie, verbeugt sich und würdigt die Ahnen mit formelhaften, vom Aufsteller vorgegebenen Sätzen. Hellingers Therapie ist eine Verführung zur Regression, d. h. zur Wiederaufnahme von Verhaltensweisen, die einer kindlichen Entwicklungsstufe entsprechen.„Wer sich wehrt, dem schleudert der priesterliche Heiler den Bann entgegen." Wer diesem Druck nachgibt, spürt möglicherweise eine (trügerische und vorübergehende) „Entlastung", aber zum Preis der Einfügung in das wahnhafte Züge tragende Überzeugungssystem des Therapeuten und der Gefahr des Identitätsverlusts. Wer sich wehrt, dem schleudert der priesterliche Heiler den Bann entgegen: „Du bist nicht zu retten". Einen widerspenstigen Krebskranken z. B. belehrt er vor versammeltem Publikum: „Meine Hypothese bei Krebs ist, dass viele Krebskranke lieber sterben, als dass sie sich vor den Eltern tief verneigen". Aber auch wer sich gläubig fügt, lebt gefährlich: Eine Frau nahm sich das Leben, nachdem ihr in einer hellingerschen Rosskur attestiert wurde, dass sie ihren Ex-Mann nicht genügend gewürdigt habe. In Ihrem Abschiedsbrief nimmt sie explizit Bezug auf Hellingers „Ordnung": „Vielleicht gibt es Menschen, die soviel Schuld auf sich laden, dass sie kein Recht mehr haben, hierzubleiben. Und wenn es die Ordnung herstellt, will ich meinen Teil dazu tun". Doch „der Tod ist wunderschön. Weißt du das? Die Engel stehen ums Grab", kommentiert Hellinger das Schicksal einer anderen, seiner Meinung nach todgeweihten Frau. Seine „philosophische" Begründung: „Das Leben ist das Spiel von einer größeren Kraft. Wenn dieses Spiel aus ist, werden alle Figuren wieder in die gleiche Schachtel gepackt und liegen nach dem Spiel nebeneinander. Wenn man das so sieht, ist das kurze Leben kein Verlust und das lange Leben kein Gewinn". Ein Therapeut, der sich diese Auffassung zu eigen macht, stellt sich einen Blankoscheck auch gegen krasseste Kunstfehler aus.

(Skeptiker 1/2008)

Hellingers Ordnung – gottgewollt?

Hellingers Ordnung verspricht nicht nur Heilung den Familien und Individuen, sondern Heil in einem umfassenderen Sinne durch Annehmen des Gegebenen: „Ich stimme der Welt zu, wie sie ist. Ich denke, dass in der Welt Kräfte am Werk sind, die lassen sich nicht steuern. Deswegen tun mir Weltverbesserer leid. Die großen geschichtlichen Bewegungen, der Nationalsozialismus, der Humanismus, die Wende, all das sehe ich als Teil eines gesteuerten Prozesses, bei dem die Opfer sowohl wie die

Täter in Dienst genommen sind, für etwas, das wir nicht begreifen". Dieser Weltsicht sind wir schon oben bei der Würdigung von Vergewaltigern und sexuellen Missbrauchern begegnet. Übrigens war „auch Hitler in den Dienst genommen", den Hellinger in seinem Buch „Gottesgedanken" würdigt. Moralische Unterscheidungen seien beim Thema Drittes Reich fehl am Platze; so gälten zwar die Mitglieder der Widerstandsgruppe „Die Weiße Rose" heute als die großen Helden, aber „hätten die Nazis gesiegt, wären sie die Verbrecher geblieben. Das ist der ganze Unterschied von Gut und Böse". Was haben Politik und Geschichte mit Psychotherapie zu tun? Hellinger: Durch das Familienstellen „kommen wir in Tiefen hinein, die über die Psychotherapie weit hinausgehen", wir stoßen vor in das Reich der „schöpferischen Urkraft", welche die „Ordnungen" festlegt. Diese Urkraft sei es auch, die die großen Bewegungen der Geschichte steuere, z. B. den Nationalsozialismus. „Wo kommt diese Bewegung her? Von Gott. Woher denn sonst?" Alle großen Bewegungen seien „göttliche Bewegungen". Das gelte auch für das Familienstellen.

Schlussbemerkung

Hellingers Lehre müsste nicht ernst genommen werden, wenn ihn andere nicht ernst nähmen. Das Gros der sich offen zu Hellinger bekennenden Aufsteller ist zwar eher der Eso-Szene zuzurechnen. Aber trotz des wissenschaftsscheuen und unverhohlen antiaufklärerischen Grundtenors finden sich darunter nicht wenige diplomierte und promovierte ärztliche sowie psychologische Therapeutenkollegen. Sie tragen meines Erachtens ihre akademischen Grade zu Unrecht. Hinzu kommt, dass unter dem Druck kritischer Berichte und Analysen über die hellingerschen Praktiken eine Welle der halbherzigen Distanzierung von dem Gründervater eingesetzt hat, ohne dass man sich wirklich von den zentralen Inhalten der gängigen Aufstellungsphilosophie und -praxis verabschiedet hat. Für den Hilfesuchenden wird dadurch die Suche nach einem Helfer noch abenteuerlicher. Bei aller Behutsamkeit, die sich ein Therapeut, Supervisor, Coach, Berater oder Heilpraktiker auferlegen mag: Wenn er unter welchen wohlklingenden Namen auch immer, mit Aufstellungen nach Hellinger liebäugelt, wirbt er, versteckt oder offen, für dessen Welt- und Menschenbild und fördert damit die Verbreitung eines destruktiven Kultes.

Werner Haas

Progressive Wissenschaft zum Familienstellen

I. Was sind Familienaufstellungen?

Der deutsche Therapeut Bert Hellinger entwickelte mit dem Familienstellen eine neuartige Form einer intensiven Kurzzeittherapie. Dieser systemische Ansatz ist auf dem Hintergrund der Mehrgenerationen-Familientherapie eine eigenständige Weiterentwicklung. Hellinger hat eine Reihe von Ordnungen und Gesetzmäßigkeiten entdeckt, die sich über ein eng verknüpftes Netz von Beziehungen und Bindungen über mehrere Generationen erstrecken. Diese Ordnungen bewähren sich in der praktischen Arbeit. Man könnte eine Aufstellung als lebendes Genogramm bezeichnen, das ein einzelnes Familienmitglied aufstellt, mit Elementen von Familienskulpturen und Psychodrama. Aufstellungen sind in ihrer Form und ihrem theoretischem Ansatz nach originell mit überraschenden Vorgehensweisen und Wirkungen.

II. Die praktische Durchführung

Der Klient/die Klientin macht seine/ihre Aufstellung am fruchtbarsten in einer Gruppe. Für die Aufstellung benötigt er ein klares Anliegen, z. B. er sucht nach den Ursachen für bestehende Depressionen oder Schuldgefühle. Zunächst nennt er die wesentlichen Fakten seiner Familie in den letzten zwei bis drei Generationen. Dann sucht er sich Gruppenmitglieder als Stellvertreter aus für Eltern, Geschwister und sich selbst, eventuell auch noch für andere wichtige Mitglieder der Familie. Auch tote Personen werden mittels Stellvertreter aufgestellt. Der Klient gibt den Stellvertretern auf einer freien Fläche spontan und konzentriert einen Platz und eine Blickrichtung und stellt sie so in Beziehung zueinander auf. Danach wird er zum Zuschauer. Der Therapeut befragt die Stellvertreter nach ihren Gefühlen und Wahrnehmungen. Anschließend schlägt er ihnen häufig entweder Sätze vor, die sie nachsprechen, oder Plätze, die sie einnehmen. Die Stellvertreter haben ein feines Gespür dafür, ob die Sätze stimmig sind und wie sich ein Gefühl durch einen neuen Platz verändert. Oft werden weitere Personen aus der Familie (Onkel, Großmutter usw.) hinzugenommen und auf die Wirkung auf die anderen geachtet. Eine Aufstellung dauert im Regelfall zwischen 15 Minuten und einer Stunde, aber auch kürzere und längere Aufstellungen kommen vor. Der Therapeut beendet die Aufstellung, entweder wenn sich jeder wohl an seinem Platz fühlt oder wenn eine emotional brisante Situation in der Familie aufgedeckt worden ist.

III. Die Wirkung der Arbeit

Über die klare Wahrnehmung der Stellvertreter wird dem Klienten auf eine schnelle und präzise Art deutlich, von wem in der Familie Gefühle und Verhalten übernommen worden sind. Überraschender-weise sind das oft längst verstorbene Mitglieder aus vergangenen Generationen, die bislang fremd oder kaum bekannt waren. Der Klient erkennt, woher bisher unverständliche Gefühle (Depressionen, Schuldgefühle u.ä.) kommen oder weshalb Beziehungen in seiner Familie gestört sind. Verbindungen, die sich bislang negativ auswirkten, werden ans Licht gebracht und häufig aufgelöst oder umgewandelt. Die Plätze der Ausgangsaufstellung werden verändert, und ein neues spannungsfreieres Bild der Familie entsteht. Dieses Bild nimmt der Klient in sich auf und lässt es seine heilende Wirkung entfalten.

IV. Das Besondere der Methode

IV. 1. Fakten der Familiengeschichte

Äußere Ereignisse in der Familie über mehrere Generationen hin sind zentral. Ihre Wirkung durch die Generationen hindurch wird sichtbar. Wichtig ist: Wer ist früh gestorben (jünger als etwa 25 Jahre)? Gibt es Verbrechen und schwere Schuld in der Familie? Gab es frühere Beziehungen der Eltern? Gibt es darüber hinaus besondere Schicksale (Behinderung, Auswanderung, nichteheliche Geburt, Adoption u.ä.)? Demgegenüber spielen in der Arbeit gefühlsmäßige Beziehungen, Sympathien und Antipathien eine geringe Rolle.

IV. 2. Ordnungen und Gesetzmäßigkeiten

In Familien herrschen bestimmte Ordnungen und Gesetzmäßigkeiten (s. IV.) Das Wissen darum hat sich aus den langjährigen Erfahrungen von Hellinger mit Aufstellungen entwickelt und bestätigt sich auch in der Arbeit anderer Therapeuten immer wieder. Trotz vieler Ausnahmen wiederholen sich diese Gesetzmäßigkeiten regelmäßig.

IV. 3. Das "wissende Feld" (A. Mahr)

Stellt der Klient seine Familie spontan und gesammelt auf, dann nehmen die Stellvertreter an ihren Plätzen Gefühle der Familienmitglieder wahr, die sie vertreten. Die Stellvertreter haben Zugang zu einer tieferen Schicht oder Wahrheit der Beziehungen in dem fremden System ö ein bisher unerklärliches Phänomen. In der praktischen Arbeit mit Aufstellungen lernt der Therapeut, immer mehr diesem Phänomen zu vertrauen und sich von ihm leiten zu lassen. Dieser Erscheinung ist in anderen Therapieformen (Psychodrama, Familienskulpturen), in denen sie ebenfalls auftritt, noch nicht die gebührende Aufmerksamkeit geschenkt worden.

IV. 4. "Ritualisierte" Sätze, die häufig wiederkehren

Wegen des Zugangs zu der tieferen Wahrheit ist die Sprache, die verwendet wird, sehr klar und einfach. Oft wirken die Sätze rituell, z. B. ? Ich achte deinen Tod und ein Schicksal?, wenn jemand früh verstorben ist. Immer spürt der Stellvertreter nach, ob ein solcher vorgeschlagener Satz in dem Augenblick richtig und angebracht ist. Auch heftige Emotionen, die bei den Stellvertretern auftreten, werden nicht kathartisch ausgelebt, sondern in einfachen Worten ausgedrückt.

V. Einige Ordnungen und Gesetzmäßigkeiten

V. 1. Jedes Mitglied einer Familie gehört in gleicher Weise zur Familie. Jede Familie hat einen festen inneren Zusammenhalt, ganz gleich wie zerrissen sie äußerlich scheinen mag. Jedem, der zur Familie gehört, gebührt Achtung. Wird jemand aus der Familie ausgeschlossen, wird er durch ein später geborenes Mitglied vertreten, der sich ein ähnliches Schicksal auferlegt.

V. 2. Der frühe Tod eines Mitglieds hat eine starke Wirkung auf das Gesamtsystem.

Insbesondere ein Tod in jungen Jahren hat auf die gesamte Familie eine starke Wirkung. In den Geschwistern des Toten entsteht ebenfalls eine Neigung zum Tod, der durch den Satz ausgedrückt wird: ?Ich folge dir nach?. Wenn jemand auf diese Weise belastet ist und später selbst Kinder bekommt, spüren die Kinder diese Last und wollen sie abnehmen (? Lieber ich als du?). Die Neigung zum Tod äußert sich in schweren Krankheiten, in lebensgefährlichem Verhalten wie Extremsportarten oder auch in exzessivem Drogengebrauch.

V. 3. Kinder sind ihren Eltern treu, Vater und Mutter.

Kinder wagen es selten oder nie ein erfüllteres, glücklicheres Leben zu führen als ihre Eltern. Aus der Treue zu ihren Eltern wiederholen sie ähnliche Schicksale und ähnliches Unglück.

V. 4. Kinder übernehmen im Familiensystem Gefühle von anderen Mitgliedern.

Das geschieht in zwei Formen: Entweder sie teilen starke Gefühle von Anverwandten, sie tragen sie sozusagen mit, oder sie übernehmen nicht ausgelebte Gefühle. Ein Beispiel: Da gibt es die immer friedlich gebliebene Großmutter mit ihrem aggressiven, sie schlagenden Ehepartner. Sie hat eine Enkelin, die immer wieder grundlos zornig auf ihren Mann ist. In der Aufstellung stellt sich heraus, dass die Enkelin den Zorn der Großmutter trägt.

V. 5. Es gibt Ordnungen, die zu achten sind.

Wer zuerst kommt, sei es als Geschwister oder als Partner, nimmt den ersten Platz ein. Danach folgen die anderen in ihrer zeitlichen Reihenfolge. Diese Plätze müssen geachtet werden, ohne dass darin eine Wertung mitenthalten ist. Aus dieser Rangfolge ergibt sich eine gute räumliche Grundordnung, bei der sich alle Familienmitglieder wohl fühlen, nachdem bestehende negative Verbindungen aufgelöst sind. Dabei stehen meist die Eltern den Kindern gegenüber, der Vater an erster Stelle, dann im Uhrzeigersinn die Mutter. Gegenüber stehen die Kinder ebenfalls im Uhrzeigersinn dem Alter entsprechend, der Älteste, Zweitälteste usw.

VI. Die Rolle des Therapeuten

Der Therapeut deckt auf und sucht eine gute Ordnung, bei der jeder sich an seinem Platz wohlfühlt. Er nutzt dabei sein Wissen um die in Familien herrschenden Ordnungen. Über die Reaktionen der Stellvertreter erkennt er, ob er auf dem richtigen Kurs ist. Obwohl die Arbeit sich nach außen hin Leiterzentriert darstellt, ist ihre Qualität danach zu bemessen, wie sehr der Therapeut die Reaktionen der Stellvertreter erfasst und berücksichtigt.

Bertold Ulsamer

Skeptiker zum Granderwasser

Warum gibt es überhaupt einen solchen Esoterik-Boom um das Wasser? Hier spielen mehrere Faktoren eine Rolle. Zum Einen ist die Werbung für esoterisches Wasser voller falscher Behauptungen über unser angeblich krankes Wasser, wie schon erwähnt. Die Verunsicherung führt dann bei vielen Menschen zum Wunsch nach einer Verbesserung des ganz normalen und einwandfreien Trinkwassers. Weiterhin werden durch falsche und unsinnige Behauptungen Unsicherheit und Angst erzeugt mit dem Ziel, ein besseres Wasser trinken zu wollen. Zum Beispiel soll krankes Blut linksdrehend sein (was immer das ist), also wird empfohlen, dagegen rechtsdrehendes Wasser zu trinken. Ein weiterer Punkt betrifft Angebote wie etwa Edelsteinwasser, Vollmondwasser, Granderwasser in einem Wellnesshotel. Solch ein Wasser ist wirkungslos, aber es wird beispielsweise suggeriert, es könnte ja vielleicht doch besser sein. Dieses Wunschdenken bedeutet, dass das Etikett wichtiger ist als der Inhalt. Esoterisches Wasser wird dann durch die Werbung zum Lifestyleprodukt. Ob es tatsächlich besser ist oder der Gesundheit dient, wird zur Nebensache. Letzlich liegt der Esoterik-Boom für Wasser auf einer ähnlichen Linie wie der viel größere Trend zu anderen Esoterikprodukten, aber auch zu Nahrungs-ergänzungsmitteln und Wellnessprodukten. Geld spielt bei solchen Kaufentscheidungen wohl keine entscheidende Rolle, eher der Glaube daran." Die Angebote bedienen sich zumindest teilweise eines wissenschaftlichen Vokabulars. Was unterscheidet denn eine physikalische von einer esoterischen Schwingung? In vielen Fällen nehmen esoterische Behauptungen über das Wasser Bezug zur Physik. Sie verwenden dabei vertraute Begriffe wie "Schwingung", "Frequenz" oder "Resonanz". Dies geschieht jedoch stets ohne nachvollziehbare Erläuterung. Doch welche Schwingungen sind gemeint? Wie kommen solch fragwürdige Schwingungen zustande, wer hat sie je in einem Labor beobachtet oder gar gemessen? Dafür gibt es keine plausiblen Antworten. Bei solchen Angaben wird die physikalische Realität der Molekülschwingungen einfach benutzt, um sie mit esoterischen (nichtexistierenden) Schwingungen auf dieselbe Stufe zu stellen. Es handelt sich, wie so oft, um nichtssagende Worthülsen und falsche Behauptungen. Das Ganze soll wissenschaftlich klingen und Kaufinteressenten beeindrucken."

Helge Bergmann

Wasserhokuspokus - neue Website klärt auf

Wasser, das lebenswichtige Element, spielt in der Esoterikszene eine zentrale Rolle bei dubiosen Behauptungen. Nun bietet eine neue Website Aufklärung. Ob Gerätschaften zum Energetisieren und Reinigen von Wasser, das Weiterleiten von „geistartigen" Informationen, wie in der Homöopathie behauptet, dem Wasser werden von selbsternannten Experten der Esoterikszene viele wundersame Eigenschaften zugeschrieben, die in Physik und Chemie unbekannt sind. So berichten Medien aktuell von der Aktion einer Münsteraner Schulklasse (oder wohl vielmehr von deren abergläubischen Initiatoren), die das Wasser des Flüsschens Aa säubern sollen. Nach Glauben der Veranstalter übertragen sich durch Blasinstrumente, Sprechgesang und Summen positive Schwingungen auf das Wasser und bewirken dessen Reinigung. Wie das gehen soll, bleibt ein Rätsel. Mit ähnlichen Mythen befasst sich auch die Website „Wasser-Hokuspokus" des Chemikers und GWUP-Mitglieds Dr. Helge Bergmann, der sich in seinem Buch „Wasser, das Wunderelement?" mit den echten und vermeintlichen Eigenschaften des Lebenselixiers auseinandersetzt. Die Website bietet einen Abriss über die historische Sichtweise auf das Element, von den Schöpfungsmythen der Antike über die Basisdaten auf Grundlage der modernen Wissenschaften, bis zur Vereinnahmung durch die Esoterikszene. Zur Erläuterung wird außerdem auf Kommentare Bergmanns verwiesen, die er zu verschiedenen Blogs zum Thema geschrieben hat und in denen er sachkundig erklärt, was es mit den jeweiligen Behauptungen wirklich auf sich hat. Wer sich Zeit für „Wasser-Hokuspokus" genommen hat, ist vor falschen Versprechungen dubioser Anbieter gefeit. Wer dann noch Zeit und Lust hat, kann sich außerdem beim Themeneintrag „Wasserbehandlung" informieren. Weitere Informationen bieten der Biologe Erich Eder (speziell zum Granderwasser) sowie die englischsprachige Website „Water Cluster Quackery".

Holger von Rybinski, 30.September 2012 (GWUP)

Wirkung von Granderwasser

Mundus decipi vult, ergo decipiatur. (Sebastian Brandt)

Der Unterschied zwischen den Wirkungen, die von Grander selbst angegeben werden (vorwiegend technische Anwendungen, s.u.) und jenen, die über die Medien lanciert werden, ist auffällig. Der Grund dafür ist vermutlich ein juristischer: Die Behauptung medizinischer Wirkungen für gewöhnliches Wasser ist gemäß § 5 Lebensmittelsicherheits- und Verbraucherschutzgesetz verboten. Ein vergleichbarer Paragraf im Deutschen Recht brachte der Grander-Vertriebsfirma U.V.O. bereits eine Klage durch den Verband gegen Unwesen in der Wirtschaft e.V. ein. Der Grander-Firma wurde in einer Einstweiligen Verfügung verboten, mit medizinischen Wirkungen oder mit „Testimonials" von Ärzten zu werben. Deshalb ist/war auf der offiziellen Website www.grander.com lediglich von „KANN"-Wirkungen, hauptsächlich im technischen Bereich die Rede (einige wurden mittlerweile gestrichen): erhöhte Haltbarkeit durch Veränderung der Mikrobiologie, feinerer Geschmack, fühlt sich meist weicher an, kann sich im Aussehen verbessern, kann das Wohlbefinden steigern, kann Lebensmitteln (Obst, Gemüse, Brot, Getränken, Schnaps, usw.) mehr Frische und Geschmack geben und deren Haltbarkeit erhöhen, spart durch die verbesserte Lösungskraft Wasch- und Reinigungsmittel, kann für besseres Pflanzenwachstum und auffallendere Blumenpracht sorgen, etc. etc. Ob diese Versprechungen haltbar sind, zeigen die durchgeführten Untersuchungen. In den Medien kursieren allerdings wesentlich brisantere, medizinische Anwendungsbereiche und Anwenderberichte („gezielte Gerüchte") über regelrechte Wunderheilungen: „Fieberblasen, Hühneraugen, Ekzeme, Akne, Neurodermitis, Borreliose, Abgeschlagenheit, Migräne, Depressionen, Rheuma, Asthma, Kreislauf-, Magen- und Nierenbeschwerden, sogar Krebs werden gemäß Anwenderberichten gelindert oder gar geheilt". (Kurier, 17.10.1999). Sogar Krebs?? Worauf bezieht sich diese Behauptung? Im Buch „Auf der Spur des Wasserrätsels", geschrieben vom PR-Mann Granders, Hans Kronberger und dem Polizeibeamten Sigbert Lattacher, ist auf den Seiten 97 – 99 die Krankheitsgeschichte von Josef W. beschrieben. Der Patient litt an einem Gehirntumor und wurde anscheinend – diesen Eindruck hat man jedenfalls beim Lesen des Buches – im September 1995 durch die Behandlung mit Granderwasser geheilt: „...wurde mein Zustand als sehr zufriedenstellend von den Ärzten mit Verwunderung festgestellt." Kronberger schreibt wörtlich weiter: „Wie gesagt, die Liste könnte noch lange fortgesetzt werden. Das Ziel ist es, die Mediziner auf diese Phänomene aufmerksam zu machen. Mittlerweile sind schon mehrere Ärzte private Anwender der Grander-Technologie. „ Ich habe dieses „Phänomen" überprüft: Josef W. ist 1996 verstorben. Seine Witwe teilte mir mit, dass die Behandlung ihm zwar Hoffnung gemacht habe, aber wirkungslos gewesen sei. – Beachten Sie aber bitte folgendes Detail: Die 2. Auflage des Kronberger-Buches, der die o.a. Zitate entnommen sind, stammt aus dem Jahr 2001 – also 5 Jahre nach dem tragischen Tod des Herrn W. – Hier wird die Geschmacklosigkeit meiner Meinung nach zu weit getrieben: Werbung mit einem Toten – auch wenn das nur schlecht recherchiert ist (Kronberger versicherte: „ein Fehler") ist es ein Skandal. Was, wenn Menschen diesen Berichten glauben? Wenn sie im Vertrauen auf die Wirkung eines Wundermittels auf medizinische Behandlung verzichten? In frischer Erinnerung ist noch der Fall Olivia P., deren Eltern dem Wunderdoktor G. Hamer vertrauten: Erst eine europaweite Fahndung nach Olivia und eine Zwangsoperation konnten das Leben des Mädchens retten. Schlagzeilen machte auch der Fall, als Eltern eines krebskranken Jungen eine Chemotherapie abbrachen und sich ausschließlich auf Alternativmedizin verließen. Der Junge starb im Jahr 2004 an einem Tumor. Der umstrittene Vitamindoktor Rath stand mehrfach vor Gericht.

Quellen:

www.agpf.de/Hamer.htm
Ärzte Zeitung 29.09.2006

Falsche Versprechungen sind gefährlich! Der moralische Vorwurf, dass Granderwasser Menschen in ihrer Gesundheit gefährdet, die an gefährlichen Krankheiten wie etwa Borreliose oder Krebs leiden, möglicherweise leichtgläubig auf dringend notwendige medizinische Behandlung verzichten und auf die Wirkung des Wunderwassers vertrauen, ist laut Oberlandesgericht Wien sachlich begründet.

Dr. Erich Eder, GWUP Wien

Progressive Wissenschaft zum Granderwasser

Wo steht die Wasserforschung heute?

Die Wasserforschung ist im Umbruch begriffen. Seit Anfang der 90-er Jahre beschäftigen sich renommierte Wasserforscher weltweit unter neuen Gesichtspunkten mit den außergewöhnlichen Eigenschaften des Wassers. Auch die hausinterne Grander-Forschungsstelle ist weltweit mit Wasserforschern in Kontakt und versucht die neuen Erkenntnisse mit Ihnen zu teilen. Tatsache ist aber, dass für eine genaue Beschreibung des Wassers immer noch das nötige Basiswissen und die dazugehörige Grundlagenforschung fehlen. Diese fehlende Grundlagenforschung kann Grander nicht nachliefern, sehr wohl aber die Effekte aus der Praxis dokumentieren, was im eigenen Labor schon lange gemacht wird.

Was macht Wasser so rätselhaft?

Wasser wirft grundsätzlich immer wieder neue Fragen auf. Je intensiver man sich damit beschäftigt, desto rätselhafter und geheimnisvoller wirkt es. Die chemische Formel H2O reicht bei weitem nicht aus, um das Wesen und Wirken des Wassers auch nur annähernd zu erklären. Dazu ein Zitat von Philipp Ball, langjähriger Editor der angesehenen Wissenschafts-Zeitschrift „Science" aus 2008: „Es ist peinlich zuzugeben, aber der Stoff, der zwei Drittel unseres Planeten bedeckt, ist immer noch ein Rätsel. Schlimmer noch, je mehr wir Einblick bekommen, desto mehr häufen sich die Probleme: Neue Techniken, die tiefer in die molekulare Architektur von flüssigem Wasser vordringen, werfen immer mehr Rätsel auf." Johann Grander hat viele Jahre daran gearbeitet, den Geheimnissen des Wassers näher zu kommen. Das Wasser selbst hat dabei gerade in den letzten Jahren an Faszination gewonnen.

Wieso wird Wasser als „anormal" bezeichnet?

Die Eigenschaften des Wassers sind so völlig anders als jene vergleichbarer Elemente, dass man es als „anormal" betitelt. Die über 60 Anomalien von Wasser zeigen auf, dass dieses Element und seine Eigenschaften und Fähigkeiten noch reichlich Erklärungsbedarf bereit halten und die herkömmlichen Untersuchungsmethoden bei weitem nicht ausreichen, um das Wasser in seiner Vollkommenheit zu erklären und zu erforschen. „Nicht das Wasser ist anormal, sondern unsere Formeln sind unzureichend, um das Phänomen Wasser zu beschreiben", antwortete einmal Viktor Gutmann, zweimaliger Kandidat für den Chemie-Nobelpreis.

Worin liegt die Bedeutung des Verfahrens der Grander-Wasserbelebung?

Der Grundgedanke des Verfahrens der Informationsübertragung besteht darin, durch eine Verbesserung der Wasserstruktur die Selbstreinigungs- und Widerstandskraft des Wassers zu stärken und dadurch ein natürliches und stabiles „Immunsystem" im Wasser zu schaffen. Die innere Struktur ist der entscheidende Faktor für die Eigenschaften eines Wassers. Strukturveränderungen führen zu Veränderungen der Eigenschaften. Je stabiler die innere Struktur, umso widerstandsfähiger ist das Wasser gegen externe Belastungen und desto mehr wird es in die Lage versetzt, den Informationsaustausch mit der Natur aufrecht zu erhalten, d.h. Informationen aufzunehmen, zu speichern und weiterzuleiten. In der offiziellen Bewertung von Trinkwasser wird der Wasserstruktur heute noch wenig Bedeutung beigemessen. Dies liegt vor allem daran, dass man sie noch nicht messen kann.

Gibt es eine wissenschaftliche Erklärung für die Funktionsweise der Grander-Wasserbelebung?

Auch wenn es für das Wirkungsprinzip der Grander-Wasserbelebung noch keine ausreichende wissenschaftliche Erklärung gibt, ist für viele Wissenschaftler mittlerweile unbestreitbar, dass Wasser Informationen speichern und weitergeben kann und Lebewesen auf den veränderten Informationszustand von Wasser reagieren. Dazu gibt es plausible Theorien von renommierten Forschern. Die Kernbotschaft zum Thema Informationsspeicherung liefert im Augenblick ganz eindeutig Prof. Eshel Ben Jacob. Er beweist, dass dieser Effekt in der Natur vorkommt. Seine Ergebnisse sind durch reproduzierbare Verfahren abgesichert.

Worauf stützen sich die vielen positiven Wirkungserfahrungen mit der Grander-Wasserbelebung?

Die positiven Auswirkungen der Wasserbelebung in vielseitigen Anwendungsbereichen (Privatbereich, Industrie, Schwimmbäder Gewerbe, Hotellerie & Gastronomie, Bäckereien etc.) lassen sich schon seit über 20 Jahren beobachten. Hunderttausende zufriedene Anwender weltweit erleben täglich die Wirkung des belebten Wassers. Diverse Studien belegen eindrucksvoll die positiven Auswirkungen. Die Umweltorganisation B.A.U.M. (Bundesdeutscher Arbeitskreis für umweltbewusstes Management) kam nach umfangreichen Untersuchungen rund um Einsatz der Grander-Wasserbelebung in Unternehmen, Institutionen und Lebensmittelbetrieben, in ihrem Abschlussbericht zu folgendem Schluss: „Durch das Vorliegen der Untersuchungsergebnisse ist eine Empfehlung zum Einsatz der Grander-Wasserbelebung durch B.A.U.M. zu befürworten."

Worin liegen Wert und Nutzen für den privaten Anwender?

Die Hauptanwendung der Grander-Wasserbelebung liegt im Trinkwasserbereich. Menschen, die besonderen Wert auf hohe Trinkwasserqualität legen, schätzen vor allem den feinen Geschmack des belebten Wassers und dass sich das Wasser beim Baden und Duschen angenehm auf der Haut anfühlt. Garten-Liebhaber finden an Grander sehr schnell Freude, da Pflanzen auf belebtes Wasser besonders eindrucksvoll reagieren. Durch die Installation eines Grander-Gerätes im Heizsystem kann verunreinigtes Heizungswasser innerhalb weniger Monate wieder klar und geruchsneutral werden, während die Neigung zur Rost- und Schlammbildung deutlich reduziert wird. In Schwimmbädern spürt der/die Badende die Veränderung meist dadurch, dass belebtes Schwimmbadwasser als besonders weich empfunden wird und er/sie sich nach einem Bad in belebtem Wasser frisch und entspannt fühlt. Durch die hohe Lösungskraft des belebten Wassers können Wasch- und Reinigungsmittel sparsam eingesetzt werden. Die Neigung zur Bildung von Kalk- und Rostablagerungen wird vermindert. Neben den grundlegenden Wirkungserfahrungen in den diversen Einsatz-bereichen sind es vor allem die vielen ganz persönlichen Beobachtungen und Erlebnisse von Grander-Anwendern, die besonders beeindrucken.

Worin liegt der Nutzen für den gewerblichen Bereich?

Nirgends ist das Einsatzgebiet der Grander-Wasserbelebung so vielfältig wie in der Hotellerie und Gastronomie. Neben dem Trinkwasser, Dusch- und Badewasser, Schwimmbadwasser, Heizungswasser usw. zählt vor allem die Küche zu einem besonderen Einsatzbereich, wenn es gilt, den Speisen durch die Zubereitung mit belebtem Wasser einen ausgeprägten Geschmack zu verleihen. Auch belebtes Trinkwasser direkt aus der Hausleitung wird von Gästen immer mehr geschätzt. Viele Lebensmittelhersteller erkannten den Qualitätssprung, der ihnen von der Grander-Wasserbelebung zusätzlich verschafft wird. Die breite Palette der Anbieter reicht von Käsereien, Fleischereien, Obst- und

Gemüseproduzenten über Mühlen bis hin zu Bäckereien, die vom delikaten Geschmack und der langanhaltenden Frische ihrer belebten Produkte schwärmen. Brauereibetreiber und Getränkehersteller loben vor allem die bessere Trinkbarkeit ihrer Getränke. Ziel der Grander-Wasserbelebung bei der Verwendung in der Landwirtschaft sind gesündere Tiere und bessere Nährstoffverfügbarkeit für Pflanzen durch optimierte Gülle. Die positiven Auswirkungen des belebten Wassers auf Pflanzen werden von vielen Gärtnereien genutzt. Friseure stellen fest, dass sich das Haar geschmeidiger anfühlt, Shampoos schöner schäumen und die Hände geschont werden. Gewerbliche Anwendungen gibt es darüber hinaus auch in vielen anderen Bereichen, in denen Wasser eine wichtige Funktion einnimmt.

Was macht Granderwasser für die Industrie so attraktiv?

In der Industrie zählen ausschließlich Fakten und Messergebnisse. Die Grander-Wasserbelebung wird heute vor allem in der Kunststoff- und Metallverarbeitenden Industrie eingesetzt, wo Wasser in den Produktionsprozessen eine wesentliche Rolle spielt. In erster Linie sind es die Kühlkreisläufe, die vielen Betrieben Probleme bereiten. Die Kühlung von Maschinen ist für sie ein entscheidender Produktionsfaktor. Verschlammungen des Kühlwassers durch zu hohen Bakterienanteil führen zu Produktionsstillständen bzw. -ausfällen, was für jede Serienfertigung große Verluste bedeutet. Dazu kommen oft unerträgliche Geruchsbelästigungen durch Fäulnisgestank. Durch die Grander-Wasserbelebung konnten in den zahlreichen Betrieben, in denen sie zum Einsatz kommt, immer ähnliche, durch Messprotokolle bestätigte, Ergebnisse festgestellt werden: deutliche Verbesserung der Kühlwasserbeschaffenheit (bis hin zur Trinkwasserqualität), Verringerung der Geruchsbelästigung durch Verbesserung der bakteriologischen Situation, Rückgang der Rostbildung durch Senkung des Eisengehalts im Wasser, Verringerung von Produktionsstillständen und deutliche Kostensenkungen durch Einsparungen an Chemikalien usw.. Den meisten Betrieben geht es neben dem technischen und wirtschaftlichen Nutzen, der durch Grander erzielt werden kann, vor allem auch um Nachhaltigkeit infolge der geringeren Belastung der Ressource Wasser. Die vielen positiven Ergebnisse veranlassten international renommierte Unternehmen dazu, sich öffentlich zu ihren Erfolgen mit Grander zu bekennen. Die Erfolge der Grander-Wasserbelebung im industriellen Einsatz fanden auch im Rahmen einer empirischen Studie einer

Diplomarbeit, an der Universität Graz im Jahre 2007 ihre Bestätigung. Dazu wurden Industriebetriebe aus Österreich, Deutschland und der Schweiz untersucht, die Granderwasser verwenden.

Kritische Stimmen

Wie steht Grander zur Kritik der Skeptiker?

„Jede gute Sache hat auch ihre Gegner", sagte Johann Grander. Demgemäß akzeptieren wir auch das Recht, das Verfahren der Wasserbelebung hinterfragen zu dürfen. Viele der größten Zweifler wurden auch schon zu begeisterten Fürsprechern, als sie die praktischen Erfolge der Grander-Wasserbelebung erkannten. Die Art und Weise, wie in kritischen Berichten und Kommentaren - vornehmlich im Internet – argumentiert wird, können wir allerdings nicht als ernstzunehmende Auseinandersetzung mit der Grander-Wasserbelebung annehmen. Zu polemisch und in keiner Weise wissenschaftlich wird argumentiert.

Worauf beruht die Kritik der Skeptiker?

Die Skeptiker betrachten alles als parawissenschaftlich, was sich mit den derzeit verfügbaren Methoden der Wissenschaft (noch) nicht erklären lässt. Das umfasst neben der Grander-Wasserbelebung unter anderem auch Bereiche der Komplementär- und Alternativmedizin und reicht von der Akkupunktur bis zur Homöopathie. Alles, was man noch nicht kennt und schulwissenschaftlich nicht erklärt werden kann, ist aus ihrer Sicht offensichtlich „Humbug und Aberglaube". Sie stellen die These auf, dass das behauptete Wirkungsprinzip der Grander-Wasserbelebung dem derzeitigen Stand wissenschaftlicher Erkenntnisse widerspreche und aus diesem Grund wirkungslos sei. Sie können nicht akzeptieren, dass es zwischen Himmel und Erde auch Dinge gibt, die wissenschaftlich (noch) nicht erklärbar sind, obwohl sie in der Praxis nachweislich Wirkung zeigen.

Wie sieht Grander die Unterstellung der Skeptiker, dass die Wasserbelebung wirkungslos sei?

Wenn dem so wäre, stellte sich die Frage, wie es uns dann gelingen konnte, über 20 Jahre hinweg hunderttausende Menschen in aller Welt von einem angeblich wirkungslosen Produkt zu überzeugen. Und das obwohl jeder Kunde die Geräte ohne Angabe von Gründen innerhalb von 3 Monaten zurückgeben kann und den Kaufpreis in vollem Umfang rückerstattet bekommt. Ein Angebot, das übrigens äußerst selten in Anspruch genommen wird. Umfragen bestätigen: 90% der Grander-Anwender, die ein Wasserbelebungsgerät installiert haben, sind damit sehr zufrieden. Darüber hinaus sind die Auswirkungen der Grander-Wasserbelebung beim Einsatz in der Industrie messbar. Die Praxis zeigt also seit über 30 Jahren ein anderes Ergebnis.

Was steht hinter der Behauptung, dass die Grander-Wasserbelebung ein „aus dem Esoterik-Milieu stammender parawissenschaftlicher Unfug sei?"

Das ist die Behauptung eines Wiener Biologen und Gründungsmitglieds der „Wiener Skeptiker", Dr. Erich Eder. Es war zwischen 2003 und 2006 Gegenstand einer gerichtlichen Auseinandersetzung, bei der das Gericht zu der Ansicht gekommen ist, dass es sich bei dieser Behauptung um eine persönliche Wertung handle, die in den Rahmen der persönlichen Meinungsfreiheit falle und daher von den Gerichten nicht unterbunden werden könne. Das bedeutet aber nicht, dass das Gericht selbst das Urteil gefällt hätte, dass Grander ein „esoterischer Unfug" sei, wie es fälschlicher Weise oft dargestellt wird.

Erfahrungsberichte mit der Grander Wasserbelebung
www.landwirt.com

Hallo Helmut,

Du wirst genauso viele Contra- wie Pro-Stimmen hören und lesen, am besten Du machst Dir einfach selber ein Bild. Ich persönlich finde den Mann sehr beeindruckend, was der in seinem Leben geschaffen hat, auch wenn er ein ziemlich schräger Vogel ist. Meine Erfahrungen: Wenn Du Tieren zwei Schalen einmal mit Granderwasser und einmal mit normalem Leitungs- oder Quellwasser vorstellst, gehen sie garantiert zum Granderwasser. Einfach ausprobieren, keine wissenschaftliche Erklärung möglich. Die Chemikalienersparnis haben mir einige Wellnesshotels und Schwimmbäder bestätigt, weil sich in den Rohren weniger Bakterien ablagern, und das Wasser nicht so schnell kippt.Die Entscheidung passiert weniger im Kopf als im Gefühl, verlass Dich einfach auf Dein Gefühl, das Du dabei hast. Auch wenn jetzt viele protestieren - eine Entscheidung die nur im Kopf passiert, gibt es nicht.

teilchen am 9. Juni 2012

Wasser ist eine unglaublich komplizierte Materie. Ein großer österreichischer, in der Zwischenkriegszeit verkannter Wissenschafter, Viktor Schauberger kam vielen Geheimnissen auf die Spur. Nach dem Krieg wurde Schauberger von den Amis "kassiert". Als er vor lauter Heimweh zurück in die Heimat wollte, durfte er keine Unterlagen mitnehmen, musste auf alle Patente verzichten. Nach kurzer Zeit in der Heimat verstarb er eines "natürlichen" Todes... Ich habe natürlich und Anführungszeichen geschrieben, weil ich nicht glaube, dass er eines natürlichen Todes gestorben ist, sondern weil er wohl zu viel wusste... Er hat sich vor allem auch mit "freier Energie" beschäftigt. Und er war nach meinem Gefühl nach sehr sehr nahe am Ziel. In den letzten Jahren beschäftigt sich die Wissenschaft unglaublich stark mit seinen Thesen. Leider ist von seinem Wissen nur wenig erhalten geblieben. Die Nachfahren versuchen meines Erachtens, die Fragmente seines Wissens zu gut wie möglich zu vermarkten. Für die Wasseraufbereitung hatte er den "Schauberger Trichter" entwickelt.

http://www.gesundheitlicheaufklaerung.de/joerg-schauberger-das-wesen-des-wassers

Woodster am 10. Juni 2012

@Woodster

Danke für den Link, hab mir den Vortrag über Schauberger angeschaut, wusste davor nichts darüber. Ich denke, dass Grander am selben Phänomen arbeitet, an dem auch Schauberger dran war. Ein Zitat finde ich besonders gut: "Die Natur kennt keine Wiederholung." Solche Entwicklungen können der Chemieindustrie unangenehm sein - stellt Euch vor, 1/3 oder mehr Umsatzeinbußen von Reinigungsmitteln, Desinfektionsmitteln, Waschmitteln, Duschgel...

Antwort von teilchen am 10. Juni 2012

Skeptiker zu Impfungen und Alternativmedizin

Impfgegner und „Alternativmedizin"

Eine Grippe ist eine schwere Erkrankung, weshalb im Herbst wieder von den Gesundheitsbehörden zur Impfung geraten wird. Trotzdem lassen sich viele Menschen nicht impfen, oft auch, weil sie an Impfmythen glauben, die von „Alternativmedizinern" verbreitet werden. Eine amerikanische Untersuchung zu Grippeimpfungen scheint nun einen Zusammenhang zwischen „Alternativmedizin" und Impfgegnerschaft zu belegen. Für die vor einigen Tagen in der Fachzeitschrift „Pediatrics" veröffentlichte Studie wurden die Daten von 9000 Kindern ausgewertet, die entweder in Behandlung von „Alternativmedizinern" oder bei konventionellen Ärzten waren. Zu den komplementären Behandlungsmethoden zählten etwa Akupunktur, Vitaminkuren und Chiropraktik. Je nach angewandtem „alternativen" Verfahren zeigten sich deutliche Unterschiede in den Impfraten bei Grippeschutz im Vergleich zu den Kindern, die ausschließlich in herkömmlicher ärztlicher Behandlung waren. Die Immunisierungsrate bei Kindern, die beispielsweise Akupunktur erhielten, lag um ganze 10 Prozent niedriger als bei den konventionell Therapierten (33 zu 43 Prozent). Wenn beispielsweise manuelle Therapien wie Osteopathie und Chiropraktik angewandt wurden, hatten die Kinder einen geringeren Impfschutz als Altersgenossen, die nicht auf diese Weise behandelt wurden (35 zu 43 Prozent). Einzig die mit hohen Vitamindosen Versorgten wurden sogar häufiger immunisiert als regulär Therapierte. Zwei Drittel der in der Studie berücksichtigten Kinder hatten irgendeine Form „alternativmedizinischer" Anwendung bekommen. Manche Effekte relativieren sich allerdings, wenn man die Zahlen genauer ansieht. Nach Abzug derjenigen, die Vitamine und Mineralien erhielten, durchliefen nur etwa 17 Prozent der Minderjährigen komplementäre Therapien. Wie oft diese Heilpraktiker und „Alternativmediziner" aufgesucht hatten, ist jedoch nicht bekannt. Außerdem wurden nur die Daten von Kindern im Alter von 4 bis 17 überprüft. Gerade bei Kleinkindern besteht den Verfassern der Studie zufolge ein erhöhtes Risiko für Komplikationen durch Grippe. Laut Untersuchung müssen in den USA wegen Grippeerkrankungen jedes Jahr bis zu 200 000 Menschen ins Krankenhaus, 49 000 Menschen sterben. Eine Grippe ist also keineswegs eine lästige Begleiterscheinung in der kalten Jahreszeit, sondern eine gefährliche Erkrankung. In einem Beitrag von „Fox News" vermutet der Kinderarzt Dr. Matthew Davis, dass Eltern, die über die Risiken von Impfungen besorgt seien, vielleicht eher „Alternativmediziner" aufsuchten. Nach seiner Ansicht helfen hier nur respektvolle Diskussionen mit den Eltern, um eine Meinungsänderung bezüglich Impfung zu bewirken. Immerhin, vor wenigen Tagen wurde vom amerikanischen Kontinent eine erfreuliche Nachricht vermeldet: Masern gelten dort als ausgerottet, ein Erfolg von Impfaktionen in den letzten Jahrzehnten . So weit ist man in Deutschland noch nicht, auch aufgrund zahlreicher Vorbehalte gegen Impfungen.

Holger von Rybinski, 9. Oktober 2016 (GWUP)

Impfgegner befördern Masernausbruch

Ausgerechnet in technisch und wirtschaftlich hochentwickelten Ländern erreichen viele Standardimpfungen nicht die zur Ausrottung einer Krankheit notwendige Impfrate von 95 Prozent. Anlässlich der heute beginnenden Europäischen Impfwoche mahnt die Bundesregierung, den Impfschutz der Bevölkerung zu erhöhen. Nachdem Wales seit einigen Tagen von einer Masernwelle heimgesucht wird, die möglicherweise bereits einen Toten gefordert hat, berichtet nun auch die Berliner Zeitung aktuell von neuen Erkrankungen in Potsdam. Auch aus dem Umland von Augsburg werden Neuerkrankungen gemeldet sowie aus Österreich. Erschreckend dabei ist, dass neben einer allgemeinen Impfmüdigkeit absurde Theorien von Impfgegnern das von den Ländern der WHO gegenüber zugesagte Ziel, die Masern bis 2015 auszurotten, gefährden. Frühere Forderungen nach einer Impfpflicht verhallten offenbar ungehört. So hält sich unter vielen britischen Impfgegnern noch immer das einst vom Arzt Andrew Wakefield verbreitete Gerücht, die kombinierte Standard-Impfung für Masern, Mumps und Röteln würde Autismus auslösen. Dies ist mittlerweile hinreichend widerlegt, Wakefield wurde in seiner Heimat die Approbation entzogen. In einem britischen Artikel wird jedoch die Mitarbeiterin eines Klinikkonzerns zitiert, bei dem diese These offenbar noch immer vertreten wird. Stattdessen werden Einzelimpfungen für die jeweilige Krankheit angeboten. Sogar die (wissenschaftliche widerlegte) Homöopathie wird von manchen Eltern den Impfungen vorgezogen, was die konservative Parlaments-abgeordnete und Ärztin Sarah Wollaston dazu veranlasste, alle mit öffentlichen Stellen zusammenarbeitenden Homöopathen in die Pflicht zu nehmen. Diese sollten Eltern ausdrücklich sagen, dass Homöopathika nicht gegen Masern schützen. Die Alternativmediziner sagten dies auch prompt zu und betonten, dass sie in diesen Fällen ausdrücklich zu konventionellen Behandlungen rieten. Allerdings macht sich die Abgeordnete Wollaston wohl völlig zurecht Sorgen: In ihrem Wahlkreis Totnes haben nur etwa 70 Prozent der Menschen einen vollständigen Impfschutz. Ihrer Vermutung nach fürchten viele Eltern, Impfungen könnten schaden und vermeintlich natürliche Methoden wie die Homöopathie stellten einen sicheren alternativen Impfschutz dar - ein gefährlicher Irrglaube! Wollastons Ansicht wird gestützt von Erhebungen aus den USA, wonach Befürworter „alternativmedizinischer" Behandlungsmethoden ihre Kinder seltener impfen lassen. Ein weiteres Problem in allen betroffenen Ländern dürfte auch die Neigung vieler Eltern sein, anstelle bei Ärzten und Gesundheitsbehörden zum Thema via Schnellsuche im Internet Rat zu suchen. Einem im letzten Herbst erschienenen Bericht zum „European Health Forum" in Gastein zufolge landen drei von vier Personen, die sich zum Thema Masern informieren wollen, mittlerweile auf Webseiten von Impfgegnern, die dann zu Masernparties und ähnlichem Unfug raten (und auf die wir ausdrücklich nicht verlinken). Marc Sprenger vom „European Center für Disease Prevention and Control (ECDC)" forderte damals, renommierte Einrichtungen im Gesundheitsbereich sollten offener und innovativer bei der Bereitstellung von Impfinformationen für Eltern zu sein. Sprenger dachte dabei wohl vor allem an soziale Netzwerke. Die deutsche Bundesregierung hat immerhin eine Website zur Europäischen Impfwoche generiert und mit dem Robert Koch-Institut, das weiterführende Informationen zum Thema Impfen anbietet, verlinkt.

Holger von Rybinski, 22. April 2013 (GWUP)

Progressive Wissenschaft zu Impfungen

Warum Impfungen schaden

Behörden und Ärzte erklären oft, dass Impfungen im Allgemeinen gut vertragen werden. Der Ausdruck im Allgemeinen soll ernste Bedenken gegenüber Impfungen zerstreuen. Im Allgemeinen soll sagen, dass es nur selten vorkommt, dass bei Impfungen etwas passiert. So kann sich also der Einzelne beruhigt der Mehrheit anschließen.Ist es wirklich so, dass nur sehr wenige Menschen ihre Gesundheit durch Impfungen verlieren? Sind es wirklich nur wenige Menschen, die infolge Impfungen blind, schwer behindert werden, gelähmt bleiben oder eine andere chronische Krankheit erleiden? Haben sie die Impfung halt zufällig nicht gut vertragen? Wer kennt denn wirklich die Zahl jener Menschen, die durch Impfungen schwer krank geworden oder sogar gestorben sind? Viele betroffene Patienten ahnen nicht einmal selbst, dass ihre Krankheit durch eine Impfung ausgelöst wurde. Die Ärzte sind bezüglich Schäden durch Impfungen praktisch nicht ausgebildet worden. Wenn es nun doch vorkommt, dass ihnen der Zusammenhang zwischen Impfung und Ausbrechen einer Krankheit klar wird, müssen sie sich aus Gründen der Kollegialität mit ihrer Meinung zurückhalten. So bleibt daher die Zahl der schweren Schäden, die durch Impfungen verursacht werden, sehr niedrig. Auch wenn nicht immer schwere Leiden durch Impfungen entstehen, belasten Impfungen auf jeden Fall mehr oder weniger die Gesundheit. Damit schwächen sie die Gesundheit und sind daher Mitverursacher für verschiedene andere Krankheiten. Was ist denn nun im Impfstoff so schädlich? Ursprünglich wurde bei den ersten Impfungen, der Pockenimpfung, der Inhalt der Pockenbläschen (Pockenausschlag) direkt auf eine aufgeritzte Hautstelle getropft. Der Impfstoff bestand also aus kranken Absonderungen von einem fremden Menschen.Heute werden den Impfstoffen viele andere Substanzen zugefügt. Zunächst müssen das Gewebe oder die Absonderungen des erkrankten Menschen auf einem Nährboden gezüchtet (vermehrt) werden. Das geschieht auf allerlei Geweben oder Blut von Tieren oder z. B. auf menschlichen Krebszellen (HeLa Zellen) etc. Der Impfstoff muss haltbar gemacht werden, er muss lagerfähig bleiben. Das gelingt nur mit Desinfektionsmitteln, das sind Schwermetalle, Antibiotika und ähnliches. Damit überhaupt eine Impfung als wirksam anerkannt wird, muss ein Ansteigen der Immunkörper (fälschlich als Antikörper bezeichnet) nachzuweisen sein. Dieses

Ansteigen der Immunkörper wird von den Impfbetreibern als gute Immunreaktion bezeichnet. Für diese Immunreaktion eignet sich besonders Aluminium, ein Leichtmetall, das im Menschen überhaupt nicht vorkommt. Aluminiumverbindungen schädigen unsern Körper auf viele Weise und an mehreren Regionen, wenn sie direkt ins Gewebe eingebracht werden. Fassen wir also zusammen: Im Impfstoff befinden sich Absonderungen von einem kranken Menschen, von einem fremden Menschen, Spuren von Eiweißen meist tierischer Herkunft z.b. Hühnereier, Desinfektionsmitteln, Wirkverstärker und noch sehr viele andere Stoffe, wie Farbstoffe, Emulgatoren etc. Was dieser Mix schließlich an gesunden und vor allem an kranken Menschen bewirkt, erfahren wir erst, wenn Millionen Menschen damit geimpft worden sind. Wenn dann die Zahl der schweren Impfschäden nicht mehr zu vertuschen ist, wird dieser Impfstoff durch einen neuen, der noch besser verträglich ist als der vorherige, ersetzt.

Dr. Johann Loibner, Arzt für Allgemeinmedizin i.R., Sachverständiger für Impfschäden

Skeptiker zu den Bachblüten

Unklare Bachblüten und negative Labortests

Im Januar ging das neue Internet-Portal "IGeL-Monitor" online. Dort bewertet der Medizinische Dienst des GKV-Spitzenverbandes sogenannte Individuelle Gesundheitsleistungen, die vom Patienten selbst zu bezahlen sind. Im GWUP-Blog stießen einzelne Bewertungen indes auf Unverständnis. Skeptiker-Chefreporter Bernd Harder sprach mit dem Redakteur des "IGeL-Monitors", Dr. Christian Weymayr, über Evidenz, Früherkennung und Leistungskataloge in Zeiten knapper Kassen.

Bernd Harder: Die Bach-Blütentherapie ist "nicht Bestandteil der naturwissenschaftlich fundierten Medizin, da ihr mehrere Annahmen zugrunde liegen, die nicht nur spekulativ sind, sondern den gesicherten naturwissenschaftlichen Erkenntnissen widersprechen", heißt es wörtlich in der Bewertung dieses Verfahrens. Nichtsdestotrotz erhält die "quasireligiöse Glaubenslehre" im IGeL-Monitor der gesetzlichen Krankenversicherung (GKV) ein schmeichelhaftes "unklar", während der moderne Labortest auf den Toxoplasmose-Erreger "negativ" abschneidet. Wie kommt das?

Christian Weymayr: Das ist eine Folge der Nutzen-Schaden-Abwägung. Wir ermitteln im IGeL-Monitor einerseits den Nutzen einer bestimmten Methode und andererseits den potenziellen Schaden. In einem zweiten Schritt setzen wir diese beiden Größen nach einer Tabelle, die wir selbst entwickelt haben, in Relation zueinander und leiten daraus eine Bewertungsaussage ab. Bei der Bach-Blütentherapie haben wir keinerlei Evidenz für einen Nutzen gefunden – aber auch keine Hinweise, dass das Ganze schädlich oder gefährlich für den Patienten sein könnte. Da in diesem Fall beide Bewertungsgrößen gleich sind, die Situation sich also "unklar" darstellt, führte das zu der entsprechenden Aussage. Bei der Toxoplasmose-Früherkennung ist der Nutzen ebenfalls nicht eindeutig nachweisbar. Allerdings kann der Test Schäden verursachen, zum Beispiel weil ein unklares Testergebnis abgeklärt wird, am Ende sich aber möglicherweise doch alles als Fehlalarm herausstellt. Auch die Gefahr der Überdiagnostik sehen wir grundsätzlich bei allen Früherkennungs- maßnahmen als gegeben an. Insofern ist es nahezu zwangsläufig, dass die Verfahren der sogenannten Schulmedizin wegen der möglichen Schäden im Schnitt schlechter abschneiden als etwa eine völlig unwirksame, aber harmlose Bach-Blütentherapie.

Die Bewertung ist also kein Kniefall vor der "Alternativ"-Lobby?

Nichts weniger als das. Mir persönlich geht das total gegen den Strich, die Bach-Blütentherapie als "unklar" einzuordnen. Aber so ist nun einmal das Analyse- und Bewertungsverfahren. habe ich gerade bei dem Bach-Blüten-Artikel nicht bloß die Evidenzlage und das Schaden-Nutzen-Verhältnis beschrieben, sondern auch erklärt, woher dieses Verfahren kommt, auf welchen "intuitiven" Grundlagen es beruht und wie Bach-Blütentropfen hergestellt werden. Das müsste eigentlich jedem zu denken geben, trotz lediglich "unklarer" Bewertung.

Die größte Gefahr der Pseudomedizin besteht in der Unterlassung, wenn also notwendige Behandlungen unterbleiben. War es nicht möglich, dieses Schadenpotenzial in die Bewertung einfließen zu lassen?

Das ist überaus schwierig, weil es sich um Einzelfälle handelt. Und dann müsste man ehrlicherweise auch die umgekehrte Situation gegenüberstellen: Jemand nimmt keine Bach-Blütentropfen und keine Globuli, gerät aber an ein schulmedizinisches Verfahren, dessen Evidenz ebenfalls nicht gegeben ist oder das individuell falsch angewendet wird und deshalb nichts bringt oder sogar schadet. Dann hätte das "Unterlassen" sogar tendenziell positive Effekte.Es gibt natürlich genügend Beispiele, wo Menschen gestorben sind, weil sie alleinig auf Pseudomedizin vertraut haben. Andererseits muss man sehen, dass Patienten mitunter auch ganz gut damit fahren. Einfaches Beispiel: Ein Praxisbesucher hat eine Erkältung oder Grippe und wird vom Arzt aus Bequemlichkeit mit einem Antibiotikum behandelt. In diesem Fall wäre der Patient mit Homöopathika sicher besser dran gewesen. Oder besser gesagt: Er ist dann weniger schlecht dran.

Das klingt wie zu Hahnemanns Zeiten, als dessen Erfindung Homöopathie zwar nichts nutzte, aber auch kein Unheil anrichtete – im Gegensatz zu vielen anderen medizinischen Verfahren damals. Ja, im Grunde ist das so. Ein gewisses Schadenspotenzial der "Schulmedizin" muss man einfach auch heute noch annehmen. Selbst wenn alle Methoden rein evidenzbasiert wären, dann käme es immer noch zu Irrtümern und menschlichem Versagen in der praktischen Anwendung. In unserer Abwägung beim IGeL-Monitor kann "besser" auch nur "weniger schlecht" bedeuten. Damit sind wir wieder bei Ihrer Ausgangsfrage nach

Bach-Blüten und Toxoplasmose-Test. Ich möchte es noch einmal wiederholen, weil wir bei einem recht komplizierten Sachverhalt sind: Wenn in Studien zwei Verfahren miteinander verglichen werden, also die Kontrollgruppe etwa eine Standardtherapie bekommt, und beide Verfahren eine identische Nutzenbilanz aufweisen, das untersuchte Verfahren aber das geringere Schadenspotenzial zeigt, dann würden wir es unterm Strich als "tendenziell positiv" bewerten. Was nicht heißt, dass es "besser" ist als das andere, jedenfalls nicht im Sinne eines höheren Nutzens. Das ist zwar einleuchtend, dennoch beschleicht mich ein gewisses Unbehagen, im IGeL-Monitor Bach-Blüten, Akupunktur und Eigenbluttherapie neben hoch modernen Methoden wie MRT, Ultraschall oder klinischer Chemie aufgelistet zu sehen. Es ist natürlich problematisch, wenn Verfahren, die überhaupt keine rationale Grundlage haben, vermischt werden mit Methoden, die zumindest physiologisch plausibel sein könnten. Das sehe ich genauso. Wir haben uns beim IGeL-Monitor aber ganz pragmatisch an den "relevanten" IGeL-Leistungen orientiert, die auch tatsächlich in nennenswertem Umfang angeboten oder nachgefragt werden. Und dazu gehört Akupunktur ebenso wie ein Ultraschall der Ovarien zur Krebsfrüherkennung. Was trotzdem die öffentliche Debatte um den IGeL-Markt nicht gerade leichter macht. Denn was an diesem Strukturierungskonzept auch abzulesen ist: Individuelle Gesundheitsleistungen sind eine bunte Mischung aus teils alten, teils neuen, teils geprüften und für nutzlos befunden, teils ungeprüften Verfahren. Von kosmetischen Behandlungen über Reiseimpfungen und Prävention bis hin zu alternativen Heilverfahren, die immer schon privat bezahlt werden mussten und weder für die sogenannte IGeL-Liste – die es eigentlich gar nicht gibt und nie gegeben hat – konzipiert wurden noch primär damit in Verbindung gebracht werden.

Richtig. Und die Situation ist ja noch komplizierter: Dass "Alternativverfahren" wie Homöopathie und Bach-Blüten immer Selbstzahlerleistungen sind, gilt ja nur noch für den Pflichtkatalog der Gesetzlichen Krankenversicherung. Nicht aber für die Satzungsleistungen, mit denen die einzelnen Kassen um neue Kunden werben. Das führt dann vollends zu Verwirrung, wenn hier und da Homöopathie doch bezahlt wird. Und bedeutet zugleich: Die gesetzlichen Krankenkassen vertreten durchaus nicht kategorisch die Position der Wissenschaft.

Das hält aber beispielsweise die Gesundheitswissenschaftlerin Professor Ingrid Mühlhauser von der Uni Hamburg nicht von Aussagen wie dieser ab: "Es gibt überhaupt keine notwendigen IGeL-Leistungen. Wenn ihr Nutzen durch Studien belegt wäre, würden sie von den Krankenkassen bezahlt werden."

Gut, dieser Satz trifft zumindest nicht per se auf diejenigen IGeL zu, die per Gesetz gar keine Kassenleistung sein können. Wenn jemand sich den Namen seiner Freundin auf die Hand tätowieren lässt und ihn Jahre später wieder entfernen möchte, kann das individuell einen großen Nutzen bringen – etwa für die neue Beziehung. Trotzdem bezahlt die gesetzliche Krankenversicherung keine Tattooentfernung und auch keine Schönheitsoperationen, weil beides medizinisch nicht geboten ist. Selbiges gilt für Schutzimpfungen wie zum Beispiel Malaria-Prophylaxe vor einer privaten Urlaubsreise.

Dass es keine "notwendigen" IGeL gibt, dem stimme ich durchaus zu. Dass IGeL-Leistungen, deren Nutzen belegt ist, gleichsam automatisch in den Leistungskatalog der GKV wandern, ist wiederum nicht zwingend. Denn erst mal muss jemand einen Antrag auf Beratung im Gemeinsamen Bundesausschuss (G-BA) stellen. Und diese Beratung beziehungsweise das Aufnahmeverfahren kann eine ganze Weile dauern.

Was mich an der Aussage von Professor Mühlhauser stört, ist eher die implizite Behauptung, der Pflichtkatalog der GKV sei eine Art Qualitätskatalog, der nur geprüfte und evidenzbasierte Leistungen enthält. Das ist Unsinn. Nur aus der Tatsache, dass die Kasse ein Diagnose- oder Therapieverfahren bezahlt, kann der Patient noch lange nicht folgern, dass diese Maßnahme tatsächlich gut, sinnvoll und nützlich ist.

Ich kann mich dazu nur für den Bereich äußern, mit dem ich mich seit vielen Jahren beschäftige: die Krebsvorsorge. Und da gebe ich Ihnen recht. Wenn es darum ginge, den GKV-Katalog ausschließlich evidenzbasiert aufzustellen, dann müssten sämtliche Tast-untersuchungen im Rahmen der Tumorfrüherkennung rausfliegen, ob zur Früherkennung von Darm-, Brust-, oder Prostatakrebs.

Sie nannten eingangs das Stichwort "Überdiagnostik". Vor allem die möglichen Schäden durch Überdiagnosen führen dazu, dass im IGeL-Monitor der PSA-Test zur Früherkennung eines Prostatakarzinoms "tendeziell negativ" bewertet wird. Wieso redet niemand von den Schäden durch Überdiagnosen, die durch die gesetzliche Krebsvorsorge –

in diesem Fall die völlig unzuverlässige Palpation (Untersuchung durch Abtasten der Körperoberfläche) – entstehen?

"Niemand" ist nicht richtig. Im Merkblatt zur Mammographie, das jede Frau mit der Einladung geschickt bekommt, wird das Problem der Überdiagnose und Übertherapie ausdrücklich thematisiert. Sicher ist unbefriedigend, dass die Nutzen-Schaden-Abwägung auch bei einer Reihe der GKV-finanzierten Vorsorgeuntersuchungen eine denkbar knappe Angelegenheit ist. Man darf dabei auch nicht vergessen, dass die Abwägung letztlich eine Werteentscheidung ist. Anerkannte Experten wie der Urologe Professor Lothar Weißbach – ehemaliger Präsident der Deutschen Krebsgesellschaft – haben deshalb schon gefordert, alle Krebsfrüherkennungsmaßen der GKV aus dem Leistungskatalog rauszunehmen.

Warum geschieht nichts?

Ich denke, in erster Linie spielen da ganz pragmatische Überlegungen eine Rolle. Die gesetzlichen Krebsvorsorgeuntersuchungen – die bei Frauen ab einem Alter von 20 Jahren (Pap-Abstrich) und bei Männern mit 35 (Hautkrebs-Screening) beginnen – bringen permanent Patienten in die Praxen. Und wenn man nun zum Beispiel die Prostata-Tastuntersuchung, die noch dazu nicht viel kostet, aufgrund der Studienlage aus dem GKV-Katalog streichen würde, hätten die Kassen wohl nicht nur die Ärzte, sondern auch die Versicherten gegen sich. Das ist politisch offenbar nicht durchsetzbar momentan.

Beim europäischen Urologen-Kongress 2009 in Stockholm wurde die internationale ERSPC-Studie zum PSATest vorgestellt, auf die Sie auch im IGeL-Monitor Bezug nehmen. Damals kommentierten Sie auf Ihrer eigenen Homepage: "Es widerspricht dem EbM-Ansatz, die jetzt vorgelegten PSA-Studien, so mangelhaft sie auch sind, als unbrauchbar zurückzuweisen und gleichzeitig eventuell noch schlechtere Evidenzen und Bilanzen anderer Früherkennungsmaßnahmen zu tolerieren. Die entsprechenden Fachkreise und der G-BA sollten vielmehr die Studien zum Anlass nehmen, den PSA-Test und die GKV-Früherkennungs-maßnahmen nach denselben Bewertungskriterien zu prüfen." Sehen Sie das nach wie vor so?

Ja, klar.

Nichtsdestotrotz findet sich bei der Bewertung des PSA-Tests im IGeL-Monitor kein Wort zur gesetzlichen Prostatavorsorge, die von den Fachgesellschaften als "Späterkennungsmaße" geschmäht und als "nicht ausreichend" (Deutsche Krebshilfe) bis "nicht geeignet" (Leitlinien der deutschen Urologen) eingeschätzt wird. Ähnliches gilt für den Okkultbluttest zur Darmkrebsvorsorge.

Das sind aber zwei verschiedene Themen. Wir reden jetzt gerade über den IGeL-Monitor. GKV-Leistungen haben mit dem IGeL-Monitor erst einmal nichts zu tun. Ein "GKV-Monitor" wäre natürlich eine sinnvolle Sache, das würde ich sofort unterschreiben. Es ist ja kein Geheimnis, dass es auch im Kassenbereich Unter-, Über- und Fehlversorgung gibt, was zum Teil auch mit den Leistungen selbst zu tun hat, siehe Tastuntersuchungen. Das heißt aber nicht, dass man Selbiges im IGeL-Bereich tolerieren muss beziehungsweise nicht kritisieren darf.

Man könnte jedoch fragen, wieso ausgerechnet die gesetzlichen Krankenkassen IGeL-Leistungen beurteilen. Wirkt das nicht ähnlich authentisch wie ein Finanzamt, das sich als Anwalt meiner steuerlichen Interessen ausgibt?

Das haben auch schon einige Ärzte kritisiert. Es gibt aber aus meiner Sicht drei gute Gründe dafür. Zum einen fühlt sich die GKV generell dem Wohl der Versicherten verpflichtet und möchte diese vor Schaden bewahren. Zum anderen wird den Kassen ja ganz konkret vorgeworfen, sie würden eine Reihe von sinnvollen Diagnose- und Therapiemaßnahmen nicht bezahlen. Insofern ist es doch mehr als nur legitim, dass der Medizinische Dienst des Spitzenverbandes Bund der Krankenkassen dieser Beanstandung nachgeht und die angeblich sinnvollen Leistungen prüft. Und schließlich haben wir noch ein Kostenargument. Gerade bei Früherkennungsuntersuchungen führt ein IGeL-Verfahren oft zur weiteren Abklärung – zum Beispiel ein positiver PSA-Test zu einer Biopsie oder sogar zu unnötigen Behandlungen. Diese Folgekosten hat die Solidargemeinschaft zu tragen.

Bleiben wir beim Thema Überdiagnostik und Folgekosten. In der Bewertung des PSA-Tests im IGeL-Monitor heißt es unter anderem: "Seit 1980 hat sich die Zahl der jährlich neu entdeckten Prostatakrebsfälle verdoppelt. Hauptursache für den starken Anstieg ist der PSA-Test. Man kann also sagen, dass die große Verbreitung des PSA-Tests zwei Effekte hat: Eine gewisse Anzahl von Männern ist eventuell vor dem Tode durch

Prostatakrebs bewahrt worden, aber sicher sind viele Männer unnötig zu Krebspatienten geworden, die ohne Test nie von ihrem Krebs erfahren hätten, also auch nie gesundheitliche Probleme dadurch bekommen hätten. Das heißt, eine große Anzahl an Männern muss mit den Folgen von Operation, Bestrahlung und Hormontherapie leben, obwohl man ihren Krebs gar nicht behandeln hätte müssen." So weit, so gut. Allerdings ist ein Testergebnis keine Diagnose, sondern wie ein Symptom zu behandeln. Und nicht ein Test macht Männer zu Krebspatienten, sondern der Arzt.

Sicher, und gerade zum PSA-Test gibt die S3-Leitlinie der Deutschen Gesellschaft für Urologie zum Prostatakarzinom eine Reihe von Empfehlungen, wie mit dem Test- und dem anschließenden Biopsieergebnis in der Praxis umgegangen werden soll. Strategien, um eine Kettenreaktion an unnötigem medizinischem Aktionismus zu verhindern, existieren also durchaus. Dennoch birgt zum Beispiel das kontrollierte Abwarten mit mehrmaliger Test-Wiederholung ein gewisses Risiko – nämlich dass man zu lange wartet. Deshalb gibt es sicher Patienten und behandelnde Ärzte, die ohne Verzug Klarheit haben wollen und bei einem positiven Befund operieren, obwohl gar nicht klar ist, ob und wie schnell der entdeckte Tumor gewachsen wäre und ob er zu Lebzeiten des Patienten überhaupt Probleme bereitet hätte. Die Biopsien und vor allem die Operation haben teilweise gravierende Risiken und Begleiterscheinungen. Wäre der Krebs unauffällig geblieben, muss der Patient die Folgen dieser Übertherapie hinnehmen, obwohl sie ihm keinen Nutzen bringt.

Dafür kann aber der PSA-Test nichts.

Nicht direkt. Aber selbst beim besten und sorgsamsten Umgang mit dem Testergebnis und bei Beachtung aller Verhaltensalgorithmen der medizinischen Fachgesellschaften hat das Verfahren Nachteile, die wir in der Bewertung so zusammengefasst haben: "Die Datenlage lässt unserer Ansicht nach den Schluss zu, dass es Hinweise auf einen geringen Nutzen gibt, auch wenn die Ergebnisse der Arbeiten teilweise widersprüchlich sind. Über die Schäden, vor allem durch Überdiagnosen, bestehen dagegen keine Zweifel, weshalb wir Belege für geringe Schäden sehen."

Ich darf noch ergänzend aus dem IGeL-Monitor zitieren: "Außerdem gehen wir bei Früherkennungsuntersuchungen grundsätzlich davon aus, dass sie falsche Befunde und unnötige Untersuchungen und

Behandlungen mit sich bringen können, was die Lebensqualität der Patienten beeinträchtigen würde." Ist das wirklich fair? In Internetforen finden Sie zahlreiche Männer, die erklären, dass der PSA-Test ihnen das Leben gerettet habe. Was ist denn mit der Lebensqualität dieser Patienten?

Wichtiger Punkt. Auch hier geht es wieder um die Nutzen- und die Schadenbewertung. Um den Nutzen eines Verfahrens wirklich dingfest machen zu können – also Kausalität eindeutig von Koinzidenz abzugrenzen – braucht man große und sehr gute Studien. Unter einem Randomized-Controlled-Trial-Design kann man keine echten Nutzenbelege bekommen. Bei der Schaden-Analyse reicht dagegen unter Umständen schon eine Kohortenstudie, bei der die Studienteilnehmer nicht nach dem Zufallsprinzip ihrer Gruppe zugeordnet sind. Nehmen wir als Beispiel die Darmkrebsvorsorge. Selbst wenn mehrere Tausend Personen von sich behaupten, die Darmspiegelung habe ihnen das Leben gerettet, ist das noch kein Nutzenbeleg. Denn ob die Koloskopie wirklich die Mortalität am kolorektalen Karzinom senkt, kann man nicht durch Einzelfälle beschreiben. Aber wenn bei einem Patienten der Darm während der Spiegelung perforiert wird, ist das sofort ersichtlich und unmittelbar auf den Eingriff zurückzuführen. Insofern tut man sich bei der Schadenbewertung oft leichter.

Bezogen auf den PSA-Test heißt das?

Die Schadenbewertung des PSA-Tests basiert auf theoretischen Überlegungen und auf Erfahrungen mit anderen Tests. Die Methode ist nicht perfekt, es werden Fehlalarme ausgelöst, eine Prostata-OP kann zu Impotenz und Inkontinenz führen – das alles wissen wir definitiv. Ob der Test einem Patienten das Leben gerettet hat, wissen wir nicht definitiv. Denn vielleicht wäre der Krebs ja auch lebenslang stumm geblieben. Das ist der fundamentale Unterschied zwischen den beiden Größen "Schaden" und "Nutzen". Eine Einschränkung gibt es allerdings: Wie viele Übertherapien es gibt, lässt sich nicht in Studien ermitteln, sondern nur aus Modellrechnungen und einem Vergleich der Neuerkrankungen mit und ohne Screeningtest abschätzen.

Unser Gesprächseinstieg war die Bewertung des Toxoplasmose-Tests in der Schwangerenvorsorge als "negativ". Kurz nachdem der IGeL-Monitor online ging und dieses Urteil in den Publikumsmedien kolportiert wurde, meldete sich unter anderem das Deutsche Konsiliarlabor Toxoplasma zu

Wort und verteidigte den Suchtest nach dem Erreger Toxoplasma gondii als sinnvolle Selbstzahlerleistung mit hohem Patientennutzen.

Fast parallel dazu fand eine Veranstaltung des Diagnostica-Verbands in Berlin statt, bei der eine Biologin vom Institut für Spezifische Prophylaxe und Tropenmedizin der Universität Wien ihre Einschätzung des Toxoplasmose-Screenings in Österreich darlegte. Dort ist der Test Bestandteil der gesetzlichen Mutterschaftsrichtlinien und soll seit seiner Einführung im Jahr 1975 Leben und Gesundheit von 5000 Kindern gerettet haben. Es gibt also auch kompetente Gegenstimmen zu den Bewertungen im IGeL-Monitor.

Die aber bisher nicht bis zu uns gelangt sind. Wo finden sich diese Zahlen aus Österreich? Auf welcher Datenbasis verteidigt das Konsiliarlabor Toxoplasma den Test? Welche Eigeninteressen spielen dabei eine Rolle? Natürlich wäre uns das überaus peinlich, wenn wir eine wichtige Studie übersehen hätten. Und selbstverständlich würden wir in einem solchen Fall unsere Suchstrategie überprüfen und die neu entdeckten Ergebnisse in die Bewertung mit einfließen lassen. Wir sind völlig offen für Fachdiskussionen – aber bitte den entsprechenden wissenschaftlichen Kriterien folgend. Und nicht bloß nach Eindruck und Gefühl.

Apropos Schwangerenvorsorge: Ende letzten Jahres hat mal wieder eine der viel geschmähten IGeL-Leistungen den Sprung in die Kassenerstattung geschafft, nämlich der Test auf Gestationsdiabetes. Was sollen Patienten über diesen Vorgang denken, wenn plötzlich etwas anerkannt und sinnvoll ist, was vorher als überflüssig und "Abzocke" galt?

Ich kann verstehen, dass das nicht ganz leicht nachvollziehbar ist. Aber Wissenschaft ist eben ständig im Fluss. Und das, was Sie skizzieren, passiert ja auch umgekehrt. Den Ultraschall der Eierstöcke zur Krebsfrüherkennung hatten wir ursprünglich als "tendenziell negativ" eingestuft, als kurz vor der Veröffentlichung die Daten der amerikanischen PLCO-Studie bekannt wurden. Das führte dazu, dass aus dem "tendenziell negativ" sogar ein "negativ" wurde. Die Datenlage kann sich natürlich ändern, gerade bei aufwändigen Langzeitstudien, wie sie derzeit auch mit dem PSA-Test noch laufen. Möglich, dass sich dann unsere Bewertung ändert.

Und zur Aufnahme von neuen Leistungen in den GKV-Katalog: Das ist eine komplexe Entscheidung, über die letztendlich im Gemeinsamen Bundesausschuss (G-BA) von Vertretern der Kostenträger und der

Leistungserbringer abgestimmt wird. Das Ringen um die beste Evidenz ist nicht trivial, und da gibt es auch Interpretationsspielraum, was etwa die Bewertung der Studienlage betrifft. Deshalb kann mitunter der Eindruck von Willkür entstehen – was es aber nicht ist.

Ich übersetze "Willkür" in diesem Zusammenhang mal so: Dem G-BA wird häufig vorgeworfen, er sei ein Instrument von Krankenkassen und Politik zur Rationierung im Gesundheitswesen, und zwar zu Lasten der Patienten.

Ich war selbst schon Mitglied im G-BA und habe keinen Grund anzunehmen, dass die Krankenkassen sich aus Kostengründen sinnvollen Neuerungen verweigern. Da unterstelle ich den Beteiligten vielmehr das ehrliche Bemühen, den Versicherten alles zugutekommen zu lassen, was ihnen laut SGB V (Sozialgesetzbuch, Fünftes Buch) zusteht. Englische Verhältnisse haben wir hier definitiv nicht. Dort gibt es eine Obergrenze, wie viel ein gewonnenes Lebensjahr unter Berücksichtigung der Lebensqualität kosten darf.

Allerdings sind einige IGeL zwar nie GKV-Leistungen gewesen, wurden in Zeiten prall gefüllter Kassen aber in einer Art stillschweigender Übereinkunft trotzdem erstattet. Zum Beispiel die Augeninnendruckmessung und auch das Toxoplasmose-Screening bei Schwangeren. Beides wird im IGeL-Monitor als "tendenziell negativ" beziehungsweise "negativ" bewertet. Das mag fundierte wissenschaftliche Gründe haben, weckt aber kein allzu großes Vertrauen bei den Versicherten, wenn offenkundig rein wirtschaftliche Erwägungen nun nachträglich medizinisch begründet werden.

Stimmt, nur lautet die Frage in diesem Fall nicht: Wieso zahlt die Kasse das nicht mehr? Sondern: Wieso hat sie das vorher bezahlt? Einen möglichen Grund haben Sie ja schon genannt. Klar tut man sich in prosperierenden Zeiten mit solchen freiwilligen Extras leichter als heute, wo es eher um Beitragserhöhungen beziehungsweise Zusatzbeiträge geht und die Marktsituation nicht mehr so einfach ist wie in den 1970er-Jahren. Darüber hinaus geht es aber auch noch um etwas anderes: Es ist im Einzelfall gar nicht immer so leicht, eine Kassenleistung exakt zu definieren und von Selbstzahlerleistungen abzugrenzen. Bei der Bach-Blütentherapie ist der Fall eindeutig. Aber viele IGeL, die zur Früherkennung angeboten werden, sind Kassenleistung, wenn ein so genannter begründeter Verdacht besteht.

Ein potenzieller Kandidat für die Aufnahme in den GKVKatalog scheint der molekulardiagnostische Test auf Humane Papillomaviren (HPV) zur Früherkennung von Gebärmutterhalskrebs zu sein – derzeit ebenfalls eine IGeL-Leistung. Jedenfalls hat das Institut für Qualität und Wirtschaftlichkeit im Gesundheitswesen (IQWiG) zum Jahresbeginn "Hinweise auf einen Nutzen im Primärscreening" publiziert.

Entscheidend ist allein die wissenschaftliche Evidenz, ob das dem einen oder anderen nun gefallen mag oder nicht. Das ist ja das Schöne an Wissenschaft, dass sie objektivierbar ist. Der Gesetzgeber hat hier für die "besonderen Therapierichtungen", für Kügelchen und Wallewalle, eine großzügige Ausnahme gemacht. Der IGeL-Monitor macht keine Ausnahmen, wir bewerten alle Verfahren gleich streng. Es trifft mich deshalb hart, wenn es im GWUP-Blog heißt, der IGeL-Monitor sei "eigentlich nicht so richtig ernst zu nehmen". Stehen Sie noch dazu?

Als Skeptiker tut man ja bekanntlich gut daran, gelegentlich auch an seiner Skepsis zu zweifeln. Um den Sachverhalt zu klären, haben wir dieses Interview ja geführt. Vielen Dank dafür!

Interview: Bernd Harder

Dieses Interview erschien im "Skeptiker" 1/2012

Progressive Wissenschaft zu den Bachblüten

Die Vision von Edward Bach für eine zukünftige Medizin

„Somit wird der Arzt der Zukunft zwei große Ziele haben:"

Das erste wird sein, dem Patienten zur Kenntnis über sich selbst zu verhelfen und ihn auf die fundamentalen Irrtümer und Fehler hinzuweisen, die er begehen kann. Solch ein Arzt muss sich eingehend mit dem Studium der geistigen Gesetze, die den Menschen beherrschen, sowie mit dem Wesen der menschlichen Natur beschäftigen, damit er bei denen, die zu ihm kommen, jene Faktoren erkennen kann, die einen Konflikt zwischen der Seele und der Persönlichkeit hervorgerufen haben. Er muss imstande sein, dem Leidenden zu raten, welche Arten des Handelns gegen die Einheit er aufgeben und welche notwendigen Tugenden er entwickeln muss. Bei der korrekten Behandlung darf nichts Verwendung finden, das dem Patienten seine Eigenverantwortlichkeit abnimmt, sondern es dürfen nur solche Maßnahmen gebraucht werden, die ihm helfen, seine Fehler zu überwinden.

Die zweite Pflicht des Arztes wird darin bestehen, Mittel zu verabreichen, die dem materiellen Körper helfen, Kraft zu gewinnen, und dem Geist helfen, ruhig zu werden, seinen Horizont zu weiten und nach Vollkommenheit zu streben; die also Frieden und Harmonie in die ganze Persönlichkeit einkehren lassen."

(Edward Bach in Heile dich selbst,1931)

Das Konzept der original Bachblütentherapie

Die Original Bachblütentherapie, benannt nach ihrem Schöpfer Dr. Edward Bach (1886–1936), geht davon aus, dass jeder Krise oder Krankheit eine seelische Gleichgewichtsstörung vorausgeht. Diese Störung entsteht durch ein "Missverständnis geistiger Gesetze" (z.B. "Ich muss alles ganz alleine schaffen."). Dieses Missverständnis erzeugt in uns negative Seelenzustände oder destruktive Verhaltensmuster (z.B. zweifeln, Angst haben, nicht entscheiden können), welche den Zugang zu unserem intuitiven Wissen und unseren seelischen Selbstheilungskräften blockieren. Ziel der Bachblütentherapie ist die Lösung seelischer Blockaden und die Wiederherstellung des seelischen Gleichgewichts. Durch die Aufklärung geistiger Missverständnisse und Selbsterkenntnis wird der Weg zu unserem intuitiven Wissen und den eigenen seelischen Selbstheilungskräften (z.B. innere Gewissheit, Mut und Entscheidungskraft) wieder frei.

Individualität und Seele
die geistige Grundlage der Original Bachblütentherapie

Edward Bach betrachtete das menschliche Leben als Erfüllung eines Seelenauftrags. Gesundheit bedeutete für ihn, im Einklang mit den Absichten seiner Seele zu handeln. Krankheitsursache war für ihn das Herausfallen aus diesem Einklang. Als Gründe für das Herausfallen sind in diesem Konzept – in den Worten Bachs – „geistige Missverständnisse" anzusehen. Diese entstehen, wenn wir bestimmte geistige Gesetze nicht beachten oder falsch verstehen. Eigentliches Ziel der Bachblütentherapie im Sinne Bachs ist es, die Harmonie/den Einklang und damit den Kontakt zum eigenen Seelenauftrag/Lebensplan wieder herzustellen. Bach definierte 38 positive Seelenpotenziale und ihre disharmonischen Zerrformen, wie z. B. Ausdauer und Verbissenheit, Tapferkeit und Angst, Geduld und Ungeduld, die als Symptome zeigen, wie der Mensch aus der Harmonie mit den Absichten seiner Seele gefallen und von seinem Lebensauftrag abgekommen ist. Er erfasste damit, differenziert und präzise, das Gefühlsrepertoire der menschlichen Natur. Diese menschlichen Eigenschaften haben nach Bach energetisch-harmonische Repräsentanten in der Pflanzenwelt. Deren harmonische Energiefelder können mit den betreffenden verzerrten Teilen des menschlichen Energiefelds in Resonanz treten und diese mit ihren harmonischen Schwingungen überlagern. Edward Bach hatte die Vision, dass die Menschen, die die Bachblüten einnehmen, auch verstehen sollten, wie sie ihr Denken verändern könnten, um das destruktive Reaktionsmuster zum eigenen Vorteil in sein positives Potenzial zu verändern.

Mechthild Scheffer

Skeptiker zur Homöopathie

"Scharlatan in der höheren Potenz"

Die Narrheit sei nun zum Modeartikel geworden, urteilten schon im 19. Jahrhundert Ärzte über die Homöopathie. Der Streit zwischen Allopathen und Alternativheilern führte 1835 gar zum "Nürnberger Kochsalzversuch" – dem ersten Doppelblindtest der Medizingeschichte. Ungeheuerliches geschieht um das Jahr 1830 im Königreich Bayern: Berichte über spektakuläre Heilerfolge mit einer neuen Behandlungsmethode machen die Runde. So vermeldet etwa der Bayerische Landbote: "I. Durchl. die Frau Fürstin von Thurn und Taxis, welche angeblich an einem Skirr (Verhärtung) des Magens leidet, und in Folge dessen schon so weit herabgekommen war, daß Sie von 4 Ärzten aufgegeben wurde, sich deswegen nach Nürnberg verfügte, um von dem dortigen homöopathischen Arzt Dr. Reiter sich homöopathisch behandeln zu lassen, ist indessen in kaum zu erwartender Besserung so weit vorgerückt, dass Sie nun bereits seit 14 Tagen von allem Erbrechen, welches Sie vorher unaufhörlich quälte, befreit ist und schon eines blühenden Aussehens, trotz der fortgeführten magersten Diät, sich erfreut." Besagter "Dr. Reiter" heißt eigentlich Reuter, Johann Jakob mit Vornamen, und praktiziert in der wohlhabenden fränkischen Handelsmetropole als einer von zwei ortsässigen Homöopathen. Auswärtige Patienten von hohem Rang gehen bei ihm ein und aus, darunter die Adlige Caroline Freifrau von Lindenfels, die sich wegen der anhaltenden Kopfschmerzen ihrer Tochter Louise entschließt, den Herrn Doktor Reuter zu konsultieren. Ihrem Tagebuch vertraut sie an: "Das Benehmen des Doktors hat mir sehr wohl gefallen; er fragte so gründlich, seine Ansichten und Urteile waren so richtig, dass er mir recht viel Zutrauen einflößte. Überdies sieht er selbst sehr gesund und heiter aus und zeigte sich über Tisch als einen sehr jovialen Mann."

Unverstand und Leichtgläubigkeit

Eingetrübt wird Reuters Heiterkeit indes durch beständige Polemiken gegen seine Methode, welche auf der Behauptung des Arztes Samuel Hahnemann gründet, man könne die Wirkkraft von Arzneimitteln durch extrem starke Verdünnung steigern, indem so das eigentliche, immaterielle Wirkprinzip freigesetzt werde. Scharfe Repliken lassen nicht lange auf sich warten, und unter den Gegnern der Homöopathie tut sich besonders der Nürnberger Medizinalrat Friedrich Wilhelm von Hoven hervor. Unter dem – leicht durchschaubaren – Pseudonym "Dr. Ernst Friederich Wahrhold" bringt er 1834 die Schrift "Auch etwas über die Homöopathie" in Stellung und ergeht sich in Ressentiments gegen Hahnemanns Lehre, die "auf den Unverstand und die Leichtgläubigkeit der Menschen berechnet" sei. Reuter reagiert erwartungsgemäß, indem er seinem Kritiker völlige Unkenntnis vorwirft: Die Wirksamkeit der homöopathischen Behandlung sei durch die Erfahrung vielfach belegt, selbst bei Tieren, Kindern und Irren.

"Macht's nach, aber genau!"

Verlassen wir an dieser Stelle vorerst das Nürnberg des 19. Jahrhunderts und machen einen Zeitsprung nach Ingolstadt, im Sommer 2010. "Der Streit um die Homöopathie" ist eine Veranstaltung des Deutschen Medizinhistorischen Museums überschrieben, in deren Verlauf der Erlanger Medizinhistoriker Dr. Fritz Dross in die Rolle des Medizinalrats von Hoven/Wahrhold schlüpft und Museumsdirektorin PD Dr. Marion Maria Ruisinger den Part des Johann Jakob Reuter übernimmt. In einer szenischen Lesung dokumentieren sie den historischen Schlagabtausch, der vor allem eins deutlich macht: "Dass es in 200 Jahren nicht gelungen ist, neue Argumente gegen die Homöopathie zu finden", wie Dross nach dem Dialogstück feststellt. In der Tat, denn die Repliken des Streitgesprächs klingen ziemlich heutig und seien im Folgenden auszugsweise wiedergegeben:

Wahrhold: Was gegen sie (die Homöopathie; Anm. d. Autors) zu sagen ist, ist längst gesagt. Sie ist wissenschaftlich geprüft, sie ist scherzhaft und satirisch behandelt worden; ich könnte nichts tun, als das bereits Gesagte wiederholen, und ohne Zweifel würde ich eben so wenig dadurch ausrichten, als meine Vorgänger ... Eine Lehre, die weder auf wissenschaftlichen Gründen beruht, noch auf sichere und richtig gedeutete Erfahrungen sich stützt, kann auch nicht wissenschaftlich widerlegt werden; man muss sie ihrem Schicksal überlassen, und so hätte man es nach meiner Ansicht auch mit der Homöopathie halten sollen, denn opinionum commenta delet dies. Dass ihr Sturz nicht schon jetzt erfolgt ist, kommt lediglich daher, dass ihr Urheber nicht nur weit mehr versprochen hat, als die Urheber früherer Systeme, sondern auch besser, als jeder andere, die Leichtgläubigkeit der Menschen zu benutzen verstanden hat. Er ist nicht, wie seine Vorgänger, bloß als Reformator alter Heilkunde, sondern als Schöpfer einer ganz neuen, und einer solchen aufgetreten, die ganz dazu gemacht ist, die Leichtgläubigkeit der

Menschen zu berücken. Sich nicht begnügend, bloß die Mängel der eingeführten Heilkunde aufzudecken und zu verbessern, warf er sie ganz über den Haufen. Alles bisherige Wissen erklärte er für unnützen gelehrten Quark.

Reuter: Und was hat der Homöopathie in neuerer Zeit so viele Ärzte zugeführt? Der Probierstein der Medizin, die Not der Cholera. Während die Allöopathie unendlich viel Hypothesen aufstellte und noch mehr Mittel dagegen empfahl und nur das Heilen vergaß, hat sich die Homöopathie herrlich bewährt.

Wahrhold: Sie ist eigentlich gar keine Heilart, denn welcher vernünftige Mensch kann glauben, dass der millionste oder gar der decillionste Theil eines Arzneistoffes noch etwas bewirken könne?

Reuter: Keine Silbe höre ich davon, dass jede homöopathische Arznei ein specificum gegen eine bestimmte Krankheitsform sei. Kann der Blinde fordern, dass man seinem Urteil über die Farben glaube? Und in der Tat, Herr Doktor, Schriften von Homöopathen scheinen in ein nicht viel näheres Verhältnis zu Ihnen gekommen zu sein, als die Farben zum Blinden...

Wahrhold: Also noch einmal: die Homöopathen geben eigentlich gar keine Arzneien. Sie überlassen die Heilung ihrer Kranken lediglich der Natur ... Dass eine so unsinnige, den ersten Grundsätzen der Physik, und selbst dem gesunden Menschenverstand zuwiderlaufende Lehre bei Laien und Ärzten Beifall fand, ist leicht zu begreifen. Sie ist auf die Unwissenschaft und Aberglauben berechnet, und was vermag bei den meisten Menschen mehr, als das Wunderbare, Unbegreifliche, Unsinnige?

Reuter: Dass die Grundsätze der Physik auf lebende Körper nicht passen, ist schon von den Allöopathen ganz klar ausgemittelt und braucht von mir nur angeführt zu werden. Es ist daher kein Vorwurf für die Homöopathie, dass sie den Gesetzen der Schwere, der Optik entgegen ist. Es gibt noch viele Kräfte in der Natur, die wir bisher nicht ahnten. Wollen wir eine neuentdeckte Kraft deswegen wegleugnen, weil sie in unsern Erkenntniskreis nicht passt?

Wahrhold: Der Glaube tut Wunder, sagt man, und solche Wunder tut auch der Glaube an die Homöopathie ... Ihre Tröpfchen, Pülverchen und Kügelchen nützen nichts, weil sie nichts nützen können. Helfen sie etwas, so geschieht es, weil die Kranken an ihre Wirksamkeit glauben. Diesen Glaubendem Publikum beizubringen, ist die große Kunst der Homöopathen.

Reuter: Der nähere Grund, warum Sie unbeweglich bei dem Vorurteile beharren, ist kein anderer, als weil Sie die Homöopathie nicht praktisch und nach den Vorschriften der Homöopathen selbst geprüft haben. Wie oft sollen die Homöopathen ihren Gegnern noch zurufen: "Macht's nach, aber macht's genau nach!" So werdet ihr dieselben Resultate gewinnen.

Wahrhold: Wie viele Scharlatane auch zu allen Zeiten aufgetreten sind, keiner, weder ein religiöser noch ein medizinischer, hat eine so große Rolle gespielt wie Hahnemann, kein Paracelsus, kein Cagliostro, kein Meßmer, kein Gaßner, kein Hohenlohe. Das waren nur Scharlatane gewöhnlicher Art, er ist ein Scharlatan in der höheren Potenz.

"There is nothing in it" Schließlich beschwört Reuter seine Gegner, nicht alles nach Gewicht und Maß zu beurteilen und die neue Heilmethode nicht voreingenommen theoretisch, sondern praktisch zu überprüfen. Und tatsächlich kommt es daraufhin zu einem Experiment, das durchaus vergleichbar ist etwa mit der Kampagne "10^{23} – Homeopathy: there's nothing in it" britischer Skeptiker von 2010.

Mehr noch: Der "Nürnberger Kochsalzversuch" gilt als erster Doppelblindtest der Medizingeschichte. "Erst die Auseinandersetzung mit neuen, alternativen Heilverfahren wie dem Mesmerismus und der Homöopathie führte schließlich dazu, dass man Versuchsanordnungen ersann, die es in nie dagewesener Weise erlaubten, verfälschende Einflüsse auszuschalten, um so die Wirksamkeit der Medikamente beweisen oder widerlegen zu können", schreibt der Würzburger Medizinhistoriker Prof. Michael Stolberg in einem Aufsatz im Katalog zur Homöopathie-Ausstellung im Medizinhistorischen Museum Ingolstadt. Detailliert schildert Stolberg darin das Experiment von 1835, das nichts weniger "als eine kleine wissenschaftsgeschichtliche Sensation" birgt. Schauplatz ist der Gasthof "Zum Rothen Hahn" in der Königstraße. Dort versammeln sich am 19. Februar 1835 rund 130 Personen. 55 von ihnen nehmen aktiv an dem Versuch teil. Auch die Allgemeine Zeitung von und für Bayern ist vor Ort und berichtet engagiert über das groß angekündigte Event, das die "Nullität" der Homöopathie beweisen soll. Die Probanden sollen nach dem Vorschlag Reuters einige Tropfen einer dreißigfach "potenzierten" Kochsalzlösung auf nüchternen Magen einnehmen. Ein homöopathisches Standardwerk jener Zeit behauptet eine "15 bis 20 Tage anhaltende Wirkung". Und auch Johann Jakob Reuter verspricht den Teilnehmern, dass sie "etwas Ungewöhnliches darauf fühlen werden, auch ohne Glauben". Wirkung "auch ohne Glauben"? Aber wie kann er definitiv ausgeschlossen werden, der Anteil des "Glaubens" an der Wirkung des Arzneimittels? Es gilt, "alles zu vermeiden, was die einzelnen Versuchspersonen den Empfang bestimmt homöopathisch arzneilicher oder bestimmt unarzneilicher Versuchsgaben vermuten lassen könnte", erklärt ein leitender Redakteur der Allgemeine Zeitung namens George Löhner seinen Lesern. Löhner fungiert zugleich auch als Versuchsleiter – und ersinnt zusammen mit dem Stadtgerichtsarzt Solbrig einen doppelt "verblindeten" Ablauf des Experiments. "100 gereinigte Gläser wurden mit fortlaufenden Nummern von 1 bis 100 versehen, gut durchmischt und je zur Hälfte auf zwei Tische gestellt", hat Michael Stolberg recherchiert. "Die Hälfte der Gläser wurde mit der potenzierten Kochsalzlösung, die andere mit reinem destilliertem Schneewasser gefüllt. Löhner fertigte ein Verzeichnis der Gläschennummern mit der Angabe des jeweiligen Inhalts an, das sofort von der Kommission versiegelt wurde. Sämtliche 100 Gläser wurden nun nochmals gründlich durchmischt und der Kommission zur Verteilung an die Versuchspersonen übergeben. Weder die Kommission noch die Versuchspersonen hatten somit Kenntnis des jeweiligen Gläscheninhalts ..." Alle Teilnehmer werden eingeladen, mündlich am 12. März im "Rothen Hahn" oder zuvor schriftlich über ihre Erfahrungen zu berichten. Erst nach Protokollierung der Berichte wird das versiegelte Verzeichnis geöffnet, das Auskunft darüber gibt, wer von den Probanden die Kochsalzlösung eingenommen hat und wer das reine Wasser.

Gesundes Misstrauen

Und wie ist sie nun ausgegangen, die erste "Homöopathic Challenge" anno 1835? Ernüchternd – für Johann Jakob Reuter. Die große Mehrheit der Versuchsteilnehmer (42) gibt an, nichts Ungewöhnliches in ihrem Befinden bemerkt zu haben – von ihnen hatten 19 das homöopathische Arzneimittel und 23 das Schneewasser eingenommen. "Die übrigen acht berichteten vor allem von leichten Unterleibsbeschwerden oder Erkältungen", schreibt Stolberg. "Fünf von ihnen hatten potenziertes Kochsalz und drei reines Wasser erhalten." Und doch: Das Ziel, die Öffentlichkeit von der Nichtigkeit der Homöopathie zu überzeugen und dem homöopathischen Treiben im Königreich und in Nürnberg selbst den

Garaus zu machen, erreichen die Gegner nicht. Reuter avanciert nach Eigendarstellung gar zum "beschäftigtsten Arzt der Welt" und protzt mit "täglich hundert Patienten". Das zeitgenössisch Publikum wiederum sieht sich "einmal mehr in der Überzeugung bestätigt, dass man ärztlichen Versprechungen gleich welcher Art am besten grundsätzlich mit gesundem Misstrauen begegnete". Und so kann die Medizinhistorikerin Prof. Renate Wittern-Sterzel (Erlangen) die Ingolstädter Veranstaltung am Ende in einem Satz zusammenfassen: "Die Diskussion um die Homöopathie wird weitergehen."

Bernd Harder, (Skeptiker 3/2010)

„The war will go on"

Sebastian Bartoschek feuert die Diskussionen unter den Skeptikern an – er behauptet, der Krieg gegen die Homöopathie sei verloren www.ruhrbarone.de/homeopathy-won/109814

Richtigerweise erklärt er die Homöopathie zum Glaubenssystem und rät den Kampf gegen sie einzustellen. Wegen Aussichtslosigkeit. Die Gläubigen sind genauso wenig mit Argumenten zu erreichen wie beispielsweise Evanglikale. Auch damit hat er Recht. Da ich – und viele andere – jedoch auch lautstark und regelmäßig Religionen kritisieren, ist das für uns noch kein Grund den Kampf gegen die Religion Homöopathie aufzugeben. Bartoschek hingegen schreibt: „Wieso will ich also einen Kampf als verloren geben, der sich gegen eine Religion richtet? Weil die Homöopathie etwas hat, was sie zu einer besonderen Religion macht: sie rechnet sich ökonomisch." Gegenüber diesem Argument erlaube ich mir ein „Na und?" Wenn man sich den Geldscheffelapparat Katholische Kirche so ansieht, ist das kein Alleinstellungsmerkmal – und erst Recht kein Grund, den Kampf als verloren zu werten. Aber mein eigentliches Argument gegen den Beitrag Bartoscheks ist ein Wechsel der Perspektive: Als Produkt der Evolution arbeitet unser Hirn nach bestimmten Mustern und befolgt Denkzwänge, wie ich sie hier schon einmal beispielhaft beschrieben habe: www.diewahrheit.at/video/das-hirn-die-dumme-alarmanlage. Das macht unser Hirn schon ziemlich lange so. Skeptisch rationales Denken ist nicht nur viel anstrengender, es ist auch noch viel jünger. Selbst wenn wir extrem großzügig sind und die Anfänge des wissenschaftlichen Erprobens von Erkenntnissen bei den alten Griechen festmachen, ist das eine lachhaft kurze Zeitspanne. Analogschlüsse, Anekdoten und emotionale Erfahrungen sind viel älter, fahren uns direkt ins Gehirn und überzeugen viel intensiver als jedes Argument – um das erst noch mit der Definition genauer Begriffe gekämpft werden muss. Und das gilt nicht nur für diejenigen, die wir gerne überzeugen würden, sondern auch für uns als Skeptiker – und hier trifft die Kritik von Bartoschek zu. Wir wollen auch lieber eine Diskussion gewinnen, Recht haben und uns stark und klug fühlen, anstatt empathisch andere abzuholen. Ja, Homöopathie ist ein Glaubenssystem und wir haben kaum Erfolg dabei, Gläubige zu überzeugen. Skeptisch rationale Weltsichten sind jung, Glaubenssysteme uralt. Der Kampf gegen Homöopathie und Ähnliches ist nicht verloren – wir stehen nur erst ganz am Anfang. Am Anfang einer Geschichte, die durchaus noch ein paar tausend Jahre gehen kann.

gepostet von Jörg Wipplinger, diewahrheit.at am 5. Juli 2015

Nieder mit den Apotheken!

Das ist eine Polemik und natürlich kein Pauschalurteil über ApothekerInnen; manche von denen schreiben sogar aufklärerische Bücher:

Der Pillendreh

Ein Freund von mir war vor kurzem erstmalig segeln. Zwei Wochen lang schipperte er rundum Elba. Nicht wissend, ob er zu Seekrankheit neigt, wollte er sich für den Fall der Fälle mit Medikamenten eindecken. Wie es der Zufall wollte, begleitete ich ihn in die Apotheke. Gibt man Seekrankheit auf Wikipedia ein, erfährt man von wirksamen rezeptpflichtigen Medikamenten, etwas weniger wirksamen apothekenpflichtigen Medikamenten und dem wahrscheinlich auch wirksamen Ingwer. Geht man in die Apotheke und lässt sich beraten, werden einem homöopathische Kaugummis aufgeschwatzt. Mein Kollege machte freundlich aber bestimmt darauf aufmerksam, dass er nicht so auf Scharlatanerie abfährt und bekam trotz Bitte um ein echtes Medikament erst noch ein Akupressur Armband empfohlen und dann tatsächlich noch mal den homöopathischen Kaugummi. Apotheken haben das Monopol auf echte Medikamente, verdienen aber auch mit dem Verkauf von Mittelchen, für die sie zumindest nach gängigem Wildwestklischee geteert und gefedert worden wären. Damit schießt sich die Medizin ordentlich selber ins Bein. Skurril daran ist, dass die meisten Apotheken ihre Glaubwürdigkeit für einen Bruchteil ihres Umsatzes wegwerfen, denn normalerweise erwirtschaften sie grob 70 Prozent mit verschreibungspflichtigen Medikamenten, das ganze irre Brimborium bringt gar nicht so viel. Es gibt Ausnahmen, manche Apotheker haben Wege gefunden, mit Zaubermittelchen reich zu werden. Soll es ihnen gegönnt sein, denn das eigentliche Problem ist dieses Doppeldenken.Man schießt eben lieber dem Gesundheitssystem ins Bein als dem eigenen Umsatz, ein Zitat der Sprecherin der Apothekenkammer: „Die Apothekerkammer steht allen alternativen Heilmethoden neutral gegenüber. Wir geben keine Empfehlungen dazu ab, weder im positiven noch im negativen Sinn." Klartext: Es gibt nichts, was wir nicht verkaufen würden. Apotheken sind sowohl Brutstätten als auch effektivste Marketingwaffe der versammelten Scharlatanerie. Sie beziehen Ihr Image und ihre Seriosität aus dem Stand der modernen Medizin und ihr Geld unter anderem aus dem Verkauf überteuerter Wohlfühlplacebos. Ich vermute, in Summe wäre es ein Gewinn sowohl für die Patienten also auch für das Gesundheitssystem, wenn wir Medikamente im Internet, im Supermarkt oder von mir aus auch beim Dealer um die Ecke kaufen. Die tun wenigstens nicht so, als wären sie um echte Heilmittel bemüht.

Mag. Jutta Pint, Konsument 10, am 21. November 2010 gepostet auf diewahrheit.at

Progressive Wissenschaft zur Homöopathie

Vorläufer der Homöopathie

Schon im Altertum wurden medizinische Behandlungen teil-weise auf der Basis des Ähnlichkeitsprinzips durchgeführt. Der griechische Arzt Hippokrates verabreichte beispielsweise Veratrum album (weisser Germer) gegen Cholera. In hoher Dosis verursacht der giftige Veratrum album selbst Durchfall, in niedriger Verdünnung konnte Cholera gelindert werden.In der Bibel wird von einer Schlange aus Metall berichtet, die Moses auf Anweisung von Gott hergestellt wurde. Diese Metallschlange sollte man anschauen, wenn man von einer echten Schlange gebissen wurde. Auch die Magie der Vorzeit und des Mittelalters basierte vielfach auf dem Ähnlichkeitsprinzip. Bei Analogiezaubern wurde beispielsweise eine Hasenpfote im Ritual verwendet, um eine hohe Geschwindigkeit beim Laufen zu erreichen oder ein Bärenzahn, um Stärke zu bewirken.Die Signaturen-Lehre der antiken und mittelalterlichen Heilkunde beobachtet hervorstechende Kennzeichen von Pflanzen, um ihrem Einsatzzweck auf die Spur zu kommen. So deutet der rote Saft des Johanniskrautes auf seine Verwendung gegen blutende Wunden hin. Zur Zeit Hahnemanns hatte sich die Medizin in eine sehr drastische Richtung entwickelt. Krankheiten wurden durch Aderlass, starke Abführmittel und hochgiftige Substanzen behandelt. Dadurch wurden die Patienten meistens noch mehr geschwächt als sie sowieso schon waren.

Entdeckung der Homöopathie durch Samuel Hahnemann

Die Entdeckung der Homöopathie durch Hahnemann wird ausführlich in seiner Biographie beschrieben:

Biographie von Samuel Hahnemann

Auf der Basis von Selbstversuchen entwickelte Samuel Hahnemann das Ähnlichkeitsprinzip Similia similibus curentur und die verbesserte Wirkung der Substanzen durch potenziertes Verdünnen. Außerdem setzte sich Samuel Hahnemann für verbesserte Hygiene, eine gesündere Ernährung und Bewegung an frischer Luft ein. Diese Faktoren haben ihren Teil zu Samuel Hahnemanns Erfolgen beigetragen.

Weiterentwicklung durch wichtige Schüler

Die Homöopathie verbreitete sich schon zu Hahnemanns Lebzeiten sehr rasch. In kurzer Zeit eroberte sie Deutschland, Europa, Amerika und sogar Asien. Sie wurde von zahlreichen engagierten Schülern weiterentwickelt.

Frederick Foster Hervey Quinn

Der englische Arzt Dr. Quinn wurde durch das Mittel Camphora von der Cholera geheilt und war fortan ein begeisterter Anhänger der Homöopathie.

1832 eröffnete Dr. Quinn eine homöopathische Praxis in London.

1849 folgte das erste homöopathische Krankenhaus, das sich 1854 bei einer weiteren Cholera-Epidemie sehr bewährte.

Constantine Hering

Constantine Hering (1800-1880) war der erste von mehreren wichtigen amerikanischen Homöopathen.

Hering begründete das "Heringsche Gesetz", nachdem eine Heilung vom Kopf bis zum Fuß verläuft, von innen nach außen und von den wichtigen Organen zu den unwichtigen Organen. Außerdem verschwinden zuerst die Symptome, die zuletzt aufgetreten sind, die früher aufgetretenen Symptome brauchen länger bis zur Heilung.

Dr. James Tyler Kent

Dr. Kent (1849-1916) entwickelte die Lehre der Konstitutionstypen. Diese Lehre besagt, dass Menschen in unterschiedliche Typen einzuordnen sind. Je nach Typ neigt man besonders stark zu unterschiedlichen Krankheiten. Die Behandlung erfolgt demzufolge nach dem grundsätzlichen Konstitutionstyp und weniger anhand der akuten Symptome. Außerdem favorisierte Dr. Kent für die Konstitutionsbehandlung die hohen Potenzen ab C200. Sein umfangreiches Repertorium, in dem zahllose Symptome und die dazu passenden Mittel aufgeführt werden, gehört heute noch zur Standardliteratur eines Homöopathen.

Richard Hughes

Der englische Homöopath Richard Hughes (1836 -1902) griff Kents Hochpotenzen und die Konstitutionsbehandlung scharf an und forderte die Behandlung akuter Symptome und den Einsatz von Niedrigpotenzen.

Spaltung der Homöopathie

Durch diese Auseinandersetzungen spaltete sich die Homöopathie in zwei Lager, was sie infolgedessen stark schwächte. Ab 1920 versank die Homöopathie vorübergehend in der Bedeutungslosigkeit.

Homöopathie heute

In den letzten Jahrzehnten erlebte die Homöopathie einen starken Aufschwung. Wegen ihrer nebenwirkungsfreien bzw. -armen Mittel wird sie von vielen Patienten sehr geschätzt und auch von immer mehr Ärzten verschrieben.

Wirkungsweise der Homöopathie

Similia similibus curentur
Ähnliches wird durch Ähnliches geheilt

Der Heilungsansatz der Homöopathie ist genau andersherum als bei anderen (allopathischen) Heilmethoden, es handelt sich um das sogenannte Ähnlichkeitsprinzip. Das homöopathische Heilmittel löst unverdünnt beim Gesunden ähnliche Symptome aus, wie die, die beim kranken Patienten geheilt werden sollen. Warum die Homöopathie nach dem Ähnlichkeitsprinzip funktioniert, ist nicht weiter bekannt. Die Funktionsweise nach dem Ähnlichkeitsprinzip beruht auf empirischer Beobachtung. Um das passende Mittel zu finden, wird der Patient genau befragt und betrachtet, um ein möglichst umfassendes Bild der Symptome des Patienten zu erhalten.

Symptome

Mit "Symptomen" werden bei der Homöopathie nicht nur Krankheits-Symptome bezeichnet, sondern auch allerlei Eigenschaften, Vorlieben und Gewohnheiten. Eine wichtige Rolle spielt auch, unter welchen Bedingungen die Beschwerden schlimmer oder besser werden. So kann es häufig vorkommen, dass bei gleichen Beschwerden unterschiedliche Mittel geeignet sind, je nachdem, ob sich die Beschwerden bei Wärme bessern oder verschlimmern. Selbst die Tageszeit zu der die Beschwerden stärker oder schwächer werden, spielt mitunter eine wichtige Rolle.

Anamnese

Mit dem Wort "Anamnese" wird die gründliche Befragung eines Patienten bezeichnet. Um ein möglichst komplexes Bild über die Symptome eines Patienten zu erhalten, dauert der erste Besuch bei einem Homöopathen meistens mehrere Stunden und spätere Termine dauern oft mindestens eine Stunde. Diese ausgiebigen Termine sind notwendig, um all die Fragen zu stellen, die man braucht, um sich ein umfassendes Bild über den Patienten zu machen. Der Vorteil solch gründlicher Befragungen ist, dass Themen aus dem Leben des Patienten zur Sprache kommen, die bei den sonst üblichen Arztbesuchen völlig unberücksichtigt bleiben. Der Patient fühlt sich dadurch ernst genommen, was den Heilungsprozess erheblich unterstützen kann. Nach der Anamnese erhält der Patient ein homöopathisches Mittel, das möglichst genau zu seinen Symptomen passt.

Arzneimittelprüfung

Um die Wirkung eines neuen homöopathischen Mittels herauszufinden, wird eine sogenannte Arzneimittelprüfung am Gesunden durchgeführt. Dazu nimmt eine gesunde Versuchsperson eine Substanz entweder unverdünnt oder bis zur relativen Ungiftigkeit verdünnt ein. Die Symptome, die bei der Versuchsperson auftreten, werden protokolliert. Aus allen auftretenden Symptomen wird dann das sogenannte "Arzneimittelbild" zusammengestellt. Anhand dieses Arzneimittelbildes wird dann in Zukunft ermittelt, bei welchen Patienten das Mittel eingesetzt werden kann.

Risiken durch homöopathische Mittel

Von homöopathischen Mittel ab der Potenz D4 und darüber gehen bei bestimmungsgemäßem Gebrauch keine Risiken aus. Folgende Hinweise sollte man jedoch beachten:

Alkoholiker sollten keine Tropfen einnehmen

Kleinkinder sollten keine Tropfen einnehmen

Menschen mit Laktose-Intoleranz - Milchzuckerunverträglichkeit sollten keine Tabletten und Pulver einnehmen

Giftige Niedrigpotenzen (Urtinktur bis D3)

Manche homöopathische Mittel werden aus giftigen Ausgangssubstanzen hergestellt, beispielsweise der tödlich giftige Eisenhut (Aconitum) oder das giftige Arsen (Arsenicum).

Solche Mittel sind aufgrund ihrer Giftigkeit bis einschließlich D3 verschreibungspflichtig. Wenn man über solche Mittel verfügt, sollte man sie streng nach Anweisung des Arztes anwenden.

Andernfalls kann man schwere Vergiftungen davontragen, denn auch wenn es sich um homöopathische Mittel handelt, können in Potenzen bis einschließlich D3 genügend Giftstoffe wirksam sein, um Schäden zu verursachen. Das gilt jedoch nur für Mittel aus giftigen Ausgangssubstanzen.Bei ungiftigen Ausgangssubstanzen braucht man keine Angst vor Urtinkturen und niedrigen Potenzen haben. Diese wirken jedoch eher im allopathischen Sinne als im homöopathischen. Es handelt sich also je nach Ausgangssubstanz um Pflanzenheilkunde oder chemische Medikamente.

Gefahr durch Unterlassung

Vor allem die klassische Homöopathie lehnt schulmedizinische Behandlung ab. Diese Ablehnung resultiert zum großen Teil aus der Ablehnung Hahnemanns der damaligen ärztlichen Methoden. Zur Zeit Hahnemanns wurden Kranke nämlich durch Aderlässe, Abführmittel und hochgiftige Mittel zusätzlich zu ihrer Krankheit noch mehr geschwächt. Viele Patienten fanden nicht durch ihre Krankheit, sondern durch die drastischen Behandlungsmethoden den Tod. Diese alten Behandlungsmethoden hat Hahenemann zu Recht abgelehnt. Auch heutzutage gibt es schulmedizinische Behandlungen, die dem Kranken eher schaden als nützen. Aber es gibt vor allem im Bereich der Akutmedizin sehr viel mehr schulmedizinische Behandlungen, die Leben retten können, beispielsweise bei Unfällen, Herzinfarkten, Schlaganfällen oder hochakuten bakteriellen Infektionen. Der erfahrene und weltoffene Homöopath weiß, wann es Zeit ist, einen Kranken in notärztliche Hände zu übergeben. Es gibt aber auch manche Homöopathen, die zwar die homöopathischen Arzneimittelbilder sehr gut kennen, die aber die Schulmedizin vehement ablehnen und auch bei medizinischen Notfällen eine schulmedizinische Behandlung ablehnen. Daher können solche Homöopathen manchmal auch nicht zwischen homöopathischen Symptomen und lebensbedrohlichen Erkrankungen unterscheiden, weil ihnen das schulmedizinische Wissen fehlt oder absichtlich abhanden gekommen ist. In solchen Fällen kann es zu ernsthaften Gesundheitsschädigungen bis hin zum Tod kommen, wenn man nicht oder zu spät medizinische Hilfe in Anspruch nimmt. Hier ist auch der gesunde Menschenverstand der Patienten gefragt, dass sie sich im Ernstfall auch gegen den Rat eines Homöopathen an einen kompetenten Arzt wenden.

Missverstandene Erstverschlimmerung

Die Erstverschlimmerung, die aus Sicht der Homöopathie ein gutes Zeichen dafür ist, dass das richtige Mittel gefunden wurde, kann vor allem in akuten Krankheitssituationen manchmal keine echte Erstverschlimmerung, sondern eine ernsthafte Verschlimmerung des Krankheitsgeschehens sein. Beispielsweise wenn eine Lungenentzündung zunächst mit leichter Atemnot einhergeht, die nach einer homöopathischen Behandlung zu schwerer Atemnot wird, dann kann das bedeuten, dass die Schwere der Lungenentzündung zunimmt. Wenn man in einem solchen Fall zu lange abwartet und sich über die Erstverschlimmerung "freut", kann das im Extremfall den Tod des Patienten zur Folge haben. Wichtig: Eine Erstverschlimmerung sollte nur wenige Stunden andauern und keine lebensbedrohlichen Formen annehmen. Im Zweifelsfall gilt: Arzt zu Hilfe rufen!

Eva Marbach Verlag, www.homoeopathie-liste.de

Skeptiker zu Chemtrails

Ministerium in Zypern bestätigt: Kondensstreifen sind keine Chemtrails

Die Klage, dass das Wetter immer schlechter wird, ist für manche Menschen ein Zeichen, dass Regierungen Einfluss darauf nehmen. Das zyprische Agrarministerium widerspricht nun offiziell der These von „Chemtrails". Sind die Kondensstreifen am Himmel über Zypern wirklich nur Kondensstreifen oder sind sie Spuren von gezielt von der Regierung gesprühten Chemikalien, um, wie manche vermuten, das Wetter zu beeinflussen, auch „Geo-Engineering" genannt? Andere glauben, es handele sich um Mikropartikel, die zur Luftüberwachung gesendete Radarsignale verstärken. Manche Getreidebauern hingegen fürchten, die geheimnisvollen Chemikalien könnten ihre Ernte gefährden. In Zypern hält sich die Debatte über die angebliche Wetterbeeinflussung seit Jahren, sogar für Hauterkrankungen werden die geheimnisvollen Chemtrails verantwortlich gemacht . Einem Bericht der „Cyprus Mail" zufolge erreichten Abgeordnete des zypriotischen Parlaments unter Führung des Agrarministers und eines Bauernverbands nun tatsächlich die Einberufung eines Untersuchungsausschusses, der die Frage klären musste, was die Spuren am Himmel wirklich sind. Das Ergebnis des Reports ist eindeutig: Zusammenfassend lasse sich sagen, dass sich keine Beweise dafür finden ließen, dass es sich bei den Streifen am Himmel um etwas anderes als Kondensstreifen handele. Beteiligt an der Untersuchung waren immerhin Mitarbeiter des Umweltministeriums, der Ministerien für zivile Luftfahrt, des Forstministeriums und anderer wichtiger Institutionen. Trotzdem sind die Verfechter der Chemtrail-These nicht überzeugt. Die Untersuchung, so heißt es, sei in einem zu kurzen Zeitraum erfolgt und habe nicht alle Jahreszeiten berücksichtigt, es sei mehr in Büros gearbeitet worden anstatt Messungen zu Zeiten verdächtiger Flugbewegungen zu nehmen, usw. Dr. Theodolous Mesimeris, selbst Chemiker und bei der UN mit dem Thema befasst. leitete die Untersuchungen. Er sprach prompt von Verschwörungstheorien. Anstatt sich um wichtige Dinge zu kümmern, wie die grenzüberschreitende Verschmutzung der Atmosphäre, verunsichere man mit Populimus und Geisterjagd die Bürger. Genauso wenig wie Chemtrails könne man beweisen, dass Esel flögen oder Außerirdische existierten. Der Glaube an Chemtrails ist allerdings kein Problem verunsicherter Zyprioten. Erst vor wenigen Wochen berichteten Medien von der Anfrage eines niedersächsichen Unionspolitikers, der nach zahlreichen Anfragen besorgter Bürger vom niedersächsichen Landtag Auskunft zu Auswirkungen von „Geo-Engineering" in Niedersachsen ersuchte, eben um die Theorien der „Chemtrail"-Anhänger als Unsinn zu entlarven. Die niedersächsische Landesregierung lehnte eine derartige Untersuchung laut „Neuer Osnabrücker Zeitung" jedoch ab. Es gibt dazu ein Video eines aktuellen Vortrags von Dr. Holm Hümmler.

Holger von Rybinski, 30. Juli 2016 (GWUP)

Progressive Wissenschaft zu Chemtrails

Fakt ist: ...dass Wettermanipulationen technisch möglich sind und seit Jahrzehnten auch betrieben werden. Bereits im Vietnamkrieg wurden von den USA langandauernde Starkregen verursacht, um den Nachschubwege des Vietcongs zu fluten. ...dass bereits 1977 die UNO in der ENMOD-Konvention zur Begrenzung bzw. Ächtung von Umweltkriegen u.a. folgende Praktiken nannte: Unterbrechung der ökologischen Balance einer Region, Änderung der Wettermuster (Wolken, Niederschlagsmenge, Zyklone und Tornados), Änderungen in Klima-Mustern und in Meeresströmungen uvm. ...dass technische Maßnahmen zur Wetterbeeinflussung längst nicht mehr Science-Fiction sind.» Zitat Wissenschaftliche Dienste des Deutschen Bundestages. Obwohl die Indizien direkt über unseren Köpfen täglich sichtbarer werden (Tage mit strahlend blauem Himmel sind zur Ausnahme geworden) und der sprunghafte Anstieg von Lungen- und Atemwegserkrankungen in den westlichen Ländern nicht von der Hand zu weisen ist, wollen die meisten Menschen nicht mal die Möglichkeit in Betracht ziehen, dass unser Himmel systematisch mittels Chemiecocktails vergiftet wird. Wir wollten wissen, was die Fakten sind und welche Indizien oder Beweise es für solche Wettermanipulationen wirklich gibt. Und da uns spätestens seit dem entlarvenden Artikel «Die dunkle Seite der Wikipedia» (Nr. 9/2015) klar ist, dass bei solchen Themen Wikipedia mehr Propaganda als Wissen vermittelt, fragten wir Werner Altnickel, einen der bekanntesten Chemtrail-Kritiker an, uns die Ergebnisse seiner bisherigen Forschung zu präsentieren, unterlegt mit Links und Quellenangaben, damit jeder für sich selber ein Bild machen kann. Bereits 1946 ließ General Electric erste Versuche zur Wetterbeeinflussung durchführen, wobei das sogenannte

«Wolkenimpfen» zwecks Regenerzeugung mittels Silberstaub (Silberjodid) entdeckt wurde. Die US-Luftwaffe verursachte ab 1967 mit dieser Umwelt-Kriegsmethode z.B. große Überschwemmungen entlang der feindlichen vietnamesischen Nachschubwege und gab das dioxinverseuchte Entlaubungsmittel «Agent Orange» als Aerosol aus. U.a. wegen dieser Wetter-und Umweltwaffen-Anwendungen sind bereits 1977 im Anhang 2 der UN-, ENMOD-Konvention zur Begrenzung von Umweltkriegen einige zur Ächtung benannt worden. Zitat: «Folgende Beispiele zeigen Möglichkeiten auf, welche durch die Benutzung von Umweltmanipulations-Techniken verursacht werden können: Erdbeben, Tsunamis, die Unterbrechung der ökologischen Balance einer Region, Änderung der Wettermuster (Wolken, Niederschlagsmenge, Zyklone und Tornados), Änderungen in Klima-Mustern und in Meeresströmungen, Änderungen des Zustandes der Ozonschicht und der Ionosphäre». Der ehem. US- Verteidigungsminister Cohen bestätigte 1997 in einer Konferenzrede die Anwendung etlicher obiger Umweltkriegstechniken. Zitat: «Andere sind engagiert in eine Art von Ökoterrorismus, wobei sie das Klima verändern, Erdbeben erregen und Vulkane zum Ausbruch bringen, durch die Benutzung von Elektromagnetischen Wellen!» Seit einigen Jahren wird das sog. «GEOENGINEERING» als Heilmittel für die auch bei Wissenschaftlern sehr umstrittene menschengemachte Klimaerwärmung propagiert, wozu u.a. auch Aerosolversprühungen durch Flugzeuge gehören, welche einen Teil der Sonnenstrahlung zwecks Abkühlung ins Weltall zurück reflektieren sollen. Normale Kondensstreifen können sich erst ab Flughöhen über 7500 m, mindestens 70% Luftfeuchtigkeit und weniger als minus 40 Grad Celsius aus den Abgaspartikeln von z.B. Düsentriebwerken bilden. Die Partikel wirken als Impfkerne für daran wachsende Eiskristalle. Diese Kondensstreifen (Contrails) lösen sich i.d.R. innerhalb von Sekunden bis zu Minuten auf. Aerosolversprühungen (Chemtrails) enthalten neben den in den Flugzeugtreibstoffen (JP8 + 110) bereits enthaltenen, teilweise gefährlichen sowie krebserregenden chemischen Zuschlagstoffen weitere Chemikalien, Metallstäube, Polymere etc. Chemtrails weisen je nach Zusammensetzung ein wesentlich dichteres, stärker reflektierendes Erscheinungsbild auf, können stundenlang am Himmel stehen bleiben, bilden teilw. Oktopus armartige Ausbuchtungen aus und bedecken durch Zusammenfließen den ganzen Himmel mit einer künstlichen weißen Schicht, den im IPCC-Report 2001 benannten «white skys» (siehe auch mein YouTube-Video: Chemtrails-neuartige Beweise). Das Sonnenstrahlungsspektrum kann damit u.a. auch zur UV-Strahlungsdämpfung (Solar Radiation Management) verändert werden. Es gibt eine ganze Reihe weiterer Chemtrail-Anwendungsgebiete, speziell auch im Zusammenwirken mit starken Mikrowellen-Sendeanlagen wie z.b. dem US- Ionosphären-Heizer HAARP in Gakona/Alaska. Durch Metallstaub leitend gemachte Atmosphärenareale können z.b. reflektierende Schichten geschaffen werden, die wiederum für diverse Radaranwendungen wie z.b. OTH (Über den Horizont reichendes)- oder dreidimensionales Gefechtsfeldradar nutzbar sind. Offiziell wird die Ausbringung von Chemtrails zwar bestritten, aber es wurde bereits seit den 1990er Jahren in den USA als Teil des Geoengineering-Programms von Edward Teller im NYT-Titel als: «Sonnenschirm für die Erde» mittels Aerosol-Ausbringungen von Aluminiumstaub zur Sonnenstrahlen-Rückreflektion propagiert und offiziell 2001 vom IPCC als effektiv beschrieben. Im Chemtrail-Fallout wurden bereits vor Jahren u.a. erhöhte Aluminium, Barium, Strontium, Mangan und Titanwerte etc. in Nanopartikel-Grösse sowie Polymere und weitere Stoffgemische gemessen, welche drastische negative Gesundheitsauswirkungen haben. Diverse Atemwegerkrankungen, Schleimhautreizungen, allergische Reaktionen, grippeähnliche Infekte, Gleichgewichts-, Gedächtnis-und Wortfindungsstörungen, Kopfschmerzen etc., sind international von Ärzten bestätigt worden. (z.B. Dr. Horowitz, Dr. Klinghardt, Dr. Dahlke, Dr. Junge etc.)In den USA sind die Erkrankungen der oberen Atemwege von Platz acht bis auf Platz drei der Todesursachen hochgeschnellt. Die US-Krankenhausaufnahmen sind voll mit bizarren Infektionen der oberen Atemwege. Diese mysteriöse «Grippe»-Epedemie, die laut dem Mediziner Dr. Horowitz seit Ende1998/Anfang 1999 auftrat, ist keine Grippe, denn die Leute haben kein Fieber, welches aber auftreten müsste, sofern es bakteriell oder viral verursacht wäre und diese Krankheit, mit den Symptomen von Nasennebenhöhlenverstopfung und -ausfluss, Husten, Müdigkeit, allgemeines Unwohlsein, Mattigkeit und Erschöpfung, würde Wochen bis Monate dauern. Das Forschungsinstitut für Pathologie der US-Streitkräfte hat ein Patent für ein pathogenes Mycoplasma registriert, welches die Epidemie verursacht. (Buchtipp: Dr. Horowitz – «Death in the air»). Unter dem YouTube-Suchbegriff: «Dr. Junge zu Chemtrails» bestätigte mir auch der oldenburgische praktische Arzt in einem Interview von 2005 einige gesundheitliche Auswirkungen des Chemtrail-Fallouts bei seinen Patienten. Es gibt eine neue Erkrankung auf der WHO-Liste, die «Chronische obstruktive

Lungenerkrankung» (COPD), von der die Weltgesundheitsorganisation sagt, dass sie im Jahr 2020 auf Platz 3 der häufigsten Todesursachen stehen werde. Die WHO schätzt, dass es in den nächsten 60 Jahren Milliarden Opfer geben werde! Bei der Gesundheitsgefährlichkeit von Feinstäuben werden flugzeugbedingte Aerosole unverständlicherweise bisher nicht diskutiert. NTV bezeichnete COPD als neue unbekannte Volkskrankheit. Diese ist auf Feinstaub und Gifte in der Luft zurückzuführen. Ist es nicht sehr wahrscheinlich, dass diese zum größten Teil von Geoengineering-Aerosolausbringungen stammen? Meine persönlichen toxischen Mineralstoffwerte in der Haar-Mineral-Analyse lagen im Februar 2011 alle im grünen Normalbereich, außer Quecksilber, was sich durch meine Amalgam- Füllungen erklären lässt. Im Februar 2016 lag Barium beim 4,6-fachen mit 1,68mg/kg, Cadmium beim 7,46-fachen mit 0,097mg/kg, Antimon beim19,4-fachen mit 0,097mg/kg , (alle im hohen «Roten Bereich»), Strontium beim 4,42-fachen mit 1,87mg/kg im mittleren erhöhten Toleranz-Bereich und Aluminium hatte sich nur leicht um das 1,32-fache auf 1,82mg/kg erhöht. Mir liegen diverse erhöhte Werte auch von Blutanalysen anderer Menschen vor. Ca. 100 Regenwasserproben aus Deutschland bestätigten auch erhöhte Werte von Aluminium, Barium und Strontium.

Werner Altnickel ist ein bekannter Umweltaktivist, der lange Jahre bei Greenpeace tätig war. Als er sich mit dem Thema Chemtrails zu beschäftigen begann, stieß er auf heftige Ablehnung und wurde kurzerhand rausgeschmissen. Seither forscht und kämpft er gegen alle Widerstände der herrschenden Macht für eine wissenschaftliche Aufklärung dieser Phänomene. Er wird von den Mainstreammedien und systemtreuen Organisationen als Spinner und Verschwörungstheoretiker diffamiert, ohne dass dabei sachlich auf seine Forschungsergebnisse eingegangen wird.

Skeptiker zur Astrologie

Die Astrologie (griech. astron, Stern; logos, Lehre) geht davon aus, dass ein Zusammenhang zwischen der Bewegung bestimmter Himmelskörper und Geschehnissen auf der Erde erkennbar ist. Insbesondere das Schicksal und der Charakter von Menschen sollen aus dem Stand der Sterne zu seiner Geburt ermittelbar sein. Im Gegensatz dazu beschäftigt sich die Astronomie mit der wissenschaftlichen Erforschung des Universums. Die bekannteste Erscheinung der Astrologie sind die täglichen bzw. wöchentlichen Horoskope in Zeitungen und Zeitschriften sowie in Funk und Fernsehen. Die dort unter den jeweiligen Sternzeichen veröffentlichten Texte, die in der Regel sehr allgemein und vieldeutig formuliert sind, gelten nach Meinung von Astrologen als „Trivial- oder Vulgärastrologie" und dienen lediglich Unterhaltungszwecken. Gleiches gilt auch für Astrologiebücher, die alle unter einem Sternzeichen Geborenen zu beschreiben behaupten, oder für allgemeine astrologische Almanache. In der astrologischen Praxis geht es nicht um Tageshoroskope in Zeitungen – aber welche Aussagen Astrologen nach eigenen Angaben durch Analyse der Gestirnsstände treffen können, hängt nicht zuletzt vom einzelnen Astrologen ab, mindestens aber von der astrologischen Schule, der er angehört. Heutzutage findet sich eine große Zahl unterschiedlicher astrologischer Schulen, die sich sowohl in den zur Deutung zu verwendenden Objekten als auch in den der astrologischen Deutung zugänglichen Geschehnissen stark unterscheiden. Während die meisten Astrologen die Astrologie auf den Menschen beschränken, versuchen sich andere an der Analyse und Prognose von „allgemeinen Themen" (Mundanastrologie) oder versuchen mittels astrologischer Analyse des „Geburtsdatums eines Unternehmens" dessen Aktienkurse vorauszusehen. In der Praxis findet man kaum ein Thema, das nicht von einzelnen Astrologen durch entsprechende Analysen behandelt wird: von Fußballmeisterschaften bis zum Goldpreis, von Bundestagswahlen über Erdbeben und Vulkanausbrüche bis zum Wetter oder der Entwicklung von Aktienindizes und Währungen. Beim Deuten der Konstellationen spielt der die „Sternzeichen" definierende Tierkreis eine wichtige Rolle. Dabei handelt es sich um eine Abbildung der Ekliptik (scheinbare jährliche Sonnenbahn). Diese ist die in zwölf gleich große Teile gegliedert, denen jeweils der Name eines Tierkreiszeichens Nachtgleiche im Frühjahr lauten diese: Widder, Stier, Zwillinge, Krebs, Löwe, Jungfrau, Waage, Skorpion, Schütze, Steinbock, Wassermann und Fische.

Diese Tierkreiszeichen haben mit den am Himmel sichtbaren astronomischen Sternbildern nur die Namen und die Reihenfolge auf der Ekliptik gemeinsam. Schon die unterschiedliche „Größe" der am Himmel sichtbaren Sternbilder zeigt, dass die astrologischen Tierkreiszeichen keine exakten astronomischen Entsprechungen haben bzw. hatten. Ging vor über 2000 Jahren die Sonne zur Tag- und Nachtgleiche im Frühjahr noch im „richtigen" Sternbild auf, so hat sich dies durch die Präzession der Erdachse inzwischen deutlich verändert: steht astrologisch die Sonne im Tierkreiszeichen Widder, so steht sie tatsächlich vor dem astronomischen Sternbild Fische. Die Tierkreiszeichen erweisen sich daher lediglich als eine Art Kalender –ohne jede astronomische Entsprechung (auch Sternzeichen genannt) zugeordnet wird. Grundlage astrologischer Deutungen ist das Horoskop. Darunter versteht man ein Diagramm, das die Stellung ausgewählter Himmelskörper für einen bestimmten Zeitpunkt und an einem bestimmten Ort (beim Geburtshoroskop Geburtszeit und -ort des Menschen) darstellt. Die Auswahl der betrachteten Himmelskörper ist dabei von Schule zu Schule unterschiedlich. Während die „klassische Astrologie" neben Sonne und Mond nur die mit dem bloßen Auge sichtbaren Planeten berücksichtigt, beziehen andere zusätzlich die später entdeckten Planeten (Uranus, Neptun und Pluto) sowie einzelne Asteroiden (z.B. Chiron, Nessus), Planetoiden oder errechnete Punkte (als „Lilith" oder „schwarzer Mond" wird der erdfernste Punkt oder der „leere Brennpunkt" der Umlaufbahn des Mondes um die Erde bezeichnet) oder auch Fixsterne in ihre Deutungen mit ein. Die „Hamburger Schule" postuliert zusätzlich noch acht so genannte Transneptuner (z.B. Admetos, Vulkanus, etc. – diese „Planeten" existieren in der astronomischen Realität nicht und besitzen von ihren Entdeckern willkürlich bestimmte „Umlaufbahnen") und benutzte weiterhin aus verschiedenen Planetenbahnen (auch der Transneptuner!) errechnete „Halbsummen" für ihre Deutungen. Für die Deutung werden außerdem die so genannten Häuser oder Felder verwendet. Diese bilden eine weitere Zwölfteilung des Tierkreises im Horoskop, die sich je nach verwendetem Häusersystem (es gibt mehr als ein Dutzend verschiedene) unterscheidet und sich – bei einem Geburtshoroskop – nach der exakten Geburtszeit richtet. Ferner sind die so genannten Aspekte von Bedeutung, welche die Winkel zwischen den betrachteten Objekten abbilden. Je nach astrologischer Schule gibt es große Unterschiede in Art und Anzahl der verwendeten Aspekte sowie in der „Orbis" genannten „erlaubten Abweichung" einer Winkelbeziehung.

Wichtige Aspekte sind die Konjunktion (zwei Objekte stehen nahe beieinander; Winkel ca. 0°), die Opposition (zwei Objekte stehen sich „gegenüber"; Winkel ca. 180°), das Trigon (Winkel ca. 120°) und das Quadrat (Winkel ca. 90°) – aber in der Praxis finden sich auch Quintil (ca. 72°), Sextil (ca. 60°), Septil (ca. 51,4°), Halbquadrat (ca. 45°), Quincunx (ca. 150°), Biseptil (ca. 103°) und viele weitere mehr. Unabhängig von der Methode erweisen sich bisher alle astrologischen Schulen in methodisch sauber durchgeführten Tests als wertlos. Astrologen versagen bei Voraussagen ebenso wie bei Charakterdeutungen. So konnten Astrologen zentrale Charaktermerkmale von Testpersonen wie extreme Extroversion und extreme Introversion im Horoskop nicht unterscheiden. Dass dennoch viele Kunden ihr Horoskop subjektiv als zutreffend betrachten, lässt sich durch psychologische Mechanismen erklären. So neigen Menschen dazu, sich in einer Persönlichkeitsbeschreibung wiederzufinden, die ausschließlich aus Allgemeinplätzen besteht (Barnum-Effekt). Da Horoskope sehr relativierend formuliert sind, spielt auch die Bestätigungstendenz (confirmation bias) eine Rolle: der Kunde merkt sich nur die seiner Meinung nach zutreffenden Aussagen und vergisst Nichtzutreffendes. Tatsächlich erkennen sich in wissenschaftliche Untersuchungen ca. 90% der Testpersonen in einem beliebigen Geburtshoroskop wieder (selbst dem eines Massenmörders). Gibt man den Testpersonen zum eigenen Horoskop noch ein zweites, dann können sie ihr eigenes Horoskop nicht von dem der anderen Person unterscheiden.

Inge Hüsgen, Michael Kunkel

Akademisch getarnter Unsinn

An der Universität Bielefeld wurde der Doktortitel einem Befürworter der Astrologie verliehen, der seine abenteuerliche Glaubenslehre zum Gegenstand seiner umstrittenen Dissertationsarbeit gemacht hatte. In Freiburg wurden Schüler in Sterndeuterei ausgebildet Das falsche Zeugnis vom Kosmos halt Einzug ins bundesdeutsche Bildungswesen. Es scheint fast, als ob Nikolaus Kopernikus nie gelebt hat, noch Johannes Kepler, Galileo Galilei, Sir Isaac Newton, Albert Einstein und all die anderen Wissenschaftler, die die Gesetze des Universums erklärt haben. Die moderne astronomische Forschung konnte keinen einzigen astrologischen Lehrsatz bestätigen; dennoch erfreut sich die Sterndeuterei wachsender Beliebtheit. Pausenlos wird heute das Universum innerhalb eines breiten Strahlungsspektrums mit empfindlichsten Instrumenten überwacht. Die Astrologie jedoch - so ist allenthalben festzustellen spekuliert ohne Rücksicht auf gültige Naturgesetze. Und trotzdem blüht das Geschäft der Astrologen. Mit dem anspruchsvollen Dissertationsthema "Kritische Astrologie - Zur erkenntnistheoretischen und empirisch-psychologischen Prüfung ihres Anspruchs" gelang es Peter Niehenke aus Freiburg i.Br. in Zusammenarbeit mit seinem Doktorvater, dem Diplom-Psychologen Professor Oskar Lockowandt von der Universität Bielefeld, den Eindruck zu erwecken, die Sterndeuterei sei eine Wissenschaft. Faktisch ist die Dissertation lediglich eine Ansammlung verschiedener astrologischer Meinungen, ergänzt durch eine statistische Erhebung. Mit dieser Arbeit setzt sich Niehenke zwischen alle astrologischen Stühle und glaubt offenbar, dass ihm dadurch die Weihe der Kritikfähigkeit zuteil werde. Anerkannten Astrologie-Gegnern wirft er wiederum mehrfach Mangel an Verständnis" vor, offenbar um den kritischen" Proporz zu wahren. Das Wissenschaftsministerium NRW in Düsseldorf hat die Dissertations-Gutachter bereits im Februar 1988 um eine Stellungnahme gebeten, im Herbst wurde eine Rückäußerung angemahnt - bisher ergebnislos. Allen Ernstes behauptet Niehenke, der Frühlingspunkt befinde sich jetzt im Sternbild Wassermann, deshalb spreche man vom Wassermann-Zeitalter. Ein Blick in einen beliebigen Himmelsatlas ergibt jedoch, daß der Frühlingspunkt sich noch für weitere 600 (!) Jahre in den Fischen aufhält. Offensichtlich holte sich der promovierte Astrologe seine "wissenschaftlichen" Erkenntnisse aus der esoterischen New Age-Szene, die, entgegen allen astronomischen Berechnungen, bereits heute das Wassermann-Zeitalter eingeläutet haben will - frei nach dem Lied aus dem Musical HAIR "THE DAWNING OF THE AGE OFAQUARIUS"das Heraufdämmern des Wassermannzeitalters. Der Frühlingspunkt hält sich noch 600 (!) Jahre im Sternbild der Fische auf. Die Vorstellung der New Age-Szene, der Bewegung des "Neuen Zeitalters," dieses Ereignis habe konkrete Einflüsse, ist nicht begründbar. Das letzte "Wassermannzeitalter" liegt über 25.000 Jahre zurück. Somit ist ein Erfahrungswert nicht ableitbar. Derartig falsch justiert, verwenden Niehenke und andere den Tierkreis als „Koordinatensystem, in das sie die Positionen der anderen Himmelskörper und Raumpunkte, die sie für ihre Deutung benutzen, projizieren." Über die Deutung als Wissenschaft kann man nicht streiten, denn Deutung heißt nicht wissen. Im übrigen sind

"Raumpunkte" als Koordinaten unmissverständlich dreidimensional im Universum markiert und zwar durch die Abweichung vom Frühlingspunkt (Rektaszension), die Abweichung vom Äquator (Deklination) und die Entfernung zur Erde. Aber gerade über die Entfernung des symbolischen Tierkreises wie auch die des Häuserkreises vermag die Astrologie keine Auskunft zu geben. Vor Gericht als nicht beweiskräftig abgelehnt und in keiner bundesdeutschen Universität mit einem Lehrstuhl vertreten, darf die Astrologie dessen ungeachtet in Bielefeld fröhliche Urstände feiern. Nicht auszuschließen, dass demnächst "wissenschaftliche" Horoskope nicht nur in der Boulevardpresse veröffentlicht werden, unterzeichnet von einem, der es dank akademischer Weihe ja wissen muss: Dr. Peter Niehenke, an der Universität Bielefeld promovierter Astrologe. So akademisch legitimiert, bleibt es nicht aus, dass die Astrologie für hoffähig gehalten wird, wie an einer Schule in Freiburg geschehen. Unter der Überschrift "Astrologie-Unterricht am Wirtschaftsgymnasium" berichtete die Schweizer Zeitschrift ASTROLOGIE HEUTE (Nr. 11 Februar/ März 1988), dass an der Max-Weber-Schule ein sechsmonatiger Kurs Selbsterfahrung im Umgang mit Symbolen - Die Ursymbole und ihre Kombination in der Astrologie" stattgefunden habe, genehmigt vom Kultusministerium Baden-Württembergs in Stuttgart. Angesprochen durch einen offenen Brief der "Gesellschaft zur wissenschaftlichen Untersuchung von Parawissenschaften," GWUP, ließ das Kultusministerium in Stuttgart verlauten: "Astrologie wird an öffentlichen Schulen Baden-Württembergs nicht unterrichtet." Der Kurs in der Max-Weber-Schule "hat die kritische Auseinandersetzung mit diesem Themenkomplex zum Ziel, der heute leider in Schrifttum, Presse, Fernsehen usw. einen breiten Raum einnimmt. Gerade aus diesem Grund ist es begrüßenswert, dass nicht nur die simple Ablehnung der Astrologie, sondern mit einer ausgewählten, reflexionsfähigen Gruppe erwachsener Schüler in einer Arbeitsgemeinschaft die kritische Aufarbeitung erfolgt." Schüler lernten, "ihre Horoskope zu berechnen und zu zeichnen." Die feinsinnige Unterscheidung des Kultusministeriums zwischen "Unterricht" und "Kurs" kann nicht darüber hinwegtäuschen, dass die Schüler Astrologie-Unterricht erhalten haben. Und dies geschah keineswegs zum Zweck "kritischer Aufarbeitung," wie das Ministerium behauptet. Laut Bericht in ASTROLOGIE HEUTE und nach Aussage der verantwortlichen Lehrerin wurden den Schülern "astrologische Deutungsgrundlagen" vermittelt: Die Schüler lernten, ihr Horoskop zu berechnen und zu zeichnen. An eigenen

Beispielen werden dann die ersten Versuche einer synthetischen Deutung in der Gruppe unternommen." Im Anschluss sollte ein zweiter Kurs Astrologie und Psychologie" erfolgen, der jedoch wegen weiterer befürchteter Negativschlagzeilen durch die Schulleitung abgesetzt wurde. Der eigentliche Skandal besteht indessen darin, dass die Schüler, gefördert durch öffentliche Mittel in die Schweiz reisten, um bei dem Astrologen und Herausgeber von ASTROLOGIE HEUTE, Claude Weiss, "praktische Erfahrungen" zu sammeln. Sollte sich eine solche Schulpolitik im Musterländle durchsetzen, werden wohl bald auch "kritische Aufbereitungskurse" in Kartenlegen, Hellsehen, Pendeln, Tischrücken, Kontaktaufnahme mit Verstorbenen und sonstigen okkulten Praktiken abgehalten werden.

Reinhard Wiechoczek, (Skeptiker 1/1989)

Dieses Bild postete der Astronom Florian Freistätter

Stimmt es, dass es ein 13. Tierkreiszeichen gibt?

Das kommt darauf an, wen man fragt. Die Astronomie (die Wissenschaft von der Erforschung des Weltraums und der Gestirne) sagt ja. Die Astrologie (die mystische Lehre vom angeblichen Einfluss der Sterne auf unser Leben) sagt nein. Das liegt in erster Linie daran, dass Astronomen die realen Sternbilder am Himmel betrachten, während Astrologen ihre Horoskope am Schreibtisch erstellen und dafür nur die Tierkreiszeichen ins Kalkül ziehen. Was bedeutet das? Dazu müssen wir etwas weiter ausholen. Zur Geburtsstunde der klassischen Astrologie in den frühen Hochkulturen orientierten sich die babylonischen Sterndeuter an der scheinbaren Sonnenbahn. Heute wissen wir, dass die Sonne gar nicht wandert, sondern in Wirklichkeit die Erde sich um die Sonne bewegt. Davon spüren wir aber nichts. Aus unserer Perspektive sieht es vielmehr so aus, als würde die Sonne um die Erde kreisen. Diesen "Sonnenlauf" nannten die Astrologen Ekliptik. Und sie beobachteten weiter, dass die Sonne auf ihrem scheinbaren Wanderweg am Firmament Jahr für Jahr zwölf Sternbilder passierte – also Gruppen von Sternen, die ein mehr oder weniger auffälliges Muster bilden und hauptsächlich nach Gestalten aus der Mythologie benannt sind. Dieser Gürtel aus den zwölf Sternbildern Widder, Stier, Zwillinge, Krebs, Löwe, Jungfrau, Waage, Skorpion, Schütze, Steinbock, Wassermann und Fische bekam die Bezeichnung "Tierkreis". Die Sternbilder auf dem Tierkreis heißen "Tierkreissternzeichen" oder kurz Tierkreiszeichen. Und nur diesen zwölf Tierkreiszeichen, die vor 2000 Jahren auf der Ekliptik zu sehen waren, schreibt die Astrologie eine astrale Bedeutung zu. Konkret: Astrologen unterteilen die Ekliptik in zwölf gleiche Abschnitte von genau 30 Grad, die nach den dort sichtbaren Sternbildern benannt wurden. Heute jedoch stellt sich die Situation am Himmel ganz anders dar. Wegen der Anziehungskräfte von Sonne und Mond bewegt sich die Erde auf ihrer Bahn um die Sonne nicht in einer festen Achslage, sondern taumelt sozusagen wie ein Kreisel durchs All. Der Fachausdruck dafür lautet „Präzession". Und diese Tatsache ist äußerst bedeutsam für die Ekliptik, also den scheinbaren Sonnenlauf. Denn als "Startpunkt" für die alljährliche Wanderung der Sonne durch den Tierkreis bestimmten die Astrologen damals den so genannten Frühlingspunkt – den Punkt am Himmel, wo die Sonne zum Frühlingsanfang um den 21. März zu sehen ist. Vor 2000 Jahren stand die Sonne am Frühlingsanfang vor dem Sternbild Widder. Deshalb beginnt der klassische astrologische Tierkreis mit dem Tierkreiszeichen Widder. Da aber die Sonne gar nicht wirklich wandert, sondern die Erde, haben wir mittlerweile ganz andere "Himmelsgegenden" vor Augen als vor 2000 Jahren. Denn eine natürliche Folge der Präzession ist, dass unsere Erdachse schwankt. Genauer gesagt: Wie ein Kinderkreisel, der langsam ausläuft, taumelt die Erdachse, sodass sich die Schrägstellung der Achse dauernd verändert, wenn auch nur sehr langsam. Im Laufe von etwa 26 000 Jahren vollführt die Erdachse eine vollständige "Taumeldrehung", steht also nach 26 000 Jahren wieder in der gleichen Schrägstellung. Was hat das nun mit den Tierkreiszeichen zu tun? Mit der Taumeldrehung der Erdachse "wandert" und verschiebt sich auch der Frühlingspunkt als optischer Bezugspunkt. Das heißt: Wenn wir heute zum Himmel schauen, sehen wir die Sonne zum Frühlingsanfang nicht mehr vor dem Sternbild Widder (und somit im ersten Zwölftel des astrologischen Tierkreises), sondern vorm Sternbild Fische. Auch die übrigen Tierkreiszeichen decken sich nicht mehr mit den gleichnamigen Sternbildern, sondern liegen um etwa 30 Grad, also etwa um ein Tierkreiszeichen, verschoben. Und nun kommt endlich das 13. Tierkreiszeichen ins Spiel: Anders als die Astrologie kennt die Astronomie keinen "Tierkreis". Astronomen unterteilen die zwölf Sternbilder auf dem astrologischen Tierkreis nicht in die zwölf gleichen Längenabschnitte von jeweils 30 Winkelgraden eines 360-Grad-Kreises, sondern vermessen exakt die realen, ungleichen Längenausdehnungen der Sternbilder. Nach der Festlegung der Sternbild-Grenzen durch die Internationale Astronomische Union verläuft ein Teil der imaginären astrologischen Ekliptik durch das Sternbild "Schlangenträger". Die Sonne steht momentan also für einige Tage im Jahr (vom 29. November bis zum 18. Dezember) im Schlangenträger und damit außerhalb der zwölf Tierkreiszeichen der klassischen Astrologie. Genau genommen ist also jemand, der zu dieser Zeit geboren wird, kein "Schütze", sondern ein "Schlangenträger". Die Astrologie indes ficht das nicht an. Da die Sonne das Sternbild "Schlangenträger" nur knapp am Rand streift und außerdem mit 12 leichter zu rechnen ist als mit der ungeraden Primzahl 13, spielt das 13. Tierkreiszeichen im astrologischen Weltbild keine Rolle. Gegen wissenschaftliche Einwände haben sich Astrologen ohnehin weitgehend immunisiert, indem sie ihr Fach zu einem reinen "Symbolsystem" auf der Grundlage eines uralten und recht sturen Schematismus erklären.

Bernd Harder, (Skeptiker 3/2006)

Progressive Wissenschaft zur Astrologie

Ophiuchus – der Schlangenträger - ein 13. Tierkreiszeichen?
Man darf niemals Tierkreiszeichen mit Sternbildern gleichsetzen. Alle Jahre wieder melden sich Feinde der Astrologie zu Wort – vorwiegend Astronomen und Physiker, die von Astrologie nicht die geringste Ahnung haben. Eines ihrer Argumente lautet, dass die Tierkreiszeichen, mit denen die Astrologen arbeiten, nicht den tatsächlichen Sternbildern am Himmel entsprechen, dass die tatsächlichen Sternbilder sich gegenüber den astrologischen Tierkreiszeichen in den letzten 2000 Jahren um fast einen Monat verschoben haben. Sie erklären dies mit der sogenannten Präzession des Frühlingspunktes. Weiter wird den Astrologen vorgeworfen, dass sie ein 13. Sternbild, den Schlangenträger (Ophiuchus), unterschlagen, obwohl die Sonne jedes Jahr auch diesen durchquert. Diese Feststellungen sind in gewisser Weise zutreffend, Sie beruhen jedoch auf naiven und inkorrekten Vorstellungen vom Wesen und der Geschichte der Astrologie und gehen daher an der Sache vorbei. Alle, die mit den obigen Argumenten gegen die Astrologie argumentieren, mögen zwar von Astronomie etwas verstehen. Aber was die Astrologie angeht, sind sie inkompetent und haben ihre Hausaufgaben nicht gemacht. Sie äußern sich medienwirksam über etwas, wovon sie nichts verstehen.

Ptolemäus war sich der Präzession bewusst

Schon der antike Astrologe und Astronom Ptolemäus war sich der Präzession und der oben genannten Problematik voll bewusst. Er wusste, dass der Frühlingspunkt sich gegenüber den Sternbildern langsam verschob – um 1° in einem Menschenleben. (Ptolemäus, Almagest VII.2f.) Dennoch entschied er sich, die Sternbilder aufzugeben und den Tierkreis mit dem Widder beim Frühlingspunkt anzufangen. (Ptolemäus, Tetrabiblos 1.10f.) Warum? Weil er der Meinung war, dass die Sternbilder astrologisch irrelevant seien und dass die Tierkreiszeichen an den Jahreshauptpunkten festgemacht sein sollen.Der Widder beginnt mit der Frühlingstagundnachtgleiche, der Krebs beim Sommersolstiz, die Waage bei der Herbsttagundnachtgleiche und der Steinbock beim Wintersolstiz. Ptolemäus' Entscheidung war nur konsequent, denn seit jeher waren die Astrologen der Meinung gewesen, dass die Sternzeichen etwas mit den Jahreszeiten zu tun hätten. Dies war schon im alten

Mesopotamien um 2000 v. Chr. der Fall. Z.B. zeigte ursprünglich das Erscheinen der Waagesterne unmittelbar vor Sonnenaufgang – symbolisch passend – die Herbsttagundnachtgleiche an (wie der Keilschrifttext Mul.apin I iii 1-2 beweist). Als dies über 1000 Jahre später infolge der Präzession nicht mehr funktionierte, definierte man den Eintritt der Sonne in die Waage als Beginn des Herbstes.

Tierkreiszeichen versus Sternbilder

Die heutige Astrologie ist dieser alten Tradition treu geblieben. Sie interessiert sich nicht für die Sternbilder, sondern fixiert die Tierkreiszeichen an den Hauptpunkten der Jahreszeiten. Die real sichtbaren Sternbilder sind astrologisch irrelevant. Man darf niemals Tierkreiszeichen mit Sternbildern gleichsetzen. Sternbilder sind am Himmel sichtbare Konfigurationen von Sternen, astrologische Tierkreiszeichen dagegen kann man nicht am Himmel sehen. Sie sind vorgestellte, gleichgroße Abschnitte der auf der Bahn der Sonne am Himmel. Wenn Astronomen behaupten, die Astrologie könne schon deswegen nicht stimmen, weil sie nicht mit den real sichtbaren Sternbildern arbeiten, so tun sie dies aufgrund der historisch falschen Vorstellung, dass die Astrologie vergessen habe, wo die Sternbilder sich tatsächlich befinden. Dies ist unzutreffend: Nachdem Astrologiefeinde dieses Argument seit Jahrzehnten stereotyp immer von neuem aufwärmen, weiß heute sogar der allerletzte Astrologe davon. Doch die historische Wahrheit, um die sich nur wenige bemüht haben, ist die: Die real sichtbaren Sternbilder haben ihre Namen von den Jahreszeiten erhalten, nicht umgekehrt. Wo die Sternbilder heute stehen, ist irrelevant. Den Astrologen interessieren die an den Jahreszeiten festgemachten Tierkreiszeichen. Und was ist mit Ophiuchus? Da auch er ein Sternbild ist, ist er astrologisch nicht wirklich relevant. Die Sonne durchquert ihn gegenwärtig ungefähr zwischen dem 29. November und dem 17. Dezember. Daher fällt er in den astrologischen Schützen.

Dieter Koch, lic.phil., hat an der Uni Zürich Philosophie, Sanskrit und Altgriechisch studiert (1978-84). Er beschäftigt sich mit Astronomie, Astrologie, Geschichte der antiken Himmelskunde und Assyriologie.

Berufsbild Astrologe: "Astrologie ist keine Religion"

730 Astrologen sind gemeldet. Ihre Berufsgruppe will wissenschaftlich ernst genommen werden. "Die Sonne steht da auf null Grad Widder", sagt Andrea Konrad und deutet auf einen Punkt auf dem Papier vor ihr. Die Wienerin versucht, ihrem Publikum zu erklären, was das denn sei, der "astrologische Frühling": Die Sonne tritt in das Tierkreiszeichen Widder ein, ein Neubeginn, Frühjahr eben. Einen Anfang wagt Konrad auch selbst: Sie eröffnete jüngst ihre "Schule der Astrologie" in Graz und Wien, um diplomierte Astrologen auszubilden. So etwas Schule zu nennen ist erlaubt, da es um eine private Einrichtung geht: "Für mich ist es eines der großen Ziele, die Astrologie ins richtige Licht zu rücken, beteuert Konrad. "Sie ist mehr als nur irgendwelche TV-Astrologie-Shows." Tatsächlich sind Astrologen ganz offiziell in der Wirtschaftskammer organisiert. 130 angemeldete Astrologen gibt es allein in Wien, 600 in übrigen Österreich. Sie gehören zum Zweig der freien Berufe, davon gibt es in Österreich gut 900: Für sie ist keine geregelte Ausbildung nötig. Es genügt, einfach einen Gewerbeschein zu beantragen. Ein Manko, an dem Astrologen knabbern. Sie wollen aus dem Eck der Unterhalter herauskommen und wissenschaftlich ernst genommen werden: "Die Hoffnung ist, dass so etwas wie Seriosität einkehrt", betont Peter Fraiss, der die Berufsgruppenvertretung in der Kammer aufgebaut hat. Weil es ein freie Gewerbe sei, ließen sich keine verbindlichen Regeln über Ausbildung und Arbeitsmethoden festschreiben. "Aber man kann intern etwas machen. Man arbeitet am Berufsbild und an Ausbildungsrichtlinien."

Kein Schmarrn

Ethik-Richtlinien haben die Astrologen bereits: Das Wohl der Klienten habe im Vordergrund zu stehen, moralisch wertende Urteile dürften ebenso wenig vorkommen wie die Anmerkung, eine Sternenkonstellation sei von Natur aus gut oder schlecht. Wichtig sei auch die Öffentlichkeitsarbeit seiner Branche, glaubt Fraiss: "Wenn die Menschen nichts anderes als Zeitungshoroskope kennen, muss man ja glauben, dass das alles ein Schmarrn ist. Aber die wenigsten wissen, dass man Astrologie auch an Universitäten studieren kann." 2011 etwa startete die Uni Wales einen Lehrgang über "Cultural Astronomy and Astrology". Natürlich gäbe es zuweilen auch Scharlatane, räumt Fraiss ein. "Aber die verschwinden so schnell wie sie gekommen sind." Andrea Konrad bereitet unterdessen ihre Schule in Graz vor. Ihre Schüler will sie in zwei

Jahren so weit bringen, dass sie Jahreshoroskope erstellen können. Wie Taferlklassler Buchstaben lernen, büffeln ihre Schüler Symbolkunde. "Das ist im Prinzip das Alphabet", schmunzelt Konrad. "Man begreift, was bedeuten Planeten, Häuser, Tierkreiszeichen, körperliche und geistige Entsprechungen." Rund 2500 Euro soll die Teilnahme kosten, die mit einem Diplom endet. "Astrologie ist keine Religion, sondern ein Werkzeug", beschreibt Konrad. "Mathematik ist ja auch nur ein Werkzeug." Allerdings weiß auch sie um das Image-Problem: "Astrologie wird ja jeden Tag irgendwo karikiert". Sowohl Konrad als auch Fraiss suchen die Verknüpfung mit anerkannten Wissenschaften: Konrad studiert Psychologie, Fraiss schreibt gerade seine Bachelor-Arbeit in dem Bereich. "Im akademischen Kontext ist es aber verpönt, sich mit Astrologie zu beschäftigen", bedauert Fraiss. Umso mehr freue ihn der Zulauf von Interessierten: Zur Tagung "Astrologie und Wissenschaft" in der Nationalbibliothek kamen 500 Besucher; eine Veranstaltung im Technischen Museum musste zwei Mal abgehalten werden, "weil wir einen Saal für 300 hatten, aber 600 Anmeldungen.

Kurier.at am 24. Februar 2016

Die Geschichte der Astrologie

Die Antike

3000 v. Chr. bis 30 v. Chr.: Ägypten

Etwa um 2400 legten die Ägypter den Grundstein der Astrologie: den Kalender. Er teilte das Jahr in drei Abschnitte zu je vier Monaten. Auch die Monate bestanden aus drei Dekaden. Diese waren jeweils einer Gottheit geweiht, die das Schicksal der in diesem Zeitraum Geborenen beeinflussten.

2300 v. Chr. bis 300 v. Chr.: Mesopotamien

Die Babylonier legten schon früh die Basis der klassischen Astrologie. Sie beobachteten die Planeten, die bei der Geburt eines Kindes aufgingen, und schrieben ihnen eine besondere Wirkung auf dessen Geschick zu. Um 410 v. Chr. legten sie die ersten Sternkarten an.

1200 v. Chr. bis 395 v. Chr.: Griechenland

Die Griechen verbanden den Symbolismus und die Sternengläubigkeit der Babylonier mit ihrem eigenen geometrischen Geist und schufen den modernen Tierkreis. Der astrologiekundige Priester Berosis benannte die Planeten und Fixterne des babylonischen Tierkreises entsprechend der griechischen Mythologie. 280 v. Chr. gründete er auf der Insel Kos eine Schule, von der sich die Astrologie über die gesamte hellenische Welt ausbreitete.

700 v. Chr. bis 300 v. Chr.: Der Mithraskult

Ursprünglich die Verehrung eines persischen Gottes, gelangte der Mithraskult im 1. Jahrhundert v. Chr. nach Rom und wurde dort einer der bedeutendsten Mysterienkulte. Seine magischen Riten beruhten auf Astrologie. So bestand die Initiation aus sieben Graden, die den sieben Planeten entsprachen. Mit Beginn der Christianisierung wurde er ebenso wie die Astrologie verboten.

100 n. Chr. bis 168 n. Chr.: Ptolemäus, Astrologenfürst

Der berühmte Astronom Ptolemäus verfasste ein Lehrbuch der Astrologie, den Tetrabiblos, und katalogisierte 1.022 Sterne - ohne Fernrohr. Der Grieche war ein glühender Verfechter des Geozentrismus. Diese Theorie, in der die Erde den Mittelpunkt des Universums bildet, wurde erst im 16. Jahrhundert durch die kopernikanische Wende in Frage gestellt. Allerdings ist festzuhalten, dass dennoch Kepler, Galilei oder Newton mit einer geozentrischen Astrologie arbeiteten. Kein Wunder, denn die Einflüsse des Himmels wirken auf die Erde, und nicht auf die Sonne!

381 n. Chr.: Konzil von Laodicea

Der Untergang des römischen Reichs ging einher mit einem Rückzug der Astrologie. Die Kirche verdammte sie. 381 verbot des Konzil von Laodicea den Priestern die Ausübung: Nicht die Sterne, sondern Gott lenkte das Schicksal der Menschen.

Das Mittelalter

5. Jahrhundert: Konzil von Toledo

Im 5. Jahrhundert belegte das Konzil von Toldeo jeden mit dem Bann, der "dem Glauben an Astrologie oder Weissagungen anhängt." Trotzdem entwickelte sich die Astrologie in Europa weiter, wenngleich im Untergrund. Doch wie schon Jahrhunderte zuvor in Rom, gehörte es auch jetzt in Herrscherhäusern zum guten Ton, sich einen Astrologen zu halten.

Kaiser Justinian

529 schloss Kaiser Justinian auf Drängen seiner Gemahlin, Kaiserin Theodora, die Schule von Athen, wo man die wissenschaftliche Astrologie pflegte. Die Astrologen wurden aus Byzanz und Griechenland vertrieben und fanden vor allem in Persien Zuflucht.

11. Jahrhundert: Pierre Abälard, genannt "der Große Abälard"

Um sich dem Zorn der Kirche zu entziehen, die dem Fatalismus der Astrologie feindlich gegenüberstand, traf Abälard im 11. Jahrhundert die Unterscheidung zwischen "naturalia" - natürliche Phänomene wie das Wetter, also vorhersagbar - und "contingentia" - nicht vorhersehbare Erscheinungen, die von göttlicher Vorsehung abhängen und dem freien Willen des Menschen unterliegen.

1225 - 1274: Thomas von Aquin

Der Hl. Thomas von Aquin verkörperte das astrologische Wissen des Mittelalters und versuchte, die Gegensätze des Fatalismus der Astrologie und der göttlichen Gnade zu vereinen. So lehrte er, dass die Sterne einen direkten Einfluss auf den menschlichen Körper und einen indirekten auf die Seele ausüben.

1257 - 1315: Pierre d'Abano

Pierre d'Abano war ein erbitterter Gegner der päpstlichen Macht und trieb den astrologischen Fatalismus so weit, dass er den freien Willen und die Wunder der Vorsehung leugnete. Er lehrte, dass alle Ereignisse sich aus den Planetenbahnen herleiten lassen. Die Kirche bezeichnete sein Werk als schädlich, nach seinem Tod wurde sein Bildnis verbrannt.

1214 - 1294: Roger Bacon

Um der Zensur der Kirche zu entgehen, unterschied der von der Esoterik begeisterte englische Mönch - genannt Doctor Mirabilis - in seinen Schriften (Opus minimus...) zwischen erlaubter und schädlicher, teuflischer Astrologie. Man beschuldigte ihn aufrührerischer Umtriebe und kerkerte ihn für viele Jahre in den Verliesen der Inquisition ein.

Die Araber geben der Astrologie ihren alten Glanz zurück

Über das Mittelalter hinweg bewahrten sie das astrologische Wissen, zusammen mit vielen anderen kulturellen Errungenschaften. Sie übersetzten viele antike Lehrbücher der Astrologie, bauten Astrolabien und reicherten das Wissen mit eigenen Entdeckungen an - so zum Beispiel mit den Bereichen, genannt nach den vier Teilen Arabiens, mit denen manche Astrologen noch heute arbeiten.

Die Renaissance

1450: Erfindung des Buchdrucks

Mit Gutenbergs Erfindung des Buchdrucks konnten astrologische Abhandlungen, Almanache und Ephemeriden weite Verbreitung finden. Diese Schriften erleichterten den Astrologen ihre mühsamen Berechnungen beträchtlich. Zudem machten sie die Astrologie einer breiten Öffentlichkeit zugänglich.

1473 - 1543: Kopernikus und die Kopernikanische Wende

Kopernikus stellte das geozentrische Weltbild es Ptolemäus in Frage und setzte die Sonne an Stelle der Erde in den Mittelpunkt des Universums. Seine Theorie - der Heliozentrimus - konnte er erst mit der Erfindung des Fernrohrs durch Galilei im 17. Jahrhundert beweisen. Der polnische Astronom war ein hervorragender Wissenschaftler, der die Astrologie als wesentlichen Bestandteil seines Fachs betrachtete. Er bat sogar den Astrologen Rhaeticus, das Vorwort zu seinem Hauptwerk zu schreiben.

Ab 15. Jahrhundert: Triumph auf der ganzen Linie

Das Herrschergeschlecht der Valois schuf zu Beginn des 16. Jahrhunderts den Posten des königlichen Arzt-Astrologen. Somit hielt die Astrologie bei Hof Einzug. 1520 richtete der Vatikan ebenfalls einen astrologischen Lehrstuhl in Rom ein. Ab 1450 wurde an allen europäischen Universitäten, etwa an der Sorbonne, Astrologie gelehrt.

1503 - 1566: Nostradamus

Der französische Astrologe Michel de Notredame, genannt Nostradamus, weckte das Interesse der Königin Katharina von Medici für Astrologie, indem er den tödlichen Unfall ihres Sohnes, König Henri II, anlässlich eines Turniers voraussagte. Sein Werk besteht hauptsächlich aus astrologischen "Jahrhundertkalendern", Prophezeiungen für die Zukunft der Welt... die im Jahr 3797 enden! Er erklärte, dass sowohl sein astrologisches Wissen als auch sein Gottesglaube ihm die Weissagungen eingaben. Nostradamus sagte seinen eigenen Tod auf den Tag genau voraus!

Nach 1550: Rückschläge und Unterdrückung

Seit der Mitte des 16. Jahrhunderts war die Begeisterung für die Astrologie, beflügelt durch die weite Verbreitung der Almanache, begleitet von vielfältigen magischen Praktiken. Das nahm derartige Ausmaße an, dass François I 1550 ein Edikt erließ, in dem er die Verfasser von Almanachen verdammte. Die Ständeversammlung von Orléans 1560 bekräftigte das Verbot. Auch die Inquisition verfolgte zahlreiche Astrologen und verbrannte sie auf dem Scheiterhaufen, so zum Beispiel Michel Servet in Genf (verurteilt von dem Protestanten J. Calvin) und Hans Huss, hingerichtet in Böhmen.

1571 - 1630: Johannes Kepler

Der janusköpfige große Astronom und Mathematiker Kepler neigte einerseits der Renaissance zu, andererseits der Moderne. Er definierte die Gesetze der Planetenbahnen, mit denen noch heute gearbeitet wird. Obgleich er die Verirrungen gewisser Astrologen kritisierte, betrachtete er diese Disziplin als "eine Grundwissenschaft der Menschheit". Er übte sie bis zu seinem Tod aus. Er entdeckte die "Kepler-Aspekte", die kleinen

Aspekte wie das Halbquadrat (45°) und das Eineinhalbquadrat x (135°), die noch heute bei Astrologen in Gebrauch sind.Die Astrologie ist getragen von zyklischem Denken, in Anlehnung an die Kreisbahnen der Planeten. Diese verkörpern so zu sagen das Gesetz der Wiederkehr. Und so zeigt die königliche Kunst der Sterndeutung ebenfalls eine wellenförmige Entwicklung: Auf den Glanz der Renaissance folgte eine Verbannung in die Wüste, die etwa drei Jahrhunderte andauerte.

Triumph der Vernunft

1666 : Zensur an der Universität

Colbert verbannte 1666 die Lehre der Astrologie von französischen Universitäten. Im selben Jahr gründete er die Akademie der Wissenschaften und schuf 1667 das Observatorium für astronomische Beobachtungen. Astrologie und Astronomie, geboren als Zwillingsschwestern, waren fortan getrennte Bereiche, ergo verfeindete Schwestern.

1596 - 1629 : Descartes und seine Maxime der "tabula rasa"

Der französische Philosoph, Mathematiker und Physiker Descartes ist der Vater der geistigen Revolution im Jahrhundert der Aufklärung. In seinem "Bericht über die Methode" fegte er alle überkommenen Ansichten vom Tisch und setzte die Vernunft an ihre Stelle, indem er Alchimie, Magie und Astrologie zusammentat und ablehnte, weil es keine rationale Erklärung für ihr Wirken gab. In der Tat, wenngleich man die Begründung der Astrologie experimentell nachweisen kann, weiß man doch nicht, wie und warum sie funktioniert. Sind es physikalische Einflüsse? Oder ist es das Gesetz universeller symbolischer Entsprechungen? Vielleicht ist es beides, doch eine physikalische Messung der subtilen Einflüsse der Planeten ist momentan noch Utopie.

1675 : Observatorium von Greenwich

Die Einweihung des Observatoriums von Greenwich 1675 markiert die Verdrängung der Astrologie. Gegründet wurde das englische Forschungszentrum für Astronomie von dem königlichen Astronomen J. Flamstead. Nachdem er das Horoskop des Observatoriums erstellt hatte, schloss er mit den Worten: "Verkneifen Sie sich das Lachen, Freunde?" Nunmehr trennten Abgründe Astrologie und Astronomie...

1682 : Zensur am Königshof

Beeinflusst von der frommen Madame de Maintenon schaffte Ludwig XIV 1682 das Amt des königlichen Astrologen-Arztes ab, das vom Haus Valois ein Jahrhundert zuvor eingerichtet worden war.

1710 : Verbot der Ephemeriden

1710 wurden die Ephemeriden durch einen Erlass des Königs verboten. Diese Tabellen lieferten für jeden Tag des Jahren die wichtigsten astronomischen Daten: die Koordinaten der Planeten, die Positionen von Sonne und Mond... Die Zensur erschwerte die Arbeit der Astrologen beträchtlich. Allerdings erschienen zum Beispiel in England weiterhin regelmäßig Almanache und Ephemeriden. Ab 1819 veröffentlichte sie Raphael; sie sind noch heute in Gebrauch.

Jetztzeit

Heute herrscht reges Interesse an Astrologie. Gründe sind die abflauende Hinwendung zur Religion, der erstarkende Patriotismus sowie die Unfähigkeit der Wissenschaft, die letzten Fragen der Existenz zu beantworten, dem Individuum einen festen Platz in der menschlichen Gesellschaft zuzuweisen. Mit der Psychoanalyse ist eine umfassende Neugier auf das Ich erwacht. Zudem mag das Zeitalter des Wassermanns mit der New Age-Bewegung zu dieser Renaissance geführt haben.

1930 : Das erste Horoskop im Radio

In den Vereinigten Staaten wurden 1930 zum ersten Mal Horoskope im Radio gesendet. Die Leitung hatte die berühmte Astrologin Evangelina Adams, die ihren Tod auf den Tag genau voraussagte!

1967 : Die umwälzende Neuerung - Horoskop per Computer

1967 bot eine deutsche Zeitschrift ihren Lesern zum ersten Mal ein Horoskop, das per Computer erstellt wurde. Der Einsatz elektronischer

Berechnungen in der Astrologie wurde 1968 in Frankreich übernommen. Mit dem Computer kann der Astrologe Himmelskarten erstellen und sich so die mühsamen genauen Berechnungen erleichtern.

1971 : Edgar Morins umfassende soziologische Studie über Astrologie

Unter Edgar Morins Leitung führte der Nouvel Observateur eine soziologische Studie über Astrologie durch, die zu dem Schluss kam: "Der Trend zur Astrologie hält ungebrochen an." Der Studie zufolge ist die Begeisterung für die Astrologie zu erklären aus der Schwächung der traditionellen Religionen, dem Glauben an exakte Wissenschaften und dem Vordringen des Individualismus.

16. Juni 1975 : "Astralement Votre" auf Antenne 2, das erste Horoskop im Fernsehen

Mit "Astralement Votre" (etwa: Ihre Sterne) bekam die Astrologie zum ersten Mal einen Platz im Fernsehen. Die tägliche Sendung, moderiert von Elizabeth Teissier, lag vor den Abendnachrichten um 20 h und war sehr erfolgreich, trotz der heftigen Diskussionen, die sie auslöste. Vor allem fanatische Rationalisten feindeten sie an. Nach sieben Monaten wurde sie abgesetzt, obwohl Tausende von frustrierten Zuschauern gegen die Streichung ihrer "Lieblingssendung" protestierten.

1997 : Die Astrologie und die politische Klasse

In ihrem Buch "Mein Freund Mitterand" 1997 legte die Astrologin Dr. Elizabeth Teissier das Interesse des ehemaligen Präsidenten Frankreichs für die Astrologie dar. Dabei beschränkte sie sich auf die politischen Aspekte der astralen Gegebenheiten und nahm in keiner Weise auf François Mitterands Privatleben Bezug. Das Buch erregte in Frankreich und anderen Ländern großes Aufsehen. Dutzende von Fernsehsendungen widmeten sich dem Thema, Hunderte von Artikeln erschienen. In Frankreich, aber auch in den USA fasziniert die Jahrtausende alte Kunst der Vorhersage die Mächtigen dieser Welt. In den 80er Jahren war in der Presse zu lesen, dass auch Nancy Reagan für ihren berühmten Mann die Sterne befragte.

Dr. Elizabeth Teissier

Wissenschaft Astrologie

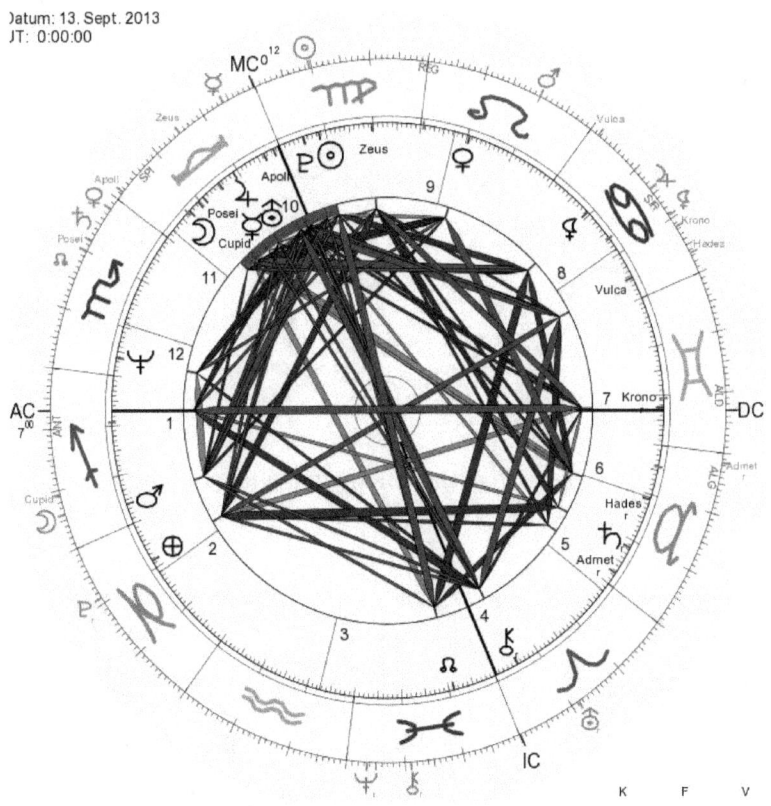

Radix mit Transiten und Transneptunern

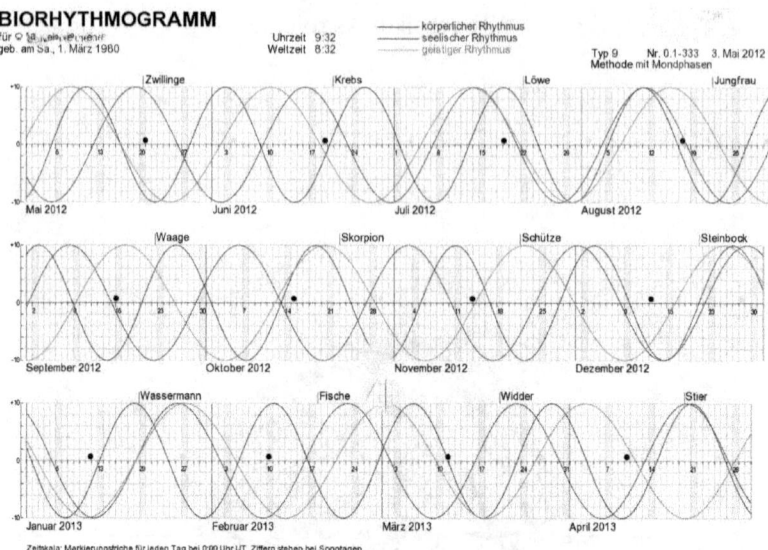

Astrologisches Biorhythmogramm

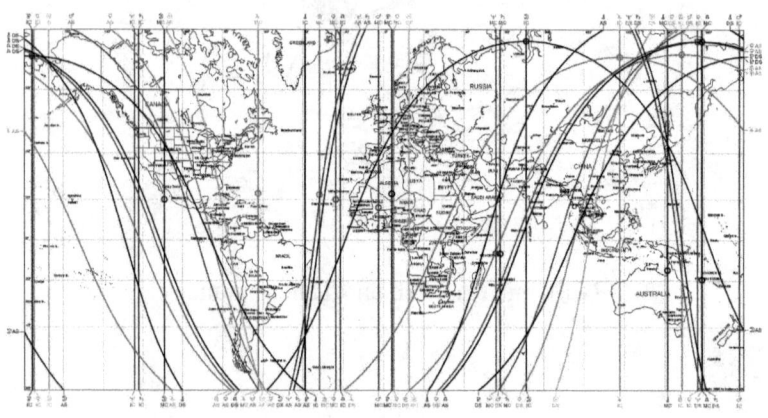

Astrologische Weltkarte mit Planetenlinien

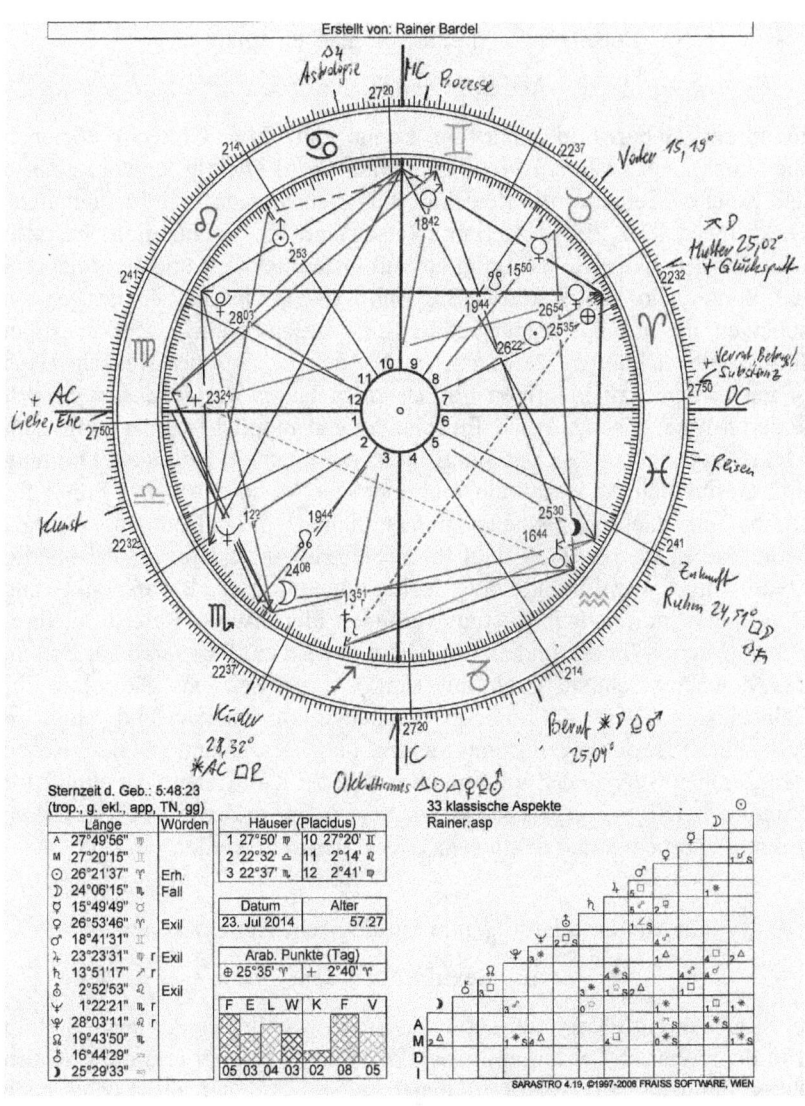

Radix mit den sensitiven Punkten

Beispiele von drei astrologischen Analysen

Astrologische Orteanalyse

In Ihrem Geburtsbild steht die Sonne auf 0,06 Grad im Zeichen Steinbock, also ist Ihnen Tradition und Struktur wichtig, obwohl ebenso das Zeichen Schütze mit Reiselust, Glaubensthemen und Freiheitsliebe wirksam ist. Der Planet Merkur (Reisen und Kommunikation) herrscht über das 10. Haus (Selbständigkeit und Öffentlichkeit) und steht nah bei der Sonne und damit sollten Sie sich vor zu viel Reizen und Stress schützen, da Ihr Kopf immer wieder Ruhephasen benötigt. Merkur ist bei Ihnen auch rückläufig, damit gehören Sie zu den 18 % der Menschen, bei denen in den 3 rückläufigen Phasen eines Jahres im Gegensatz zu den anderen gute Lösungen und Entscheidungen möglich werden. Mit dem MC (Berufung) im Zeichen Jungfrau ist es Ihnen ein Anliegen, Ordnung und Gesundheit zu vermitteln und auch der Mond sowie der Punkt für Ruhm im Gesundheitshaus unterstreichen das. Der aufsteigende Mondknoten im 10. Haus zeigt Ihr Lebensziel an, indem Sie selbständig kreativ und vermittelnd tätig sein können. Der Berufspunkt und Reisepunkt im kreativen 5. Haus verbindet idealerweise Reisen mit Ihrer Dienstleistung. Ihr Aszendent (AC) liegt ebenso auf 0,08 Grad am Beginn des Zeichens Schütze noch mit Einfluss des Zeichens Skorpion. Ihr Selbstausdruck ist für andere Menschen oft unklar und auch in (Geschäfts) Beziehungen kommt es mit dem Deszendent (DC) zwischen den Zeichen Stier und Zwilling schon mal zu Konflikten. Der Punkt für Ruhm am DC besagt, dass Sie am besten mit anderen in Netzwerken zusammenarbeiten und damit sehr erfolgreich sein werden.

In München ist folgende astrologische Linie wirksam:

Merkur - Sextil - Aszendent - Linie

In München wird Kommunikation zu Ihrem wichtigsten Anliegen. Erfüllt von dem Wunsch, zu lernen, neues Wissen zu erfahren und die Grenzen Ihres Intellekts zu erweitern, begeben Sie sich auf die Suche nach geistigen Herausforderungen. Das Denken wird differenzierter, Sie lernen fremde Sprachen und besuchen Bildungskurse oder Schulen, um Ihre Kenntnisse zu vertiefen. Die manuelle Geschicklichkeit verbessert sich, Ihre geschäftlichen Vorhaben profitieren von einem klaren, analytischen Geist. Gegenüber neuen Anregungen oder Experimenten zeigen Sie eine flexible, offene Einstellung, Merkur im Sextil zum Aszendenten sorgt für

Abwechslung, frischen Schwung und größeres Tempo im gewohnten Tagesablauf. Stress und Hektik sind Ihnen lieber als die Eintönigkeit langweiliger Routinejobs. Ein geselliges, umgängliches Verhalten bringt Sie mühelos in Kontakt mit anderen Menschen und deren gesellschaftlichem Milieu. Ihre Meinung vertreten Sie mit klarer Logik und temperamentvoller Gestik, ohne aber auf die Absolutheit der Argumentation zu beharren. Vielleicht sind Sie ja schon morgen ganz anderer Ansicht. Der Friseursalon liegt auf einer doppelten Widder-Linie. Dort ist Lebensfreude mit Spontanität und Innovation garantiert. Sie erleben an diesem Platz (mit dem 5. Haus) Selbstwertgefühl, Spaß, Kreativität und Gesundheit als auch Gesundheitspflege und die alltägliche Dienstleistung (mit dem 6. Haus).Der Stadtteil liegt interessanterweise (so wie Ihr AC im Geburtsbild) mit der Sonne zwischen den Zeichen Skorpion und Schütze mit dem AC im Zeichen Waage und das steht für Expansion, Schönheit und harmonischen Austausch.

Folgende Termine empfehle ich Ihnen für die Eröffnung:

Freitag, 7. Februar 2014

Freitag, 14. Februar 2014

Donnerstag, 20. Februar 2014

Gute Zeiten im Salon haben Sie von 24. April bis 8. Mai, Anfang August, von Mitte September bis Mitte Oktober 2014.

Saturn als Planet der Struktur und Widerstandes ist nun in Spannung zu Ihrem Mond und wird Sie immer wieder auffordern, sich zurückzuziehen und auch Ihre Weiblichkeit und die Beziehung zur Mutter zu klären.Von August bis Oktober 2015 sehe ich bei Ihnen eine großartige und erfolgreiche Weiterentwicklung, wenn Saturn Ihren AC quert und Jupiter als Planet der Fülle Ihr Berufshaus erreicht, diesen Transit erlebt man nur alle 12 Jahre!

Rainer Bardel am 30. Januar 2014

Astrologische Persönlichkeitsanalyse

Seelische Ebene:

An einem Donnerstag geboren sind Sie eine Visionärin, welche den Applaus auf der Bühne braucht. Einige rückläufige Planeten zeigen an, dass Sie in diesem Leben karmische Altlasten aufzulösen haben, welche sich in Prozessen und Gesetzeskonflikten manifestieren können. Venus im Quadrat zu Mond/Jupiter/Chiron zeigt Liebeskonflikte an, welche sie von der Mutter übernommen haben. Der rückläufige Jupiter verursacht Glaubenskonflikte als auch Prozesse, der rückläufige Uranus löst revolutionäres Verhalten aus, der rückläufige Neptun eine Suchtproblematik und der rückläufige Pluto Macht- und Ohnmachtthemen.

Sonne im Zeichen Krebs: Der Vater ist mit Ihnen seelisch innig verbunden, doch die Konjunktion von Saturn/Pluto im Zeichen Waage zeigt in der Ahnenreihe Themen wie Abtreibungen und Gewalt an und das hat eine Abwehr des maskulinen Prinzips bei Ihnen ausgelöst. Der Mond nahe Chiron in Spannung zu Venus/Jupiter/Uranus zeigt eine Mutter an, welche das beste für Sie wollte, aber überfordert oder abwesend war. Das löste bei Ihnen unbewusste Ängste aus und darum ziehen Sie sich immer mehr zurück oder täuschen andere Menschen. Ihr Merkur ist ebenfalls im Zeichen Krebs nahe der Sonne und damit leben Sie gerne in der Vergangenheit und denken oft an alte Verletzungen. Sie sollten sich vor zu vielen Reizen schützen, da sie nervlich wenig belastbar sind. Große spirituelle und magische Fähigkeiten sind Ihnen gegeben.

Das Vorleben und die gewohnten Verhaltensweisen (absteigender Mond im Zeichen Schütze nahe Neptun) sind durch unklare Handlungen und Glaubenskonflikte geprägt, das bezieht sich auf die Sexualität, die Finanzen und die Kommunikation. Das Lebensziel (aufsteigender Mondknoten im Zeichen Zwillinge) soll mit ehrlicher Kommunikation auf Augenhöhe gelebt werden. Das Element Erde (steht für Struktur) fehlt völlig und kann durch Gartenarbeit, Bildhauerei und Barfußgehen als Bewegung in der Natur gestärkt werden. Ebenso können Partner mit der Sonne, Mond oder Aszendenten Stier oder Jungfrau dieses Element einbringen.

Geistige Ebene:

Sie haben eine depressive Veranlagung, emotionale Selbstdisziplin und ziehen Zurückweisungen an. Weiters eine Abneigung gegen jedes Oberflächliche als auch große mediale Anlagen. Sie werden von älteren Damen unterstützt, neigen aber dazu, im Erfolg undankbar zu sein. Sie haben zeitweise weltfremde Anschauungen und vielen Tagträume, sind schnell gelangweilt und haben Probleme, Angefangenes zu Ende zu führen. Sie möchten zum Partner aufblicken können, aber gleichzeitig im Mittelpunkt stehen, das zeigt sich in einem berechnenden Begegnungsverhalten. Eine homosexuelle Neigung ist angezeigt und Sie sollten sich unbedingt vor falschen Freunden und Manipulationen hüten! Begabungen als Reiseleiterin, Dolmetscherin, Politikerin, Künstlerin, als Medium, als Detektivin und als Schriftstellerin sind vorhanden. Sie können gesellschaftlich auch im Ausland berühmt werden.

Körperliche Ebene:

Risikobereiche sind Brust, Hüftgelenksarthrosen, Sexualkrankheiten, Neurodermitis, Gastritis, Blasensteine, Schilddrüse, Gürtelrose, Krämpfe, Koliken, Hexenschuss, Magen. Eine Entgiftung und Ernährungsumstellung idealerweise auf vegetarische Kost mit viel klarem Wasser ist ratsam.

Zeitqualität:

In 3 Zeitphasen des kommenden Jahres werden Sie gesundheitlich und seelisch geprüft: Saturn/Mond, Saturn/Chiron und Pluto/Merkur im Jänner, im April/Mai und September/Oktober 2015.

Heilsame Phasen bringen Chiron/Mond, Chiron/Chiron von März bis Oktober 2015. Liebevolle Phasen haben Sie mit Jupiter/Venus Mitte März/Anfang April und von Juli bis September 2015.

Rainer Bardel am 1. November 2014

Astrologische Prognose

Seele und Karma

Mit der Sonne in der 3. Dekade im Zeichen Widder im 10. Haus sind Sie eine geborene Anführerin und stehen gerne in der Öffentlichkeit. Die Sonne wird aber von Mond und Uranus spannungsvoll aspektiert und das zeigt die Unvereinbarkeit Ihrer Eltern an und manifestiert sich bei Ihnen in Stimmungsschwankungen und einem erhöhtem Unfallrisiko. Die erste Lebenshälfte war nicht einfach und durch unklare Situationen in der Familie geprägt. Saturn, Neptun und Lilith im 4. Haus (Herkunft) haben Ihnen ebenfalls die Probleme mit den Vermietern gebracht.Die Ursache liegt in Ihrem alten Leben im karmischen 12. Haus. Hier befinden sich der Mond, der absteigende Mondknoten und Uranus und damit haben Sie vor allem das Schwere Ihrer Mutter übernommen und es ist wahrscheinlich, dass es ungesehene Familienmitglieder gibt, welche entweder homosexuell waren, abgetrieben oder missbraucht wurden. Der Vater war ein Machtmensch und hat die Mutter nicht gesehen und geachtet. Sie hatten im 2., 4. und 17. Lebensjahr schwere Erlebnisse zu bewältigen und daher beschlossen Sie, Ihre wahren Absichten und Gefühle zu verbergen und verhalten sich egozentrisch. Mit Pluto im 2. Haus (Finanzen) haben Sie eine materialistische Einstellung und es lohnt sich, diese Eigenschaft zu transformieren. Der Substanzpunkt ist im 3. Haus (Kommunikation und Geschwister) und es sind Konflikte mit Geschwistern und Nachbarn angezeigt, da Sie oft missverstanden werden. Sehen Sie von Manipulationen ab, denn damit erschweren Sie sich das Leben unnötig! Sie sollten sich immer gut über Partner und Kunden informieren, denn die Punkte für Betrug und Prozesse stehen bei Ihnen im Partnerhaus. Chiron steht am Deszendent, dem Partnerpunkt und damit werden Sie immer wieder von anderen Menschen verletzt und angegriffen, doch Chiron steht auch für den Heiler und damit können Sie eine heilende Instanz für andere Menschen sein. Augenprobleme wollen Sie fragen: „Wo möchte ich nicht hinsehen?" Die Gesundheit ist ein wichtiger Teil Ihres Lebensplans und der Kopf, Unterleib, Ödeme, Blasensteine, Magen, Darm und die Brust bedürfen Ihrer Aufmerksamkeit. Die seelische Verfassung und eine gesunde Lebensweise sind bei Ihnen die Basis für ein gesundes und erfolgreiches Leben. Viele plötzliche und unbewusste Aktivitäten lenken Sie vom Weg zum Lebensziel ab. Sie finden inneren Frieden, wenn Sie sich ganz auf andere Menschen einlassen und eine soziale, helfende oder heilende

Dienstleistung ausüben, das zeigt der aufsteigende Mondknoten im Zeichen Steinbock im 6. Haus an. Der Berufspunkt befindet sich im Zeichen Krebs im 12. Haus und damit ist eine Tätigkeit mit traumatisierten Kindern und Tieren begünstigt. Sie haben sehr gute Anlagen als Psychologin, Künstlerin, Schriftstellerin oder Politikerin und Reisen sollte ein Teil Ihrer Tätigkeit sein und Sie wären auch als Reiseleiterin erfolgreich. Der Aszendent steht am Ende des Zeichens Krebs und so kommt auch die Qualität einer Löwin bei Ihnen zum Vorschein. Sie werden immer wieder zyklische Wechselfälle des Lebens erfahren, also alle 3,5 Jahre gibt es Veränderungen der Interessen und Beziehungen. Der Liebespunkt im Zeichen Löwe im 2. Haus besagt, dass ein Partner oder eine Partnerin gut situiert sein soll und eine besondere Ausstrahlung hat und auch aus dem Ausland stammt. Gute Plätze für die berufliche Entfaltung in Europa sind London, Paris, Marseille, Brüssel, Lyon, Rom, Helsinki, Kreta und Rhodos. In Asien Ostindien und Nepal, in Australien Perth und Südafrika sowie Hawaii. Diese Plätze haben heilende Energie für Sie und Sie werden sich dort wohlfühlen und einen Wendepunkt in Ihrem Leben beschleunigen.

Zeitqualität 2016

Schon seit September 2015 befinden Sie sich in einer Phase der Neuorientierung, denn Uranus Quadrat Uranus und Jupiter Sextil Uranus regen das Verlangen nach einer Befreiung von alten Fesseln an. Zuvor verstärken sich die Probleme, wenn Sie zu starr geworden sind und nach gesellschaftliche Regeln und Zielen streben, es ist für Sie besser im Einklang der Seele zu handeln. Ab Februar sollten Sie mehr auf Ihre Gesundheit achten, denn Ihre Vitalität wird mit Chiron/Jupiter geschwächt sein. Uranus im Quadrat und Lilith im 4. Haus könnten auch Prozesse und Probleme mit den Objekten verschärfen und das wird bis April der Fall sein. Am besten ist die Zeit für eine Weiterbildung oder ein Buch zu schreiben und für Reisen, da Jupiter im 3. Haus diese Vorhaben unterstützt. Neue Heilmethoden wie Quantenheilung, Energieübertragung werden ebenso erfolgreich sein. Ab September kommt Jupiter in Ihr 4. Haus und dann ist die Zeit günstig, um Wohnraum zu schaffen oder für eine Investition und bis Oktober ist ein Umzug wahrscheinlich. Ab Dezember sollten Sie wieder von Prozessen absehen (Verluste!) und wieder verstärkt auf die Gesundheit achten, denn mehrere Planetenspannungen werden Sie auffordern, ein ethisches Leben im Dienst von bedürftigen Menschen zu führen.

Zeitqualität 2017

Ab März können Sie mit Jupiter Trigon Jupiter neue Freunde und Gesinnungsgemeinschaften kennenlernen. Zeitgleich kommt Saturn in Ihr 6. Haus und wird Ihre körperliche Gesundheit prüfen und am besten haben Sie schon an sich gearbeitet und sich entgiftet. Im September kommt wieder eine Phase der Neuorientierung auf Sie zu und bis Dezember sind positive Entwicklungen mit Wohnbau und Investitionen zu sehen.

Zeitqualität 2018

Nun wird sich Ihre Einstellung zum Besitz verändert haben und ab März werden Sie sich mit Jupiter Trigon Mond wohlfühlen. Von Mai bis Oktober werden Sie eine neue Qualität im Beziehungsleben entdecken und ab November wechselt Jupiter ins Zeichen Schütze und Sie werden den Rückzug mit Meditation genießen und die Angst vor Stille ist einem inneren Frieden gewichen und Sie werden sehr erfolgreich in der Öffentlichkeit sein.

Rainer Bardel, 3. Oktober 2015

Skeptische Kommentare zu astrologischen Prognosen

Dieser Bericht dokumentiert die Kommentare eines Skeptikers aus Kiel in Deutschland mit dem Nicknamen „kalkfalke", der am 10. Juni 2016 meine astrologischen Prognosen und Terrorwarnungen für das Jahr 2016 (seine Wortmeldungen sind unterstrichen) in gewohnt sarkastischer Weise kommentierte. Ich habe dazu Stellung genommen. Inzwischen hat kalkfalke seinen Account gelöscht.

Ein getroffener Hund bellt

Der größte Gefallen, den man so einer kleinen nervigen bloggenden Pissnelke wie meiner Wenigkeit erweisen kann, ist ja, über ihn zu schreiben, ihn zu verlinken, ihm Aufmerksamkeit zu verschaffen. Stellt euch darum bitte mein Gesicht vor, als ich heute erfuhr, dass Rainer Bardel, der Rainer Bardel, mein Lieblings-Astrologe (Küsschen!) mich, mich kleinen Troll, einer Erwähnung für würdig befand!

Was schreibt er denn so?

Vorwort zu meinen Prognosen

Am 27. April 2016 hat sich die Gesellschaft zur wissenschaftlichen Untersuchung von Parawissenschaften mit dem Sitz in Roßdorf in Deutschland mit meinen Prognosen auseinandergesetzt.

Gut, das war nicht die GWUP, sondern der Wahrsagercheck, geschenkt.

Die infantilen Kommentare haben mich zum Schmunzeln gebracht und ich werde nun darauf antworten. Diese Organisation konzentriert sich akribisch darauf, alle spirituellen Methoden abzuwerten und als Humbug zu diskreditieren.

Genau, dafür steht ja schon die Abkürzung GWUP: „Gesellschaft zur Abwertung und Diskreditierung als Humbug von Parawissenschaften".

Einer der Autoren versteckt sich hinter dem Nicknamen „kalkfalke".

Halt Stopp. Ich bin kein Mitglied der GWUP und bin das auch nie gewesen. Ich bin nicht Autor des Wahrsagerchecks, sondern ziehe mich nur mit meinen infantilen Kommentaren an dessen Rockschößen hoch.

Dieser hat an der Uni in Kiel lateinische Philologie studiert und schreibt an seiner Masterarbeit über die „Natur der Informatik". Er gestaltet den Apokalender und gesteht, dass er kein Experte zur Materie ist.

Stimmt alles, da hat er sauber meine Biografie zitiert.

Er gibt Dinge von sich, welche an seiner (emotionalen) Intelligenz Zweifel aufkommen lassen.

Och Herr Bardel, gleichpersönlich werden? Das lässt schon Zweifel an Ihrer (emotionalen) Intelligenz aufkommen.

Möglicherweise gibt er sich deshalb nicht zu erkennen.

Nein, ich habe einfach nur Angst, dass, wenn ich meinen Namen und meine Adresse angebe, eines Tages irgendwelche erbosten Wahrsager an meiner Tür klingeln und mir ihre Kristallkugeln über den Schädel ziehen.

Leider hat er meine Intentionen nicht verstanden.

Stimmt.

und spielt meinen prognostizierten und leider eingetroffenen Terroranschlag am 8. Juni 2016 in Tel Aviv herunter.

Anscheinend hat kalkfalke eine morbide Phantasie, wie es folgende Texte belegen:

„Karten auf den Tisch, Herr Flückiger, wann gibt es den nächsten Terroranschlag?" - Überschrift im Mai 2016

„Der Mai ist tot, es lebe der Juni!

Was ist uns denn so schlimmes widerfahren im Mai?"

Überschrift Monatsrückblick Mai vom 7. Juni 2016

Ich kann so nicht arbeiten!

Lieber James Bailey von Z3News,darf ich dich um etwas bitten?

SCHEISSE NOCH EINS, KOMM AUF DEINE WELT KLAR! Kommentar vom 8. Juni 2016

Bullshit! In so vieler Hinsicht!

Der Text ist vom 7. Juni 2016. Wie um alles in der Welt hätte ich darin einen Anschlag herunterspielen sollen, der noch gar nicht stattgefunden hat. Der Text bezieht sich ausschließlich auf Ereignisse im Mai. Warum hätte ich irgendein Wort über einen Anschlag verlieren sollen, der im Juni stattfand? Ihre Prognose bezüglich des Anschlags vom 8. Juni hatte ich gar nicht auf dem Schirm Er ist bis heute, wie alle „Präzisierungen" vom 27. Mai nicht im Apokalender eingetragen, ich werde das selbstverständlich nachholen. Ich habe noch nie irgendein Ereignis heruntergespielt. Ich spiele lediglich Ihre Vorhersage-„Fähigkeiten" herunter sowie Ihren helfenden Einfluss.

Ich wünsche mir, dass in herausfordernden Zeitphasen nichts passiert, dann haben Sicherheitsvorkehrungen und das Bewusstsein Schlimmes verhindert!

Das wünschen wir uns alle, aber wenn wirklich nichts passiert, lieber Herr Bardel, jetzt müssen Sie ganz stark sein, dann liegt das nicht daran, dass Sie davor gewarnt haben. In der Regel liegt es an den Terroristen, die an diesem Tag einfach zu Hause geblieben sind und Mau Mau gespielt haben.

In Deutschland müsste der Unterschied einer Präsidentenwahl und einer Neuwahl (nach Auflösung einer Regierung) bekannt sein.

Ganz ehrlich: ich habe keine Ahnung, worauf er mit diesem Satz hinauswill. Ich habe keine Prophezeiungen von ihm, die irgendwelche Wahlen betreffen, im Kalender…

Sie sollten Ihren Kollegen, Michael Kunkel vom Wahrsagercheck fragen. Dieser Herr hat mich wegen der Jahresvorschau 2016 als „Schwarzseherazubi" bezeichnet und die Neuwahlen als krass blöde Prognose kommentiert… Ihr solltet euren Beitrag leisten, um Lösungen zu den Krisen und Konflikten der Welt zu erarbeiten, statt etwas zu kritisieren, wovon ihr keine Ahnung habt.

Ach Gott, was ich nicht alles sollte. Ich sollte mehr Sport treiben, gesünder essen, früher aufstehen und nicht so viel Zeit in meiner Hängematte verbringen. Aber wieso sollte ich eigentlich meinen „Beitrag leisten, um Lösungen zu den Krisen und Konflikten der Welt zu erarbeiten" – dafür bin ich überhaupt nicht qualifiziert! Ich glaube nicht, dass das eine gute Idee wäre…

Es ist klar, dass sie einen Großteil ihres Einkommens mit irreführenden Informationen der Pharmazie und Industrie verdienen, doch die Entwicklung hin zur Alternativmedizin und Spiritualität ist nicht mehr aufzuhalten.

Herr Bardel, Sie werden schon wieder unsachlich. Statt sich mit dem zu beschäftigen, was ich sage, stellen Sie ebenso kühne wie falsche Thesen über meine Einkünfte auf, die in keinerlei Hinsicht relevant sind. Selbst wenn ich von der Pharmaindustrie gesponsert werden würde (was nicht stimmt, ich lebe von meinem Gehalt als festangestellter Chemtrailflieger), würde das nichts daran ändern, dass viele Ihrer Prophezeiungen nicht eingetreten sind.

Sie schreiben laufend Ihre Kommentare und führen den Apokalender als zynisches Spaßprojekt umsonst. Idealerweise legt die GWUP ihre Konten zur Einsicht offen, um zu belegen, dass alle aus Idealismus für einen Gotteslohn tätig sind. Zum Glück ist in den Zeitphasen meiner Terrorwarnungen nichts passiert. Es ist eine beunruhigende Vorstellung, wenn die Sicherheitsbehörden keine Anschläge vereitelt hätten. Astrologie ist keine Wahrsagerei und wer grundlegendes Wissen zur Astrologie vermissen lässt, ist als Kritiker nicht ernstzunehmen.

Astrologie ist aber auch keine Wissenschaft.

Das ist falsch. Sie war in der Hochblüte im Mittelalter eine anerkannte Wissenschaft. Durch die männlich geprägte Aufklärung und Inquisition verlor sie diesen Status. Durch die Emanzipation der Frauen und dem neuen Bewusstsein wird die Astrologie mit dem Eintritt von Pluto ins Zeichen Wassermann im Jahr 2024 den Status einer anerkannten Wissenschaft erhalten. Die Universitäten werden sich dieser Kunst nicht länger verschließen.

Im Übrigen habe ich tatsächlich, kein Witz, in einem Seminar über die Kultur der Antike die Grundlagen römischer Astrologie gelernt und mir mein persönliches Lebenshoroskop erstellt. Ferner habe ich nie den Anspruch erhoben, ernst genommen zu werden.

Das Jahr 2016 ist kein gutes Jahr für Ewiggestrige und konservative Menschen, denn vor allem bei diesen Personen kommen Botschaften als Schwarzseherei an.

Kein gutes Jahr für Ewiggestrige? Die letzten Wahlergebnisse sprechen eine ganz andere Sprache... immerhin wäre um ein Haar der Hofer Präsident geworden...

Ewiggestrige Menschen sind voller Angst und/oder Hass, leben unbewusst und machen sich ständig Sorgen. Der bewusste Mensch sieht, dass ein krankes System kollabiert und das entspricht der aktuellen Zeitqualität.

Bitte werden Sie konkret.

Die Wirtschaftskrise und Regierungskrisen mit den militärischen Konflikten und der Bedrohung durch den Terror entstanden synchron mit den Spannungen der äußeren Planeten Saturn, Uranus, Neptun und Pluto. Pluto ist nach wie vor ein Planet, auch wenn sich die Astronomen hier uneinig sind. Der Beginn des 2. Weltkriegs, der Fall der Berliner Mauer, das Aufkommen von Aids, die Annexion der Krim und andere wichtige Ereignisse wurden und werden von den Gestirnen angezeigt. Die Gestirne ziehen weiter präzise ihren Lauf. Entscheidend ist die Interpretation des geschulten und erfahrenen Astrologen. So wie in der Politik braucht es auch in der Medizin und in der Wissenschaft eine neue und nachhaltige Zusammenarbeit und dafür bedarf es einen Pool der besten Köpfe.

Tja, dann sind wir wohl beide raus.

Wir beide? Ich arbeite bereits an der Umsetzung meiner Vorhaben zur Entwicklung der Gesellschaft. Sie können ja bald in Ihrer Hängematte darüber lesen. Ich bin bei Scharlatanen und abwertenden Aussagen ohne fundierte Kenntnisse der Materie ebenso skeptisch. Ich freue mich, dass meine Botschaften auch in dieser Form verbreitet werden und bin überzeugt, dass ich viele Menschen zum Nachdenken anrege und inspirieren werde. Ich wünsche den Skeptikern eine bessere Differenzierung und neue Erkenntnisse sowie Toleranz gegenüber andersdenkenden Menschen.

Das kann ich beinahe wortwörtlich unterschreiben. Nur, dass wir „Scharlatan", „Toleranz" und „andersdenkende Menschen" vermutlich anders definieren. Aber auch ich freue mich, dass Sie meine Botschaft verbreiten, lieber Herr Bardelstreisand; bei mir schießen die Besuchszahlen seitdem wie die Pilze in den Himmel. Herzlichen Dank und schöne Grüße! PS: Ich werde mich gleich daran setzen, Ihre letzten Prognosen einzutragen! Danke auch für den Hinweis!

In folgendem Beitrag vom 20. Juni 2016 outet sich kalkfalke als Fan meiner Prognosen. Doch wie es sich für einen richtigen Skeptiker gehört, stellt er gleich darauf alles in Frage...

Man kann es sich auch zu leicht machen

Rainer Bardel ist und bleibt einer meiner Lieblingspropheten. Primär deshalb, weil er eine Menge überprüfbarer Prophezeiungen aufstellt, die mit konkreten Aussagen und konkreten Daten verknüpft sind. Im Gegensatz zu gefühlt 99 Prozent aller Prophezeiungen, die ich mir so durchlesen darf und die bestenfalls auf einzelne Jahre beschränkt sind, in der Regel aber gar keine Zeitangaben enthalten. Im März 2016 veröffentlichte er eine Reihe von Terrorwarnungen, die er im Mai aktualisierte und im Juli wieder (UPDATE: zweimal) aktualisierte, die eine Liste von Orten und eine Liste von Tagen enthielten, an denen Anschläge stattfinden sollten. Schon im März hatte er dabei eine sehr dichte Abfolge von Tagen und bei den Orten die üblichen Verdächtigen (Paris, New York, Istanbul etc.) angeführt, sodass es eigentlich im Bereich des Möglichen schien, dass der eine oder andere Treffer dabei sein könnte. Doch sowohl im Mai als auch im Juli weichte er die „Prognosen" so weit auf, dass von exakten Vorhersagen keine Rede mehr sein kann. So gesellten sich zu den US-amerikanischen Städten Washington und New York City, die bereits im März als Anschlagsziele genannt wurden, auch noch Dallas, Houston, Boston und Orlando hinzu. Nota bene: nachdem dort schwerwiegende Anschläge geschahen. Auch auf die Gefahr hin, mir wieder einen bösen Rant einzufangen, spekuliere ich mal über die Motivation des Propheten: versucht da etwa jemand, im Nachhinein so zu tun, als habe er Anschläge vorhergesagt? Herr Bardel verzichtet nämlich darauf, hinzuweisen, wann welches Datum, welcher Ort zu seiner Prognosenliste hinzugefügt wurde.

kalkfalke hat es verabsäumt, laufende Aktualisierungen zeitgerecht zur Kenntnis zu nehmen. Ich setzte das unter meine Prognosen wie folgt: „Verfasst am 26. März 2016, ergänzt am 20. Juli 2016"

steht unter der Prognosenliste. Die Schießerei von Dallas? Hatte er selbstverständlich schon vorher auf dem Schirm! Dallas tauchte zwar erst danach in der Städteliste auf, aber das lässt sich im Nachhinein schlecht überprüfen, wenn man die Seiten nicht gerade archiviert hat. Und so einem treffsicheren Astrologen kauft man natürlich auch gern persönliche Jahreshoroskope oder Bücher ab. Schauen wir doch mal, wann welche

„Prognose" gestellt wurde und wie viel vom ursprünglichen Post noch übrig ist. Unten ist die vollständige Prognose vom 20. Juli 2016 zitiert, ich habe farbig markiert, wann welche Passagen verfasst wurden und gegebenenfalls gehässige Kommentare angebracht.

Folgende Quellen stehen uns zur Verfügung:

Fassung vom 26. März 2016, abgerufen am 08. Mai 2016

Fassung vom 27. Mai 2016, abgerufen am 09. Juni 2016

Fassung vom 15. Juli 2016, abgerufen am 19. Juli 2016

Fassung vom 20. Juli 2016, abgerufen am 27. Juli 2016

Zur Lesart: Die jeweilige Textfarbe gibt die erste Fassung an, in der die betreffende Passage enthalten war. (Text in eckigen Klammern) wurde aus späteren Fassungen entfernt, ggf. sind weitere Hinweise als Kommentar angegeben.

Beispiel:

[12. bis 15. Juni 2016] 10., 13. und 14. Juni 2016 [Risiko in Paris] Mord am 14. Juni an Polizistenpaar in Paris [am 14. Juni]

liest sich:

1.Fassung: 12. bis 15. Juni 2016

2.Fassung: 10., 13. und 14. Juni 2016 Risiko in Paris

3.Fassung: 10., 13. und 14. Juni 2016 Mord an Polizistenpaar in Paris am 14. Juni 2016

4.Fassung: 10., 13. und 14. Juni 2016 Mord am 14. Juni an Polizistenpaar in Paris

Das im Zuge der astrologischen Forschungsarbeit Erweiterungen vorgenommen werden, sollte klar sein.

Terrorgefahr aktuell

Mit den verheerenden Anschlägen von Brüssel am 22. März 2016 hat das Jahr des Mars beunruhigend begonnen. Ich gebe herausfordernde Tage bekannt, um auf mögliche Anschläge vorbereitet zu sein und um Menschenleben zu schützen. Die Terroristen des IS, Al-Qaida, Taliban, PKK, Hamas, Hisbollah und deren Sympathisanten nutzen auffällige Zeitphasen für Anschläge als auch für Hinrichtungen und die Zerstörung von Denkmälern.

<u>In der ersten Fassung hieß es nur „Der IS nutzt…", aber anscheinend war es wohl keine so gute Idee, sich zu sehr auf den „IS" einzuengen. Später in der Ortsliste werden wir sehen, dass zu einigen Orten Alternativen zum so genannten „IS" vorgeschlagen wurden.</u>

In Brüssel hat sich die Polizei unangenehmen Vorwürfen zu stellen. Ganze Stadtviertel hätten nach den Anschlägen in Paris komplett durchforstet werden sollen. Informationen von Geheimdiensten wurden grob fahrlässig behandelt! Bis zum Jahr 2023 wird nun aufgerüstet und die Polizei mehr Einfluss erhalten, doch das ist der Preis für eine subjektive Sicherheit.

Folgende Zeitphasen gebe ich als einziger Astrologe weltweit exklusiv bekannt. Die Orte können variieren, denn dazu liegen mir noch zu wenig Daten vor. Städte in Kriegsgebieten habe ich nicht analysiert, denn es ist klar, dass hier ständige Bedrohungen den Alltag prägen.

<u>Die Orte können variieren, ach so! Das heißt, wenn da „New York" steht, kann genau so gut Philadelphia gemeint sein? Das wird den Sicherheitsbehörden vor Ort eine enorme Hilfe sein! Was für „Daten" sollen da eigentlich vorliegen? Ich dachte, in der Astrologie arbeitet man auf der Basis der Stern- und Planetenbewegungen, und die lassen sich doch auf Jahrzehnte im Voraus berechnen. Konsultieren Sie am Ende doch die Tageszeitung statt des Nachthimmels, Herr Bardel?</u>

Das ist richtig. Ich lese ab und zu eine Zeitung.

Folgende Städte sind im Visier der Terroristen

Istanbul, Ankara und die Südküste in der Türkei (zusätzliche Anschläge durch Kurden, welche vor allem im Grenzgebiet zu Syrien aktiv sind)

Berlin, Düsseldorf, Stuttgart, Köln, Frankfurt und München in Deutschland

Brüssel und Antwerpen in Belgien

Paris, Lyon, Marseille, Nizza und die Südküste in Frankreich (Ausschreitungen bei der EM und Attacken durch Rassismus

<u>Lyon war in der ersten und zweiten Fassung enthalten, in der dritten gelöscht und in der vierten dann wieder drin.</u>

Mailand, Turin, Genua und Rom in Italien

London in Großbritannien (Chaos zur und nach der BREXIT-Abstimmung)

Moskau in Russland

Tel Aviv, Haifa und Jerusalem in Israel (Hamas, Hisbollah)

New York, Washington, Dallas, Houston, Boston, Orlando und weitere Großstädte in den USA - Amokläufe und Anschläge im Zuge der Präsidentenwahlen, Angst vor Überfremdung mit Rassenunruhen und Attacken auf die Homosexuellenbewegung

<u>Kleine Statistik: insgesamt werden 26 Ortsangaben gemacht, wovon vier sehr vage sind („Südküste der Türkei", „Grenzgebiet zu Syrien", „Südküste Frankreichs", „weitere Großstädte in den USA"). 14 davon waren in der Originalprophezeiung enthalten, zwölf weitere kamen im Juli dazu. Bereits im Mai wurden vier Alternativen zum „IS" („Kurden", „Hamas", „Hisbollah", „Präsidentschaftswahl") hinzu-gefügt, im Juli noch einmal drei weitere („EM", „Brexit-Chaos", „Rassenunruhen"). Damit hat der Prophet das ohnehin recht weit gefasste Feld der möglichen Zielorte noch einmal vergrößert, beinahe verdoppelt. Durch die Alternativen hat er außerdem die Menge der möglichen Ereignisse, deren Eintreten vorhergesagt zu haben er nun für sich reklamieren kann, verachtfacht. Chapeau. Spätestens jetzt MUSS doch einfach jede Prognose ein Treffer sein.</u>

Zeitphasen mit einem erhöhten Risiko von Anschlägen

5. April 2016

18. bis 21. April 2016 [Es sind zusätzlich Verluste bei den Börsen angezeigt]Unsicherheiten und Verluste bei den Börsen

25. bis 28. April 2016

18. bis 21. Mai 2016 Ab nun mehr Übergriffe auf Frauen und Probleme an den Grenzen

Kommentar: Bombenanschlag am 19. Mai auf dem Flug von Paris nach Kairo

Bombenanschlag? Haben Sie dafür eine Quelle, Herr Bardel? Die Zeit schrieb am 17. Juli 2016 über die laufende Auswertung des Flugdatenschreibers: „Es ist aber noch zu früh zu sagen, warum es einen Brand gegeben hat und wo dieser an Bord war", heißt es in der Erklärung des Ministeriums. Die Flugschreiber müssten weiter untersucht werden.

Woher also wissen Sie, dass es ein Bombenanschlag war?

Ich behaupte nichts, was ich nicht mehrfach überprüft habe. Namhafte Experten wie Niki Lauda meinten, dass logischerweise bei einer gut gewarteten und relativ neuen Maschine nur ein Anschlag infrage kommt. Die Regierungen in Frankreich und Ägypten hatten vor der wichtigen Sommersaison gute wirtschaftliche und sicherheitsrelevante Gründe, das Unglück zu vertuschen. Nach wie vor ist dieser Fall ungeklärt und auch aus den Medien verschwunden...

27. bis 31. Mai 2016

3. und 4. Juni 2016 Risiko in Tel Aviv bei der Gay Pride!

6. Juni 2016 Risiko in Paris durch den Beginn des Ramadan!

8. und 9. Juni 2016 Kommentar: Anschlag am 9. Juni in einem Cafe in Tel Aviv

[12. bis 15. Juni 2016]10., 13. und 14. Juni 2016 [Risiko in Paris] Mord am 14. Juni an einem Polizistenpaar in Paris [am 14. Juni]

19. bis 23. Juni 2016 Weitere große Verluste an den Börsen, Chaos in London

29. bis 30. Juni 2016 Kommentar: In der Nacht zum 29. Juni Anschlag am Flughafen Istanbul

Nota bene: der Anschlag fand bereits am 28. Juni statt.

12. bis 14. Juli 2016 Kommentar: Anschlag mit Lastwagen in Nizza am 14. Juli

16. bis 23. Juli 2016 Kommentar: Militärputsch in Istanbul und Ankara am 16. Juli, Glücklicherweise vereitelter Bombenanschlag am 17. Juli in Jerusalem, Anschlag am 18. Juli mit Axt in einem Zug bei Würzburg, Risiko auf der Tour de France!

Tja, ärgerlich nur, dass der Putsch bereits am 15. Juli begann. Womöglich sogar, bevor diese „Prognose" abgegeben wurde? Die Wahrheit kennen wahrscheinlich nur die Logs von Herrn Bardels Server...

25. bis 29. Juli 2016 Gefahr in Italien

31. Juli bis 2. August 2016 Gefahr in Frankreich, Italien, Deutschland

5. bis 13. August 2016 Gefahr von 6. bis 8. in Italien und von 11. bis 13. August in Istanbul!

Olympische Spiele von 5. bis 21. August 2016 in Rio de Janeiro/Brasilien. Durch die Dopingvorwürfe werden sich die Probleme mit den Russen verschärfen und somit eine zusätzliche Gefahr für Anschläge geschaffen

Gefährdete Tage:

1. August 2016

5. August 2016

7.bis 9. August 2016

12. bis 14. August 2016

19. und 20. August 2016

Ich wünsche den Veranstaltern, allen Athleten und den Besuchern Achtsamkeit und Glück!

15. [16.] bis 18. August 2016 Gefahr in Italien, Frankreich, Deutschland

20. [24.] bis 28. August 2016 [Gefahr am 25. und 26.!] Gefahr in Italien, besonders am 22. und 28. in Frankreich, besonders am 22., 24. und 28. in Deutschland!

Interessant übrigens, wie sich die Zeitfenster mehr und mehr schließen. In der ersten Vorhersage lagen noch im Mittel 8,583 „terrorfreie" Tage zwischen den einzelnen Zeiträumen (zwischen 3 und 19, Median 6), damit meine ich Tage, für die keine Terrorprognose gestellt wurde. In der zweiten Prognose ist der Mittelwert geschrumpft auf 7,142 Tage, der

Minimalwert sogar bis auf einen Tag (Maximum 19, Median 5), das ist aber noch harmlos im Vergleich zur dritten und vierten Vorhersage. Dort ist nämlich der Mittelwert auf 3,724 (dritte Fassung) bzw. 3,593 terrorfreie Tage (vierte Fassung) zwischen den Prognosen geschrumpft, der vor allem durch die hohen Werte aus den früheren Prognosen in die Höhe getrieben wird. Minimum und Maximum bleiben unverändert, der Median hingegen (der Wert, der sich mit gleich vielen kleineren und größeren Werten die Stichprobe teilt) ist auf 2 geschrumpft. Auf gut Deutsch liegt also bummelig zwischen der Hälfte der Prognosen ein Zeitraum von zwei Tagen oder weniger. So kann man natürlich auch versuchen, Treffer zu erzielen: indem man keine Lücken übrig lässt. Besonders deutlich wird dies im September. Nur zwei Tage, nämlich der 7. und der 25. September sind von dieser „Vorhersage" ausgenommen. 2 Tage ohne Terroranschlag. Im Oktober sind es immerhin sechs friedliche Tage, aber wenn ich ein Igel wäre, würde ich trotzdem jetzt schon in den Winterschlaf gehen oder versuchen, wie ein Storch nach Süden zu fliegen, nur um diesen Herbst nicht mitmachen zu müssen...

1. bis 6. September 2016 Gefahr in Italien, besonders am 1. in Frankreich, Deutschland, besonders von 4. bis 6. [September] in Ankara und Istanbul!

Ab 9. September 2016 wird es diplomatische Erfolge geben und der IS nachhaltig geschwächt sein. Dieser Umstand erhöht jedoch die Terrorgefahr!

Häh? Die Logik möchte ich noch mal erklärt bekommen.Ooooder – Sherlock Holmes, ick hör dir trapsen – möchte sich da nur jemand sein Geschäftsmodell nicht kaputt machen? Wär ja doof, wenn der selbsternannte „IS" plötzlich futsch wär, was sollte man denn dann noch vorhersagen? Da baut man lieber noch einen kleinen Plot twist ein, für alle Fälle. Im Übrigen kommen nur noch weitere Daten, die in den letzten beiden Fassungen hinzugefügt wurden. Dazu kann ich nur wiederholen, dass die Sternkonstellationen für diese Daten ja schon längst feststanden, dass ein guter Astrologe also bereits Jahre im Vorhinein Aussagen treffen können sollte.

Lassen wir es einfach dabei bewenden und scrollen nach unten zum Fazit.

8. bis 15. September 2016 Gefahr von 13. bis 15. in den USA, besonders am 14. und 15. in Frankreich, besonders von 6. bis 12. in Italien, besonders am 8., 10. und 14. in Deutschland!

16. bis [23.] 24. September 2016 [Risiko] Gefahr besonders am 16., 20. und 24. beim Oktoberfest München, [und] besonders am 16. in Frankreich, Italien, Deutschland!

26. bis 30. September 2016 [Risiko beim Oktoberfest München!] Gefahr in Deutschland!

2. [3.] bis 8. Oktober 2016 Gefahr in Italien und Deutschland!

12. bis 20. Oktober 2016 Gefahr von 13. bis 15. in den USA, besonders am [und] 14. und 15. [Oktober] in Frankreich, besonders von 6. bis 12. in Italien, besonders am 8., 10. und 14. in Deutschland!

23. bis 31. Oktober 2016 Gefahr zum Ende des US-Wahlkampfes, in Frankreich, Italien, Deutschland!

8. bis 12. November 2016 Gefahr bei und nach der US-Wahl, [und] in Italien und Frankreich!

15. bis 19. November 2016 Gefahr besonders am 18. in Frankreich, besonders am 17. in Italien, besonders am 15., 18. und 19. in Deutschland!

24. bis 30. November 2016 Gefahr in Frankreich, besonders am 24., 28. und 30. in Deutschland!

2. [5.] bis [12.] 14. Dezember 2016 Vermehrte Übergriffe auf Frauen, Gefahr besonders am 2., 4., 5., und 8. in Frankreich, besonders am 10. und 14. in Italien und besonders am 9. und 13. in Deutschland!

16. [18.] bis 25. Dezember 2016 Gefahr besonders am 16. und 17. in Frankreich und in Italien und besonders von 19. bis 21. in Deutschland!

28. bis 31. Dezember 2016 Vermehrte Übergriffe auf Frauen und Gefahr auf den Silvesterveranstaltungen in vielen Städten!

Verfasst am 26. März 2016, [präzisiert am 27. Mai 2016][ergänzt am 15. Juli 2016] ergänzt am 20. Juli 2016

Fazit: Auch ein blindes Huhn findet mal ein Korn. Vor allem, wenn es in ein Getreidesilo flattert. Es müsste ja wirklich mit dem Teufel zugehen, wenn sich bei so vielen Prognosen kein Erfolg zeitigen würde. Ich werde diese Prognosen nicht in den Apokalender aufnehmen, dafür sind es einfach zu viele und die Strategie des Propheten ist zu offensichtlich. Wer sich dazu berufen fühlt, ist herzlich eingeladen, sich zu registrieren und sie selbst einzutragen.

UPDATE [20. Juli 2016] Änderungen im laufenden Betrieb

Inzwischen werden Änderungen an den „Vorhersagen" nicht mal mehr mit Datum gekennzeichnet. Diese Fassung ist heute, am 20. Juli 2016 abgerufen worden und enthält neue Warnungen, u.a. die Olympischen Spiele betreffend. Als letztes Bearbeitungsdatum wird immer noch der 15. Juli 2016 genannt.

Die zwanghafte Suche nach Fehlern zieht Fehler an…

UPDATE [27. Juli 2016] Entschuldigung…

… das war unfair. Inzwischen wurde das Datum angepasst, so ehrlich ist der Prophet dann doch. Und ich natürlich auch diesen Text angepasst und um die neuesten Änderungen ergänzt.

Aktionen der Skeptiker

Homöopathie-Aktionen in europäischen Städten

Skeptiker in Deutschland und Österreich präsentieren heute wieder Aktionen und informieren kritisch über Homöopathie. Während in Österreich Homöopathie-Anhänger eine Petition an den Nationalrat abgegeben haben, mit dem sie die Erstattung der „alternativen" Heilmethode über die gesetzlichen Krankenkassen erreichen wollen, machen Skeptiker in Deutschland und Österreich mit Aktionen auf den Unsinn der wissenschaftlich völlig unbewiesenen Methode aufmerksam. Wer die weltweit bereits mehrfach durchgeführten Aktionen unter dem Titel „Nichts drin, nichts dran!" noch nicht kennt und sich darüber informieren möchte, kann sich heute noch bei den Hamburger Skeptikern ab 15.30 Uhr per Live-Stream dazuschalten. Wir wünschen den Veranstaltern gutes Gelingen!

Holger von Rybinski, 23. Oktober 2016 (GWUP)

Die Wahrheit bringt Heilung - Verkaufsveranstaltung

Ein ironisch wissenschaftliches Dings über die scheiß Esoterik.

Mit Anne Frütel und Jörg Wipplinger

Musik: Karl Valentin, Richard Wagner, Anne Frütel

Am 15. Februar 2011 spielen wir in der Bücherei Penzing

Hütteldorfer Straße130d in 1140 Wien

Eintritt frei! Anschließend kleines Büffet!

Jörg Wipplinger, diewahrheit.at, 5. Februar 2011

Skeptiker planen Massen-Überdosis

Mit dieser Aktion soll die Wirkungslosigkeit von Homöopathie demonstriert werden. Am 10. April werden Homöopathie-Skeptiker am Wiener Stephansplatz im Selbstversuch öffentlich eine "Überdosis" homöopathischer Präparate zu sich nehmen. Mit der Aktion der "Skeptiker - Gesellschaft zur wissenschaftlichen Untersuchung von Parawissenschaften" (GWUP) unter dem Motto "Nichts drin, nichts dran" soll die "Wirkungslosigkeit der beliebten Globuli demonstriert werden". Die Kritiker stoßen sich vor allem daran, dass in der Homöopathie davon ausgegangen wird, dass sich die Wirksamkeit eines Mittels mit zunehmender Verdünnung der sogenannten "Ursubstanzen" erhöht. Ab einem gewissen Verdünnungsgrad ist daher rein rechnerisch kein einziges Molekül der Ursubstanz mehr enthalten. "Wir nennen unsere Aktion '10:23'. Die Bezeichnung spielt auf die Avogadro-Zahl an, die kurz gesagt bedeutet, dass ab einer Verdünnung von 1 zu 10 hoch 23 kein einziges Molekül der Ausgangssubstanz mehr vorhanden ist", wird der theoretische Physiker Heinz Oberhummer, selbst GWUP-Mitglied, in der Aussendung zitiert. "Kein Wunder, dass Homöopathika in wissenschaftlichen Studien nur Placebo-Wirkung zeigen", so der Skeptiker. Die Wiener Skeptiker werden hoch verdünnte Globuli mit Namen wie "Phosphorus" (Phosphor), "Arsenicum" (Arsen) und "Strychnos nux vomica" (Brechnuss) einnehmen. Diese würden aber tatsächlich aus reinem Zucker bestehen. Das, was auf dem Etikett steht, sei in dem Mittel nicht enthalten, erklärt die GWUP. Mit der Veranstaltung will man am Geburtstag des Homöopathie-Erfinders Samuel Hahnemann einen Gegenpol zur alljährlich rund um dieses Datum stattfindenden internationalen Woche der Homöopathie (10. bis 16. April) bilden, wie der GWUP-Vorsitzende Ulrich Berger gegenüber der APA erklärte. Die Idee zu der Aktion entstand in Großbritannien, wo 2010 erstmals die Einnahme einer "Massen-Überdosis" organisiert wurde. Für kommenden Mittwoch rechnet Berger mit "mehr als zwei Dutzend" Teilnehmern.

oe24.at, 10. April 2013

Skeptics in the Pub

Der skeptische Kneipenabend: Die Idee, Skeptizismus in die Kneipen zu tragen, stammt aus Großbritannien. In London trafen sich 1999 das erste Mal „Skeptics in the Pub". 2011 haben dann die Hamburger Skeptiker dieses Konzept für sich entdeckt. Ziel der Reihe „Skeptics in the Pub" ist es, bei einem kühlen Bier, wissenschaftliches, kritisches Denken zu fördern und über pseudowissenschaftlichen Hokuspokus aufklären. Was ist faul an Wünschelrute, Globuli, Handauflegen und Co? Nach einem Impulsvortrag zu einem aktuellen, pseudowissenschaftlichen Thema, hat in der anschließenden Diskussion hat jeder die Möglichkeit, sich mit seinen Fragen und Ansichten einzubringen. Die Themen werden aus dem großen Fundus an aktuellen Diskussionen geschöpft, die sich um die Grenze zwischen Wissenschaft und pseudowissenschaftliche Theorien ranken. Wir bemühen uns stets um Kontakt mit denen, die anderer Meinung sind und wollen Raum für echten Austausch zu bieten. Wir freuen uns also stets über Menschen, die sich zu uns gesellen und mit neuen Argumenten und Perspektiven unsere Diskussion bereichern.

Skeptiker Hamburg

Deutsche Mitglieder der GWUP

DI Armadeo Sarma

Indisch-Deutscher Elektroingenieur, Manager, Vorsitzender Geschäftsführer der GWUP

Amardeo Sarma, geboren am 27. Dezember 1955 in Kassel, studierte Elektrotechnik am ITT Delhi in Neu-Delhi mit Abschluss Bachelor of Technology (B. Tech) und an der Technischen Hochschule in Darmstadt mit Abschluss Dipl.-Ing.. Von 1981 bis 1995 war Sarma zunächst wissenschaftlicher Mitarbeiter im Forschungsinstitut der Deutschen Bundespost Telekom und später Leiter einer Forschungsgruppe im Bereich Telekommunikation. Von 1995 bis 1999 war er Project Supervisor bei Eurescom GmbH bis er als Bereichsleiter für Technologie und Methodenmanagement bei der T-Nova Deutsche Telekom Innovationsgesellschaft mbH zurückkehrte. Seit 2001 ist er bei NEC Laboratories Europe in Heidelberg, wo er zur Zeit General Manager der Social Solutions Division ist. Sarma war ab 1996 Vorsitzender der Studienkommission 10 und von 2002 – 2004 Co-Vorsitzender der aus den Studienkomisionen 7 und 10 zusammengelegten Studienkommission 17 der ITU-T in Genf. Er ist derzeit Vorsitzender des Verbandes Trust in Digital Life mit Sitz in Brüssel. Sein beruflicher Schwerpunkt ist die digitale Breitbandkommunikation, vor allem Spezifikationsmethoden, formale Methoden, Kommunikationsverfahren und -protokolle, Middleware und F&E-Management.Seine derzeitige Verantwortlichkeit umfasst u.a die Themen sind Sicherheit und Internet der Dinge. Sarma ist Initiator, Gründungsmitglied und Vorsitzender der Gesellschaft zur wissenschaftlichen Untersuchung von Parawissenschaften(GWUP),

Fellow und Mitglied des Exekutivkomitees von CSI (ehemals CSICOP) und des Vorstandes der europäischen Skeptiker-Organisation ECSO. Er absolvierte zahlreiche Radio- und Fernsehauftritte für die GWUP. In letzter Zeit hat Sarma öfters zum Thema Klimawandel und globale Erwärmung geschrieben und vorgetragen. Sarma wendet sich gegen Paranormales und Übersinnliches. Zu seinen Themen-Schwerpunkten gehören das Turiner Grabtuch, Erdstrahlen und Wünschelruten, Homöopathie und allgemeine Wissenschaftsmethodik.

Kontakt:

Amardeo Sarma, GWUP e.V.

Arheiliger Weg 11

D-64380 Roßdorf

Tel.: 06154-6950-21

email: sarma@gwup.org

Anmerkung

Schade, dass Armadeo Sarma seine indischen Wurzeln nicht achtet. In diesem Land ist die vedische Astrologie sehr verbreitet. Vor einer Eheschließung werden Astrologen aufgesucht, um mit einem Partnervergleich diesen Bund zu festigen. Das indische Volk ist tiefgläubig.

Bernd Harder

Journalist, Autor, Chefredakteur und Pressesprecher der GWUP

Bernd Harder, geboren im März 1966 in Hagen, (das genaue Geburtsdatum verheimlicht er bewusst, da seine Integrität sonst von Astrologen infrage gestellt würde) studierte Politikwissenschaft in Saarbrücken. Er arbeitet als Redakteur für verschiedene Zeitschriften und ist Textchef in der Marketing-Abteilung eines internationalen Labordienstleisters. Er ist Pressesprecher der GWUP, Chefreporter der GWUP-Zeitschrift Skeptiker und verantwortlich für den GWUP-Blog. Im Rahmen der alljährlichen GWUP-Konferenzen initiiert und moderiert er den Publikumstag. Er schreibt Bücher und Zeitschriftenartikel in den Bereichen Esoterik-Kritik, Parawissenschaften und Okkultismus.

Kontakt:

Bernd Harder, GWUP e.V.

Arheilger Weg 11

64380 Roßdorf

Tel.:06154 6950-21

email: harder@gwup.org

Dr. Martin Mahner

Leiter des Zentrums für Wissenschaft und kritisches Denken der GWUP

Dr. Martin Mahner, geboren am 8. Mai 1958, unveröffentlichter Geburtsort, studierte Biologie und Geografie an der FU Berlin und promovierte 1992 im Fach Zoologie mit dem Nebenfach Wissenschaftstheorie. Von 1993 bis 1996 war er Stipendiat an der Foundations & Philosophy of Science Unit der McGill University in Montreal, Kanada. Mahner ist Gründungsmitglied der GWUP und leitet seit 1999, als Deutschlands einziger hauptamtlicher Skeptiker, das Zentrum für Wissenschaft und kritisches Denken in Roßdorf.

Kontakt:

Dr. Martin Mahner, GWUP e.V.

Arheilger Weg 11

D-64380 Roßdorf

Tel.:06154-6950-23

email: mahner@gwup.org

Prof. Dr. Dr. Gerhard Vollmer

Gerhard Vollmer, geboren am 17. November 1943 in Speyer, ist ein deutscher Physiker und Philosoph, der insbesondere durch seine Arbeiten zur Evolutionären Erkenntnistheorie bekannt wurde. Vollmer studierte Mathematik, Physik und Chemie in München, Berlin, Hamburg und Freiburg. Nach dem Diplom in Physik im Jahre 1968 studierte er in Freiburg zusätzlich Philosophie und Sprachwissenschaften. In Freiburg promovierte er 1971 in theoretischer Physik bei Siegfried Flügge. Dort war er anschließend, mit Unterbrechung durch einen einjährigen Aufenthalt in Montreal, bis 1975 als wissenschaftlicher Assistent tätig. Er promovierte 1974 zudem in Philosophie. Vollmer lehrte vom 1975 bis 1981 als Akademischer Rat an der Universität Hannover, von 1981 bis 1991 als Professor im Fach Biophilosophie an der Universität Gießen und von 1991 bis 2008 als Professor für Philosophie an der Technischen Universität Braunschweig. Seine Arbeitsgebiete sind Logik, Erkenntnis- und Wissenschaftstheorie, Naturphilosophie, Künstliche Intelligenz. Im Jahr 2004 erhielt er „für die Grundlegung einer Evolutionären Erkenntnistheorie und für seine herausragende Mittlerfunktion zwischen Natur- und Geisteswissenschaften" den Kulturpreis der Eduard Rhein-Stiftung. Vollmer ist Mitglied im wissenschaftlichen Beirat der Humanistischen Akademie Bayern, der Deutschen Akademie, der Naturforscher Leopoldina Halle (seit 1998), der Giordano Bruno Stiftung und der Braunschweigischen Wissenschaftlichen Gesellschaft. Er ist ferner Mitherausgeber der Zeitschrift Aufklärung und Kritik und gehört zum Wissenschaftsrat der Gesellschaft zur wissenschaftlichen Untersuchung von Parawissenschaften.

Prof. Dr. Peter Brugger

Neuropsychologe, Mitglied im Wissenschaftsrat der GWUP

Prof. Dr. Peter Brugger wurde im Jahr 1957 in Zürich geboren. Nach der Ausbildung zum Grundschullehrer (1980) Studium von Biologie und Psychologie in Zürich mit Promotion in Zoologie an der Universität Zürich 1991 („Subjektiver Zufall: Implikationen für Neuropsychologie und Parapsychologie"). Nach Forschungsaufenthalt in USA (San Diego) und Kanada (Victoria) Rückkehr nach Zürich, Habilitation an der Medizinischen Fakultät der Universität („From Phantom Lim to Phantom Body: The Neuropsychiatry of Extracorporal Awareness"). Seit 2003 Leitung der Neuro-psychologischen Abteilung der Klinik für Neurologie am Universitätsspital Zürich. Forschungsschwerpunkte: u.a. Repräsentation von Raum, Körper, Zahl und Zeit im Gehirn; Neuropsychologie und Neuropsychiatrie von Kreativität und Wahn.

GWUP-relevante Aktivitäten: Erforscht psychologische und neuronale Grundlagen des Glaubens ans Übersinnliche sowie die Neuropsychologie außerkörperlicher Erfahrungen.

GWUP-relevante Veröffentlichungen unter:

http://www.neuroscience.ethz.ch/research/cognitive_neuroscience/brugger (Link „Selected Publications")

Kontaktmöglichkeit: peter.brugger@usz.ch

Prof. (em.) Dr. Peter Kröling

Geburtsdaten unveröffentlicht.

Studium der Humanmedizin (Universität München), 1972 Staatsexamen, 1973 Approbation, Promotion

1974 Wissenschaftlicher Assistent am Institut für Med. Balneologie und Klimatologie der L.M.-Universität München (IMBK)

1987 Habilitation für die Fachgebiete Physikalische Medizin, Med. Balneologie und Klimatologie

1988 Oberarzt an der Klinik für Physikalische Medizin, Klinikum der L.M.-Universität, München-Großhadern

1990 Fortführung der wissenschaftlichen Tätigkeit am IMBK

1995 Anerkennung als "Facharzt für Physikalische und Rehabilitative Medizin"

1996 Ernennung zum Professor (apl.)

GWUP-Aktivitäten: Mitglied des GWUP-Wissenschaftsrats

GWUP-relevante Interessensgebiete

Elektrotherapie, Thermotherapie, klassische Naturheilverfahren, umstrittene Verfahren, Schmerzmodelle (zu Wirkungen physikalischer Therapeutika), Sick Building Syndrom in klimatisierten Gebäuden, natürliches Elektroklima und zum sogenannten "Elektrosmog".

Prof. Dr. Wolfgang Hell

Mitglied und im Wissenschaftsrat der GWUP, Vertreter des Wissenschaftsrats im Vorstand der GWUP, Prof. für Angewandte Psychologie (im Ruhestand).

Prof. Dr. Wolfgang Hell wurde im Jahr 1948 in Deckbergen geboren.

1968 – 1974 Studium der Physik in Frankfurt und Heidelberg

1974 Diplom (Physik) Uni Heidelberg

1974 – 1977 Aufbaustudium Psychologie Universität Konstanz

1977 Promotion in Psychologie an der Universität Konstanz

1977 - 1986 wiss. Assistent an der Universität Konstanz

1985 Habilitation in Psychologie an der Universität Konstanz

1986 - 1987 Prof. auf Zeit (C 2) für Allgemeine Psychologie an der Universität Konstanz

1987 – 2011 Prof. (C 3) für Angewandte und Arbeitspsychologie an der Universität Münster

GWUP-relevante Interessensgebiete / Aktivitäten

Kognitive Täuschungen, Gedächtnistäuschungen, Normale Erklärungen für scheinbar Paranormales

GWUP-relevante Veröffentlichungen

W. Hell, A double failure by a German astrologer, Skeptical Inquirer, Winter 1987/88, Vol 12, S. 126-127

W. Hell, K. Fiedler, G. Gigerenzer (Hg.), Kognitive Täuschungen, Spektrum Verlag, 1993

W. Hell, Kognitive und optische Täuschungen, in: W. Hell, K. Fiedler, G. Gigerenzer (Hg.), Kognitive Täuschungen, Spektrum Verlag, 1993

W. Hell, Gedächtnistäuschungen, in: W. Hell, K. Fiedler, G. Gigerenzer (Hg.), Kognitive Täuschungen, Spektrum Verlag, 1993

W. Hell, Gedächtnistäuschungen, in: E. P. Fischer (Hg.), Gedächtnis und Erinnerung, Piper Verlag, 1997/98

W. Hell, Gedächtnistäuschungen, Skeptiker, 4/1999, S. 155 ff (diese drei Artikel sind ähnlich, aber nicht identisch, da jeweils für ein verschiedenes Publikum geschrieben)

W. Hell, A. Sarma, R. Wolf, Zur Behandlung kontroverser Themen in Spiegel und Bild, Skeptiker 4/2003, S. 151 ff

W. Hell, Buchkritik von A. Hergovich, Die Psychologie der Astrologie, Skeptiker 1/2006, S. 38 ff

W. Hell, Von Schafen und Ziegen. Der sechste Sinn und die unbewusste Wahrnehmung. in: S. Matthiesen, R. Rosenzweige (Hg.), Von Sinnen, Mentis Verlag, 2007 (Nachdruck im Skeptiker 2/2010), S. 56ff

W. Hell, Versteckte Goldkörner (Buchkritik), Skeptiker 2/2013 S. 88 ff)

Vorträge möglich zu folgenden Themen

Die Parapsychologie und ihr Problem mit dem Zufall (subliminales Lernen von Pseudozufallsfolgen), Schafe und Böcke (Unterschiede zwischen Menschen, die an Paranormales glauben bzw. nicht)

Kontaktmöglichkeit:mertens-hell@t-online.de

Dr. Philippe Leick

Studium der Physik an der Universität Hamburg

Dr. Philippe Leick wurde im Jahr 1976 in Bonn geboren.

2001 Diplom (Dipl.-Phys.) am Institut für Laserphysik, Spezialgebiet Quantenoptik

Seit 2001 Mitarbeiter in Forschung und Entwicklung der Robert Bosch GmbH, Spezialgebiet motorische Gemischbildung und optische Messtechnik. Wissenschaftliches Profil auf Research-gate.

2008 Promotion (Dr.-Ing.) am Fachgebiet Strömungslehre und Aerodynamik, TU Darmstadt

GWUP-relevante Interessensgebiete

Quantenmechanik, Quantenmedizin und Quantenesoterik, Ge- und Missbrauch der modernen Physik durch die Parawissenschaften, Wasser, Gedächtnis des Wassers

GWUP-relevante Veröffentlichungen

Die „schwache Quantentheorie" und die Homöopathie.

Skeptiker 3/2006, S. 92-102

Das Gedächtnis des Wassers, Skeptiker 2/2008, S. 86-87 (Artikel als PDF)

Comment on: "Conspicuous by its absence: the Memory of Water, macro-entanglement, and the possibility of homeopathy" and "The nature of the active ingredient in ultramolecular dilutions", Homeopathy, 97:1, pp. 50-51, 2008

Daten und Fakten zur Holopathie, Gastbeitrag bei auf "Kritisch gedacht", 2009

Stimmt es, dass im Jahr 2012 der Planet „Nibiru" erscheinen wird?, Skeptiker 1/2009, S. 40

Hifi-Tuning: Physik oder Esoterik?, Skeptiker 3/2010, S. 120

Quantenphysik: Wankt das skeptische Dogma, Gastbeitrag auf dem GWUP-Blog, 2011

Power-Balance-armbänder nicht besser als Placebos, Skeptiker 3/2011, S. 141-143

Diesel aus dem Nichts?, Skeptiker 2/2012, S. 80-83

Homöopathie: Studiendesign via Verallgemeinerter Quanten-theorie, Quantenphilosophie und verdünnte Argumentationsketten, Gastbeiträge auf "Kritisch gedacht", 2013

Das Institut für technische UFO-Forschung (mit Bernd Cunow), Skeptiker 4/2013, S. 183-186

Kraftstoffsparen durch „magisches Zubehör" fürs Auto – Übersicht und physikalische Hintergründe, Skeptiker 03/2014, S.108-117. Extras: Ergänzungen zur Physik, Video des Vortrages auf der Skepkon und Zusammenfassung auf dem GWUP-Blog.

Aktivitäten in der GWUP

Mitglied der GWUP-Regionalgruppe Stuttgart

Mitglied des Informationsnetzwerkes Homöopathie (INH)

Michael Kunkel

Studium der Mathematik in Darmstadt und Consultant einer Versicherungsfirma in Mainz. Michael Kunkel wurde am 15. Juli 1960 in Aschaffenburg geboren.

Wahrsagerei: "Gummiprognosen sind einfach"

Zum Jahreswechsel haben Wahrsager und Astrologen Hochkonjunktur. Einer, der ihre Prognosen regelmäßig auseinandernimmt, ist Michael Kunkel. Der Mathematiker ist Mitglied der Gesellschaft zur wissenschaftlichen Untersuchung von Parawissenschaften in Roßdorf.

ECHO: Herr Kunkel, glauben Sie grundsätzlich nicht an Prognosen?

Michael Kunkel: Nein, ich glaube an keine Vorhersage. Die Zukunft ist unbeständig. Das mag bei manchen Menschen für Unwohlsein sorgen, aber wir wissen eben nicht, was in der Zukunft passieren wird. Man kann nichts Konkretes voraussagen.

ECHO: Überhaupt nie?

Kunkel: Ich kann natürlich voraussagen, dass es im Sommer wärmer sein wird als im Winter. Aber was nutzt das?

ECHO: Vorhersagen scheinen aber trotzdem eine gewisse Faszination auf Sie auszuüben. Warum sonst sollten Sie sich damit beschäftigen.

Kunkel: Ja, das stimmt. Es fing an, als ich vor vielen Jahren eine Prognose hörte, derzufolge im kommenden Jahr Australien und Japan im Meer versinken würden. Ich interessiere mich für Australien, ich wollte da unbedingt hin. Ich kriegte erst mal einen Schreck. Dann habe ich überlegt, was passieren müsste, damit das eintrifft. Das müsste ja dann eine weltweite Katastrophe sein. Dann fing ich an, mich zu ärgern, weil mir jemand Angst gemacht hatte. Und so ist es bei vielen Prognosen: Sie machen Menschen Angst. Und das ist nicht fair. Das war für mich Auslöser, mich mit Prognosen zu beschäftigen.

ECHO: Trotzdem interessieren sich viele Menschen für Vorhersagen. Gruseln die sich einfach gern?

Kunkel: Das Gruseln ist ja in Ordnung, wenn man sich darüber im Klaren ist, dass es sich nur um Unterhaltung handelt. Klar: Es kann im nächsten Jahr Erdbeben oder Vulkanausbrüche geben, weil es so etwas immer irgendwo auf der Welt gibt. Aber es gibt auch Menschen, die das ernst nehmen. Als der Maya-Kalender für den 21. 12. 2012 das Ende der Welt vorausgesagt hat, gab es Jugendliche, die das wirklich geglaubt haben.

ECHO: Und was ist, wenn sich jemand aus der Hand lesen oder ein Horoskop erstellen lässt? Dann betreffen die schlechten Prognosen ja auch noch ihn selbst.

Kunkel: Persönliche Prognosen sind meistens positiv. Wahrsager oder Astrologen sagen ja das, was der Fragende hören will. Ich habe das selbst ausprobiert.

ECHO: Erzählen Sie.

Kunkel: Ich habe innerhalb von drei Tagen zwei Mal dieselbe Wahrsagerin konsultiert, per Telefon. Ich habe dieselbe Frage gestellt, aber jeweils in einem anderen Tonfall. Das reichte schon, um zwei ganz unterschiedliche Antworten zu bekommen.

ECHO: Manchmal stimmen Prognosen. Kate ist schwanger – das hatten vergangenes Jahr viele Wahrsager vorausgesagt.

Kunkel: Schon, aber das ist ja einfach. Das sind solche Gummiprognosen, die es jedes Jahr über Prominente gibt: Sind sie alt, werden sie krank, sind sie Single, finden sie einen Partner. Und Paare trennen sich. Jedes Jahr wurde vorausgesagt, dass George Clooney eine Partnerin findet. Jetzt hat er geheiratet, und was wird vorhergesagt? Dass er sich wieder scheiden lässt. Bei Prominenten merkt man an den Prognosen übrigens, ob sie beliebt sind oder nicht. Schlechte Prognosen wie Krankheiten bekommt zum Beispiel Prinz Charles öfter mal, auch seine Frau Camilla. Die beiden mag man offenbar nicht so gern.

ECHO: Und wenn man etwas oft genug vorhersagt, stimmt es irgendwann mal?

Kunkel: Natürlich. Es gibt eine kanadische Wahrsagerin, die jahrelang vorausgesagt hat, dass Michael Jackson krank wird oder stirbt. Damit lag sie acht Mal falsch, aber ein Mal richtig.

ECHO: Fassen wir zusammen: Die Chance, dass eine Prognose eintrifft, ist umso größer, je schwammiger sie ist und je häufiger sie geäußert wird.

Kunkel: So ist es. Bei Katastrophen wird das oft so gemacht. Wenn ich etwa voraussage, dass es nächstes Jahr ein schweres Erdbeben in Asien geben wird, habe ich zu 100 Prozent recht. Das wird passieren, weil es jedes Jahr passiert. Schwieriger wird es, wenn man noch dazusagt, welche Stärke das Beben haben wird und wo genau es sich ereignet. Aber auch das kann funktionieren, das habe ich selbst schon gemacht.

ECHO: Sie? Wie das?

Kunkel: Ja. Ich habe vorausgesagt, dass es auf den Fidschi-Inseln ein Beben der Stärke 4,5 bis 5 geben wird. Es kam auch so. Und zwar, weil es dort jede Woche ein- bis zwei Mal ein Beben dieser Stärke gibt, das kann man im Internet nachschauen. Ich konnte also gar nicht falsch liegen.

ECHO: Interessant. Wie viele Erdbeben kriegen wir denn 2015 in Südhessen?

Kunkel (lacht): Da müsste ich nachschauen, wie es dieses Jahr war. Aber hier ist das nicht so regelmäßig wie auf den Fidschi-Inseln. Es gibt übrigens noch einen Trick: Je mehr Prognosen ich stelle, desto größer ist die Wahrscheinlichkeit, dass ein Teil davon eintrifft. Es gibt eine kanadische Wahrsagerin, die für nächstes Jahr 290 Ereignisse voraussagt, zusätzlich 150 Ereignisse, die Personen betreffen. Da kann dann schon mal ein Glückstreffer dabei sein. Dieses Jahr hatte sie einen Treffer, der nicht ganz trivial war.

ECHO: Nämlich?

Kunkel: Sie hat ein Zugunglück in der kanadischen Provinz Manitoba vorhergesagt und es gab tatsächlich eines. Allerdings ist die Provinz recht groß, das erhöht die Wahrscheinlichkeit.

ECHO: Gibt es Prognose-Klassiker?

Kunkel: Ja. Naturkatastrophen, vor allem Erdbeben in Kalifornien. Auch angeblich bevorstehende Anschläge auf den Papst oder der amerikanischen Präsidenten gehören dazu. Auch der Dritte Weltkrieg wird jedes Jahr vorhergesagt.

ECHO: Kennen Sie schon Prognosen für 2015?

Kunkel: Ja. Zwei Weltuntergänge. Und George Clooney wird sich von seiner Frau trennen. Aber ich sammle noch.

ECHO: Herr Kunkel, jetzt mal ganz unter uns: Sind Sie an Silvester wirklich völlig immun gegen Rituale wie Bleigießen?

Kunkel: Silvesterrituale habe ich nicht. Aber ich lese Horoskope, das finde ich sehr unterhaltsam. Und früher beim Sport hatte ich ein Ritual.

ECHO: Ich bin neugierig.

Kunkel: Ich hatte irgendwann mit der Trikot-Nummer 13 gute Spiele gemacht. Ich wusste zwar, dass das Quatsch ist, aber trotzdem habe ich mich danach unwohl gefühlt, wenn ich eine andere Nummer hatte.

Echo, Rossdorf, 30. Dezember 2014

Astrologen, Wahrsager und Hellseher im Test
Von Weltuntergängen und anderen ausgefallenen Katastrophen

Dienstag, 29. November 2016
Beginn 19:30 Uhr im Herbrand's
Herbrandstrasse 21, 50825 Köln
Der Eintritt ist frei, Spenden willkommen.

Zum Jahreswechsel werfen Astrologen, Hellseher und Wahrsager traditionell einen Blick in die Zukunft und sind damit Kandidaten für den inzwischen ebenfalls traditionellen Rückblick auf diese Prognosen durch die GWUP. Seit 15 Jahren werden diese Prognosen von Michael Kunkel gesammelt und ausgewertet. Begleiten Sie ihn auf einem Rundgang durch die oft skurrile Welt der esoterischen Prognostiker, erinnern Sie sich mit ihm an ausgefallene Weltuntergänge und lernen Sie Voraussagen wie die Profis zu erstellen (inkl. der üblichen Ausreden für deren Nichteintreffen).

Michael Kunkel ist Diplom-Mathematiker, arbeitet als Unternehmensberater für Lebensversicherungen und lebt in Mainz. Seinem Hobby als "Wahrsagercheck" hat er ein Blog gewidmet, in dem er bisweilen über seine Prognosefunde (und andere skeptische Themen) berichtet.

Pressekontakt:

Skeptics in the Pub Köln wird von der Kölner Regionalgruppe der GWUP veranstaltet.

Anmerkung

Michael Kunkel ist anscheinend ein verkappter Astrologe, denn die Mathematik ist ein Teil der Astrologie. Die größten Ängste der Mathematiker sind es, etwas nicht zu verstehen oder den Verstand zu verlieren. Im Dezember 2019 erschien mein Buch „Der Wahrsagercheck Cybermobbing der Skeptiker" in welchem ich Michael Kunkel genau analysierte und Prognosen bis zum Jahr 2027 berechnet habe.

Dr. med. Natalie Grams
Ärztin mit ehemaliger homöopathischer Praxis

Dr. med. Natalie Grams wurde am 12. April 1978 in München geboren.

Ex-Homöopathin (Homöopathie-Diplom der Ärztekammer Baden-Württemberg)

Studium der Humanmedizin in München und Heidelberg bis 2005

Promotion im Bereich TCM / Naturheilkunde an der Universität Zürich

Ausbildung in anderen alternativmedizinischen Verfahren (TCM)

Ausbildung und Kenntnisse in verschiedenen psychotherapeutischen Verfahren

Assistenzärztliche Tätigkeit in verschiedenen Kliniken in Heidelberg bis Ende 2008

Seit Anfang 2009 „nur" noch homöopathisch tätig in ärztlich-homöopathischer Gemeinschaftspraxis im Raum Heidelberg

Eigene homöopathische Privatpraxis in Heidelberg seit 2011

Zahlreiche Fortbildungen in verschiedenen Schulen der Homöopathie

Spezialisierung auf die Empfindungsmethode von Dr. Sankaran ab 2011

Buch Homöopathie neu gedacht im Springer Verlag und Aufgabe meiner Praxis im Mai 2015

Mitglied der GWUP seit Mai 2015

Derzeit engagiert sie sich für verschiedene Projekte, die über Homöopathie aufklären (diffamieren) z.B. im Informationsnetzwerk Homöopathie und ihre Publikationen.

Mitglied im Wissenschaftsrat der GWUP seit Mai 2016

Medizin falsch gedacht

Rezension über Natalie Grams „neu gedachte" Homöopathie

Die Zahl der Ärzte mit homöopathischer Zusatzausbildung nimmt stetig zu. Sie ist in den letzten zehn Jahren um rund 200 Prozent gewachsen (SPIEGEL), aktuell wenden über 7000 Ärzte in Deutschland die Homöopathie in der ärztlichen Praxis an. – Die Ärztin Natalie Grams ist den umgekehrten Weg gegangen: Sie wandte sich von der Homöopathie ab und wirft ihren Kollegen nun in Ihrem aktuellen Buch „Homöopathie neu gedacht" Betrug am Patienten vor. Es ist erstaunlich: Einer Ärztin, die jahrelang klassische Homöopathie in ihrer ärztlichen Praxis angewendet hat, fällt plötzlich auf, dass die Homöopathie heutigen naturwissenschaftlichen Erkenntnissen der konventionellen Pharmakologie widerspricht. – Eine Tatsache, die jedem Arzt spätestens dann bekannt ist, wenn er eine „Weiterbildung Homöopathie" beginnt, die mit der Vergabe der „Zusatzbezeichnung Homöopathie" durch eine Ärztekammer oder die Verleihung des „Homöopathie-Diploms" durch den Deutschen Zentralverein homöopathischer Ärzte (DZVhÄ) abgeschlossen wird. Natalie Grams hat Jahrelang Weiterbildungen zur Homöopathie besucht und schloss diese im Jahr 2011 mit einer erfolgreichen Prüfung an einer Landesärztekammer ab. Grams völlig korrekte Kernthese lautet: „Die Gleichung Homöopathie = Medizin = Naturwissenschaft geht heute nicht mehr auf" (S. 57). Dabei wird sie in Ihrer Publikation nicht müde, immer wieder zu betonen, dass Medizin aus ihrer (heutigen) Sicht mit Naturwissenschaft gleichzusetzen ist.

Medizin ist mehr als reine Naturwissenschaft

„Medizin ist keine Naturwissenschaft, sondern eine Erfahrungswissenschaft, die sich auch wissenschaftlicher Erkenntnisse aus anderen Fachgebieten bedient", betonte Prof. Dr. Jörg-Dietrich Hoppe während seiner zwölf Jahre langen Tätigkeit als Präsident der Bundesärztekammer (BÄK), die 2011 endete. Mit „Erfahrungswissenschaft" ist jedoch mitnichten eine „anekdotische" Beweisführung in der Medizin gemeint –

sondern die empirische Wissenschaft, die durch Experimente, Beobachtungen oder Befragungen Erkenntnisse bereitstellt. Bereits seit 1975 war Hoppe Mitglied des BÄK-Vorstands, er gründete das „Dialogforum Pluralismus in der Medizin", das die vorurteilsfreie Zusammenarbeit von konventionellen und komplementären Methoden in der Medizin fördert. Die Behauptung, Medizin sei reine Naturwissenschaft, ist keineswegs konsensfähig innerhalb der Deutschen Ärzteschaft, sondern eine randständige Auffassung von Medizin, die häufiger von Naturwissenschaftlern und Wissenschaftsjournalisten vertreten wird als durch Ärzte. Betrachtet der Leser die Online-Quellen, die Grams in ihrem Buch anführt, so wird sichtbar, dass sie ganze 39 mal Wikipedia-Seiten bemüht, und nur acht weitere Websites im Quellenverzeichnis angibt. Ausgelassen hat sie die Wikipedia-Seite zum Stichwort „Medizin": „Die Medizin (von lateinisch ars medicinae, ‚ärztliche Kunst' die ‚Heilkunde') ist eine praktische Erfahrungswissenschaft." Nach der „Charta der medizinischen Professionalität" orientiert sich die Arztprofession an drei Zielprinzipien: „dem Wohl des Patienten, der Patientenautonomie und der medizinisch-sozialen Gerechtigkeit" (Dtsch. Ärzteblatt 2010; 107(12): A-548 / B-477 / C-469). Eine besondere Verpflichtung des Arztes, Medizin – wie Grams – ausschließlich als Teil der Naturwissenschaft zu betrachten, gehört nicht zur medizinischen Professionalität. Wohl aber: „keine polemisch überzogenen Äußerungen gegenüber therapeutischen Alternativen" (Ebd.) zu machen. „Die Homöopathen wollen Teil der Medizin sein, und die Medizin ist nun mal Teil der Naturwissenschaft", behauptet Grams wie selbstverständlich in einem Stern-Interview. Richtig ist: „Die Homöopathie ist Teil der heutigen Medizin, und diese bedient sich auch naturwissenschaftlicher Erkenntnisse." Deshalb sind Laut Sozialgesetzbuch V die Homöopathie und weitere „besondere Therapierichtungen" grundsätzlich ein Bestandteil der medizinischen Versorgung.

Selektive Studienauswahl

Am heißen Eisen „Meta-Analysen in der Homöopathieforschung" wird schnell deutlich, dass es Grams augenscheinlich nicht um eine transparente Debatte zur Homöopathieforschung geht. So bezieht sie sich zwar mehrfach auf die Arbeiten von Shang et al. (2005) und Ernst (2002), die der Homöopathie ein negatives Ergebnis bescheinigen (Wirkung nicht besser als Placebo). Die Meta-Analysen von Kleijnen (1991), Linde (1997), Cucherat (2000) und Mathie (2014), die allesamt positive

Ergebnisse zur Wirksamkeit der Homöopathie liefern, sucht der Leser bei Grams dagegen vergeblich. Trotzdem behauptet sie: „Eins ist sicher: Weder konnte bislang eine den modernen wissenschaftlichen Kriterien genügende Studie nachweisen, dass die Homöopathie tatsächlich eine Wirkung hat, die über einen Placebo-Effekt hinausgeht (Ernst 2002; Sheng et al. 2005), noch lassen sich ihre Prinzipien wissenschaftlich erklären" (S. 61). Ausgesprochen hilfreich ist in diesem Kontext die Arbeit von Prof. Robert G. Hahn mit dem Titel„Homeopathy: Meta-analysis of pooled clinical data" (Band 20 (5), 2013; 376-381). Hahn ist ausgewiesener Forscher und Professor für Anästhesie und Intensivmedizin an der Universität von Linköping und Verfasser einiger hunderter wissenschaftlicher Arbeiten im Bereich der Anästhesie und Intensivmedizin, außerdem wurde er ausgezeichnet durch mehrere Forschungspreise. Und: – Er hatte bislang rein gar nichts mit Homöopathie zu tun. Motiviert durch eine Auseinandersetzung um die wissenschaftliche Beurteilung der Homöopathie im Internet, hat Hahn die bisherigen Meta-Analysen zur Homöopathie kritisch geprüft. Er kommt zu dem Ergebnis, dass einige „Meta-Analysen zur Homöopathie negativ sind, weil 90 Prozent der Daten ausgeschlossen werden". Und tatsächlich wurden beispielsweise bei Shang et al. (2005) insgesamt 110 Studien in die Metaanalyse eingeschlossen – am Ende wurden jedoch nur acht Studien ausgewertet, ohne die Kriterien zur Studienauswahl transparent zu machen. Darüber hinaus räumt Hahn mit „Mythen" der Homöopathieforschung auf, die sich insbesondere bei Grams finden. Die These: „Es gibt keine einzige positive Homöopathie-Studie" ist laut Hahn falsch, denn der größte Anteil aller Homöopathie-Studien zeigt signifikant positive Effekte. Und die These: „Die Qualität der Homöopathie-Studien ist gering" ist laut Hahn ebenfalls falsch, weil dies bereits in mehreren Arbeiten gut untersucht und widerlegt worden sei. In der Schweiz ist die Homöopathie gleichberechtigter Bestandteil der medizinischen Grundversorgung geworden, nachdem wissenschaftliche Belege für die Wirksamkeit der Homöopathie vorgelegt wurden. Der in diesem Kontext relevante HTA-Bericht kommt zur Schlussfolgerung: „Die Wirksamkeit der Homöopathie kann unter Berücksichtigung von internen und externen Validitätskriterien als belegt gelten, die professionelle, sachgerechte Anwendung als sicher" (Effectiveness, Safety and Cost-Effectiveness of Homeopathy in General Practice – Summarized Health Technology Assessment; Forsch Komplementärmed 2006;13(suppl 2):19-29). Die Liste ließe sich erweitern. Beispielsweise um den Schweizer Physiker Stephan Baumgartner, der einen signifikanten Effekt von Homöopathika auf das Wachstum von Wasserlinsen nachgewiesen hat. Natalie Grams behauptet trotzdem: „Es gibt keine Studien, die eine Wirkung der Homöopathie tatsächlich und zweifelsfrei belegen; allenfalls ein unspezifischer Placebo-Effekt kann auftreten" (S. 61). Warum das so sein muss? – Grams wurde bewusst, dass die Verdünnung (bzw. Potenzierung) der homöopathischen Arzneimittel dem heutigen Stand der Naturwissenschaft widersprechen: „Der Wirkstoff ab einer Potenz D6 ist so sehr verdünnt, dass er praktisch nicht mehr für eine arzneiliche Wirkung verantwortlich sein kann", erklärt Grams. Ergo: Wirkung ausgeschlossen. Dann fügt sie zum Thema Hochpotenzen (ab der Potenz C30) einen unsinnigen Superlativ hinzu: „Hier hat die Verdünnung einen so hohen Grad erreicht, dass mit absoluter Sicherheit keine materielle Wirkung durch die Ursprungssubstanz mehr zu erwarten ist." Ergo: Wirkung „absolut sicher" ausgeschlossen.

Die „Ein-Argument-Methode"

Grams äußert in ihrem Buch auch sehr wertvolle Kritik, – beispielsweise die homöopathischen Arzneimittelprüfungen oder die Auswahlkriterien der für einen Patienten individuell passenden homöopathischen Arznei betreffend. Doch leider entkräftet die Autorin ihre differenzierte Kritik immer wieder selbst – mit der „Ein-Argument-Methode". Wozu an Arzneimittelprüfungen, Repertorien oder Materiae Medicae differenzierte Kritik üben, wenn die Wirksamkeit homöopathischer Arzneimittel per se von der Autorin ausgeschlossen wird? Wozu die Studienlage vor diesem Hintergrund diskutieren? Von diesem Argument ausgehend – der pharmakologischen Unplausibilität von homöopathischen Arzneien – erübrigt sich eine konstruktive Debatte zur ärztlichen Homöopathie. Sowohl doppelblind-randomisierte Studien als auch Studien aus der Versorgungsforschung belegen zwar, dass die Homöopathie über einen reinen Placebo-Effekt hinaus wirkt. Trotzdem werden Homöopathie-Kritiker diese Ergebnisse nie akzeptieren. Der Grund: der aktuelle naturwissenschaftliche Erkenntnisstand wird kurzerhand über jede Ergebnisse der empirischen Forschung gestellt. „Es liegen heute mehr als 200 randomisierte klinische Studien zur Homöopathie vor, von denen mehr als die Hälfte ein statistisch signifikantes positives Ergebnis zugunsten der Homöopathie aufweist", schreibt beispielsweise Dr. Michael Teut von der Charité Berlin. Insgesamt macht die Studienlage deutlich: Es gibt das Phänomen einer wirksamen Homöopathie. Hat die Wissenschaft die Aufgabe, diese Ergebnisse aufgrund der pharmakologischen Unplausibilität zu ignorieren? „Aus dem Umstand, dass ich ein Phänomen nicht erklären kann, schließe ich nicht, dass es nicht existiert, sondern nur, dass seine Existenz geprüft werden sollte, um dem Fortschritt der Wissenschaft zu dienen", lautet ein bekanntes Zitat des Berliner Physikers Martin Lambeck. Wer diese Auffassung von Wissenschaft teilt, kann die positiven Studienergebnisse zur Homöopathie nicht länger mit dem Hinweis auf Unplausibilität vom Tisch fegen. Vielmehr wird die Homöopathie zu einem Motor für den Fortschritt in der Wissenschaft. – Auch Theorien in der Naturwissenschaft sind oftmals der „letzte Stand des Irrtums". Im Stern-Interview wird Grams gefragt, ob sie homöopathische Ärzte kenne, die der Homöopathie jetzt ebenfalls „abgeschworen" hätten: „Nein", ist ihre Antwort.

Posted on 3. August 2015 in Gesellschaft, Homöopathie

kalkfalke

kalkfalke lebt in Kiel. Er schreibt im Jahr 2016 an seiner Masterarbeit über die Natur der Informatik und wie man diese erforschen kann. Darüber hinaus hat er in Kiel Lateinische Philologie studiert, ist mithin KEIN Experte in einem der Themengebiete, über die er gewöhnlich im Internet für seinen Apokalender auf saturn.de.dyndn.es herumstümpert. Er liebt die Anonymität, seine Katzen, trägt meist Sonnenbrillen und konsumiert gerne und oft Alkohol. Bei seiner Wortwahl bedient er sich auffälligerweise oft einer Fäkalsprache. Seine Lieblingsquellen sind Wikipedia und San Pellegrino. Auf Twitter ist er mit 3 Accounts sehr aktiv und lässt alle Menschen an seinem Leben und Gewohnheiten teilhaben. Er nutzt auf dieser Plattform 3 Identitäten. Inzwischen hat er seinen Account geschlossen.

JethroQWalrustitty@kalkfalke

Puschel@Todespuschel

DerAausB@derAausB

Einige seiner Wortmeldungen:

als JethroQWalrustitty@kalkfalke:

ER HÄTTE EINE PEITSCHE GENOMMEN UND SIE DIR IN DIE FRESSE GESCHLAGEN! DAS HÄTTE ATOR GETAN! DU DUMME SAU DU!# SchleFaZ Jethro Q Walrustitty@kalkfalke23. Sep.

Fuck die Scheiße, in lauwarm schmeckt der #apocalypselau wirklich besser! #SchleFaZ Jethro Q Walrustitty@kalkfalke 2. Sep.

Cocktail gemixt, Sofa warmgepupst - ich bin bereit! #SchleFaZ Jethro Q Walrustitty@kalkfalke2. Sep.

Der Himalaya Hirnhäcksler ist gemixt, die Chips stehen bereit, die Kissen sind warmgefurzt - kann losgehen! #SchleFaZ Jethro Q Walrustitty@kalkfalke 19. Aug.

als Puschel@Todespuschel:

dass im #lasttweet 1. mutwilliges Besäufnis steht, hat den Grund, dass ich mit 9 ma aus Versehen vergorenen Johannesbeerensaft getrunken hab

Puschel@Todespuschel 30. Okt.

immer wenn ich Wischmeyers "Hochzeit auf dem Land" hör, muss ich an mein 1. mutwilliges Besäufnis denken ... Hochzeit nich, aber aufm Land

Puschel@Todespuschel 30. Okt.

"ich habe einen festen Freund" - "er ist nicht der Eigentümer deiner Vagina" - "nein, aber er hat sie gemietet" #madmen

Puschel@Todespuschel 28. Okt.

müde aus der Arbeit wanken, ein Schnapsglas Mageninhalt am Baum absondern und 60 Min später nach Kapsalon und Grüntee gehts mir bestens.

Puschel@Todespuschel 25. Okt.

als DerAausB@derAausB:

Und Anstelle von Gin Tonic gibts nen schönen Rye zum Abschluss des verlängerten Wochenende.

Der A aus B@derAausB 3. Okt.

"Freunde" (im Wirklichkeit eher Bekannte), die über das eigene Privatleben Gerüchte verbreiten aber keine Ahnung haben... FICKT EUCH!

Der A aus B@derAausB 28. Aug.

Das Leben nach dem Feierabendbier ist vor dem Gin Tonic...

Der A aus B@derAausB 1. Aug.

Da hat man 'nen Muskelfaserriss und wildfremde Menschen wollen mich überzeugen, dass Homöopathie das Allheilmittel wäre...

Der A aus B@derAausB 9. Juli

Er folgt auf Twitter mit 36.148 anderen Usern einem Kunststudenten, der sich DerFührer@Der_Fuehrer bezeichnet.

Dieser Kunststudent verwendet ein Portrait von Adolf Hitler als Userfoto. Das fällt unter Wiederbetätigung, ist strafbar und für die Behörden von Relevanz.

Stand im November 2016

Österreichische Mitglieder der GWUP

Ich habe mit recherchierten Daten einige bekannte Österreichische und Deutsche Skeptiker astrologisch analysiert. Es ist mir bewusst, das ich dabei die Grenzen der Pietät und persönlichen Intimsphäre auslote. Diese Personen werden über meine Analysen erstaunt und beschämt sein. Die berechneten herausfordernden Phasen (Unfälle, Krankheiten, Trennungen, Todesfälle etc.) sind ein Maßstab, um die Qualität meiner Arbeit zu bewerten. Das ist kein Zufallsprinzip, kein Barnum-Effekt und keine Scharlatanerie. Es ist klassische Astrologie. Meine Intention ist eine Differenzierung zwischen der Vulgärastrologie in Gratiszeitungen mit den beliebigen und unsinnigen Horoskopen und der klassischen fundierten Wissenschaft der Astrologie.

Prof. Dr. Heinz Oberhummer

Physiker und außerordentlicher Universitätsprofessor

geboren am 19. Mai 1941 in Bischofshofen, Salzburg, gestorben am Dienstag, dem 24. November 2015 in Wien

Heinz Oberhummer wuchs im Bundesland Salzburg als Sohn des „Oberlehrers Oberhummer in Obertauern" auf. Dieser unterrichtete seinen Bruder und ihn in einer einklassigen Volksschule mit insgesamt nur acht Kindern. Später studierte er Physik an der Karl-Franzens-Universität in Graz und an der Ludwig-Maximilians-Universität in München.Oberhummer war Professor für Theoretische Physik am Atominstitut der Technischen Universität Wien. Sein Hauptforschungsgebiet waren Prozesse der Nukleosynthese. Er beschäftigte sich auch mit Fragestellungen zur Feinabstimmung der Naturkonstanten. So gelang es ihm zusammen mit Attila Csótó und Helmut Schlattl, quantifizierbare Aussagen herzuleiten, indem die kosmologische Feinabstimmung der grundlegenden Kräfte im Universum bei der Entstehung von Kohlenstoff und Sauerstoff im Drei-Alpha-Prozess in Roten Riesen untersucht wurde. Er war Initiator von Nuclei in the Cosmos, einer Konferenzserie auf dem Gebiet der Nuklearen Astrophysik, die seit 1990 weltweit alle zwei Jahre in einem anderen Land stattfindet. Ein besonderes Anliegen war ihm die Popularisierung wissenschaftlicher Inhalte, insbesondere mit Hilfe der neuen Medien. So entwickelte er webbasierte Lern- und Informationssysteme und koordinierte von der Europäischen Kommission geförderte Bildungsprojekte, wie zum Beispiel Cinema and Science. Seit 2007 war Oberhummer gemeinsam mit dem Physiker Werner Gruber und dem Kabarettisten Martin Puntigam Gestalter und Präsentator des

Wissenschaftskabaretts Science Busters. Mit den Science Busters versuchte er Naturwissenschaft in verständlicher, unterhaltsamer und spannender Weise darzustellen. Sie treten weiterhin, nun in neuer Besetzung, im gesamten deutschen Sprachraum auf. Oberhummer war außerdem als „Science Buster" in einer wöchentliche Radiokolumne inklusive Podcast im Jugendradiosender FM4 des ORF zu hören. Seit 2011 werden ihre Shows als Fernsehsendung im Rahmen der Donnerstag Nacht und DIE.NACHT in ORF eins gesendet. Heinz Oberhummer war im wissenschaftlichen Beirat der Giordano-Bruno-Stiftung und im Wissenschaftsrat der Gesellschaft zur wissenschaftlichen Untersuchung von Parawissenschaften und des Freidenkerbunds Österreichs. Er war bis Mai 2011 Vorsitzender des Zentralrats der Konfessionsfreien sowie bis Mai 2010 Vorsitzender der Gesellschaft für kritisches Denken, der österreichischen Regionalgruppe der Gesellschaft zur wissenschaftlichen Untersuchung von Parawissenschaften. Er gehörte zu den Initiatoren der Initiative gegen Kirchenprivilegien und war seit dem 21. Juni 2011 Obmann der Initiative Religion ist Privatsache. Im Jänner 2014 wurde die Errichtung des Vereins „Letzte Hilfe – Verein für selbstbestimmtes Sterben" bei der Landespolizeidirektion Wien angezeigt. Die Behörde gestattete die Gründung nicht. Gegen die Untersagung führten Oberhummer und Eytan Reif Beschwerde beim Landesverwaltungsgericht Wien, letztlich mit dem Ziel, die Gesetzeslage in Richtung pro Suizidhilfe zu verändern.Oberhummer starb am 24. November 2015 im Alter von 74 Jahren in einem Wiener Krankenhaus an den Folgen einer Lungenentzündung. Seinem Wunsch entsprechend wird sein Körper der Wissenschaft zur Verfügung gestellt.

Astrologische Analyse

Die Sonne steht auf 28,01 Grad im Zeichen Stier in der 3. Dekade in Konjunktion zu Jupiter und Uranus. Uranus nahe der Sonne auf 26,17 Grad Stier zeigt ein vorgeburtliches Trauma an. Mit dem Fixstern Algol auf der Sonne erlebte er seinen Vater als hart und gewaltbereit. Mars im Quadrat zur Sonne und zum Zeichenherrscher Venus machten ihn nervös, streitbar und aggressiv. Die streng katholische Erziehung hat ihn motiviert, gegen die Kirche und den Glauben in jeder Form vorzugehen. Im Geburtsbild und der Sekundärprogression war sein Tod mit 74 Jahren vorbestimmt. Saturn in Opposition zum Geburtsgebieter, Neptun/Mars und der laufende Mondknoten zur Mondknotenachse zeigten den Übergang ins Licht an. Ruhe in Frieden.

Mag. Werner Gruber

Österreichischer Physiker, Autor populärwissenschaftlicher Literatur und ehemaliger Kabarettist

Werner Gruber, geboren am 15. März 1970 in Ostermiething, Oberösterreich, wuchs in Ansfelden auf und schloss 1999 sein Physik-Studium an der Universität Wien als Magister ab. Seither ist er wissenschaftlicher Mitarbeiter am Institut für Experimentalphysik der Universität Wien. Gruber leitet außerdem seit Februar 2013 die astronomischen Einrichtungen der Volkshoch-schulen (VHS) Wien - Planetarium Wien, die Kuffner Sternwarte sowie die Urania Sternwarte. Bekannt wurde Gruber durch die populärwissenschaftliche Aufbereitung der Alltagsphysik in Volkshochschulkursen in Wien („Die Naturwissenschaft von Star Trek", „Die Physik des Papierfliegerbaus", „Kulinarische Physik"), in Kolumnen und bei Fernsehauftritten. Mit dem theoretischen Physiker Heinz Oberhummer und dem Kabarettisten Martin Puntigam gestaltete und präsentierte er das „Wissenschafts-Kabarett" Science Busters im Rabenhof Theater in Wien. In diesen Veranstaltungen wurde Naturwissenschaft in unterhaltsamer Weise dargestellt. Die Science Busters präsentierten in dieser Besetzung auch eine wöchentliche Radiokolumne im Jugendradiosender FM4 des ORF. 2012 wurde Gruber mit dem Preis der Stadt Wien für Volksbildung ausgezeichnet. 2013 wurde das Buch Gedankenlesen durch Schneckenstreicheln (gemeinsam mit Martin Puntigam und Heinz Oberhummer) als Wissensbuch des Jahres ausgezeichnet. Über den deutschsprachigen Raum hinweg bekannt wurde Anfang 2010 seine Demonstration der Ineffektivität der „Nacktscanner", die in der Sicherheitskontrolle auf Flughäfen eingeführt werden sollen, im ZDF. Ende Juli 2015 bestritt Gruber in einem Interview im Kurier einen prägenden menschlichen Einfluss auf den

Klimawandel. Gemeinsam mit Heinz Oberhummer hat Gruber in zwei Werbevideos der Volkshochschule Wien vom Jänner 2015 einen Klingonen dargestellt. In beiden Videos wurde Klingonisch gesprochen, um die Vielfältigkeit des Sprachangebot der VHS zu verdeutlichen. Nach einem Auftritt am 26. September 2015 erlitt Gruber einen Herzstillstand, den er dank prompter Herzmassage durch seinen Kollegen Puntigam und rasch abfolgender Rettungskette überlebte. Daraufhin wurde ihm ein Herzschrittmacher eingepflanzt. Im Februar 2016 gab Gruber bekannt, aufgrund des Todes von Heinz Oberhummer im November 2015 und aus gesundheitlichen Gründen die Science Busters zu verlassen. Bereits im Jänner hatte er angekündigt kürzer treten zu wollen.

"Würde gern in 100 Jahren leben"

Mag. Werner Gruber, neuer Leiter des Planetariums über Astronomie, Astrologie und die Antworten der Physik. Er wettert im Interview gegen Aberglauben.

Wiener Zeitung: Universitätslektor, "Science Buster", Volkshochschulvortragender, Fragen-Beantworter auf Ihrer Homepage und jetzt auch noch Leiter des Wiener Planetariums, der Kuffner- und der Urania-Sternwarte - das klingt nach: "Er war jung und brauchte das Geld . . ."

Werner Gruber: Kolumnist und Schmähführer haben Sie vergessen. Es macht mir einfach alles viel Spaß. Und es gibt viele Dinge, wo das eine das andere ergibt. Und Geldverdienen ist ja auch keine Schande. Wobei ich glaube, dass meine Tarife, etwa bei Firmenvorträgen, nicht übertrieben sind. Ich habe jetzt hier im Planetarium schon einige Vorträge gehalten und einiges an Geld erwirtschaftet. Mein Gehalt ist also ausfinanziert (lacht).

Aber es ist schon sehr stressig?

Stress habe ich derzeit überhaupt keinen. Den habe ich nur, wenn ich nicht weiß, was ich tun muss. Aber die Mitarbeiter hier wissen genau, was zu tun ist. Und ich wurde sehr gut aufgenommen im Team. Es ist natürlich viel Arbeit, aber eine tolle Aufgabe.

Es heißt, Sie seien voriges Jahr zum ersten Mal nach 16 Jahren wieder auf Urlaub gefahren . . .

Das stimmt. Ohne E-Mail, ohne Handy, ohne Physik-Gespräche. Aber ich warte jetzt nicht noch einmal 16 Jahre. Der nächste Urlaub ist für September geplant. Ich muss aber sagen: Erholung ist relativ. Ich kann mich auch erholen, wenn ich für mich allein einen halben Tag im Kaffeehaus oder an der Alten Donau sitze. Wichtig ist, dass man abschaltet und mit sich selbst im Reinen ist. Was haben Sie als neuer Chef als erstes im Planetarium verändert?

Das Einzige bis jetzt war, dass ich die vielen Zettel von den Eingangstüren und einen Apparat am Eingang entfernt habe, bei dem man sich irgendwelche Glückssteine ziehen konnte. Ansonsten habe ich noch nicht viel geändert. Ich will aber mehr Vortragende ins Haus bringen. Es gibt auch Dinge, die ich gern hätte, wo aber die Mitarbeiter sagen: Ja, wir auch, aber.. - und dann gibt es zehn Gründe dagegen.

Warum sollte ein Wiener das Planetarium besuchen?

Wiener oder nicht: Jeder sollte wissen, wo und warum die Sterne stehen, und vor allem, dass wir, wenn wir den Sternenhimmel betrachten, in die Vergangenheit schauen und nicht in die Zukunft.

Laut Mondkalender sollte ich mir heute nicht die Haare schneiden, dafür die Nägel pflegen, Wäsche waschen und Blumen gießen . . .

Zahlreiche Untersuchungen haben gezeigt, dass der Mond gar keinen Einfluss auf Holzwachstum und Ähnliches hat. Das ist auch ein irrsinniges Geschäft, bei dem mit Ängsten gespielt wird, grauslich. Es gab Fälle, wo Patienten eine Operation verweigert haben, weil der Mondkalender davor gewarnt hat - und gestorben sind.

Sie sind ja generell kein Fan von Astrologie, Homöopathie oder Wundermitteln wie Himalaya-Salz . . .

Ich finde Dinge, die nicht funktionieren, aber Menschen um ihr Geld bringen, nicht in Ordnung. Aber ich liebe Dinge, die funktionieren: Handys, Lokalanästhesie beim Zahnarzt, Flugzeuge, Züge, Backrohr, Mikrowelle. Ich bin froh, dass ich in dieser Zeit lebe. Ich bedaure fast, dass ich nicht in 100 Jahren lebe. Zur Homöopathie: Deren Erfinder Samuel Hahnemann hat ganz klar gesagt: Entweder ihr geht zu mir oder zu den klassischen Ärzten. Machen wir das doch so! Die Frage löst sich dann evolutionär. Nach zwei Generationen gibt es keine Homöopathie mehr. Aber das traut sich wieder keiner. Und allen, die unsere moderne Welt kritisieren, sage ich: So lässig war es früher nicht. Wollen Sie eine

Zahnbehandlung, wie sie um 1850 üblich war? Ich komm gerne mit einer Kombizange vorbei . . .

Zurück zum Planetarium: Woran orientieren Sie sich jetzt in Ihrer Arbeit, nachdem man ja das Planetensystem schon sehr gut kennt?

In der Fachwelt ändert sich sehr viel, da müssen auch wir reagieren. Erst seit ein, zwei Jahrzehnten weiß man, dass es auch außerhalb unseres Sonnensystems Planeten gibt, das hat echt viel verändert. Wir haben auch Forschung, allerdings weniger astronomisch, mehr pädagogisch: Wie vermittelt man Wissen?

Was hat Sie selbst zur Physik und zur Astronomie gebracht?

Das erste Buch, das ich gelesen habe, war "Die kleine Hexe", das zweite "Der kleine Schneemann" und das dritte "Raumfahrttechnik heute und morgen". Es war also bald klar, dass ich Physik studiere. Ich bin gelernter Experimentalphysiker, und ich war gut darin, bin dann aber zur Neurophysik gekommen. Damit kann man leider in Österreich kein Geld verdienen, nicht einmal gescheit davon leben. Für den Lehrauftrag an der Uni habe ich gerade einmal 500 Euro bekommen. Damals ist aber das Projekt "University Meets Public" entstanden: Uni-Vortragende gehen an die Volkshochschulen. Der erste Auftrag war damals "Die Physik von Raumschiff Enterprise". Das war gleich ein unheimlicher Erfolg. Da habe ich gesehen: Da kann man nicht nur Geld verdienen, sondern auch, wenn man das Publikum respektiert, ganz toll Physik näherbringen.

Wer ist als Publikum angenehmer: Kinder oder Erwachsene?

Kinder, weil sie den Vorteil haben, dass sie wissen, was sie wissen und was nicht. Problematisch sind Erwachsene, die etwas glauben. Wenn man etwas glaubt, hinterfragt man es nicht. Ich kann es zwar widerlegen, aber ich kann mir leider selbst nicht alles vorstellen, was sie glauben könnten.

Sie haben einmal gesagt, Physik könne besser sein als Sex . . .

Es ist so: In den Naturwissenschaften stellen Sie Fragen und bekommen mitunter Antworten, deren Zusammenhänge in der Fragestellung gar nicht enthalten waren. Das kann sehr mächtig, faszinierend, überwältigend sein.

Und was macht für Sie die Faszination der Astronomie aus?

Die Unendlichkeit des Seins.

Am neuen Weltraumteleskop Alma in der chilenischen Wüste ist auch Österreich beteiligt. Wie steht das Land grundsätzlich in der Astronomie und Raumfahrt da?

Wir haben gerade zwei Satelliten ins All geschossen, was medial total untergegangen ist. Punktuell gibt es super Leistungen. Zum Beispiel war 1996 bei der Explosion der Trägerrakete "Ariane 5" fast alles hin - aber die Bauteile aus Österreich haben überlebt. Einige heimische Firmen sind hier echt führend am Weltmarkt. Und es gibt auch Spitzenforscher. Nur sehr willkommen fühlt man sich als Wissenschaftler in Österreich nicht. Wir bilden Topleute aus, geben dafür Millionen aus - und dann zwingt ein katastrophales Dienstrecht sie ins Ausland oder in die Privatwirtschaft. Entweder wir leisten uns Forschung und nutzen sie dann auch - oder wir lassen es und schicken unsere Studenten ins Ausland, ein Flugticket wäre die billigere Variante. Aber so, wie es jetzt ist, macht es keinen Sinn.

Wiener Zeitung vom 29.April 2013

Auch Physiker bluten

profil: Die Physik ist eine nüchterne Wissenschaft. Sie sagten einmal, beim Streicheln werde eine Substanz namens Oxytocin freigesetzt. Will man das so genau wissen?

Gruber: Ja, will man. Eine Frau hat mir geschrieben, dass die Spasmen ihres kranken Mannes durch Streicheln besser wurden. Das heißt, Oxytocin hilft kranken Menschen. Das ist das Schöne an der Objektivierbarkeit. Es gibt so viele Dinge, wie die Astrologie, den Vitaminwahn, die Homöopathie, die offensichtlicher Unsinn sind. Da werde ich grantig.

profil:Sie haben Religion vergessen.

Gruber: Religion ist ein Glaube, der mir, wenn er niemandem weh tut, egal ist. Mein Science-Buster-Kollege Oberhummer ist da kämpferischer. Natürlich ist es eine Bigotterie zu sagen, gebt den Armen und gleichzeitig gehört die Hälfte des Grundbesitzes in Manhattan der Kirche. In Österreich besitzt die Kirche nach den Bundesforsten den meisten Grund.

profil: Ist der Glaube ein logischer Gegner der Wissenschaft?

Gruber: Der Glaube war einmal ein Mitbewerber um Wissen. Diese Zeiten sind vorbei. Wenn heute jemand etwas wissen will, fragt er nicht Dompfarrer Toni Faber, sondern Naturwissenschaftler. Das war ein blutiger Weg, und seit Galileo Galilei hat sich da viel geändert. Der Glaube hatte seine Aufgabe als moralische Instanz. Was die meisten Religionen predigen, ist: Seid gut zu den anderen, tut euch nicht weh, bringt euch nicht um. Das ist ja kein Blödsinn. Die Frage ist, worauf diese moralischen Gesetze fußen. Und da bin ich eher ein Anhänger der Aufklärung.

profil: Die katholische Kirche steht der Urknalltheorie mit großer Sympathie gegenüber. Es muss schließlich jemanden gegeben haben, der den Knopf gedrückt hat, und da bleibt Platz für Gott. Wer hat denn Ihrer Meinung nach auf den Knopf gedrückt?

Gruber: Es ist nicht unsere Aufgabe, nach dem Warum zu fragen. Unser Job in der Naturwissenschaft ist es, den Urknall zu beschreiben. Galilei sagte: Stellt niemals die Frage nach dem Warum, sondern ausschließlich jene nach dem Wie. Es ist mir als Naturwissenschaftler völlig egal, wer den Urknall ausgelöst hat. Das müssen die Geisteswissenschaftler lösen. Im Moment gehen wir davon aus, dass der Urknall nicht aus einem Punkt, sondern aus einer Quantensingularität entstanden ist, die ist ein bisschen größer als ein Punkt. Punktförmige Objekte gibt es im Universum nicht, das verbietet die Quantenmechanik. Sie müssen eine Mindestausdehnung haben, die sogenannte Planklänge.

profil: Wie viel größer wäre das?

Gruber: Eine Ausdehnung von zehn hoch minus 35 Meter, also sehr viel größer, aber immer noch klein. Ein Punkt ist ein nulldimensionaler Körper, das ist nicht einmal die Spitze einer Nadel. Derzeit gibt es auch heftige Diskussionen darüber, ob es nicht schon mehrere Urknalle gegeben hat. Die katholische Kirche ist bei den Naturgesetzen immer schon hinterhergehinkt. Die Kirche und die Naturwissenschaften das sind zwei Dinge, die so viel miteinander zu tun haben wie Gruppensex und Bratkartoffeln. Beides kann lässig sein, aber es passt nicht zusammen.

Profil: Was halten Sie übrigens von Lichtessen, über das kürzlich im ORF berichtet wurde?

Gruber: Wollen Sie wirklich Zeit hergeben für so einen Plunder? Da wurde Steuergeld verprasst, um Werbung zu machen für absoluten

Blödsinn. Bei einem dieser angeblichen Lichtesser waren die Salzburger Nachrichten zum Interview. Er hatte Klopapier. Wozu braucht er Klopapier, wenn er sich seit ein paar Jahren von Licht ernährt?

profil: Haben Sie es schon mal mit Diäten versucht?

Gruber: Ja, deswegen habe ich auch mein Übergewicht. Seit ich keine Diäten mehr mache, halte ich mein Gewicht stabil. Es ist schon erstaunlich: Je mehr Ernährungswissenschaftler es gibt, desto dicker wird Österreich.

Interview im Profil am 6. August 2013

Prof. Dr. Dr. Ulrich Berger

Ulrich Berger, geboren am 15. Juli 1970 in Steyr, Oberösterreich ist ein österreichischer Wirtschaftswissenschaftler.

Nach dem Studium der Mathematik an der Universität Wien (Mag. rer. nat. 1995, Dr. rer. nat. 1998) wurde er an der Wirtschaftsuniversität Wien 2004 auch zum Dr. rer.soc.oec. promoviert und habilitierte sich 2006 in Volkswirtschaftslehre. 2006 vertrat er eine Professur an der LMU München; seit 2011 ist er Lehrstuhlinhaber und leitet das Institut für Analytische Volkswirtschaftslehre an der Wirtschaftsuniversität Wien. Zu seinen Forschungsinteressen gehören Spieltheorie und Netzwerkökonomie. Berger setzt sich gegen die Verbreitung von Pseudowissenschaften ein. Er ist Vorsitzender der Gesellschaft für kritisches Denken (GkD) und Mitglied der Skeptiker-Organisation Gesellschaft zur wissenschaftlichen Untersuchung von Parawissenschaften (GWUP). Beim Wissenschafts-Blog-Portal Science Blogs betreibt er das Blog Kritisch Gedacht.

Preise und Auszeichnungen

1999 Forschungsstipendium der Universität Bonn

2004 Marie Curie Research Fellowship

2005 Förderpreis der Vodafone Stiftung für Forschung

2008 WU-Best Paper Award (mit Hannelore De Silva)

Privates

Ulrich Berger ist der Sohn des ehemaligen Rektors (1989-1993) der Universität Klagenfurt, Univ.-Prof. Dr. Albert Berger, geboren am 6. Oktober 1943 in Wals bei Salzburg. Ulrich Berger besuchte das BRG Viktring bei Klagenfurt. Er lebt in Mauerbach bei Wien und wurde am 22. Juli 2011 Vater der Zwillinge Jakob Ulrich und Clara Rosa.

Der Blog Kritisch gedacht

Auf Kritisch gedacht bloggt er über Pseudowissenschaft und verwandte Themen. Kritisch gedacht ist der Blog der Gesellschaft für kritisches Denken (GkD). Er widmet sich dem Bereich der Grenz-, Para- und Pseudowissenschaften. Wir informieren über die Szene, kritisieren ihre Auswüchse aus wissenschaftlicher Sicht und berichten über aktuelle Ereignisse und Kontroversen, speziell in Österreich.

Psiram

Ulrich Berger verfasst unter dem Pseudonym „Abrax" Einträge auf Psiram.

Das Goldene Brett

Ulrich Berger ist Organisator, Laudator und Jurymitglied bei der Veranstaltung „Das goldene Brett vorm Kopf.

Twitter

Ulrich Berger postet unter @VARulle zu seiner Schmähkritik auch private Details aus seinem Leben.

Mag. Jörg Wipplinger

Mag. Jörg Wipplinger, geboren am 12. November 1975 in Dornbirn, Vorarlberg

MA: Zoologiestudium (Uni Graz, Uni Wien, Ludwig Boltzmann Institut für Stadtethologie), Qualitätsjournalismus (Donau-Universität Krems), Kleine Zeitung, DIGITAL, Kabarettist (diewahrheit.at/heilung), schreibt und hat geschrieben für: Spektrum der Wissenschaft, Gehirn & Geist, Universum Magazin, Biorama, spektrum.de, biorama.at, thegap.at Aktuell: www.medizin-transparent.at (Department für Evidenz-basierte Medizin und Klinische Epidemiologie, Donau-Uni Krems). Betreibt die website: diewahrheit.at

diewahrheit.at: Unregelmäßig unterstützt von:

Mag. Anne Frütel: Schauspielerin, Regisseurin. Abschluss am Max-Reinhardt-Seminar, Jugendtheaterarbeit am Goethe-Institut, eigene Produktionen, internationale Gastspiele

Mathias Gerstbach: Sozialarbeiter, Mediator, Kamerakind

Michael Heilsbetz, MA: Journalist, Kamera

Mag. Niki Ritter: Humanethologe, noch ein gelegentliches Kamerakind (man braucht ja 1, 2 oder 3)

Dr. Florian Freistetter

Dr. Florian Freistetter, geboren am 28. Juli 1977 um 10:33 in Krems an der Donau, Niederösterreich, Astronom, Autor, Blogger und Podcaster, Mitglied bei den Science Busters

Freistetter studierte von 1995 bis 2000 Astronomie an der Universität Wien. Das anschließende Doktoratsstudium in Astronomie schloss er 2004 ab. Seine Dissertation behandelt die Kollisionswahrscheinlichkeiten erdnaher Asteroiden mit Planeten des inneren Sonnensystems. Freistetter war an verschiedenen Universitätsinstituten tätig: dem Institut für Astronomie der Universität Wien, dem Astrophysikalischen Institut (AIU) der Friedrich-Schiller-Universität Jena und dem Astronomischen Rechen-Institut (ARI) der Ruprecht-Karls-Universität Heidelberg. Seit 2011 ist Freistetter freier Wissenschaftsautor. Er lebt in Jena. Bekannt wurde Freistetter durch seine Tätigkeit als Wissenschafts-Blogger. Seit 2008 betreibt er beim Wissenschafts-Blog-Portal ScienceBlogs das Blog Astrodicticum simplex. Freistetters Blog ist das erfolgreichste deutschsprachige Wissenschaftsblog und kommt pro Monat auf rund 400.000 Seitenaufrufe. Dort schreibt er über Astronomie, Wissenschaft und Pseudowissenschaft. Die österreichische Tageszeitung Der Standard bezeichnete ihn als „erfolgreichsten Wissenschafts-Blogger im deutschsprachigen Raum". Zudem veröffentlicht er seit dem 1. Dezember 2012 einen wöchentlichen Podcast mit dem Namen Sternengeschichten und seit Januar 2014 zusammen mit Holger Klein den Podcast WRINT Wissenschaft. Seit November 2014 veröffentlicht Freistetter das Blog So ein Schmarrn! Auf der Standard.at, wo er alle zwei Wochen zum Thema Pseudowissenschaft schreibt. 2012 erschien sein Buch Krawumm!, das sich mit Zusammenstößen von Atomkernen bis Universen beschäftigt sowie sein Buch 2012 Keine Panik, in welchem die unzähligen existierenden Weltuntergangstheorien zum 21. Dezember 2012 (u. a. Ende des Maya-Kalenders oder Zusammenstoß der Erde mit dem Planeten Nibiru) entkräftet werden sollen. Im 2013 erschienenen Buch Der Komet im Cocktailglas beschreibt Freistetter, wie Ereignisse im Kosmos auch im Alltag eine elementare Rolle spielen. 2014 folgte sein Buch Die Neuentdeckung des Himmels, das von der Suche nach extrasolaren Planeten und außerirdischem Leben handelt. Ab Oktober 2015 vertrat Freistetter Werner Gruber im Bühnenprogramm „Das Universum ist eine Scheißgegend" der Science Busters. Seit Dezember 2015 gehört Freistetter fest zum Ensemble, das Martin Puntigam nach dem Tod von Gründungsmitglied Heinz Oberhummer zusammenstellte.

Auszeichnungen

Der am 16. April 2007 in der Volkssternwarte Drebach entdeckte Asteroid 2007 HT3 trägt seit Januar 2013 offiziell die Bezeichnung (243073) Freistetter.

2012 wurde Freistetter mit dem Deutschen IQ-Preis ausgezeichnet.

Am 27. Januar 2014 wurde das Buch Der Komet im Cocktailglas mit dem Preis Wissenschaftsbuch des Jahres des österreichischen Bundesministeriums für Wissenschaft und Forschung ausgezeichnet.

So ein Schmarrn!

Florian Freistetter arbeitet sich Schlagwort für Schlagwort durch das weite Feld der Pseudowissenschaften und erstellt daraus ein Lexikon des Unsinns. Muss man wirklich über Esoterik und Pseudowissenschaft bloggen? Bekommt dieser Unsinn nicht eh schon genug Aufmerksamkeit? Ja, das tut er - und gerade deswegen sollte man sich damit beschäftigen; auch als Wissenschafter. Falsche Zurückhaltung angesichts angeblicher "Pfui-Themen" ist hier nicht angebracht. Wenn man Wissenschaft vermitteln will, dann kommt man nicht umhin, sich auch mit den Dingen zu beschäftigen, die so tun, als wären sie Wissenschaft, aber keine sind. Der "Schmarrn" ist überall da draußen und er wird nicht so einfach verschwinden. Der österreichische Astronom, Buchautor und Wissenschaftsblogger Florian Freistetter widmet sich in seinem neuen Blog "So ein Schmarrn!" auf der Standard.at dem Thema Pseudowissenschaften. Im Zweiwochentakt wird er dieses weite Feld Schlagwort für Schlagwort durchgehen und daraus ein Lexikon des Unsinns erstellen. Bericht auf derstandard.at, 11. November 2014

Ankündigung der Veranstaltungen Skeptics in the Pub

Ich halte Vorträge über Astrologie in Bremen und Hamburg (und in Bamberg und Würzburg bin ich auch noch). Gerade erst bin ich von meinen Vorträgen in Mannheim und Stuttgart wieder nach Hause gekommen. Aber nächste Woche geht es schon wieder weiter! Zuerst fahre ich in den Norden und werde in Bremen und Hamburg ein bisschen was über Astrologie erzählen. Danach geht es wieder zurück in den Süden von Deutschland wo ich Vorträge in Bamberg und Würzburg halten werde.

Hier sind die Details:

3. Juni 2015, Bremen: Um 20 Uhr werde ich im großen Hörsaal der Universität Bremen einen Vortrag zum Thema "Warum Astrologie nicht funktionieren kann" halten. Ich werde darin ein bisschen über die astronomischen Grundlagen der Astrologie sprechen und erklären, warum man heute ohne Zweifel sagen kann, dass die Sache mit den Horoskopen nichts als Aberglaube und Pseudowissenschaft ist. Ich werde außerdem darüber sprechen, wieso es vielen Menschen trotzdem so vorkommt, als würde die Astrologie irgendetwas Relevantes über ihre Leben aussagen können und vor allem werde ich mich bemühen zu vermitteln, warum Astrologie nicht nur ein harmloser Spaß ist, der niemanden schadet sondern durchaus einen negativen Einfluss auf jeden haben kann, egal ob man die "Macht der Sterne" glaubt oder nicht. Hier gibt es die Details zur Veranstaltung. Ich würde mich freuen, euch dort zu sehen!

4. Juni 2015, Hamburg: Und wer es nicht in die Hansestadt Bremen schafft, der kann es am Tag darauf einfach in der Hansestadt nebenan probieren! Um 19.30 Uhr werde ich dort im Rahmen der Veranstaltungsreihe "Skeptics in the Pub" ebenfalls über Astrologie sprechen. Die Thematik wird ähnlich der in Bremen sein, aber ich werde in Hamburg wohl ein bisschen kürzer selbst sprechen und dem Anlass der Veranstaltung gemäß mehr Zeit für die Diskussion mit dem Publikum einplanen. Außerdem habe ich mir sagen lassen, dass es dort gutes Bier (aber vermutlich auch andere Getränke) geben wird! Also kommt vorbei (der Eintritt ist frei!), trinkt ein Bier mit mir und diskutiert über Astrologie!

Wenn ich aus dem Norden zurück bin, werde ich in der dritten Juni-Woche nach Franken reisen um dort am 15. Juni zuerst an der Uni Würzburg über Asteroiden, Weltraumlifte und interstellare Raumfahrt zu sprechen und am 16. Juni in Bamberg wieder einmal über die Astronomie des Biers zu erzählen (und wo könnte man das besser tun als in Bamberg!). In der Woche darauf bin ich dann zweimal in Oberösterreich anzutreffen: am 22. Juni in Wels, wo es wieder um die Zukunft der Menschheit und die wichtige Rolle der Asteroiden dabei gehen wird und am 23. Juni werde ich in Bad Zell über die Suche nach fremden Planeten und außerirdischen Lebewesen sprechen. Aber diese Veranstaltungen werde ich dann demnächst noch einmal extra ausführlich und mit allen Details ankündigen!

Egal ob Bremen, Hamburg, Franken oder Oberösterreich: Ich freue mich auch jeden Fall, wenn ihr mich besucht! Kommt vorbei und sagt Hallo!

Florian Freistetter am 26. Mai 2015

 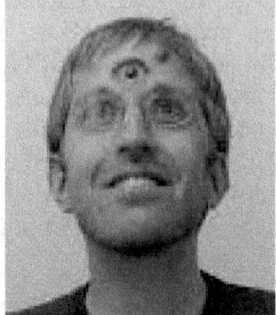

Dr. Florian Aigner

Dr. Florian Aigner, geboren am 19. November 1979 in Freistadt, Oberösterreich, Physiker und Wissenschaftsredakteur der TU Wien, Vorstandsmitglied der GWUP Wien

Privates

Sein Vater Ernst Aigner, geboren am Donnerstag, dem 30. Juni 1955 in Aigen am Mühlkreis, ist Lehrer in den Fächern Geschichte und Religion und Kabarettist (www.ernstaigner.at), Mutter Brigitta Lehrerin am Gymnasium Freistadt.

Ausbildung

1990-1998 Schüler am Bundesgymnasium Freistadt.

1998-1999 Zivildienst in der Tagesheimstätte der Lebenshilfe in Freistadt

1999-2005 Physikstudium an der TU Wien.

2005-2010 Doktoratsstudium (Physik) an der TU Wien.

Er lebt in Wien und seine wissenschaftliche Heimat ist die Quantentheorie. Nach der Promotion am Institut für theoretische Physik der TU Wien wechselte er von der Forschung in den Wissenschaftsjournalismus. Heute arbeitet er als Wissenschaftsredakteur der TU Wien und als freier Journalist, schreibt für zahlreiche Medien - vom Fachjournal bis zu Kindertexten, vom Wissenschaftsmagazin bis zur Tageszeitung, ausführlich oder knapp, online oder gedruckt. Privat spielt er gerne Klavier und zeichnet Cartoons.

2007-2009: Wissenschaftsredakteur des Online-Magazins CHiLLi (www.CHiLLi.cc, heute, www.mokant.at).

Seit 2009: Mitglied der Skeptikervereinigung GWUP und ihrer Wiener Regionalgruppe "Gesellschaft für Kritisches Denken" (GKD). Freier Journalist. Artikel für das Nachrichtenmagazin "Profil", das Wissenschaftsjournal "Profil Wissen", für Tageszeitungen (u.a. "der Standard"), für das Online-Magazin "Vice" und viele andere. Wissenschaftsblogger bei scienceblogs in Deutschland.

Seit Juli 2010: Wissenschaftsredakteur der TU Wien im Büro für Öffentlichkeitsarbeit. Verantwortlich für Wissenschaftskommunikation und Wissenschafts-Pressearbeit, Wissenschaftsfotographie.

Seit 2013: Kolumnist für die Technologie- und Wissenschaftsseite "futurezone". Zweiwöchentlich erscheinende Kolumne "Wissenschaft und Blödsinn"(....)

2012-2016: Vorstandsmitglied der GWUP. Derzeit: Vizepräsident der GKD. Mitarbeit bzw. Jurymitglied beim "Goldenen Brett vorm Kopf", dem Preis für den größten antiwissenschaftlichen Unfug des Jahres - vergeben seit 2011.

Auszeichnung

Förderungspreis für Volksbildung der Stadt Wien 2014

Academia

2005-2010: Assistent am Institut für Theoretische Physik, TU Wien. Dissertation über quantenmechanische Streuphänomene bei Prof. Joachim Burgdörfer.

Wichtigste wissenschaftliche Publikationen

Shot Noise in the Chaotic-to-Regular Crossover Regime
Florian Aigner et al., Phys. Rev. Lett. 94, 216801 (2005).

Suppression of Decoherence in Fast-Atom Diffraction at Surfaces
Florian Aigner et al., Phys. Rev. Lett. 101, 253201 (2008).

Öffentliche Auftritte

Auftritte im Fernsehen und Radio (u.a. im Ö1-Nachtquartier, im ORF-Konsumentenmagazin "Konkret" und der "Barbara-Karlich-Show", bei "Talk im Hangar 7" (Servus TV), im Bayerischen Rundfunk, Puls 4 und Okto), diverse Interviews für Print- und Onlinemedien. Verschiedene öffentliche (populärwissenschaftliche) Vorträge über naturwissenschaftliche Themen, Skeptizismus und Wissenschaftstheorie (u.a. für die Wiener Volkshochschulen). Vortragender bei verschiedenen Konferenzen über Wissenschaftskommunikation. Moderator bei Podiumsdiskussionen (in deutscher und englischer Sprache). Mitorganisation der Konferenz „Fakt und Fiktion" der GWUP im Juni 2011 (Thema: Skeptizismus, Wissenschaft und Öffentlichkeit).

Anmerkung: Folgende Texte schrieb Florian Aigner in einschlägigen Internetforen.

Wissenschaft und gesunde Skepsis

Wussten Sie, dass die Erde eine Scheibe ist, dass wir von Reptilien-Aliens regiert werden und dass man sich mit Hilfe von Einhorn-Essenzen positive Quantenschwingungen in die Aura sprühen kann? Wenn man sich mit Wissenschaft beschäftigt, stößt man zwangsläufig immer wieder auch auf Behauptungen, die mit Wissenschaft nichts zu tun haben: Pseudowissenschaft und Esoterik boomen nach wie vor. Ich schreibe daher nicht nur über aktuelle Forschung, sondern oft auch über den Unterschied zwischen echter Wissenschaft und esoterischer Geschäftemacherei.

Wissenschaft ist keine Hexerei

Quantenphysik ist in Mode. In hochglänzenden Magazinen sehen wir Bilder von Wissenschaftern, die an komplizierten Lasertischen schrauben, in den Buchläden finden wir eine bunte Vielfalt an Büchern, die uns erklären, warum sie das tun. Die Quantenphysik wird dabei gerne als etwas Mystisches, Unfassbares dargestellt, so als wäre sie keine echte Naturwissenschaft, sondern irgendwo weit draußen an der Grenze zur schwarzen Magie angesiedelt. Man liest von "spukhaften Fernwirkungen", man hört, die Quantenphysik widerspräche dem "gesunden Menschenverstand", und das genügt vielen Menschen dann als Ausrede, nicht weiter darüber nachzudenken, sondern science-fictionartige Effekte fast auf religiöse Weise einfach zu glauben. Die Wirklichkeit sieht anders aus: Quantenphysik ist eine naturwissenschaftliche Theorie wie andere auch. Sie ist - ganz ohne Magie und Spuk - durch scharfes Nachdenken (und Nachrechnen) rational zu verstehen, sie liefert konkrete Vorhersagen über unsere Welt und kann experimentelle Ergebnisse mit beeindruckender Exaktheit vorhersagen und beschreiben. Viele Aussagen der Quantenphysik - etwa der Welle-Teilchen-Dualismus - mögen uns tatsächlich ungewohnt erscheinen, doch das hat nichts mit Magie oder Mystik zu tun. Nur weil die Strukturen, an denen man Quanteneffekte normalerweise studiert (etwa einzelne Atome oder Moleküle) viel zu klein sind, um in unserem Alltagsleben eine Rolle zu spielen, sind wir nicht an sie gewöhnt. Die Naturgesetze, mit denen man die Welt der winzig kleinen Dinge beschreibt, sind aber genauso verständlich und berechenbar wie etwa die Gesetze der klassischen Mechanik, mit denen man alltägliche Dinge berechnet, beispielsweise die Bahn von aneinanderstoßenden Billardkugeln.

Drang zur Mystifikation

Woher kommt die eigenartige Mystifikation der Quantenphysik? Einerseits mag es praktisch sein, komplizierte Dinge, als wirr und undurchschaubar hinzustellen - dann muss man sich nicht mehr ärgern, sie nicht zu verstehen, andererseits hoffen populär-wissenschaftliche Autoren, durch diese Aura des Magischen die Verkaufszahlen ihrer Bücher zu steigern. Darüber hinaus ist die transzendente Überhöhung von Wissenschaft aber sicher auch eine Reaktion auf das Grundbedürfnis des Menschen nach Unfassbarem, nach Ehrfurchtseinflößendem. Dinge, die mit unserem Verstand erklärt werden können, empfindet man manchmal als profan, langweilig, trivial. Indem man Quantenphysik als spukhaft und mystisch darstellt, erlaubt man sich selbst, davon zutiefst begeistert zu sein. Durch das Deklarieren von Quantenphysik als undurchschaubar begibt man sich zurück in die Situation eines staunenden kleinen Kindes, das im Wald nach Elfen sucht. Doch brauchen wir wirklich übernatürliche Unerklärlichkeit um begeistert sein zu können? Eben diese staunende Begeisterung an der Welt sollten wir empfinden, wenn wir über Wissenschaft nachdenken. Dass wir Phänomene wissenschaftlich erklären können, wertet sie nicht ab, unser Staunen sollte dadurch sogar noch verstärkt werden. Wenn sich ein Wissenschaftler diese kindliche staunende Begeisterung an der Welt nicht bewahrt hat, wird er nie wirklich kreative Forschung betreiben können. Wenn wir staunen wollen, brauchen wir keine wundertätigen Schamanen, keine Wünschelrutengänger, keine blutenden Madonnenstatuen - und auch keine angeblich spukhafte Quantenphysik. Es genügt vollkommen, sich mit echter Naturwissenschaft zu beschäftigen - dort gab es immer genug zu staunen, und das wird sich auch niemals ändern.

Sensationsmedien gefährden die Wissenschaft

In unserer Medienwelt zählt das Außergewöhnliche. So werden pseudowissenschaftliche Querköpfe oft zu Medienstars, obwohl sie es nicht verdient haben. Ein Flugzeugabsturz ist eine Schlagzeile wert. Ein Flugzeug, das planmäßig ankommt, sicher nicht. Berichtenswert ist nur das Außergewöhnliche – das ist ein allgemein akzeptiertes Gesetz der Medienwelt. Für die Verbreitung des wissenschaftlichen Denkens hat das oft fatale Konsequenzen. Eine korrekte, sauber argumentierte und überprüfbare Theorie wird viele Anhänger finden und wirkt daher gewöhnlich und uninteressant. Das macht dann all jene, die eine falsche, absurde und eigentlich längst widerlegte Gegentheorie vertreten, zu exotischen Außenseitern – und dadurch manchmal zu Medienstars. Die Strategie, mit der wir diesem Problem begegnen, wird die Zukunft von Medien und Demokratie entscheidend beeinflussen.

Die Fundamente wackeln nicht

In der Wissenschaft ist es nicht anders als in anderen Lebensbereichen: Es gibt Uneinigkeit, Streit, Eifersucht und Feindschaft. Natürlich stimmen Fachexperten über ihre aktuellen Forschungsfragen nicht immer überein: Stünden alle Antworten von vornherein fest, bräuchte man keine Forschung. Das soll aber nicht darüber hinwegtäuschen, dass über die wohlerprobten Fundamente der Wissenschaft normalerweise allergrößte Einigkeit besteht. Quantentheoretiker streiten vielleicht über die korrekte Interpretation von irgendwelchen neuen atomphysikalischen Messergebnissen – an die Gültigkeit der Quantenphysik zweifelt aber keiner von ihnen. Paläontologen mögen über die Bedeutung eines neu gefundenen Fossils uneinig sein, doch keiner von ihnen wird die Gültigkeit der Evolutionstheorie in Frage stellen. Wenn die Leute, die sich beruflich jahrelang jeden Tag mit diesen Themen beschäftigen, über solche Theorien einer Meinung sind, dann ist das ein äußerst starker Hinweis darauf, dass diese Theorien tatsächlich sehr viel Wahrheit enthalten und auch in Zukunft als gültig betrachtet werden können.

Außenseitern soll man zuhören

Nun gibt es aber immer wieder Leute, die sich aus verschiedenen Gründen gegen diesen wissenschaftlichen Mainstream stellen, vielleicht, weil sie die Wissenschaft nicht richtig verstehen, vielleicht weil in übersteigerter Phantasie Fakten mit Vermutungen verwechseln, aber vielleicht auch, weil sie dafür gute Argumente gefunden haben, die bisher noch niemand gesehen hat. Wissenschaftliche Außenseiter liegen erfahrungsgemäß meistens falsch - aber haben selbstverständlich das Recht, ihre Ideen zu verbreiten und sich in ehrlicher Diskussion mit der etablierten Wissenschaft zu messen. In der Wissenschaftsgeschichte waren es bisher nicht die radikalen Außenseiter, die große wissenschaftliche Umbrüche angestoßen haben. Newton, Planck, Einstein, sie alle waren Leute, die zwar neue, wagemutige Ideen formulierten, aber das wissenschaftliche Mainstream-Wissen ihrer Zeit ordentlich gelernt hatten und ihre Überlegungen logisch und schlüssig an die Gedanken ihrer wissenschaftlichen Vorgänger anknüpfen konnten. Das heißt aber nicht, dass schrullig-verquere Außenseiter nicht auch einmal bahnbrechende Gedanken haben könnten. Wir sollten also auch Außenseitermeinungen unbedingt die Chance zugestehen, sich zu bewähren, solange diese Meinungen mit Argumenten untermauert werden.

Ungesichertes Wissen für die Zeitung?

Zum Problem werden skurrile Außenseitermeinungen aber dann, wenn sie unhinterfragt in die Medien geraten, und dort als wahr dargestellt werden - oder zumindest als Standpunkte, die der etablierten Wissenschaft ebenbürtig sind. Leider passiert das sehr leicht: Wer behauptet, die Wissenschaft aus den Angeln gehoben zu haben, macht sich automatisch interessant. Wer seine eigenen, exotisch klingenden Pseudo-Wissenschaftsbereiche erfindet - von geheimnisvoller Lichtnahrung bis hin zu Quanten-Reinkarnation - wird rasch zum gefragten Interviewpartner. Eine besonders gern gewählter Pfad zum Medienruhm ist die Verbreitung von Weltuntergangsszenarien. Killerbakterien, Mörderchemikalien, Todesstrahlen, je weltzerstörerischer umso größer die Auflage. Werden diese Behauptungen dann als Unfug entlarvt, ist das keine Pressemeldung mehr wert. Zweifel an etablierten Theorien ist interessant, die zwölftausendsiebenhundertachte Bestätigung einer etablierten Theorie ist medial irrelevant. Das ist nicht die Schuld der Wissenschaft – das ist die Folge einer unehrlichen und oberflächlichen Medienwelt.

Demokratie heißt nicht Gleichheit von Wahr und Falsch

Aber - so könnte man einwenden - wenn es Uneinigkeit gibt zwischen Mainstream und Außenseitern, muss man dann nicht in einem demokratischen Diskurs zumindest beide Seiten medial zu Wort kommen lassen? Die Antwort ist ganz einfach: Nein! Das muss man gewiss nicht! Die Medienwelt ist ein permanenter Wettlauf um unsere Aufmerksamkeit – und manche Ideen, Gedanken und Theorien haben unsere Aufmerksamkeit einfach nicht verdient.

Wenn man im Fernsehen einen Astrologen einem Astronomen gegenübersetzt, dann ist das kein gleichberechtigter Wettstreit verschiedener Sichtweisen, sondern eine Konfrontation zwischen mittelalterlichem Blödsinn und moderner Wissenschaft (....).

Beiden in gleichem Maß Medienpräsenz zukommen zu lassen ist eine tragische Perversion des Gleichheitsgedankens. Manches sieht spektakulär aus, hat mit Wissenschaft, Wahrheit und Verstand aber nichts zu tun. Dass Außenseitersichtweisen spannend sind, ist klar. Dass Journalisten manchmal über schräge Ideen berichten wollen, ist verständlich. Aber in solchen Berichten muss unbedingt auch klargestellt werden, ob es sich um eine ernsthafte neue Theorie handelt, die sich gerade erst verbreitet, oder ob es eine skurrile Verrücktheit ist, über die man in der Fachwelt nur den Kopf schüttelt. Keinesfalls darf man in falsch verstandener postmoderner Gleichmacherei den Fehler begehen, alle Sichtweisen als gleich akzeptabel auf eine Stufe zu stellen. Es gibt nun einmal fundierte Theorien und wackelige Theorien, es gibt Bauchgefühle und Fakten, es gibt Wahrheit und Unfug. Nicht jede Meinung hat dasselbe Gewicht. Auch in einer politischen Diskussionssendung würde man den frisch gewählten Klassensprecher aus der Hauptschule Gerasdorf nicht gegen die Präsidentin von Frankreich antreten lassen. Die Neugier nach Außergewöhnlichem lässt sich schließlich auch mit echter Wissenschaft befriedigen. Vielleicht muss man dann auf quotentreibende Weltuntergangsberichte, auf mystische Quantenheilungsgeschichten und auf nervenaufreibende UFO-Storys verzichten, aber ich bin ganz sicher: Auch in Wissenschaft und Forschung findet man ausreichend viele Themen, die uns vor Staunen nach Luft schnappen lassen.

Ein Horoskop zum Selberbasteln

Der Barnum-Effekt: Warum Horoskope immer richtig liegen und trotzdem Blödsinn sind.

Mein Sternzeichen ist Königskobra. Das bedeutet, ich bin wahnsinnig intelligent, kreativ und sympathisch. Und wenn Sie jetzt widersprechen, weil es das Sternzeichen der Königskobra gar nicht gibt, dann kann ich nur sagen: Die anderen gibt es auch nicht. Der Gedanke, dass der Zeitpunkt unserer Geburt unsere Charaktereigenschaften bestimmen und die Ereignisse auf unserem Lebensweg festlegen soll, ist schon recht merkwürdig. Genauso gut könnte man behaupten, der Zeitpunkt des Waschmaschineneinschaltens bestimmt die Sauberkeit der Wäsche: 40-Grad-Wäsche immer genau zwölf Minuten nach der vollen Stunde in die Maschine geben! Und zwischen halb und dreiviertel bloß keine Feinwäsche!

Die Psychologie der Gutgläubigkeit

Trotzdem sind Horoskope gerade vor dem Jahreswechsel wieder genauso unvermeidlich wie die Blechschäden beim ersten Winterglatteis. Warum gibt es nach wie vor so viele Astrologiefans, die auf willkürlich erfundene Zufallsaussagen vertrauen? In der Psychologie spricht man vom „Barnum-Effekt": Wir Menschen haben die Tendenz, Aussagen über uns bereitwillig zu glauben, wenn sie nur vage und allgemein genug formuliert sind – insbesondere dann, wenn sie von einem angeblichen Experten präsentiert werden. Schon in den 1940erjahren führten die Psychologen Ross Stagner und Bertram Forer dazu interessante Experimente durch: Man ließ Versuchspersonen angeblichen Persönlichkeitstest ausfüllen, präsentierte ihnen dann eine Charakteranalyse und ließ die Leute dann einschätzen, wie gut die Angaben auf sie zutreffen. Die meisten Leute waren beeindruckt über die Treffsicherheit der Analyse, kaum jemand hielt sie für völlig falsch – dabei hatten alle Leute dieselbe Analyse bekommen.

Alle halten sich für klug, kritisch und lustig

Der Trick besteht darin, Aussagen zu finden, die jeder problemlos auf sich beziehen kann: „Sie sind witzig und lachen gern, aber nicht immer verstehen andere Leute Ihren Humor." Das wird wohl jeder unterschreiben. Selbst der langweiligste Mensch der Welt, der sein ganzes Leben nur damit verbringt, Aktenordner nach ihrem Grauton zu sortieren, hält sich irgendwie für humorvoll. Wenn die anderen nicht lachen, haben sie die humoristische Tiefe einfach nicht verstanden, mit der er in rebellischen Stunden schiefergrau mit ironischen Anthrazittönen mischt. Ähnlich verhält es sich mit Aussagen wie „Sie sind manchmal unzufrieden mit sich selbst" oder „Sie wirken nach außen manchmal anders, als Sie sich im Inneren fühlen". Jeder, der ein spannenderes Innenleben aufweist als eine tiefgefrorene Salatgurke wird da zustimmen. In Jahreshoroskopen kann man das dann noch mit Prognosen kombinieren, die auch garantiert zutreffen: „Sie werden eine beruflich stresserfüllte Phase durchleben, in der Sie sich fragen werden, ob Ihre Karriere-Entscheidungen wirklich richtig waren." Ach. Tatsächlich? Und wird es abends vielleicht auch manchmal dunkler? Und so können wir alle problemlos zu Astrologen werden. Langweilige Diagramme mit Planetenpositionen stören dabei nur. Gefragt ist nur Banalität und nichtssagende Beliebigkeit. Und daher gibt es hier das exklusive Futurezone-Jahreshoroskop – gültig für alle Sternzeichen!

Ihr Leben im neuen Jahr

Sie haben das Bedürfnis, von anderen Leuten geschätzt oder sogar bewundert zu werden. Manchmal spüren Sie, dass mehr in Ihnen steckt, als Sie zeigen können. Trauen Sie sich ruhig, Ihr ungenütztes Potenzial zu entfalten! Sie brechen nicht grundlos Streit vom Zaun, aber wenn man Sie reizt, können Sie auch mal sauer werden. Überlegen Sie gut, welche Konflikte Sie austragen wollen, und in welchen Fällen es klüger ist, erst mal abzuwarten. Als besonders lähmend empfinden Sie es, wenn Sie von äußeren Zwängen daran gehindert werden, Ihre Wünsche durchzusetzen. Seien Sie ruhig mal rebellisch, aber vermeiden Sie Unüberlegtes! Sie haben einen scharfsinnigen Blick auf die Welt und glauben nicht einfach alles, was man Ihnen erzählt. Bleiben Sie kritisch! Schärfen Sie Ihren Intellekt jedenfalls immer wieder durch das Lesen von Futurezone-Kolumnen! Schon in der ersten Hälfte des neuen Jahres werden komplizierte politische Anspannungen die Welt in Atem halten. Im Sommer wird es zu Naturkatastrophenkommen, zum Glück werden Sie zumindest von den Schlimmsten davon verschont bleiben. Seien Sie trotzdem vorsichtig! Ein überraschender Todesfall einer weltweit bekannten Person im Herbst sollte Ihnen als Zeichen dienen, ihre eigenen Bedürfnisse genau zu prüfen. Überlegen Sie, ob es vielleicht nötig ist, den Stress ein bisschen zu reduzieren. Und Achtung: Gegen Jahresende wird es dann deutlich kälter. Gegen Ende Dezember wird sich ein

Weihnachtsfest ereignen. Und in hochglänzenden Qualitätsmagazinen werden Sie wieder unzählige Horoskope lesen können, die Ihr Leben scheinbar hochpräzise beschreiben. Garantiert!

Florian Aigner, naklar.at, 26. Dezember 2017

Der Monsanto-Wahnsinn

Ein Konzern wird zum Satan erklärt. Aber was sind die Fakten?Monsanto ist der Feind. Das als Weltkonzern inkarnierte Böse, Satans Eintrag im Firmenbuch, ein Hybrid aus Darth Vader, Hannibal Lecter und Sauron. In ihrer Firmenzentrale steht ein Schrein mit Hitlers Schnurrbart, regelmäßig beträufelt mit dem frischen Blut flauschiger Katzenbabys, und selbst der hält es dort nur aus, weil er Angst vor den genmanipulierten Frankenstein-Superpflanzen hat, die ihn dort Tag und Nacht bewachen. So ungefähr ist der Eindruck, der sich aufdrängt, wenn man die Internetberichterstattung über den Biotech-Konzern Monsanto und seine Übernahme durch Bayer mitverfolgt. Das „Monsanto-Tribunal" soll im Oktober 2016 in Den Haag zusammen-kommen und ein Urteil fällen – das klingt nach internationalem Gerichtshof, nach schwerer Schuld und strafrechtlicher Relevanz. Dass es sich in Wahrheit bloß um eine NGO mit frecher PR-Strategie handelt, wird gerne übersehen. Unter dem Hashtag #monsantoevil kann man schockierende Fakten über den Konzern nachlesen, basierend auf bunten handgeschriebenen Postern und ähnlich seriösen Quellen. Es wird Zeit, tief durchzuatmen und zur Rationalität zurückzukehren: Monsanto ist nicht böse, Monsanto will uns nicht töten, und Monsanto ist auch kein edler Heiland, der aus purer Menschenliebe den Hunger auf der Welt beseitigen wird. Monsanto ist ein Biotechnologiekonzern und macht genau das, was ein Biotechnologiekonzern eben tut: Produkte entwickeln, verkaufen, Geld verdienen. Solche Produkte können positive oder auch negative Auswirkungen haben. Darüber kann man sachlich diskutieren, jede Aufregung ist unnötig.

Das Gerücht: Monsanto vergiftet uns mit Glyphosat

Über den Wirkstoff Glyphosat wird besonders emotional diskutiert. Er ist der wesentliche Bestandteil des Herbizids Roundup, das von Monsanto verkauft wird. Der Wirkmechanismus von Glyphosat ist genau bekannt: Es blockiert ein bestimmtes Enzym, das die Pflanzen zum Überleben brauchen. Wir Menschen haben dieses Enzym nicht, daher bringt Glyphosat das Unkraut um, lässt uns aber weitgehend in Ruhe. In den Frühstückskaffee sollte man sich Glyphosat natürlich trotzdem nicht mischen, das macht man schließlich mit anderen Unkrautvernichtungsmitteln auch nicht. Aber Studien zeigen, dass Glyphosat im Vergleich zu anderen Herbiziden (auch zu solchen, die in der Bio-Landwirtschaft verwendet werden) recht umweltschonend und ungefährlich ist. Seine Giftigkeit für Tier und Mensch ist gering, gefährlich wird es erst in einer Dosis, der realistischerweise niemand ausgesetzt sein wird. Außerdem breitet es sich im Boden nicht besonders gut aus, auch das ist ein Vorteil. Durch Genmanipulation kann man Pflanzensorten herstellen, die resistent gegen Glyphosat bzw. Roundup sind – man nennt sie „Roundup Ready". Das macht Monsanto, man verkauft also spezielle Gentech-Sorten und dazu ein Herbizid, das genau diese Sorten verschont, aber das Unkraut tötet. Das ist grundsätzlich weder gut noch böse, sondern einfach eine moderne Form der Unkrautbekämpfung. Man kann sie mit anderen Methoden vergleichen, etwa mit dem ökologisch recht bedenklichen Kupfersulfat, das in der Biolandwirtschaft eingesetzt wird. Eines sollte man aber nicht machen – nämlich Herbizide insgesamt ablehnen. Wir werden niemals eine Landwirtschaft ohne Herbizide haben, das ist einfach nicht möglich. Wir müssen die Vor- und Nachteile, die jedes Herbizid eben hat, untersuchen und gegeneinander abwägen. Einiges spricht für Glyphosat – anderes auch dagegen: Es gibt Hinweise darauf, dass es in vielen Fällen auf unkluge Weise eingesetzt wurde. Wenn man Glyphosat in großem Stil verwendet, passiert genau das, was auch bei jedem anderen Herbizid geschieht: Man erzeugt Resistenzen. Irgendwann kommt es bei dem Unkraut, das man vernichten möchte, zu zufälligen Mutationen, das Unkraut wird unempfindlich gegenüber Glyphosat und wächst auf den mit Roundup besprühten Feldern fröhlich weiter. Es gibt Statistiken, die besagen, dass in den USA aus diesem Grund der Herbizidverbrauch durch Glyphosat sogar gestiegen ist. Andere Studien über herbizidresistente Baumwolle zeigen einen Rückgang des Herbizidverbrauchs. Dieses uneinheitliche Bild ist für Monsanto etwas peinlich, weil man mit Glyphosat und den speziellen Glyphosatresistenten Nutzpflanzen den Herbizidverbrauch eigentlich senken wollte. Glyphosat ist in gewissem Sinn ein Opfer seines eigenen Erfolgs geworden: Früher wurden unterschiedliche Herbizide verwendet, durch Pflügen wurde Unkraut in den Boden eingearbeitet. Nun setzt man oft ausschließlich auf Glyphosat

– eben weil es so gut funktioniert, vergleichsweise ungiftig ist und gegen viele verschiedene Sorten von Unkraut wirkt. Dass man genau dadurch Resistenzen begünstigt, ist wenig überraschend. Die Lösung wird wohl eine ökologisch kluge Kombination unterschiedliche Unkrautvernichtungsmethoden sein – das propagiert mittlerweile auch Monsanto selbst.

Florian Aigner auf naklar.at am 16. September 2016

Dr. Erich Eder

Dr. Erich Eder, geboren im Jahr 1965 in Linz, Assistenzprofessor für Biologie, lehrt an der Medizinischen Fakultät der Sigmund Freud Privatuniversität und der Fakultät für Lebenswissenschaften der Universität Wien. Als Autor und/oder Gutachter für namhafte wissenschaftliche Journals wie z.B. Hydrobiologia, Developments in Hydrobiology, Archiv für Hydrobiologie, Marine & Freshwater Research oder International Review of Hydrobiology sozusagen „Experte für tatsächlich belebtes Wasser".

Seit 1998 Mitglied der GWUP e.V., eines wegen Förderung der Volksbildung als gemeinnützig anerkannten Vereins zur Förderung von Wissenschaft und kritischem Denken, Gründer und bis 2011 Vizepräsident der Gesellschaft für Kritisches Denken (GWUP Österreich).

Seit September 2003 bisher drei Mal von der Grander-Vertriebsfirma U.V.O. GmbH bzw. von Dr. Hans Kronbergers „energisch PR GmbH" wegen Ehrenbeleidigung und Rufschädigung verklagt (Gesamter Streitwert: ca. 60.000,00 EUR). Seitdem und deshalb zahlreiche Vorträge über die Wirkungslosigkeit von „belebtem" Wasser an Volkshochschulen, im Rahmen von „University meets Public", im Fernsehen und bei internationalen Tagungen. Bezeichnend ist, dass ich NOCH NIE verklagt wurde, weil ich sage, dass Granderwasser wirkungslos ist. Offenbar weiß man, warum ;-)

1999: Theodor-Körner-Preis für Wissenschaft

2002, 2003: Gastforscher an der Universität Kopenhagen, Dänemark

2004: Förderungspreis der Stadt Wien für Wissenschaft und Volksbildung

2008: Josef-Schöffel-Preis des Landes Niederösterreich

Kritik an esoterischem Unfug darf nicht mundtot gemacht werden !

 nicht mundtot.org

Bekanntester Kritiker der "Grander"-Wasserbelebung vor dem Aus: Über 24.000 € Prozesskosten gefährden Existenz.

"Ich lasse mich nicht mundtot machen.

Granderwasser ist wirkungslos, und die Öffentlichkeit hat ein Recht, das zu erfahren!"

Dr. Erich Eder, Biologe

Dr. Krista Federspiel

Dr. Krista Federspiel, geboren im Jahr 1941 in Niederösterreich, in Volkskunde promovierte Medizinjournalistin und Autorin

Studium ab 1959 in Germanistik, Volkskunde, Psychologie und Theaterwissenschaft in Wien mit dem Abschluss 1966.

Freie journalistische Tätigkeit in verschiedenen Zeitungen und Magazinen, Rundfunk- und Medizinjournalismus.Auch ist sie als Radio- und Fernsehmoderatorin bekannt geworden. Schwerpunkte ihrer Tätigkeiten sind Sozial- und Frauenpolitik, Konsumentenschutz, Medizin und Psychotherapie. Federspiel ist als Kritikerin alternativer medizinischer Verfahren bekannt geworden. Für die Stiftung Warentest überprüfte sie die Wirksamkeit von alternativen Heilmethoden in ihrem Buch "Die andere Medizin". Sie lebt in Wien, ist verheiratet und hat drei Kinder.

GWUP-relevante Interessensgebiete

Alternativmedizin; Alternative Psychotherapie und Manipulationsmethoden

Öffentlichkeitsarbeit zu Alternativen Heilverfahren und zur Esoterik

Themen der Volkskunde: Magische Praktiken, Legenden

GWUP-relevante Veröffentlichungen

Bücher

Kursbuch Gesundheit (Koautorin): Kiepenheuer & Witsch, Köln (mehrere Auflagen bis 2006)

Handbuch Die Andere Medizin (Koautorin) Stiftung Warentest, Berlin (mehrere Auflagen bis 2005)

Kursbuch Seele, (Koautorin) Kiepenheuer & Witsch, Köln 1996

Lexikon der Parawissenschaften (Hrsg. und Koautorin), LitVerlag 1999

Artikel

Mit Geisterforschung zum Doktortitel: Esoterik an der Wiener Universität, derStandard.at, 24.6.2013

Vergebliche Heiler - vergebliche Hoffnung, Psychologische Medizin 24;2:47-51 (2013), online als PDF-Datei

Die Boku-Causa - Akademische Titel dank Esoterik-Arbeiten. Falter 04/2013

Mitarbeit bei Serie im Standard zu Esoterik-Themen, Frühjahr 2013

Alternativmedizin im Spiegel der Öffentlichkeit, GenRe Business School 09/2006

Der Geistheilertest der GWUP-Regionalgruppe Wien (mit E.Ponocny-Seliger, I. Ponocny, A. Hergovich), Skeptiker 2/2005

Was ist dran an der Homöopathie?, Skeptiker 3/2005

Interview mit Krista Federspiel auf derstandard.at: "Österreich ist ein Paradies für Parawissenschaften" (2013)

Aktivitäten in der GWUP

Mitgründerin der Gesellschaft für kritisches Denken (GWUP Wien)

Initiatorin von jährlichen Workshops der GkD am Naturhistorischen Museum Wien seit 2011

Initiatorin und Mitorganisation der Wiener Skeptics in the Pub seit Herbst 2015

Von 1998-2016 Mitglied des GWUP-Wissenschaftsrats

Außerdem:

Vortragsserien an drei Wiener Volkshochschulen zu Alternativ-medizin und Esoterik-Vorträge an der Berliner Urania, an deutschen christlichen Bildungseinrichtungen

Mitinitiatorin der online Initiative wissenschaftliche Medizin, Wien 2014

Fellow des „Committee for Skeptical Inquiry (CSICOP)"

Kritik

Die medizinjournalistische Arbeit Federspiels wurde vielfach von homöopathisch orientierten Medizinern kritisiert. Die Stiftung Warentest musste das Buch Federspiels „Die Andere Medizin" vom Markt nehmen, weil darin suggeriert wurde, es gäbe für ein bestimmtes homöopathisches Schnupfenmittel keine Wirksamkeitsnachweise, obwohl dieses ein nach dem Kriterium „besondere Therapieform" zugelassenes Arzneimittel war, für das als „Wirksamkeitsnachweis" gesetzlich ein Binnenkonsens ausreicht. Gustav Dobos, Naturheilkundler an der Universität Duisburg-Essen, kritisierte an Federspiels Arbeit, dass diese zum Beispiel an die Traditionelle Chinesische Medizin Maßstäbe anlege, nach denen auch einige schulmedizinisch anerkannte Verfahren als „nicht wirksam" einzustufen wären.

Prof. Ernst Bonek

Prof. Ernst Bonek, geboren laut eigenen Angaben Mitte Februar 1942 in Wien.

Ernst Bonek ist emeritierter Professor für Elektrotechnik am Institut für Telekommunikation der Technischen Universität Wien. Seit vielen Jahren setzt er sich gegen Mythen rund um angeblich schädliche Strahlung von Mobiltelefonen und Handymasten ein.

Handymythen - Keine Angst vor Elektrosmog

Sollte Herr Bonek recht haben, so wäre alles rund um den Elektrosmog nutzlos. Alle Hersteller von Messgeräten und Schutzprodukten zu diesem Thema wären überflüssig. Lieber Besucher, machen Sie sich selber ihr eigenes Bild von diesem Herrn!

Bericht von Ernst Bonek

Elektrosmog ist ein Kunstwort, erfunden mit der Absicht, die Verwendung des elektrischen Strom und der Funktechnik (Fernsehen, Rundfunk, Mobiltelefon) als etwas Unerwünschtes, ja Gefährliches darzustellen. Elektrophobie, die Angst vor elektromagnetischer Strahlung, ist unbegründet und kann teuer werden: Angst setzt das vernünftige Denken außer Kraft, und findige Geschäftsleute machen mit dieser Angst gute Geschäfte. Ein vielfältiges Angebot von Abschirmmaterialien, Aufklebern auf Handys und Netzfreischaltungen wird heute verkauft. Sogar sündteure Wellbleche wurden zur "Harmonisierung" – von Erdstrahlen oder elektromagnetischen Feldern beworben. Weil sich der Großteil der Menschheit ein Leben ohne Handy nicht mehr vorstellen kann, boomt derzeit besonders der Markt für „Schutz vor Handystrahlung". Was macht denn das Handy eigentlich?

Ein Handy strahlt nur selten

Ihr Handy ist ein Funkempfänger und -sender. Wenn Sie es einschalten, dann sucht es zuerst als reiner Empfänger das stärkste Signal einer Basisstation („Handymast") Ihres Netzbetreibers. Hat es das gefunden, sendet es für den Bruchteil einer Sekunde seine Kennung über elektromagnetische Funkwellen – und das war's dann schon mit der Strahlung. Auch wenn Sie kleinräumig Ihren Aufenthaltsort ändern, sendet Ihr Handy nicht. Ihr Netzbetreiber weiß ungefähr, wo Sie sich befinden und das genügt, um ein eventuell ankommendes Gespräch zu Ihnen zu liefern. Erst wenn Sie telefonieren, SMS verschicken oder surfen, sendet Ihr Handy. Eingeschaltet, im Stand-by, sendet Ihr Handy keine Strahlung aus! (Außer alle paar Stunden für einen Bruchteil einer Sekunde.) Wenn Sie telefonieren, verständigt sich Ihr Handy innerhalb von Sekunden mit der nächstgelegenen Basisstation auf die geringste Sendeleistung, mit der ein störungsfreies Gespräch gerade noch möglich ist – genau wie man im persönlichen Gespräch die Sprachlautstärke ganz automatisch auf die Distanz anpassen. Erstens verlängert dieser ausgeklügelte Regelmechanismus zwischen Handy und Basisstation die Lebensdauer Ihrer Akkuladung. Zweitens erspart sich der Netzbetreiber dadurch Stromkosten. Und, drittens, das ist der Hauptgrund, stören Sie eigentlich durch Ihr Telefonieren alle anderen Teilnehmer im Netz. Verständlich, dass man diese Eigenstörung im Netz technisch so gering wie möglich halten möchte.

Abschirmungs-Hüllen

Entweder nutzlos oder kontraproduktiv

Dieser Regelmechanismus zwischen Handy und Basisstation ist auch der Grund, warum Hüllen für Ihr Handy, die die elektromagnetischen Felder von Ihnen fernhalten sollen, ein Schwachsinn sind. Bestehen sie aus Metallgeflechten, so schwächen sie tatsächlich elektromagnetische Felder ab. Dadurch glaubt aber die Basisstation, Sie seien weiter entfernt und sendet stärker – Ihr Handy ebenso. Metall enthaltende Vorrichtungen, die Sie vor „Handystrahlen" schützen sollen, sind also kontraproduktiv. Sie führen zu erhöhter Strahlung. Sind die Hüllen hingegen aus Plastik oder Stoff, dann beeinflussen sie die elektromagnetischen Wellen ohnedies überhaupt nicht und sind damit einfach nutzlos. Dasselbe gilt für die diversen Aufkleber aus Plastik fürs Handy, die angeblich die „Handystrahlung" „harmonisieren" oder „neutralisieren": sie sind physikalisch absolut wirkungslos. Das Angebot ist dennoch riesig und ändert sich laufend. Geht eine Firma in Konkurs oder hat sich ihr Image so verschlechtert, dass die Allgemeinheit weiß, dass ihre Produkte nichts bringen, dann taucht sie unter neuem Namen wieder auf. Die Wirkung ist immer dieselbe – sie ist objektiv nicht nachweisbar. Lesen Sie die Werbungen genau: es wird hauptsächlich mit Testimonials geworben. Leute erzählen, wie wohl sie sich nach dem Kauf des Aufklebers fühlen (blöd würden sie dastehen, wenn sie anderes behaupteten). Und kleingedruckt kann man lesen: „...müssen wir darauf hinweisen, dass weder das Wirkprinzip noch eine positive Wirkung auf das gesundheitliche Wohlbefinden bisher allgemein wissenschaftlich gesichert bzw. anerkannt sind".

„Strahlenschutz" in der Wohnung

Wer Ihnen ein Gerät aufschwatzen will, das während Ihrer Nachtruhe die „Strahlung" von Ihrem Bett fernhält, „schützt" Sie vor etwas, das es – abgesehen von ein paar Sekundenbruchteilen alle paar Stunden – gar nicht gibt. Aber auch wenn Sie mit Ihrem Handy telefonieren, brauchen Sie keinen Aufkleber. Jedes am europäischen Markt erhältliche Handy muss den strengen Prüfungen der europäischen Norm EN50360 entsprechen. Damit ist sichergestellt, dass Sie nicht mehr elektromagnetische Leistung aufnehmen als von der Weltgesundheitsorganisation WHO als unbedenklich eingestuft wird („SAR-Wert"). Der in der Bedienungsanleitung Ihres Handys angegebene SAR-Wert gibt allerdings keine Auskunft darüber, wie hoch nun die aufgenommene Leistung tatsächlich ist. Es gilt: je näher die nächst gelegene Mobilfunkanlage ist, desto geringer sind die Immissionen, nämlich um ein Vielfaches geringer. Wenn Sie Ihre Wohnung, Ihren Arbeitsbereich, Ihr Schlafzimmer „ausmessen" lassen, um festzustellen, ob sich dort elektromagnetische Strahlung findet, dann ist das Ergebnis – auch ohne Messung – sehr leicht vorhersagbar: Faktum ist, dass elektromagnetische Wellen allgegenwärtig sind. Seit 90 Jahren werden wir vom Rundfunk, seit 60 Jahren vom Fernsehen jahraus, jahrein „bestrahlt". Seit 30 Jahren kommt der Mobilfunk hinzu, dessen Basisstations-Sender aber rund 1000mal schwächer sind als Radio- und Fernsehsender. „Elektrosmog-Messungen" mit empfindlichen Messgeräten sind ein probates Mittel um Angst zu erzeugen, besonders wenn sie mit wissenschaftlicher Akribie durchgeführt wurden. Die Mess-Scharlatane verwenden sehr kleine

Maßeinheiten, so dass jeder noch so kleine Feldstärkewert bedrohlich wirkt. Stellen Sie sich vor – 71.635 Mikrowatt pro Quadratmeter in Ihrem Schlafzimmer! Da muss man doch etwas dagegen unternehmen! Die Messfirma hat auch gleich Lösungen parat: Abschirmungen, Fenstergitter, aluhältigen Mauerputz, Netzfreischaltungen, Holzbetten, Strohmatratzen,.... Alles, was gut und teuer ist. Wer kennt sich schon aus mit V/m, W/m2, Mikro- und Milliwatt? Eben. Denn die vielen Tausend Mikrowatt sind, gemessen in den üblichen Einheiten, nicht mehr als 0,072 Watt pro Quadratmeter – und damit nicht höher als rund ein Fünfzigstel des Vorsorgegrenzwerts der Weltgesundheitsorganisation WHO. Bevor Sie sich also vor den elektromagnetischen Wellen des nächstgelegenen Handymasts ängstigen, fragen Sie sich, warum die elektromagnetischen Wellen des Fernsehens bisher nicht Ihre Lebensqualität beeinträchtigt haben. Die Einhaltung der von der Weltgesundheitsorganisation als unbedenklich eingestuften Vorsorgegrenzwerte für elektromagnetische Felder ist in Österreich flächendeckend gegeben, ohne dass besondere zusätzliche Abschirmung notwendig wäre. Alle Messungen des TÜV haben das immer wieder bestätigt. Auch die Fernmeldebehörde überwacht penibel, dass die Mobilfunkbetreiber diese Werte einhalten. Immer wieder gibt es Menschen, die behaupten, empfindlich gegenüber elektromagnetischen Feldern des Mobilfunks zu sein, was sich in Symptomen wie Kopfschmerz, Schlafstörungen, Tinnitus, etc. äußert. Dazu ist zuerst festzustellen, dass die Symptome echt sind, die betroffenen Menschen also tatsächlich leiden. Allerdings: was wissenschaftlich immer wieder zweifelsfrei dokumentiert wurde, ist, dass die elektromagnetischen Felder nicht die Ursache dieser Symptome sind. Personen, die von sich behaupten „elektrosensibel" zu sein, können das Vorhandensein von Hochfrequenzfeldern genauso gut feststellen wie andere Personen – nämlich gar nicht. Sie leiden unter dem „Nocebo"-Effekt, dem Gegenteil von Placebo: sie fürchten sich, und die Angst erzeugt ihre Symptome.

Angepriesener „Schutz vor Elektrosmog" ist reine Abzockerei – benützen Sie Ihren Hausverstand!

Wir möchten festhalten das ist die Meinung von Herrn Bonek!

gabriel-technology.de

Quelle: http://goldenesbrett.guru/2014/elektrosmog

Martin Puntigam

Martin Puntigam, geboren am 9. April 1969 in Graz, Steiermark, Kabarettist bei den Science Busters, Moderator bei Radio FM4

Martin Puntigam wurde in Graz geboren und verbrachte dort seine Jugend. Er studierte zunächst ab 1987 Medizin an der Universität Graz, wandte sich aber dann ab dem Jahr 1989 dem Kabarett zu. Mittlerweile lebt Martin Puntigam mit Ehefrau und zwei Kindern in Wien. Seit 1989 präsentierte er bislang zwölf Soloprogramme. Bereits das erste, Durch und durch (1989), wurde mit dem Grazer Kleinkunstvogel prämiert. Für das Duo Programm Erlösung erhielt er 2015 gemeinsam mit Matthias Egersdörfer den österreichischen Kabarettpreis. Martin Puntigam ist Autor der Theaterstücke Tod im Hallenturnschuhlager (1993) und Teufelsgschichten und Zaubersachen (2008). Er ist einer der Autoren der Fernsehsendung Sendung ohne Namen im ORF (30 Folgen in den Jahren 2002 bis 2007). Autor und Gestalter der Radiokolumne Herr Martin empfiehlt im Radiosender Ö3 des ORF (1993 bis 1995) und im Jugendradiosender FM4 des ORF: Betthupferl, FM3000, Wochenschau, Ombudsmann, Wandertag. Puntigam war Hauptdarsteller im Kinofilm Gelbe Kirschen (2001) unter der Regie von Leopold Lummerstorfer. Er wirkte mit bei den Wiener Wochen des schlechten Geschmacks (1998) und bei Beschwingt am Sonnabend (2000).

Science Busters (2007)

Er gründete 2007 mit den Physikern Heinz Oberhummer und Werner Gruber das Wissenschaftskabarett Science Busters. Durch die Shows, die auch im ORF gezeigt werden, soll Naturwissenschaft verständlich und unterhaltsam näher gebracht werden. Die Science Busters präsentieren auch eine wöchentliche Radiokolumne im Jugendradiosender FM4 des

ORF und veröffentlichten mehrere populär-wissenschaftliche Bücher und Hörbücher. Nach dem Tod Heinz Oberhummers im November 2015 und aufgrund gesundheitlicher Probleme Werner Grubers treten die Science Busters seit 2016 in anderer Konstellation auf. Durch die Shows führt auch allein weiterhin Martin Puntigam.

Assoz. Univ.-Prof. Mag. Dr.rer.nat. Helmut Jungwirth

Assoz. Univ.-Prof. Mag. Dr.rer.nat. Helmut Jungwirth, geboren im Jahr 1969 in Graz, Molekularbiologe an der TU Graz, seit 2016 bei den Science Busters

Alumnus des Monats November 2013

Geschäftsführender Leiter der 7. Fakultät

In welche Richtung es beruflich einmal gehen sollte, wusste Helmut Jungwirth - nicht zuletzt dank einer sehr engagierten Biologielehrerin - schon in der Schulzeit.

Studium der Molekularen Mikrobiologie an der Universität Graz. Dissertation am Institut für Molekulare Biowissenschaften im Bereich Genetik. Postdoc am Physiologisch-Chemischen Institut an der Eberhard-Karls-Universität in Tübingen.

Seit 2008 wissenschaftlicher Leiter des Offenen Labor Graz.

Seit 2011 geschäftsführender Leiter der 7. Fakultät - das Zentrum für Gesellschaft, Wissen und Kommunikation an der Universität Graz.

Astrologische Analysen bekannter Skeptiker

Ich belege mit meinen Analysen und Prognosen am Beispiel von mehreren bekannten Skeptikern die Wissenschaft der Astrologie und wünsche meinen LeserInnen Inspiration und viele neue Erkenntnisse.

Werner Gruber

geboren am 15. März 1970 in Ostermiething, OÖ

Die Sonne steht auf 24,27 Grad im Zeichen Fische in der 3. Dekade. Dieses Zeichen am Ende des Tierkreises bringt ein umfangreiches Wissen in die jeweilige Inkarnation mit. Einige rückläufige Planeten zeigen an, dass noch karmische Altlasten abzutragen sind. Die Sonne ist von Pluto/Lilith massiv verletzt und das äußert sich in der Ablehnung wesentlicher Eigenschaften dieses Tierkreiszeichens wie Mitgefühl, Empathie, Glauben und Vertrauen. Die Abwesenheit oder Gewaltbereitschaft des Vaters nahm er zum Anlass, um nach einer anderen Vaterfigur wie dem Prof. Dr. Heinz Oberhummer zu suchen. Der Mond im Quadrat zu Venus/Chiron/Pluto zeigt eine Mutter an, die unter dem Vater zu leiden hatte und dem Buben eine Überdosis Liebe und Zuneigung gab. Das natürlich auch in Form von Essen, was sich nachhaltig auswirkte. Die Venus als Planet der Liebe und Genussfähigkeit steht in Konjunktion mit Chiron und in Opposition zu Uranus. Liebe zu geben und zu empfangen ist damit eine große Herausforderung. Als Kompensation ging es zum Kühlschrank und zur Naschlade... Mars steht in Konjunktion zu Saturn und damit lebt er mit angezogener Handbremse oder wie ein Vulkan vor dem Ausbruch. Diese Planten wiederum stehen in Opposition zu Jupiter. Damit schwankt er zwischen Ausdehnung und Reduktion. Körperlich zeigt sich diese Thematik durch das große Übergewicht, welches er im Jahr 2015 radikal veränderte und in 6 Monaten über 50 Kg abspeckte. Davor erhielt er im November 2014 einen Magen-Bypass. Dazu wurde der Magen verkleinert und direkt mit dem Dünndarm verbunden. Geistig offenbart sich diese Planetenspannung durch sein oberlehrerhaftes Verhalten in Diskussionen oder bei Reportagen. Diese extreme Abmagerungskur samt Stress löse am Samstag, dem 26. September 2015 nach einem Auftritt der Science Busters im Burgenland einen Herzstillstand aus. Die Qualität des aufsteigenden Mondknotens im Zeichen Fische zu leben würde ihn mit vielem aussöhnen und eine neue Leichtigkeit im Sein bringen.

Kritische Grade

Sonne (Jupiter/Pluto+Neptun)

Autistoide Neigungen. Intensive Kontakte, von denen man emotional relativ unberührt bleibt. Ausgesprochen ambivalente, aber ausgeprägte Mutterbindung. Hochfliegende Pläne, die mit großem persönlichen Einsatz verfolgt werden. Stress als Droge! Geht für die Verwirklichung persönlicher Interessen über „Leichen". Anzeichen für Homosexualität.

Merkur (Sonne/Pluto)

Alles bestimmen wollen! Trägt Verantwortung für andere. Hang zur Selbstausbeutung. Eine Biographie voller Zäsuren. Kampf gegen das Schicksal. Geht sehr enge, ambivalente Beziehungen ein. Muss lernen, „loszulassen". Zieht seine Fäden im Hintergrund.

Venus (Jupiter/Pluto+Mars)

Neigung zur Selbstüberschätzung, der perfekte „Staubsauger-verkäufer".

Halbsummen

Merkur/Venus=Pluto

Neigung zu Luxus, Eitelkeit, Empfindlichkeit, einseitige Ziele

Venus/Pluto=Mond

fanatischer Wissenschaftler

Uranus/Neptun=Jupiter

sich auf andere verlassen, Herzinfarkt

Sonne/Mondknoten=Merkur

Gedankenaustausch, geistige Kontakte

Venus/Mondknoten=Sonne

Antipathie, Trennungen

Fixsterne

Difda - Mond/Venus

heimliche Liebschaften, Pionier, draufgängerisch, heftiges Temperament

Algenib - Mond/Venus/Uranus/Chiron

großer Einfluss auf die Meinungsbildung, Alkoholsucht, Erfinder, Redetalent, schwache Gesundheit

Sheratan - Mars/Jupiter/Saturn/Lilith

Gewalt gegen sich selbst gerichtet

Hamal-El Nath + Shedir - Mars/Jupiter/Saturn/Lilith

kritisch, sarkastisch, materialistisch, Gewalt, zügellos, scheinheilig, Liebesqualen, Kopfverletzungen

Alhena - Venus/Uranus

Materialismus, Liebe zu eleganter Kleidung, erhöhte Krebsdisposition

Asellus Australis - Mars/Jupiter/Saturn/Lilith

unmoralisch, schlechte Angewohnheiten, welche bereits in jungen Jahren geprägt wurden, Scheinheiligkeit, falsche Freunde

Alioth - Südmondknoten

erhöhtes Suizidrisiko

Zosma - Südmondknoten

Depressionen

Denebola - Sonne/Mond/Pluto

häusliche Auseinandersetzungen, Ehre und Aufstieg mit Gefahren verbunden

Alkaid - Sonne/Pluto

Gruppenaktivitäten, plötzlicher Tod

Vindemiatrix - Venus/Uranus/Chiron

Herzprobleme, Deformation der Wirbelsäule, schlecht für Ehe, Verlust von Freunden

Alpha Centauri-Bungula - Neptun

Unehrenhaft, viele Reisen, Trennungen von Verbindungen

Graffias-Acrab - Neptun

der Wissenschaftler

Achernar - Merkur

Einzelgänger, Atheist, Anhänger von Verschwörungstheorien

Markab - Sonne/Pluto

unglückliches Leben, enttäuschte Erwartungen, Streitlustig

Körperliche Dispositionen

Knochenentzündungen, Durchblutungsstörungen, Rheuma und Gicht, Gallensteine, häufige Kopfschmerzen, Zahnerkrankungen, zu hoher Blutdruck, Leber und Galle, Gelbsucht, Hüftgelenkserkrankungen, Arterielle Blutungsneigungen, Nervenlähmungen, Multiple Sklerose, Suchtdisposition, Fresssucht, Atmungslähmung, Legasthenie, Taube Glieder, Autismus, erhöhte Krebsdisposition, Wassersucht, Haarausfall, Geschwülste, schwache Herzleistung

Herausfordernde und prägende Zeitphasen

März, April, September und Dezember 1970

Juni 1971

Jänner, März und November 1972

August 1973

Jänner und September 1974

Mai 1975

Juli und September 1976 (Vater!)

Mai 1977

Mai und November 1978 (Vater!)

Februar und Juli 1979

August und November 1980

Februar und November 1985

Oktober 1986

Februar, Juli und Dezember 1987

September 1988

September 1989

März und Dezember 1991

Mai 1993

März 1995

Herausfordernde zukünftige Zeitphasen

10. Februar bis 30. Juni 2017

Mars Quadrat Sonne, Mars Quadrat Pluto, Saturn Quadrat Sonne, Saturn Quadrat Pluto, Lilith Konjunktion Neptun, Uranus Quincunx Pluto

2. September bis 4. November 2017

Mars Konjunktion Uranus, Mars Quadrat Neptun, Chiron Konjunktion Sonne

22. bis 31. Mai 2019

Mars Quadrat Venus/Chiron, Uranus Konjunktion Mars/Saturn, Chiron Konjunktion Venus/Chiron

4. bis 25. Juli 2019

Mars Quadrat Jupiter, Uranus Konjunktion Mars und Saturn, Chiron Konjunktion Chiron

7. bis 29. Februar 2020

Mars Quadrat Sonne & Pluto & Chiron, Mondknotenachse im Quadrat zum rückläufigen Uranus, Lilith & Chiron Quadrat Mond

27. März bis 28. April 2020

Mars Quadrat Mars/Saturn, Uranus Konjunktion Mars/Saturn, Lilith Konjunktion Venus/Chiron, Lilith in Opposition zum rückläufigen Uranus, Chiron Konjunktion Venus/Chiron

8. Dezember 2020 bis 8. März 2021

Saturn Quadrat Jupiter & Mars/Saturn, Rückläufiger Uranus Konjunktion Mars/Saturn, Lilith Konjunktion Mars/Saturn, Mondknoten im Quadrat zur Mondknotenachse, Rückläufiger Chiron Konjunktion Venus/Chiron

3. bis 31. Dezember 2025

Mars Quadrat Sonne, Saturn Konjunktion Sonne, Aufsteigender Mondknoten in Konjunktion zum Aufsteigenden Mondknoten, Rückläufiger Uranus in Opposition zum rückläufigen Neptun (Geburtsgebieter), Lilith in Konjunktion zum rückläufigen Neptun, Saturn Opposition Pluto

Jörg Wipplinger
geboren am 12. November 1975 in Dornbirn, Ö

Die Sonne steht auf 19,26 Grad im Zeichen Skorpion am Ende der 2. Dekade in Konjunktion mit dem aufsteigenden Mondknoten. Mit Merkur und Uranus im Zeichen Skorpion geht er den Dingen auf den Grund. Der Mond im Zeichen Fische zeigt an, dass die Mutter sensibel und feinfühlig war und unter dem Vater litt, denn die Beziehung war nicht in Balance. Das Quadrat vom Mond zum Neptun zeigt sein ungeklärtes Verhältnis zur Mutter an. Die Venus in Konjunktion zum Pluto bringt Machtkämpfe in Beziehungen. Zudem steht die Venus im Quadrat zum Mars und in Opposition zur Lilith, also Geschlechterkampf pur. Mit Lilith, Jupiter und Chiron im Zeichen Widder setzt er Handlungen und unüberlegte Aussagen aus Angst, Schwäche zu zeigen. Saturn im Quadrat zum Uranus erzeugt eine unbeugsame Haltung und der rückläufige Mars bringt ihn gerne auf die Palme. Der rückläufige Jupiter verursacht Glaubenskonflikte, denn er assoziiert den Glauben mit der Schwäche seiner Mutter. Mit dem absteigenden Mondknoten im Zeichen Stier ist er im Denken und Verhalten sehr statisch und möchte vorgefasste Meinungen nicht verändern. Loslassen und sich auf das Unbekannte einlassen, um ganz die erlöste Form des Skorpions zu leben, wäre ein guter Weg, wobei zu erkennen ist, dass es in diesem Leben nicht mehr geschieht.

Kritische Grade

Sonne (Uranus/Neptun)

Chronische Überreizung des Nervensystems, distanzlos, mentale Defekte, mag keine Routinearbeiten, ist schnell gelangweilt, Stoffwechselstörungen, eigene Schwächen auf das Gegenüber projizieren, vom Idealismus nach Ernüchterung zu berechnendem Begegnungsverhalten.

Merkur (Venus)

Leidenschaftsgrad, oft faul und passiv.

Venus (Mond/Mars)

Ungeklärter Selbstbezug, Autoaggression, Ablehnung des Männlichen, leistungsorientiertes Empfinden, fühlt sich schnell angegriffen, Flucht in „Arbeitswut", schnell beleidigt, kann dafür umso besser austeilen. Angst, Schwäche zu zeigen. Schleimhautentzündungen, Panik und Aggression, Masochismus in destruktiver Form, Konkurrenzorientierung, überdurchschnittlich ausgeprägte Neigung, sich von anderen seelisch verletzt zu fühlen. Auf alles, was als persönlicher Angriff interpretiert werden kann, reagiert er besonders empfindsam. Dominante Mutterproblematik, erhöhtes Suizidrisiko.

Halbsummen

Sonne/Jupiter=Saturn

Anmaßung, Konflikte, Differenzen, Besitzverlust, Krankheiten

Sonne/Uranus=Merkur

Geistesgegenwart, Reformer

Mond/Mars=Uranus

Strenge gegen sich und andere, Jähzorn, leicht explodieren

Mond/Saturn=Sonne

Seelische Stimmungen beeinflussen stark den Körper, Trennungen, Erbkrankheiten

Uranus/Neptun=Sonne

Mangel an Lebenskraft, Bewusstlosigkeit

Neptun/Pluto=Merkur

Unselbständiges Denken, viele Pläne ohne Verwirklichung, chronische Krankheiten, Nervenschwäche

Jupiter/Mondknoten=Saturn

Unsozial, unkameradschaftliches Verhalten, anderen gegenüber den eigenen Vorteil im Auge haben, sich gerne absondern, Trennungen

Uranus/Mondknoten=Merkur

Kritik an anderen üben, rasche Auffassungsgabe

Mond/Saturn=Mondknoten

Mangel an Anpassung und Selbstvertrauen, andere Menschen meiden

Uranus/Neptun=Mondknoten

Mit anderen das seelische Gleichgewicht verlieren, gemeinsam empfindlich sein

Fixsterne

Difda - Venus/Mars/Lilith

unreiner Geist, heimliche Untaten, leidenschaftlich bis gewalttätig, Kopfverletzungen, Fieber, Ungnade und Ruin durch eigenes Verschulden, viele heimliche Liebschaften

Mirach - Mars

ungehobeltes Benehmen

Zaurak - Südmondknoten

erhöhtes Suizidrisiko

Menkalinan - Venus/Mars/Lilith

Vergnügungssucht, öffentlicher Tod

Praesepe - Saturn/Uranus
Sexuelle Begierden, Gesichtsverletzungen, schwere Krankheiten, Augen

Zaniah - Venus/Mars/Lilith
Energisch, Probleme mit dem anderen Geschlecht

Gemma - Alphecca - Merkur
Geist aktiver als Körper

Zuben Elgenubi - Merkur
Rachsüchtig, hinterlistig, schlechte Gesundheit

Zuben Elschemali - Sonne/Nordmondknoten
Fähiger Schriftsteller

Unukalhai - Sonne/Nordmondknoten
Unglückliches Leben, Scheinheiligkeit, chronische Krankheiten, Unfallgefahr

Han - Mond/Neptun
Schwierigkeiten und Ungnade, Erkrankungen der Leber

Antares - Mond/Neptun
Gerissen, schlau, unausgeglichen, voller Geheimnisse, zwanghafter Wissenschaftler, absonderliche religiöse Ansichten, übler Umgang, plötzlicher Tod

Skat-Shat - Mond/Neptun
Abnormaler Geist, früh entmutigt

Körperliche Dispositionen

Manisch-depressiv, Blutkrankheiten, psychotische Anlage, Akne, Hausausschlag, Haarausfall, Krebsdisposition, Lympherkrankungen, Zwangsneurosen, Parkinson, Atembeklemmung, Sehschwäche, Geschwülste

Herausfordernde und prägende Zeitphasen

April 1977

Jänner 1978

Jänner und September 1979

Oktober 1980

Jänner und September 1981

Mai und Juli 1982

April und September 1983

April und Oktober 1984

Februar, Mai und November 1985

April 1987

März und Dezember 1988

Juni 1989

Oktober 1990

Mai und Dezember 1991

Mai 1992

April 1994

Dezember 1995

Herausfordernde zukünftige Zeitphasen

19. November 2017 bis 24. Jänner 2018
Saturn und Lilith Opposition Mars, Mondknoten Quadrat Mondknoten

5. September 2018 bis 18. Jänner 2019
Mars & Lilith Opposition Saturn, Saturn Opposition Mars, Uranus Quadrat Saturn - diese Prognose stammt auf meinem Buch „Wissenschaft unzensiert - die Wahrheit der Skeptiker"

Sein Posting auf Facebook am Samstag, dem 26. Jänner 2019 um 18:46 bestätigt, dass sich seine Aggressionen unbewusst als Unfall entluden:

Überraschend und erfreulich: Trotz des ruinierten Knöchels kann ich etwas Skifahren. Weniger überraschend und weniger erfreulich: Unter der langen Pause und den Verletzungen hat mein Können massiv gelitten (so ein Glück, dass ich davon nicht leben muss) :-(

15. Februar bis 8. März 2019
(Das kann mit dem Erscheinen dieses Buches in Bezug stehen)
Mars Quadrat Saturn, Lilith Quadrat Sonne, Saturn Quadrat Jupiter, Chiron Konjunktion Lilith, Mondknotenachse im Quadrat zu Chiron

15. März bis 15. Juni 2019
Mars Opposition Sonne, Mars Quadrat Pluto, Chiron Quadrat Mars (Geburtsgebieter), Pluto Oktil Mond, Uranus Quadrat Saturn, Uranus OppositionUranus, Chiron Opposition Venus & Anderthalbquadrat Sonne

1. Juli bis 6. August 2019
Mars Quadrat Uranus, Saturn Quadrat Jupiter, Lilith Konjunktion Mond

4. Oktober bis 2. November 2019
Mars Quadrat Mars, Mars Konjunktion Pluto, Chiron Opposition Venus, Mondknotenachse Quadrat Pluto

15. Dezember 2019 bis 20. Februar 2020

Mars Quadrat Venus, Mars Opposition Mars, Uranus Opposition Uranus, Pluto Quadrat Chiron, Chiron Quadrat Mars

10. Juni bis 8. August 2022

Mars/Uranus/Nordmondknoten Konjunktion Südmondknoten und Opposition Sonne, Saturn Quadrat Sonne/Mondknoten, Lilith Quadrat Pluto, Chiron Konjunktion Jupiter

Florian Freistetter

geboren am 28. Juli 1977 um 10:33 in Krems/Donau, Ö

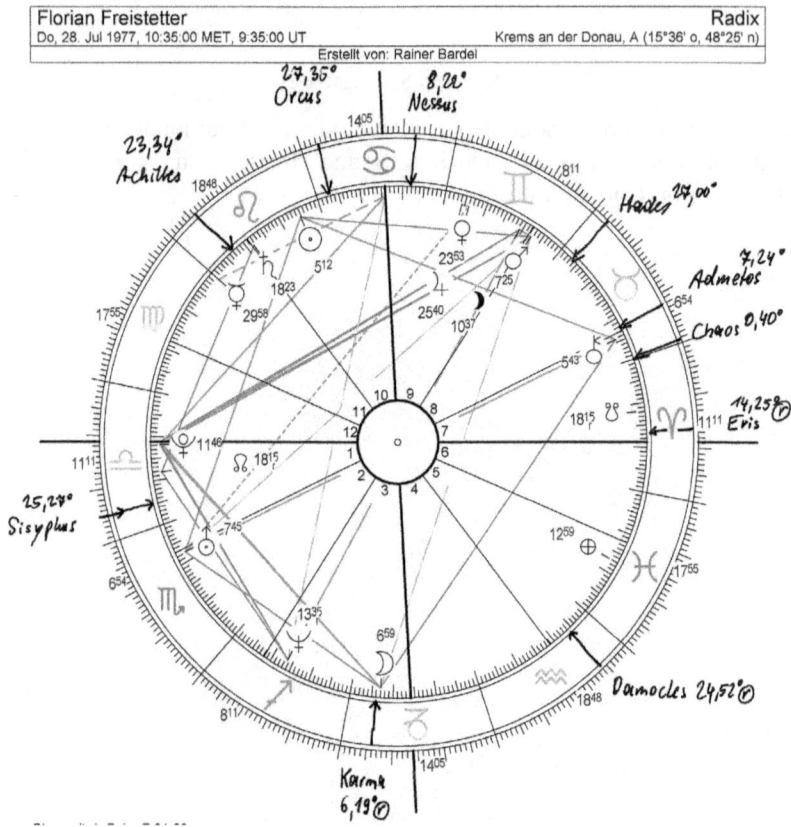

Sein Zeichenherrscher Sonne steht auf 5,15 Grad im Zeichen Löwe in der 1. Dekade im 10. Haus. Mit dieser Konstellation ist er grundsätzlich gerne auf der Bühne und stellt sich und seine Werke zur Schau. Die Sonne ist durch die Quadrate zu Uranus, Chiron und Admetos beeinträchtigt, es zeigt tiefsitzende Ängste an und mangelt ihm an Selbstbewusstsein, dies zeigt sich vor allem an der Körperhaltung. Im 13. bis 14. Lebensjahr und nochmals im 18. bis 19. Lebensjahr hatte er Schicksalsschläge zu verarbeiten. Der Mond im Zeichen Steinbock im 3. Haus steht in Konjunktion mit dem rückläufigen Asteroiden Karma und im Quadrat zu Pluto und dem AC. Es zeigt seine Liebe zum Lernen, zu Büchern und kurzen Reisen an. Die Gewaltbereitschaft oder Abwesenheit des Vaters kompensierte seine Mutter, indem sie ihn mit viel Essen verwöhnte, aber auch seelisch nicht losgelassen hat. Der Vaterkonflikt manifestierte sich in einem Suchtverhalten. Der Planet der Kommunikation, Merkur steht auf 0,03 Grad Jungfrau im 11. Haus in Konjunktion mit dem Fixstern Regulus auf einem kritischen Grad. Sich Wissen anzueignen bereitet ihm Freude, doch er verwechselt Wissen mit Macht. Mit Venus in Konjunktion mit Jupiter im Zeichen Zwillinge im 9. Haus sind Studien sein Lebenselixier und das zeigt auch den Erfolg im Ausland an. Damit kann er gut mehrere Standpunkte einer Situation erkennen und ist auch ein guter Lehrer. Mars im 8. Haus in Konjunktion mit Lilith in Opposition zum rückläufigen Neptun lässt ihn seine Aktionen unklar und mit Hintergedanken ausführen, diese Konstellation zeigt auch eine Suchtdisposition an. Eine aufrichtige Kommunikation ist mit dem Stellium im Zeichen Zwillinge eine große Herausforderung. Mit Saturn und Achilles im Zeichen Löwe zwischen dem 10./11. Haus hat er Probleme mit falschen Freunden und ebenso könnte ein gesellschaftlicher Abstieg eintreten. Der Aszendent im Zeichen Waage wird von Pluto belagert und damit ist er zwanghaft bemüht, sein Ego auf Kosten anderer Menschen auszuleben. Mit dem absteigenden Mondknoten im Zeichen Widder im 7. Haus lebt er über Partner und ist mit vorschnellen und (ab)wertenden Aussagen präsent. Chiron und der Transneptuner Admetos stehen im Zeichen Stier an der Spitze des 8. Hauses und weist auf sexuelle Probleme, schmerzhafte Angriffe auf andere samt Zurückweisungen als auch eine Angst vor dem Tod hin. Der rückläufige Asteroid Eris steht an seinem DC und verstärkt seine Angriffe gegen Andersdenkende, aber auch das Gefühl, keinem trauen zu können. Seine Begabung als Astronom ist durch den Fixstern Sirius im Zeichen Krebs am MC erkennbar, er wäre aber auch ein guter Astrologe. Der Fixstern Spica im Zeichen Waage steht in seinem 1. Haus, wird aber vom Asteroiden Sisyphus belagert, damit überschreitet er in der Kommunikation regelmäßig die Grenzen von Andersdenkenden. Um die Qualität des aufsteigenden Mondknotens im Zeichen Waage im 1. Haus zu integrieren, muss er sich zuerst eine gesunde Selbstliebe aneignen, was aber Sisyphus erschwert. Durch die Akzeptanz anderer Meinungen könnte er mehr Zufriedenheit in Beziehungen erlangen. Er kann mit Bewusstsein und gutem Willen diese Qualität ab dem 55. Lebensjahr im Leben umsetzen.

Kritische Grade

Sonne (Sonne/Jupiter)

Tendenz zu Mehrfachbeziehungen, materialistisch, beginnt mit viel Energie, aber es fehlt an Geduld und Ausdauer. Schwankung zwischen zukunftsorientierten Optimismus und depressiven Episoden.

Merkur (Sonne/Merkur)

muss über seine Empfindungen reden, Koordinationsstörungen aller Art, Tendenz zu Infektionskrankheiten, Ödemen, Handlungslähmungen, möchte durch Anpassung dominieren, schwer zufrieden zu stellen. Detailverliebt, Angst vor Kontrollverlust, fühlt sich unterbewertet, Selbstbestätigung durch Leistung und Unterordnung. Abhängig von Statussymbolen, gibt zu viel auf die Meinung anderer.

Venus (Uranus/Pluto+Jupiter/Neptun)

UFO-Grad! hebt geistig ab, dem Außergewöhnlichen und Exzentrischen intellektuell zugetan, Neigung zum Wirklichkeitsfernen, verliert gerne den Faden, Orientierungsschwäche, Konzentrationsstörungen, Gut im Unterrichten, selbst aber nur schwer belehrbar, schenkt den Angelegenheiten anderer die größte Aufmerksamkeit, mit denen er selbst Schwierigkeiten hat. Neurodermitis

Halbsummen

Sonne/Merkur=Saturn
Trennungen, Denkhemmungen, pessimistische Einstellung, Nervosität

Sonne/Neptun=Pluto
seelisches Leid, tragische Täuschung, Kinderlähmung

Mond/Merkur=Uranus
Einfälle, übereilt handeln, Nervosität

Venus/Uranus=Merkur
Beliebtheit, Kunst

Venus/Pluto=Saturn
Unmoral, tragische Liebe

Jupiter/Uranus=Merkur
Wissensdrang, Weitblick, Schlagfertigkeit, Witz

Jupiter/Pluto=Saturn
Hemmungen, Schwierigkeiten, Trennungen, Bluttransfusion

Sonne/Mond=Mondknoten
Augenprobleme

Saturn/Neptun=Mondknoten
Schüchternheit, Minderwertigkeitsgefühle, Erbkrankheiten

Fixsterne

Baten Kaitos - Südmondknoten
Auswanderung, erzwungene Reisen, Unglück, Unfälle, Epilepsie, erhöhtes Suizidrisiko

Hamal+ Shedir - Sonne/Uranus/Chiron
Leicht beeinflussbar, Alkoholsucht, Verluste, Verschwendungssucht, Liebesprobleme, schlechte Gesellschaft, Sturz in die Tiefe, Kopfverletzung

Hyaden - Mars
Augenprobleme, Angriffslust, Unkonzentriertheit

Aldebaran - Mars/Neptun
Infektionen, Unfälle, Wissenschaft, viele Reisen, ungünstig für Kinder, hinderlich für häusliches Glück

Rigel - Neptun
Öffentliche Bekanntheit in der Wissenschaft

Bellatrix - Venus/Jupiter
Leid durch Liebesangelegenheiten, Neigung zu Fanatismus, Streitlust

Capella - Venus/Jupiter
Schriftsteller, Kritik, Verleumdung, viele Reisen, Probleme mit den Verwandten

Phaet - Venus/Jupiter
Wissenschaftlicher Schriftsteller

Mintaka - Venus/Jupiter
Öffentliche Position, Probleme mit Frauen, Gewinn durch Erbschaft

El Nath - Venus/Jupiter
Gewinne, Feinde können nicht schaden

Alnilam - Venus/Jupiter
Schwierigkeiten in Liebesbeziehungen und durch Verwandte, Verluste durch Spekulationen

Alheka - Venus/Jupiter
Unglücklich, schlechtes Umfeld, falsche Freunde, heuchlerisch, verschwenderisch, erhöhtes Unfallrisiko

Polaris - Venus/Jupiter
Wissenschaftler, Astronom

Beteigeuze - Venus/Jupiter
Ehren in der Wissenschaft, lebt etwas zurückgezogen, Kummer in der Familie

Praesepe - Sonne/Uranus/Chiron
Homosexualität, Infektionen, Augenprobleme, Suchtproblematik, Nikotin, Alkohol, Unfälle

Asellus Borealis - Sonne/Uranus/Chiron
Wirtschaftlicher Erfolg in der Öffentlichkeit, verbittert, religiöse Anmaßung, Atheist, unerwarteter Tod im Ausland wahrscheinlich

Asellus Australis - Sonne/Uranus/Chiron
Er sucht den Applaus, leidet unter den eigenen Fehlern, die er selten sieht, erhöhtes Unfallrisiko

Adhafera - Merkur
Die Wahrheit wird verdreht, erhöhtes Suizidrisiko

Regulus - Merkur
Ehren, Bekanntheit, wird von anderen ausgenutzt

Phachd - Merkur
Homosexualität

Vindemiatrix - Mond/Pluto
Starrköpfig, indiskret, energisch, Schwierigkeiten mit Freunden, Sorgen, viele Enttäuschungen

Algorab - Mond/Pluto
Die Wahrheit wird verbogen, Lügen, Bosheit, Fanatismus

Gemma-Alphecca - Sonne/Uranus/Chiron
Er leidet durch Esoterik, irreführend, viele falsche Freunde, selbstsüchtig, Gefahr eines gewaltsamen Todes

Zuben Elschemali - Saturn
vorsichtig, zurückhaltend, gelehrt, analytisch, frühe Verluste werden nie ganz bewältigt

Unukalhai - Saturn
Verborgene Geisteskrankheit, Drogenkonsum, Unfallrisiko, erhöhtes Suizidrisiko

Alpha Centauri-Bungula - Merkur
wankelmütig, schwer zufrieden zu stellen, Familienkrankheiten

Dschubba-Isidis - Merkur
Scheinheiligkeit, Angriffslust, schlechter Umgang, häuslicher Unfrieden, Geheimnisse bezüglich Leben oder Abstammung

Ras Algethi - Neptun
Unwahrheiten vermitteln, Aggressionen

Antares - Mars/Neptun
Verwerfliche Angewohnheiten, Voreiligkeit, gerissen, schlau, unausgeglichen, voller Geheimnisse, gibt sich aber aufrichtig, absonderliche religiöse Ansichten, übler Umgang, plötzlicher oder unerwarteter Tod

Sabik - Neptun
Erfolg in üblen Machenschaften, irreführende Aussagen, wissenschaftliche Tätigkeit zur Esoterik

Facies - Mond
Sehschwäche

Körperliche Dispositionen

Gemütserkrankungen, klassische Disposition für endogene Depression, Gastritis, erhöhtes Cholesterin, Milchunverträglichkeit, Essstörungen, Lymph- und Bluterkrankungen, Paradontose, Migräne, Herzinfarkt, innere Unruhe, Hirntumor, Krebs, Magengeschwüre, Querschnittlähmung, Schizophrenie, Blasenerkrankungen

Herausfordernde und prägende Zeitphasen

November 1978

Juli 1980

September 1981

Februar und Oktober 1983

November 1984

Februar und November 1985

Mai und Dezember 1986

April 1987

Februar und Oktober 1990 (Vater!)

April, Juni und September 1991

Mai 1994

April 1995

Herausfordernde zukünftige Zeitphasen

4. Juli bis 3. Oktober 2018
Mars Quadrat Uranus, Saturn Quincunx Sonne, Uranus Quadrat Sonne, Neptun Quadrat Neptun, Lilith Opposition Sonne

20. Februar bis 10. Juni 2019
Mars Quadrat Sonne (Geburtsgebieter), Mars Konjunktion Chiron, Saturn Quadrat Mondknotenachse, Uranus Konjunktion Chiron, Uranus Quadrat Sonne, Neptun Quincunx Saturn, Chiron Quincunx Merkur, Mondknoten Quadrat Mondknoten, Lilith Opposition Merkur -Herr von 9

4. September bis 7. November 2019
Sonne & Mars Quadrat Lilith, Sonne & Merkur Quadrat Neptun, Merkur Opposition Chiron, Mars Quadrat Mond – Herr von 10, Saturn Anderthalbquadrat Merkur, Uranus Konjunktion Chiron, Uranus Quadrat Sonne, Uranus Opposition Uranus

10. Februar bis 14. April 2020
Merkur Opposition Merkur, Mars Quadrat Pluto & Chiron & AC, Absteigender Mondknoten Konjunktion Mond, Uranus Quadrat Sonne, Pluto Quincunx Venus-Herr von 6 (Gesundheit), Lilith & Chiron Quadrat Mond

2. Dezember 2020 bis 25. März 2021
Mars Quadrat Saturn, Mars Konjunktion absteigender Mondknoten & Chiron, Saturn Opposition Sonne, Saturn Oktil Neptun - Herr von 6 (Krankheiten), Uranus Quadrat Sonne, Uranus & Lilith Konjunktion Chiron, Uranus Opposition Uranus, Neptun Anderthalbquadrat Sonne, Lilith Quadrat Sonne & Saturn

10. Juni bis 8. August 2022
Mars/Uranus/Nordmondknoten Konjunktion Südmondknoten/Opposition Sonne, Saturn Quadrat Sonne/Mondknoten, Lilith Quadrat Pluto, Chiron Konjunktion Jupiter

weitere zukünftige Herausforderungen

Juli 2026 bis Juli 2027

Jänner bis März 2029

April bis August 2032

Ulrich Berger

geboren am 15. Juli 1970 in Steyr, Ö

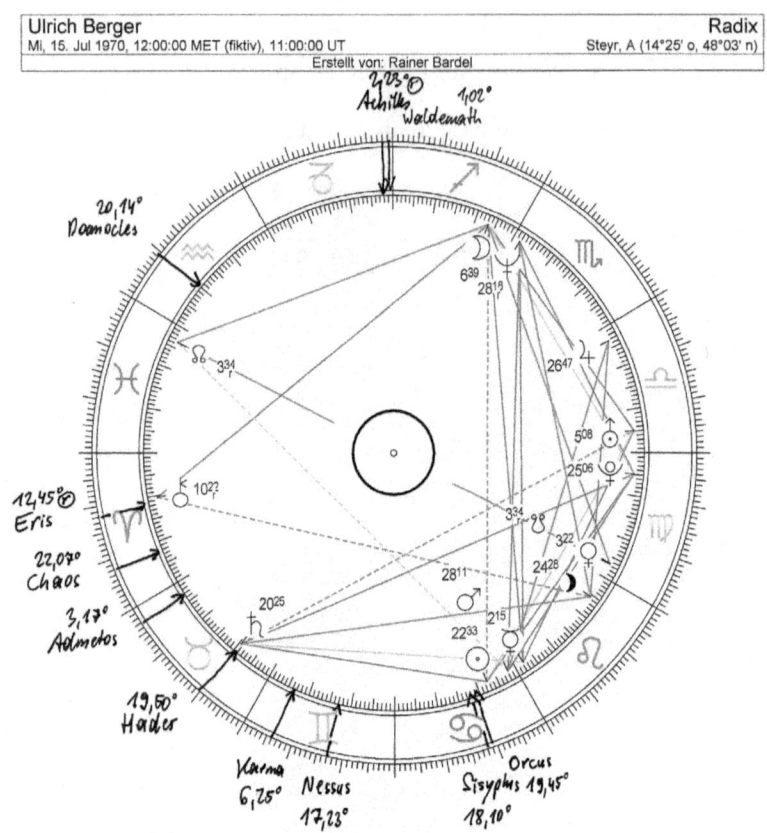

Die Sonne steht auf 22,33 Grad im Zeichen Krebs in der 3. Dekade. Die Schattenseiten der Krebse sind, dass sie sich kaum von vergangenen Verletzungen erholen und nicht verzeihen können und dann zu heimlichen Vergeltungsaktionen neigen. Die Sonne in Konjunktion zum Mars und Merkur/Mars sowie die Asteroiden Achilles und Orcus nahe seiner Sonne zeigen seinen hinterhältigen und streitbaren Charakter, dieser hat seinen Ursprung in vorgeburtlichen Traumata. Er hatte vom 6. bis zum 8. Lebensjahr einen nachhaltig prägenden Schicksalsschlag zu bewältigen. Die Eltern waren keine Einheit und gerade das hinterlässt bei Krebsen eine kaum zu heilende seelische Wunde. Mit Mond/Neptun ist das Verhältnis zur Mutter unklar. Die Venus steht in Konjunktion zum absteigenden Mondknoten im Zeichen Jungfrau, damit liebt er es schon aus einem Vorleben, sich Wissen anzueignen. Die Spannung von Saturn/Neptun/Lilith zeigt eine unbewusste Angst vor dem anderen Geschlecht an. Der rückläufige Asteroid Eris (Feinde, Konflikte) steht in Konjunktion mit seinem rückläufigen Chiron im Zeichen Widder, also schafft er sich durch vorschnelle verletzende Aussagen Feinde. Der Transneptuner Hades steht in Konjunktion mit seinem Saturn und weist darauf hin, dass seine männlichen Vorfahren massive Probleme hatten (früher Tod, Vertreibung, Haft, Konkurs). Eine einmal gebildete Meinung ist für ihn unumkehrbar und das lebt er als Skeptiker aus. Der Transneptuner Admetos steht im Quadrat zu seinem Merkur und zeigt die vergifteten Gedanken und destruktive Agitation an. Es ist zu erkennen, dass er die Qualität des aufsteigenden Mondknotens im Zeichen Fische in diesem Leben nicht mehr umsetzt. Zu bequem ist der Platz in der Führungsebene der Universitäten und das Gefühl, alles vermeintlich unter Kontrolle zu haben.

Kritische Grade

Sonne (Sonne/Saturn)

Disziplinierter als andere Krebse. Er liebt väterliche Vorbilder. Wenig spontan und ernsthaft. Ablehnung alles Oberflächlichen. Hang zum Asketischen. Er neigt zum Workaholic.

Merkur (Sonne/Venus)

Die Liebe zum Männlichen. Er ist eitel und materialistisch. Der künstlerische Vater. Abneigung gegen anstrengende Arbeit. Misanthrop.

Venus (Sonne/Neptun)

Antriebsschwäche. Ausgeprägte Motivationslöcher. Suchtneigung und Medikamentenmissbrauch. Extreme Erschöpfungszustände nach Stresssituationen. Er „schläft das Wochenende durch". Phantasielosigkeit. Tendenz zu Angstzuständen.

Halbsummen

Sonne/Merkur=Mars
Kämpferische Einstellung. Kritisches, aufgeregtes Denken. Streit.

Sonne/Neptun=Pluto
Seelisches Leid. Falschheit. Heimlichkeiten.

Mond/Merkur=Uranus
Übereiltes Handeln. Nervosität.

Mond/Mars=Uranus
Er ist leicht erregbar. Jähzorn. Er lässt sich nichts gefallen.

Merkur/Uranus=Venus
Der Mathematiker.

Mars/Uranus=Venus
Er möchte Liebe erzwingen. Vorschnelles Handeln.

Saturn/Uranus=Mars
Gewalttätigkeit. Fehlgeleitete Energie. Verletzungen. Unfälle.

Saturn/Pluto=Sonne
Er plagt sich körperlich ab. Entsagungen und Trennungen.

Neptun/Pluto=Jupiter

Grenzgebiete der Forschung.

Mond/Saturn=Mondknoten

Depressionen. Mutterproblematik. Mangel an Selbstvertrauen. Er meidet andere Menschen.

Merkur/Uranus=Mondknoten

Er möchte Pläne mit anderen verwirklichen.

Mars/Uranus=Mondknoten

Gewaltmensch. Revolutionär. Aufgeregtes Wesen in Gegenwart anderer.

Fixsterne

Algenib - Chiron

Unmoralisch. Flinker Geist. Verborgene Hilfe machtvoller Freunde. Viele Feinde.

Zaurak - Saturn

Er nimmt das Leben zu ernst. Todesangst, dennoch erhöhtes Suizidrisiko.

Wasat - Sonne

Pessimismus. Bosheit.

Castor - Sonne/Saturn

Homosexualität. Bösartige Infektionskrankheiten. Er ist detailverliebt, scheu und misstraurisch. Er hat Schwierigkeiten, sich auszudrücken und ist ein besserer Schreiber als Sprecher. Er besitzt beachtliche intellektuelle Fähigkeiten.

Pollux - Sonne/Mars/Saturn

Geistreiche, grausame und hitzige Natur. Die würdevolle Boshaftigkeit. Missmutig, bitter und sarkastisch. Verlust der Eltern. Die fehlende Erziehung. Operationen. Infektionen. Magenkrankheit. Homosexualität. Krankheiten. Der gewaltsame Tod.

Procyon - Sonne/Mars/Saturn

Aktivität. Hundebisse. Wasserscheu. Plötzliche und gewalttätige Bösartigkeit. Grausamkeit. Erbschaft. Große Unterstützung durch Freunde (GWUP).

Alphard - Neptun/Lilith

Trennung von den Eltern. Giftiger Hass. Erstickungsgefahr. Medikamentenmissbrauch.

Regulus - Venus/Neptun/Südmondknoten

Machtbesessen. Viele Enttäuschungen. Gewalttätige Beziehungen. Probleme durch Liebesbeziehungen. Der prominente Anführer (GWUP). Er möchte die Kontrolle über andere haben.

Phachd - Venus/Neptun/Südmondknoten

Homosexualität

Denebola - Pluto

Er befasst sich mit anderer Leute Angelegenheiten.

Alkaid - Mars/Pluto

Organisation von Vereinigungen (GWUP).

Zaniah - Uranus

Er ist gelehrt und lebt zurückgezogen. Er hat viele Freunde.

Spica - Sonne/Mars/Jupiter

Liebe zur Wissenschaft. Streit und Unnachgiebigkeit von großer Intensität.

Arkturus - Sonne/Mars/Jupiter

Er hat eine einflussreiche Stellung in der Wissenschaft. Gefahr der Heuchelei. Er verschafft sich Recht durch Macht. Er ist kämpferisch und prozesslustig.

Alpha Centauri - Neptun

Er hat Interesse an der Esoterik, um diese gnadenlos zu bekämpfen. Er ist hinterlistig. Viele Reisen.

Körperliche Dispositionen

Magen. Erhöhte Krebsdisposition. Chronische Krankheiten. Herzschwäche. Kinderlähmung. Gleichgewichtsstörungen. Blutkrankheiten. Ödeme. Schilddrüse.

Herausfordernde und prägende Zeitphasen

März und Mai 1971

März und Oktober 1972

Januar, Juni und Oktober 1973

März 1974

Dezember 1975

April 1976

Januar, März und August 1978

November 1979

Februar, August und Dezember 1980

Mai 1981

Januar und November 1982

April und September 1983

August und November 1984

Juli 1986

Juli und Dezember 1987

August 1988

März und August 1990

Februar und April 1991

Oktober 1992

Februar 1993

August 1994

Herausfordernde zukünftige Zeitphasen

5. Jänner bis 13. März 2017

17. September bis 10. November 2017

22. Dezember 2019 bis 29. Jänner 2020

10. bis 18. Januar 2021

8. bis 18. Februar 2021

14. bis 30. März 2021

10. bis 22. April 2021

1. bis 15. Mai 2021

8. bis 24. August 2021

16. bis 25. September 2021

31. Dezember 2021 bis 10. Januar 2022

29. Januar bis 19. Februar 2022

1. bis 20. März 2022

31. März bis 24. April 2022

17. Mai bis 3. November 2022

12. April bis 10. Mai 2023

10. August bis 8. November 2023

12. Februar bis 25. April 2024

10. Mai bis 4. Juli 2024

8. Mai bis 21. Juli 2026

Florian Aigner

geboren am 19. November 1979 in Freistadt, OÖ

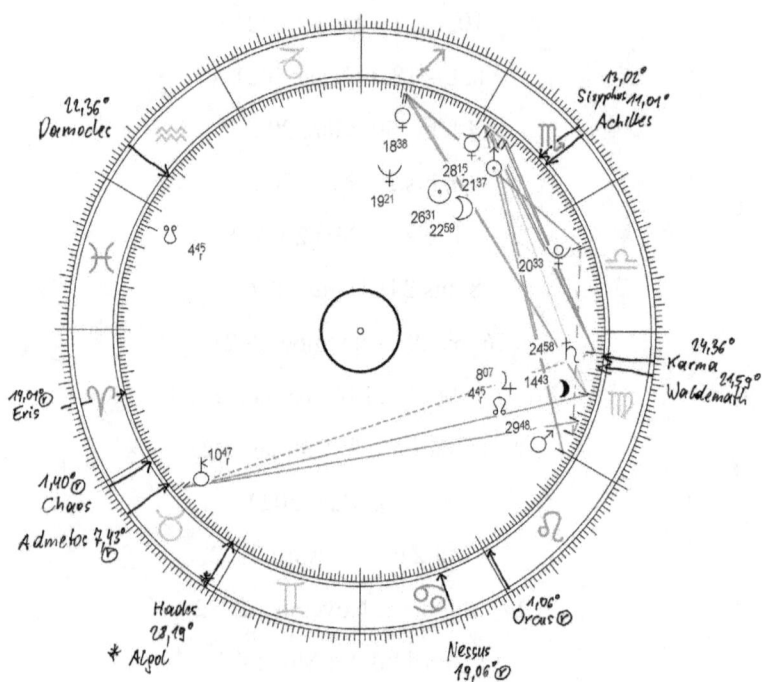

Die Sonne steht auf 26,31 Grad in Konjunktion mit dem Mond im Zeichen Skorpion, er wurde an einem Neumond geboren. Seine Eltern waren zum Zeitpunkt der Zeugung eine seelische Einheit. Kommunikationsplanet Merkur ist rückläufig und nahe der Sonne ist er „verbrannt", das bedeutet, dass er blitzartige und ruhelose Gedanken hat, aber auch karmische kommunikative Probleme, er möchte immer das letzte Wort haben und tut sich mit Kritik schwer, die er meist persönlich nimmt und als Angriff auf seinen Selbstwert empfindet. Uranus steht auf 21,37 Grad im Zeichen Skorpion vor seinem Stellium der persönlichen

Planeten und auch die Asteroiden Achilles und Sisyphus weisen auf ein vorgeburtliches Trauma hin. In Verbindung mit dem Mond hat er Probleme mit der weiblichen Intuition, welche vor allem mit der Alternativmedizin und Esoterik verbunden ist. Möglicherweise manifestiert sich diese Konstellation in Konflikten mit der Mutter sowie Schlafstörungen. Venus steht zusammen mit Neptun im Zeichen Schütze im Quadrat zu Lilith. Diese Verbindungen zeigen seine Glaubenskonflikte an und weisen auf unbewusste Verlustängste hin, zudem sind sexuelle Verirrungen möglich. Mars steht auf einem kritischen Grad am Übergang des Zeichens Löwe in die Jungfrau im Quadrat mit dem rückläufigen Merkur und diese Verbindung erklärt seinen streitbaren Charakter. Er schwankt zwischen einer Sucht nach Anerkennung und die absolute Kontrolle im Umfeld. Mit Jupiter im Zeichen Jungfrau legt er Wert auf Genauigkeit, Ordnung und Hygiene, doch mit Lilith, dem Transneptuner Waldemath, dem Asteroiden Karma und Saturn im Tierkreiszeichen Jungfrau hat er unbewusste Ängste vor Kontrollverlust, eine Schmutzphobie oder dass seine Erkenntnisse sich nicht als hieb- und stichfest erweisen. Dieses Stellium im 11. Solarhaus weist darauf hin, dass er falsche Freunde hat und Gruppenaktivitäten sich als nachteilig erweisen (Skeptiker, GWUP). Mit Pluto im Zeichen Waage in seinem 12. Solarhaus handelt er zwanghaft im Verborgenen und spaltet unbewusst die Gesellschaft (Naturwissenschaft=Intelligenz und Esoterik=Blödsinn). Durch Damocles im 4. Solarhaus verließ er früh seine Heimat in Oberösterreich und zog nach Wien. Der rückläufige Chiron im Zeichen Stier und der rückläufige Asteroid Chaos sowie die Transneptuner Admetos und Hades auf dem Fixstern Algol im 7. Solarhaus zeigen Beziehungsprobleme, Verlustängste, Feindschaften und seelische Verletzungen durch seine Unnachgiebigkeit an. Im Vorleben war er ein Geistlicher (sein Vater ist Religionslehrer) oder im Sozialbereich tätig (er absolvierte den Zivildienst bei der Lebenshilfe), das zeigt der absteigende Mondknoten im Zeichen Fische an. Sein Seelenziel ist es, reinen Tisch zu machen und seinem Leben Struktur zu verleihen, darauf weist der aufsteigende Mondknoten im Zeichen Jungfrau hin. Um das 50. Lebensjahr kommt es bei ihm zu großen Veränderungen, das kann ein Auf- oder Abstieg sein, je nach seinem Bewusstsein. Weitere Veränderungen im Leben erwarten ihn um das 60. und 63. Lebensjahr.

Kritische Grade

Sonne (Saturn/Pluto-Uranus/Pluto)

Unbeirrbar im Ziel, Überzeugung und Handeln. Er kann nur aus eigenen Fehlern lernen, da der Rat anderer nur selten ernst genommen und befolgt wird. Konservative Einstellung. Autorität, die Respekt einflößt. Vorliebe für alle Formen von Lehrtätigkeit mit der Gefahr, ins Belehrende abzugleiten. Bei unbefriedigender Lebenssituation wird man für Untergebene zum „Schleifer". Irrationale Ängste. Er braucht große Genauigkeit, um sich sicher zu fühlen und empfindet Unordnung als physische Bedrohung (auch wenn er diese selbst schafft). Tendenz zu Rückenleiden und Rheumatismus.

Merkur (Merkur/Uranus/Neptun)

Er projiziert die eigenen Schwächen auf das Gegenüber. Vom Idealismus nach Ernüchterung zu berechnendem Begegnungsverhalten. Er möchte im Mittelpunkt stehen. Sich im selbst gestrickten Chaos verlieren oder dort zum Täter oder Opfer werden. Depressive oder ängstliche Neigungen. Extremer Phantasiereichtum. Er sucht das Außergewöhnliche und ist schnell gelangweilt.

Venus (Venus/Jupiter)

Sinnlich und genusssüchtig. Essen als erotisches Erlebnis. Er besitzt außergewöhnliche Fähigkeiten, anderen zu schmeicheln.

Halbsummen

Sonne/Uranus=Mond

Revolutionärer Geist. Liebe zur Technik. Impulsivität. Voreiligkeit.

Mond/Merkur=Sonne

Geistige Regsamkeit. Sprach-und Schreibtalent. Reales, konservatives Denken. Verbindungen zur Öffentlichkeit.

Merkur/Jupiter=Pluto

Unehrlichkeit. Verleumdung. Interesse für Literatur. Die Masse beeinflussen. Suggestiv wirkender Redner.

Merkur/Uranus=Sonne

Eigenwilligkeit. Launenhaftigkeit. Guter Intellekt. Handlungsbereitschaft. Übereifer. Voreiligkeit. Eine Lage rasch erfassen. Der scharfsinnige und erfinderische Forscher. Schlagfertiger Redner. Plötzliche Zwischenfälle.

Merkur/Uranus=Mond

Aufgeregtes Gemüt. Der Physiker und Mathematiker. Liebe zur Technik. Rascher Wechsel von Gedanken und Stimmungen. Instinktives und richtiges Erfassen. Logisches Denken. Praktische Veranlagung.

Venus/Pluto=Uranus

Starkes Liebesempfinden. Künstlerische Begabung (Zeichnen, Musik). Fanatische Liebe. Innere Zwänge. Außergewöhnliche Liebe.

Mars/Jupiter=Mondknoten

Ehrgeiz und Tatendrang. Gute Zusammenarbeit mit anderen Menschen (GWUP). Neigung zu Übertreibungen. Unregelmäßigkeiten.

Mars/Pluto=Saturn

Rücksichtslosigkeit gegen andere zur Erreichung der eigenen Ziele. Der Atomforscher. Großer Ehrgeiz. Brutal vorgehen. Er muss Gewalttätigkeiten erdulden. Körperliche und seelische Verletzungen. Gewaltsame Trennungen. Erhöhte Neigung zum Suizid.

Saturn/Uranus=Pluto

Starke seelische Spannungen. Gewalttätigkeit und Brutalität. Erregungen und Hemmungen.Unermüdlichkeit und Entschlossenheit. Er wird durch die Überwindung von Schwierigkeiten noch stärker. Schwere, aber erfolgreiche Lebenskämpfe. Operationen. Entfernung von Organen. Auflehnung gegen das Schicksal. Schädigung durch höhere Gewalt.

Neptun/Pluto=Mond

Rege Phantasie. Okkulte Anlagen. Er beschäftigt sich mit ungewöhnlichen Problemen (Kampf gegen die Alternativmedizin und Esoterik). Er geht absonderlichen Neigungen und Bestrebungen nach. Unklares Seelenleben. Falschheit. Betrug. Hochgradige Empfindlichkeit. Stimmungsschwankungen. Erhöhtes Suchtrisiko.

Neptun/Pluto=Uranus

Hang zum Ungewöhnlichen, Abenteuerlichen und Mystischen. Interesse an Esoterik, um diese gnadenlos zu bekämpfen. Überempfindliche Nerven. Eigenartige Entdeckungen. Verwicklung in Katastrophen.

Fixsterne

Almaak - Chiron

Künstlerisches Talent. Ehren und Ansehen. Aufgrund seiner Ausstrahlung Förderung durch andere Personen. Liebe zur Abwechslung und Zerstreuung. In Beziehungen emotional erpresserisches Verhalten, um Zuneigung zu erzwingen. Er geht berechnend vor und leidet besonders an Zurückweisungen. Er bekommt nicht die gewünschte sexuelle und emotionale Erfüllung.

Regulus - Mars

Erfolg und öffentliche Bekanntheit. Er wird ausgenutzt. Neigung zu Hochmut, Ruhmsucht und Verschwendung. Vergängliche Ehren.

Phachd - Mars

Strebsamkeit. Eigenartiges Sexualverhalten. Er löst Widerstand und Unruhe aus. Seelische Beeinträchtigungen. Suchtgefährdung. Neigung zur Gewalt, auch gegen sich selbst gerichtet. Im Extremfall Suizid.

Megrez - Mars

Er könnte mit seinen okkulten Kräften heilsam in Erscheinung treten, doch die positive Verwirklichungsform ist selten, da viele Menschen nicht mit dieser Energie umgehen können. Gute Gesundheit. Kampfgeist. Unruhe. Materialismus. Aggressionen. Unfälle durch Feuer. Oftmals negative Erscheinung.

Alioth - Jupiter

Der Pionier und Forscher. Zwanghaftes Denken. Er möchte anderen ein erstrebenswertes Ziel vor Augen führen. Wunschdenken. Illusionen, die nicht in Erfüllung gehen, da sie nicht dem göttlichen Plan entsprechen.

Zosma - Jupiter

Er besitzt eine hohe Intuition. Interesse an Okkultismus und Esoterik, um es zu bekämpfen. Im Idealfall transformiert er die Selbstsucht zur Selbstlosigkeit. Ohnmacht und Zwangssituationen. Verzicht als Verlust empfinden. Schmerzhafte Krisen. Er weist andere zwanghaft auf ihre Fehler hin. Erhöhte Gefahr durch Vergiftung und Erkrankung der Geschlechtsorgane.

Mizar - Lilith

Er ist emotional verkrampft, züchtigt sich selbst und gönnt sich wenig. Neigung zu Übermut und Extremismus. Asoziale Handlungen. Mögliche Verwicklung in Feuer- und Massenkatastrophen. Einen geliebten Menschen verlieren. Im besten Fall entwickelt er Gedankendisziplin als auch Durchhaltevermögen und transformiert seine Sexualenergie in künstlerische oder kreative Schaffenskraft.

Coxa - Lilith

Er besitzt die Gaben der Hellsichtigkeit und Hellfühligkeit, verdrängt und bekämpft diese Anlagen, was zu Verwirrtheit und Depressionen führt (Mutterthematik).

Alkes - Saturn

Suchtgefahr. Kritiksucht. Der karmische Verlust des Ansehens. Umweltbewusstsein und Liebe zur Natur, insbesondere zum Wasser.

Alkaid - Saturn

Unbewusste Energien erzeugen Zerstörung, Angst und Hemmung. Karmische Probleme mit Frauen. Er lehnt sich gegen Institutionen auf. Neigung zu Extremismus. Terror. Mobbing. Rachsucht. Selbstzerstörung. Im besten Fall gewinnt er Gleichgesinnte für eine gute Sache und eignet sich Konfliktfähigkeit an. Engagement in Parteien, Vereinen (GWUP) und Bruderschaften. Er sich kraftvoll für eine Ideologie, Erneuerung oder ein höheres Ziel ein.

Foramen - Pluto

Zwanghaftes Denken. Die Spaltung der Ideologien. Falschheit, um seine Ziele zu erreichen. Materialismus. Er sieht nur, was er sehen möchte, das führte zu seinen Augenleiden.

Unukalhai - Mond & Uranus

Intelligenz. Die latent vorhandene negative Energie führt zu chronischen Krankheiten und langem Leidensweg. Unreinheit. Fehlende Ethik und Moral. Er zieht kriminelle Menschen an. Gefahr der Vergiftung. Erhöhtes Unfallrisiko. Verlust des Ansehens. Übles Umfeld. Er hasst Autoritäten und wird in Intrigen und Verschwörungen hineingezogen. Chronische und schleichende Krankheiten führen oft zu Schwächezuständen des Körpers, es erweisen sich Operationen als notwendig. Epilepsie. Reiches und luxuriöses Umfeld. Möglicherweise verliert er das Erbe. Schlecht für Ehe. Er kann Verbrechen begehen. Plötzlicher Tod oft durch Selbstmord.

Agena - Mond & Uranus

Sarkasmus und verbitterte Kommunikation. Starke Leidenschaftlichkeit und Triebhaftigkeit. Geselliges Wesen. Schlagfertigkeit. Er stellt die gesellschaftliche Moral oder bestehende Konventionen in Frage. Öffentliche Tätigkeit aber eventuell Ungnade von Vorgesetzten. Aggressiver Redner und Schreiber. Gewalttätig, grob und unkultiviert. Intensive Gefühle. Nachtragender Charakter. Kann nicht verzeihen. Häuslicher Unfrieden. Klatsch und Skandale. Verlust des zu erwartenden Wohlstands. Ungewöhnlicher Tod.

Alpha Centauri - Sonne & Merkur

Neigung zu Übertreibungen. Er nimmt sich selbst zu wichtig. Viele Freunde und Vorteile durch sie. Probleme mit dem anderen Geschlecht und der weiblichen Intuition. Missgünstig. Egoistisch. Langsames aber erfolgreiches Vorankommen. Viele Feinde. Verlust der Erbschaft. Wankelmütig. Unstet. Er ist schwer zufriedenzustellen. Guter Intellekt. Wirtschaftlicher Erfolg. Häusliche Probleme durch Feinde. Familienkrankheiten. Enttäuschte Erwartungen. Elan und Zielstrebigkeit. Horizonterweiterung. Höherer Schutz. Erfolg im Ausland.

M 13 - Sonne & Merkur

Ablehnung der eigenen Spiritualität, dadurch sein Engagement bei den Skeptikern, um diese zu bekämpfen. Habgier. Rachsucht.

Sabik - Venus & Neptun

Musikalisches und künstlerisches Talent. Gier. Materialismus. Anmaßung in Wort und Schrift. Hochsensibel. Starker geistiger Wille. Bekannter Schriftsteller oder Redner. Erfolg. Viele Freunde. Gunst des anderen Geschlechts. Das Einkommen und Erbe werden für wissenschaftliche Zwecke investiert. Gefahr durch Erkältung oder Schwindsucht. Viele Feindschaften. Verschwendungssucht. Energiemangel. Unorthodoxe oder ketzerische religiöse Ansichten, die Probleme auslösen. Häuslicher Unfrieden. Schwierigkeiten durch Liebesaffären. Verdorbene Moral und Erfolg in üblen Machenschaften (GWUP).

Fomalhaut - absteigender Mondknoten

Karmische Hellfühligkeit. Kunsttalent. Der geistige Würdenträger. Liebe zur Fotografie und Musik. Mehr Verstandesmensch als Künstler, als solcher kann er unter günstigen Umständen Berühmtheit erlangen. Unsicherheit. Selbstmitleid. Er wird ausgenützt und reagiert sehr sensibel auf Umweltgifte. Gefahr durch Bisse von Tieren und Gift. Glück und Macht. Unbewusst weist er eine überaus große Böswilligkeit auf. Boshaftigkeit. Leidenschaftlich. Rachsüchtig. Viele geheime Feinde. Gefahr von Ungnade und Ruin. Unfälle. Leiden an Lunge, Hals und Füßen. Verluste durch Feinde, falsche Freunde, Wort und Schrift, Gruppierungen oder Firmen (GWUP). Er wird fälschlich angeklagt. Ist gegen Lebensende in Affären verwickelt. Plötzlicher Tod. Die Familie wird um ihre Rechte betrogen. Bewusst wandelt er sich von einer materiellen zu einer spirituellen Ausdrucksform.

Deneb - absteigender Mondknoten

Wissenschaftliche und künstlerische Tätigkeiten, dadurch Gewinn und Ansehen. Durch das, was er sagt und schreibt, wirkt er verletzend auf andere Menschen. Giftiger oder kein Humor. Schmerzvolle Beziehungen. Intelligenz. Schaffenskraft. Er kann andere Menschen stark beeinflussen. Erfolg durch den Verkauf gedruckter Werke.

Körperliche Dispositionen

Neurodermitis. Manisch-Depressive Anlage. Gastritis. Schilddrüse. Geschlechtsorgane. Gürtelrose. Epilepsie. Herpes Labialis (Lippen). Schlafstörungen. Herzrhythmusstörungen. Darm. Niedriger Blutdruck. Schizophrenie. Blasensteine. Nieren. Bluterkrankungen. Gehirntumor. Migräne. Augen. Sehstörungen. Rhinophym (Knollennase). Rheuma. Rückenleiden.

Herausfordernde und prägende Zeitphasen

Dezember 1980

Januar bis März 1981

September 1982

Mai 1983

November und Dezember 1984

November 1985

November 1987

März 1989

März 1992

April bis Juni 1993

September 1993

Februar 1994

Dezember 1994

Juli und August 1995

November 1997

April 1999

Oktober und November 2000

April 2002

Januar 2003

Herausfordernde zukünftige Zeitphasen

10. bis 18. Januar 2021

30. Januar bis 8. Februar 2021

16. Februar bis 3. März 2021

14. April bis 21. Mai 2021

14. bis 31. Dezember 2021

1. Mai bis 26. Juni 2022

2. August bis 1. September 2022

13. Februar bis 22. März 2023

1. bis 25. Mai 2025

1. November bis 28. Dezember 2025

25. Juni bis 15. August 2026

15. Mai bis 21. Juni 2030

20. Februar bis 30. April 2037

19. März bis 20. April 2039

1. bis 28. August 2040

5. Januar bis 27. März 2042

Sebastian Bartoschek

Sebastian J. Bartoschek wurde am 20. August 1979 in Recklinghausen geboren. Er ist ein Journalist, Psychologe, Science-Slammer, Podcaster und Autor. Seit 2010 schreibt Bartoschek u. a. für die BILD-Ruhrgebiet und den „Skeptiker" der GWUP. Regelmäßig erscheinen Beiträge von ihm auf der humanistischen Webseite wissenrockt.de. Artikel von ihm erschienen außerdem in den Magazinen diesseits, Ruhrgestalten und dem Freimaurermagazin Winkelmaß. Seit April 2013 schreibt er ebenfalls Artikel für die Webseite ruhrbarone.de. und ist auf Psiram aktiv.

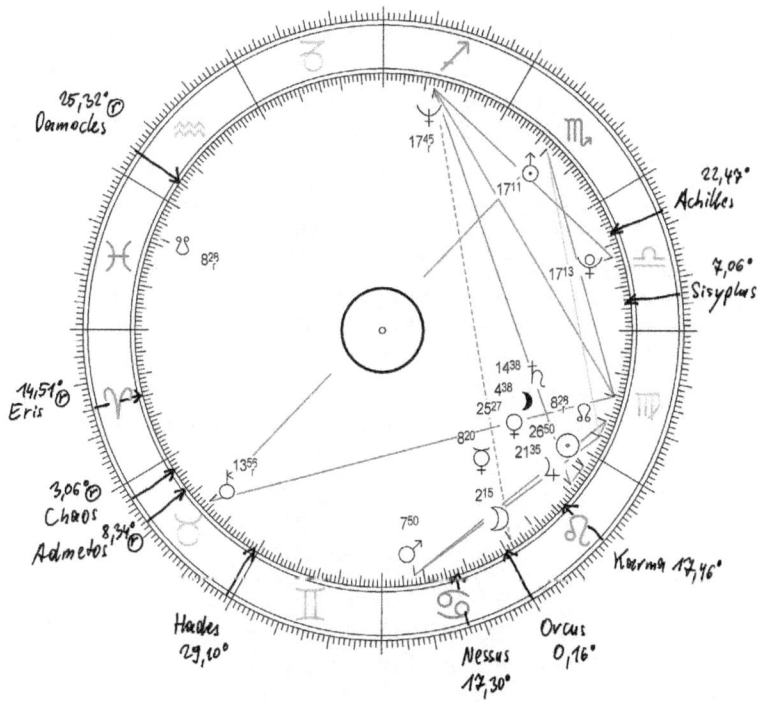

Die Sonne steht auf 26,50 Grad im Zeichen Löwe in der 3. Dekade auf einem kritischen Grad in Konjunktion mit Venus und Jupiter. Er hat eine intensive Vaterbindung und liebt den gesellschaftlichen Auftritt, obwohl er vom 7. bis 8. Lebensjahr als auch vom 17. bis 18. Lebensjahr Schicksalsschläge bewältigen musste. Merkur als Planet der Kommunikation steht ebenso im Zeichen Löwe und damit hat er gerne das letzte Wort und neigt zu Übertreibungen in Wort und Schrift. Seine Glaubenskonflikte werden durch den rückläufigen Neptun im Zeichen Schütze im Quadrat zu Saturn im Zeichen Jungfrau offensichtlich, dies zeigt ebenso eine Neigung zur Sucht und eine erhöhte Krebsdisposition an. Die Opposition von Uranus im Zeichen Skorpion zum rückläufigen Chiron im Zeichen Stier zeigt an, dass er Angst vor dem Verlust der Sicherheit als auch Probleme mit Neuerungen hat. Der Asteroid Achilles steht auf 22,47 Grad im Zeichen Waage zusammen mit dem Fixstern Spica, der für die Veröffentlichung von Werken steht! Zusätzlich stehen noch Pluto und der Asteroid Sisyphus im Zeichen Waage, welches seinem 3. Solarhaus entspricht, dem Haus der Kommunikation! Mit Mars im Zeichen Krebs im 12. Solarhaus führt er seine Aktionen vorwiegend verdeckt und heimlich aus, in diesem Fall natürlich über das Internet, mit dem Quadrat von Mars zu Sisyphus sind diese Aktionen destruktiv bzw. er kann mit Worten andere sehr verletzen. Der Asteroid Damocles ist rückläufig und steht auf 25,32 Grad im Zeichen Wassermann in Opposition zu seiner Sonne und Venus, da ist Liebe schwer zu nehmen und zu empfangen, ebenso erklärt es seine Abneigung gegen die Esoterik. Im Vorleben war er ein Alchemist, Künstler oder Geistlicher, das zeigt der absteigende Mondknoten im Zeichen Fische an. Sein Seelenziel ist es, die Qualität des aufsteigenden Mondknotens im Zeichen Jungfrau zu leben, doch mit der Belagerung von Lilith und Saturn wird das ein schwieriges Unterfangen. Reinen Tisch machen statt Heimlichkeiten und Manipulationen!

Kritische Grade

Sonne (Saturn/Pluto)

Unbeirrbar im Ziel, Überzeugung und Handeln. Kann nur aus eigenen Fehlern lernen, da der Rat anderer nur selten ernst genommen und befolgt wird. Konservative Einstellung. Autorität, die Angst macht. Vorliebe für alle Formen von Lehrtätigkeit, aber Gefahr, ins Belehrende abzugleiten. Bei unbefriedigender Lebenssituation wird man für Untergebene zum „Schleifer". Irrationale Ängste. Braucht große Genauigkeit, um sich sicher zu fühlen. Empfindet Unordnung als physische Bedrohung (auch wenn man diese selbst schafft). Tendenz zu Rückenleiden sowie alle Formen von Rheumatismus.

Merkur (Jupiter/Uranus)

Ist so sehr an glückliche Wendungen und unerwartete Unterstützung gewöhnt, dass die Gefahr besteht, dies als selbstverständlich zu betrachten, dann kommt „Hochmut vor dem Fall". Plötzliche Zusammenbrüche scheinbar gesicherter Optionen führen zu Ernüchterung. Verlust- und Existenzängste.

Venus (Mars/Saturn)

Besonderes Bedürfnis nach gesellschaftlicher Anerkennung für die eigenen Leistungen. Außergewöhnlich ehrgeizig. Im persönlichen Umgang Durchsetzungsschwierigkeiten. Hat er einmal „Blut geleckt", gibt es fast nichts mehr, was ihn von der Verfolgung seiner Ziele ablenken könnte.

Halbsummen

Sonne/Jupiter=Venus

Schöpferische Kraft, Prominenz

Merkur/Saturn=Sonne

In der geistigen Entwicklung gehemmter Mensch. Mehrfacher Wohnungswechsel. Liebe zu Reisen.

Merkur/Saturn=Venus

Haltlosigkeit in der Liebe. Schwer die Treue halten können. Trennungen.

Merkur/Pluto=Saturn

Streitsucht. Skeptizismus. Reizbarkeit. Nörgelei. Schweren Angriffen ausgesetzt sein. Nervenüberreizung durch Überanstrengung. Trennungen.

Mars/Saturn=Merkur

Gedankenlosigkeit. Hoffnungslosigkeit. Gedanken über Trennung, Krankheit, Tod und Jenseits. Trauernachrichten. Mord.

Mars/Uranus=Saturn

Gewalttätigkeit, Mangel an Anpassung. Auf Trennung gerichtete Energie. Schwere Verletzung, Operation, gewaltsame Zerstörung, Amputation.

Mars/Pluto=Sonne

Arbeitsmensch, bis zum Zusammenbruch arbeiten können. Verletzung, Unfall, Gewaltmaßnahmen. Aufregung durch höhere Gewalt.

Mars/Pluto=Venus

Leidenschaftlichkeit. Vergewaltigung.

Jupiter/Neptun=Pluto

Maßlose Pläne, weitgehende Spekulationen. Große Verluste. Konkurs.

Saturn/Uranus=Pluto

Gewalttätigkeit, Brutalität. Mit außergewöhnlicher Anstrengung eine schwierige Lage überwinden wollen. Auflehnung gegen das Schicksal. Schädigung durch höhere Gewalt.

Neptun/Pluto=Uranus

Hang zum Ungewöhnlichen, Abenteuerlichen und Mystischen. Überempfindliche Nerven. Eigenartige Entdeckungen. Katastrophen.

Fixsterne

Almaak & Menkar - Chiron

Berechnend vorgehen, in Beziehungen emotional erpresserisches Verhalten und nicht die sexuelle und emotionale Erfüllung bekommen. Sich zwanghaft Sorgen machen, einsam und menschenfeindlich werden, negative Gedanken ziehen negatives Karma an, Halsleiden, Zahnprobleme.

Alhena - Mars

Psychologisches Talent, Begabung, etwas schnell in Wort und Bild zu fassen, Sprach- und Schreibtalent, Abergläubisch, Hang zu Vergnügungen, Bequemlichkeit, Luxus und Zurschaustellung.

Praesepe & Asellus Borealis & Asellus Australis - Merkur

(Eine ähnliche Verbindung hatte Mussolini!) Starke Suchtgefahr! Gefahr von Infektionen, Probleme mit den Augen bis zur Blindheit, Narben im Gesicht, abnorme Begierden, für das woran man glaubt, kämpfen, politisches Interesse, leicht gereizt, Herzprobleme, trotziger Anführer, streitbare Natur, welcher vor Gewalt nicht zurückschreckt, Macht und Autorität nach vielen Schwierigkeiten, kleines Einkommen und große Ausgaben, Verluste durch Schriftstücke, Hypotheken und Bürgschaften. Geisteskrankheit. Probleme mit Kindern, viele Sorgen und Enttäuschungen, schlecht für Erfolg trotz der Hilfe von Freunden, Verlust wertvoller Papiere durch einen Brand. Unkontrollierte Wut, deren Destruktivität freier Lauf gelassen wird, blockierter Vergeistigungsprozess, mit dem Gesetz in Konflikt geraten. Man lernt mit der Zeit, sich Selbstbeherrschung anzueignen, Gedanken zu kontrollieren und diese auch richtigzustellen.

Ras Elased Australis - Jupiter

Gute Rhetorik, stimmliches und künstlerisches Talent, persönliche Grenzen anderer überschreiten, sich aufdrängen, angriffslustig werden.

Alphard & Adhafera - Sonne/Venus

Gute Menschenkenntnis, Vorstellungskraft und meditative Fähigkeiten, Neigung, sich abzusondern, unbewussten Trieben folgen, totale Vereinnahmung dessen, was man liebt, mangelnde Selbstkontrolle, Beziehungskonflikte und Trennungen, Macht und Autorität, leidet aber durch eigene Handlungen und Feinde, Verlust von Stellung und Ehre, leidenschaftliche Bindung, die Widerstand in der Verwandtschaft hervorruft. Lügen, Scheitern im Leben. Mord, Brand, Gift, erhöhtes Suizidrisiko.

Alioth - aufsteigender Mondknoten

Das Seelenziel ist ein Idealist und Forscher, der anderen ein erstrebenswertes Ziel vor Augen führt, Wunschdenken, Illusionen, die nicht in Erfüllung gehen, da sie nicht dem göttlichen Plan entsprechen.

Mizar - Saturn

Emotional verkrampft sein, sich selbst züchtigen und sich nichts gönnen, Übermut, Extremismus, Attentate, Feuer- und Massenkatastrophen, Impulsivität, neigt zu asozialen Taten. Der Tod eines geliebten Menschen.

Zuben Elschemali - Uranus

Guter sprachlicher Ausdruck, sein Wissen veröffentlichen, leicht Fremdsprachen erlernen können, Sparsamkeit, große Selbstdisziplin, Materialismus, gut für Gewinn, aber viele Ausgaben, geistiger Stolz, auch von einem Irrweg nicht abweichen, sich anderen überlegen fühlen, Angst haben, sich hinzugeben und anderen Menschen anzuvertrauen, Verluste durch Prozesse und Feinde, aber Hilfe von einflussreichen Freunden (GWUP),spezielle häusliche Konflikte, möglicher Tod durch Herzinfarkt.

Sabik - Neptun

Kreativität, starker geistiger Wille, bekannter Schriftsteller und Redner, Erfolg, viele Freunde, das Erbe und Zuwendungen werden für wissenschaftliche Zwecke investiert, Materialismus, Gier, Anmaßung,

Feindschaften, Verschwendungssucht, Energiemangel, eine verdorbene Moral und Erfolg in üblen Machenschaften (Ruhrbarone, GWUP). Plötzlicher Tod im mittleren Alter durch Erkältung oder Schwindsucht.

Skat - absteigender Mondknoten

Karmische okkulte Begabungen, viele Reisen, frühe Ehe, verlässt aber seine Frau oder wird verlassen, Bigamie (Mehrfachbeziehungen), getrennt von den Kindern, geistige Freunde, welche tiefgreifende Wandlungen in ihm auslösen. Er sieht Gott und die Schöpfung nur so, wie er sie sehen möchte. Er wird für seine Handlungen von der Gesellschaft kritisiert und angefeindet, hat aber Angst vor öffentlicher Bloßstellung. Schlechte Gesundheit gegen Lebensende und er kann in einer Klinik oder Psychiatrie enden.

Michael Kunkel

geboren am 15. Juli 1960 in Aschaffenburg, D

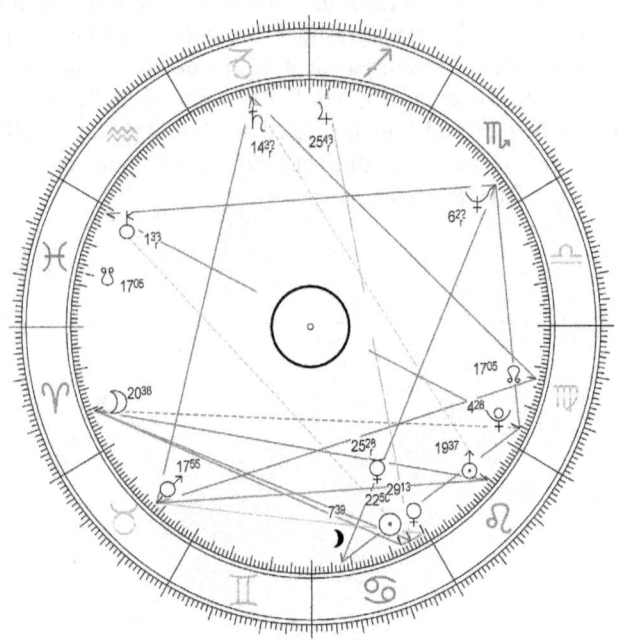

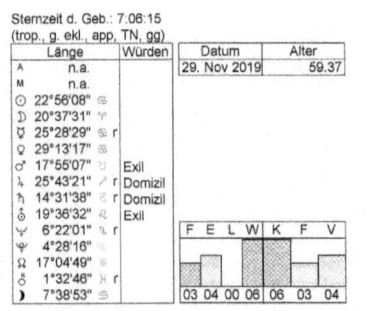

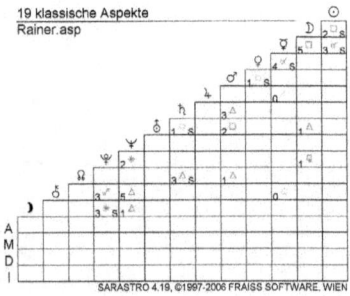

Michael Kunkel wurde am Freitag, dem 15. Juli 1960 in Mainz geboren und betreibt seit dem Jahr 2002 den Wahrsagercheck der GWUP, wo er jedes Jahr aufs Neue Personen diffamiert, die sich mit Zukunftsprognosen beschäftigen. Die Analyse von Michael Kunkel belegt, dass seine Agitation einer tiefen seelischen Verletzung samt unbewältigter Trauer zugrunde liegt. Das kommt bei Menschen mit einer verletzten Sonne im Zeichen Krebs gehäuft vor, da sich diese schwer von traumatischen Ereignissen erholen und diese auflösen können. Wie im Tierreich machen Krebse einen Schritt nach vor und zwei zurück, leben also gerne in der Vergangenheit oder glorifizieren etwas, was lange zurückliegt. Ironischerweise ist auch der Wiener Skeptiker Dr. Ulrich Berger wie Michael Kunkel Mathematiker und hat denselben Geburtstag (15. Juli 1970). In der astrologischen Analyse der eigenen Biographie sind Ereignisse wie Umzüge, Glücksfälle, Geburten, Hochzeiten, Erkrankungen, Unfälle und Todesfälle chronologisch angezeigt. Dieses Geburtsbild (Radix), hat durch die fehlende Geburtszeit also keine Achsen wie Aszendent-Deszendent und Medium Coeli-Immum Coeli und auch keine Häuser, deshalb sind vor allem die Prognosen nicht so präzise, aber doch möglich. Für den Mond nehme ich den Mittelwert von 12:00. Da sich der Mond täglich um etwa 12 Grad bewegt, ist es laut Ephemeriden sicher, dass er bei Michael Kunkel zwischen 14,44 und 27,29 Grad im Zeichen Widder steht. Auffallend ist, dass bei ihm das Element Luft, also die Leichtigkeit im Leben fehlt.

Prägende herausfordernde Zeitphasen

Ohne Geburtszeit lassen sich die Themen der Ereignisse (Familie, Erkrankungen, Verluste, Beruf etc.) in den betreffenden Zeitphasen nicht zuordnen, die Wirksamkeit ist jedoch klar ersichtlich. Auffallend ist, dass Michael Kunkel in den ersten prägenden Lebensjahren auffällig vielen herausfordernden Ereignissen ausgesetzt war. Ich habe die Transite auf den Tag genau berechnet, also eine ideale Vorgabe für Mathematiker, um die Qualität der klassischen Astrologie zu überprüfen.

14. September 1960
26. Januar 1961
1. April 1961
7. Juni 1961
9. September 1961 (Vater)
19. November 1961
29. Dezember 1961
23. Januar 1962
10. Februar 1962
10. August 1962
8. Oktober 1962
27. November 1962
19. März 1963
18. August 1963
29. Oktober 1963
24. November 1963
7. Februar 1964
7. Juli 1964
7. Februar 1965 (Vater)
26. Mai 1967
1. Februar 1969
10. August 1971
12. Juni 1973 (Mutter)
19. Juni 1974 (Vater)
11. Mai 1975
4. April 1978

10. August 1978 (Vater)
8. Februar 1982
10. August 1983
10. November 1984
21. Dezember 1989
11. August 1990 (Mutter)
11. November 1990
7. Juni 1991
21. Februar 1995 (Trennung)
27. August 2000 (Verletzung)
18. Januar 2002 (Start Wahrsagercheck)
17. Oktober 2004
18. April 2005 (verminderte Vitalität)
19. Februar 2006 (Verluste, Vater)
26. November 2008
24. August 2011 (verminderte Vitalität)
15. Januar 2012 (Verluste, Trennung)
15. Juni 2012 (Depressionen)
25. Oktober 2013 (Neubeginn, Liebe)
27. April 2014 (Verletzung)
28. April 2015 (Veränderung, Geborgenheit)
24. Mai 2017 (Hochzeit)
22. Januar 2019 (Verletzung)
7. Oktober 2019 (Stress, Ärger)

Lebensveränderungen der Vergangenheit in den Direktionen

1. bis 3. Lebensjahr - Häusliche Unsicherheit
6. bis 7. Lebensjahr - Verluste
9. bis 10. Lebensjahr - Häusliche Veränderungen
13. bis 14. Lebensjahr - Unsicherheit
27. bis 28. Lebensjahr - Plötzliche Ereignisse mit dem Vater
37. - 38. Lebensjahr - Berufliche Veränderungen und Verluste
41. bis 42. Lebensjahr - Glaubenskonflikte und Eintritt in die GWUP
54. bis 56. Lebensjahr - Liebe und Geborgenheit

Die Deutung der Planeten

Sonne auf 22,56 Grad im Zeichen Krebs

Sucht und braucht Geborgenheit. Da es hier einen Mangel gibt, kompensiert er es mit Frustessen und Alkoholmissbrauch. Affinität zu Musik, Konzerten und Haustieren (Katzen). Schätzt Reisen ans Meer. Der Vater prägt die Einstellung zum Zuhause und der Einstellung zur Familie.

Mond zwischen 14,44 und 27,29 Grad im Zeichen Widder

Stimmungsschwankungen. Ambivalente Einstellung zu Gefühlen. Lehnt es ab, öffentlich Gefühle zu zeigen. Kompensation: Die Gefühlswelt in destruktiver Form mit dem Wahrsagercheck der Öffentlichkeit präsentieren. Die Eltern waren bei der Zeugung keine seelische Einheit. Die Mutter war der aktivere Part in der Familie und eine tüchtige Arbeiterin.

Merkur auf 25,28 Grad rückläufig im Zeichen Krebs

Überhitzte Gedanken, da Merkur rückläufig und von der Sonne „verbrannt" ist. Denkt häufig an vergangene Verletzungen und Verfehlungen. Erfasst intuitiv Zusammenhänge, welche der Beschäftigung mit dem Internet und der Mathematik zugute kommt.

Venus auf 29,13 Grad im Zeichen Krebs

Liebt Verzierungen und Verschönerungen im eigenen Heim. Glorifiziert die Vergangenheit. Schätzt Gartenarbeit, gutes Essen und Reisen ans Meer. Sucht Frauen, welche ihn an die eigene Mutter erinnern, ihn bekochen und bemuttern. Lebt mit Haustieren seine kindliche und verspielte Seite aus. Verdient sein Geld intuitiv durch Versicherungen und Wertanlagen in Immobilien.

Mars auf 17,55 Grad im Zeichen Stier

Kampf um die Sicherheit (Versicherungen). Sichert sich übertrieben ab.Braucht beständige Werte sowie ein repräsentatives Eigenheim. Starke Sinnlichkeit. Stures und konservatives Denken.

Jupiter auf 25,43 Grad rückläufig im Zeichen Schütze

Der karmische Glaubenskonflikt. Liebt das Ausland und Fernreisen zu fremden Kulturen. Neigung zu Übergewicht und Übertreibungen bei Wort und Schrift sowie beim Essen und Trinken. Grenzüberschreitende Aktivitäten.

Saturn auf 14,32 Grad rückläufig im Zeichen Steinbock

Karmische Konflikte mit männlichen Vorfahren, Vorgesetzten und den Behörden. Eigene Vorstellungen sind in Stein gemeißelt und unumkehrbar. Konservative Werte gegen alle Innovationen verteidigen (Esoterik!), Braucht Sicherheit und Beweise im Denken und Handeln (Mathematik).

Uranus auf 19,37 Grad im Zeichen Löwe

Nutzt das Internet, um seine eigenen Minderwertigkeitsgefühle zu kompensieren. Liebt den Auftritt in den Medien und der Öffentlichkeit. Genießt es, in der Öffentlichkeit für Unruhe zu sorgen (Wahrsagercheck).

Neptun auf 6,22 Grad rückläufig im Zeichen Skorpion

Karmisches Suchtthema (Essen, Alkohol). Die verworrene religiöse oder politische Einstellung. Unklares Verhältnis zu Kindern. Eine ungewisse Angst, unter die Oberfläche zu sehen. Die Angst, dass persönliche Geheimnisse an die Öffentlichkeit gelangen.

Pluto auf 4,28 Grad im Zeichen Jungfrau

Kontrollsucht. Die Macht der Gedanken. Unbewusste Ängste, zu wenig zu wissen und sich zu beschmutzen. Der Reinlichkeitswahn. Zwanghafter Verstand (Mathematiker). Verlustängste.

Absteigender Mondknoten auf 17,05 Grad im Zeichen Fische

War in einem Vorleben ein Geistlicher, Heiler oder Alchemist. Liebt die Zerstreuung, Musik, Kunst und Reisen ans Meer. Alkohol- und Medikamentenmissbrauch. Karmische Auseinandersetzung mit Esoterik.

Aufsteigender Mondknoten auf 17,05 Grad im Zeichen Jungfrau

Das Seelenziel ist Ordnung im Leben zu machen und sich von unbewussten Ängsten sowie Süchten zu lösen. Eine gute Gesundheitsvorsorge sowie aufrichtige Kommunikation auf persönlicher und kollektiver Ebene.

Lilith auf 7,39 Grad im Zeichen Krebs

Das vorgeburtliche Trauma. Unbewusste Angst, sich fallen zu lassen. Hassliebe zu Frauen, welche ihn an die eigene Mutter erinnern. Sich kaum entspannen können. Schlafstörungen und Alpträume. Ablehnung von weiblichen Wissen und deren Intuition (Esoterik).

Chiron auf 1,33 Grad rückläufig im Zeichen Fische

Schmerzhafte Erinnerungen an ein Vorleben. Verletzt andere, welche sich mit Energiearbeit, Alternativmedizin, Homöopathie und Esoterik beschäftigen. Findet schwer die richtigen Ärzte und kann diesen kaum vertrauen. Leidet unter Fehldiagnosen. Verborgene psychosomatische Erkrankungen. Hat falsche Vorstellungen von Partnerinnen bzw. die rosarote Brille auf.

Die Deutung der Planeten mit den Aspekten

Sonne Konjunktion rückläufiger Merkur

Der rastlose Geist. Die Reizüberflutung. Möchte zu viel auf einmal erfassen und dann fehlt der Blick aufs große Ganze. Stiftet in seiner Umgebung Verwirrung. Die schnelle Aussprache.

Sonne Quadrat Mond

Die Eltern als uneinig erleben. Diskrepanz zwischen Reden und Handeln als auch beim Verstand und den Gefühlen. Fühlt sich leicht angegriffen und kritisiert. Möchte durch Anpassung dominieren.

Sonne Opposition Saturn

Körperliche und psychische Gewalt durch den Vater. Der übermächtige Vater. Unbewusste Angst vor Bestrafung. Depressionen. Unterwürfigkeit gegenüber Vorgesetzten und der Obrigkeit.

Mond Trigon Uranus

Intuitive Verbindung zur Mutter. Ihre Ideen unterstützten ihn bei der Schule und der Ausbildung. Interesse an Sextoys.

Venus Quadrat rückläufiger Neptun

Die Idealisierung der Partner. Erotische Verirrungen. Fragwürdige finanzielle Transaktionen. Unbewusste Verlustängste.

Mars Quadrat Uranus

Streitbarkeit und Diskussionsfreude. Erhöhtes Risiko zu Flüchtigkeitsfehlern, damit verbunden Verbrennungen, Stromunfälle, Schnittverletzungen und Unfällen. Das Nervenbündel. Vorschnelle Entscheidungen. Bringt unbewusst Unruhe in seine Umgebung.

Mars Trigon Saturn

Der langsame aber beständige Aufstieg. Setzt auf bleibende Werte bei Finanzen und Immobilien. Belastbares „Arbeitstier". Kosmischer Schutz durch die Ahnenreihe (Schutzengeltrigon). Setzt auf altbewährtes wie Schulmedizin und die konservativen Naturwissenschaften.

Mars Trigon Aufsteigender Mondknoten

Durch Sicherung der Existenz und der Schaffung von bleibenden Werten seinem Seelenziel näherkommen. Einsatz und Kampf für die Sicherheit.

Jupiter rückläufig Trigon Mond

Neigung zu Übertreibungen bei Genussmitteln. Die Mutter prägte seine Einstellung zum Glauben. Das großzügige Heim. Guter Gastgeber.

Jupiter rückläufig Quincunx rückläufiger Merkur

Den inneren Glaubenskonflikt mit anderen teilen. Unwahrheiten verbreiten. Negative Gedanken. Der Kampf gegen die Esoterik.

Saturn rückläufig Biquintil Uranus

Die Vorfahren vererbten ihm Besitz als auch die Anlage und Intuition, den Besitz und die Finanzen zu erhalten und zu vermehren. Den konservativen Standpunkt zur Esoterik gewinnbringend betreiben (Wahrsagercheck).

Neptun rückläufig Sextil Pluto

Natürliches Verständnis für höhere Gesetzmäßigkeiten. Intuition. Prophetische Träume bei reichem Traumleben. Sein Wissen der Gesellschaft zur Verfügung stellen (GWUP).

Neptun rückläufig Trigon Lilith

Vertraut seinen Eingebungen nicht. Vorgeburtliche Traumata lösen Verwirrung aus. Verbirgt sein Selbst und seine wahren Absichten.

Neptun rückläufig Trigon rückläufiger Chiron

Die Flucht vor dem Alltag. Fernreisen ans Meer sollen seine Wunden heilen. Der karmische Glaubenskonflikt lähmt seine seelische Entfaltung. Heilung erfolgt durch schmerzhaftes Auflösen der Sicherheiten und bedingungsloses Vertrauen in die Existenz.

Pluto Opposition rückläufiger Chiron

Der verborgene und aussichtslose Kampf gegen die Esoterik. Die schmerzhafte Erinnerung an das Vorleben löst ein zwanghaftes Verhalten aus. Höhere Gewalt verursacht endloses Leid. Kontrollsucht versus Auflösung.

Die Deutung der kritischen Grade

Sonne auf 22,56 Grad im Zeichen Krebs (Sonne/Saturn)

Disziplinierter als andere Krebse. Liebt väterliche Vorbilder. Wenig spontan und ernsthaft. Ablehnung alles Oberflächlichen. Hang zum Asketischen (Geiz). Neigung zur Herzschwäche (Angina pectoris). Workaholic.

Merkur rückläufig auf 25,28 Grad im Zeichen Krebs (Neptun/Neptun)

Neurosegrad. Aggressionshemmung. Nachtragend. Flucht in den Schlaf. Völlig Fantasielos als Angstschutz oder im Gegenteil überschäumend schöpferisch, um die immense Anzahl seelischer Eindrücke zu bewältigen. Graue Maus oder bunter Hund. Häufige Erkältungen. Mediale Begabung möglich. Interesse an Medizin. Häufig Konkurrenzsituation zu Geschwistern. Übermäßig langes Abhängigkeitsverhältnis von Eltern, Lehrern und Vorgesetzten. Bittet um Hilfe, ohne Ratschläge anzunehmen.

Venus auf 29,33 Grad im Zeichen Krebs (Mond/Sonne)

Schwache Konstitution. Labiles Nervensystem. Tragische Beziehung zu konträrem Elternteil. Bisexuelle Veranlagung aufgrund einer geschlechterrollenspezifischen Desorientierung. Objektfreie Sinnlichkeit. Psychische Gefährdung. Grenzgängerkonstellation.

Die Deutung der Halbsummen

Sonne/Venus = Merkur

Gefühlsintensität. Künstlerisch-ästhetische Bestrebungen und Gedanken. Liebesauffassung. Liebesgedanken. Sich über Liebesprobleme äußern.

Sonne/Neptun = Mondknoten

Beeinflussbarkeit. Große Enttäuschungen. Verwicklung in Skandale. Negatives Wesen. Schwäche. Pläne ohne Durchführungskraft. Hang zu Genussgiften. Selbsttäuschungen. Sich in Gegenwart anderer negativ oder schwächlich zeigen. Verbindung mit kranken, schwachen Personen oder Blutsverwandten. Krankenhaus. Die schlaffe oder gelähmte Zelle. Wasseransammlungen in der Zelle. Wassersucht. Blutkrankheiten. Ödeme.

Mond/Saturn = Pluto

Verschlossenheit. Minderwertigkeitsgefühle. Stimmungsschwankungen. Melancholie. Eigensinn. Angst. Mangel an Selbstvertrauen. Freudlosigkeit. Angst vor Bloßstellung. Nachteile oder Sorgen durch die Familie. Gemütsdepression. Entfremdung oder Trennung von Frau oder Mutter. Vereinsamung. Gestörtes Verhältnis zur Mutter. Auf sich alleine gestellt sein. Sich gewaltsam durchsetzen und den Weg alleine gehen. Organisches Leiden in Verbindung mit starken seelischen Depressionen. Trennung von Frau und Mutter. Chronische Störungen des Wasserhaushaltes. Schleimhautdefekte. Nässende Wunden. Blasenleiden. Gemütskrankheiten. Erbkrankheiten. Harnverhaltung. Hautkrankheiten.

Mond/Neptun = Sonne

Einbildungen. Selbsttäuschungen. Haltlosigkeit. Verlogenheit. Neigung zu niederem Spiritismus und mediumistischen Täuschungen. Es liegt die Gefahr vor, unter eigenartige Einflüsse zu geraten und von anderen Menschen ausgenutzt zu werden. Schwäche. Sensitivität. Empfänglichkeit. Empfindlicher Körper. Täuschungen. Faulheit führt zu Lebenskrisen. Partnerschaftliche Schwierigkeiten. Bewusstseinsstörung. Augenleiden. Gelähmte Durchblutung. Verwässerung des Organismus. Mangelnde Salz-Verwertung. Blutkrankheit.

Mond/Neptun = Merkur

Durch den Verstand kontrollierte Innenschau. Phantasie. Schöpferische Gedanken. Künstlerische Talente.

Mond/Neptun = Venus

Schwärmerische Liebe. Eigenartige Bestrebungen im Liebesleben. Verschrobenheiten. Überirdische Liebe. Entsagung. Liebesenttäuschung.

Merkur/Neptun = Mondknoten

Falsches Denken. Fehlurteile. Verworrene Vorstellungen. Nervöse Empfindlichkeit. Unaufrichtigkeit. Phantasterei. Lügenhaftigkeit. Aus dem Unterbewusstsein kommende Störungen. Selbsttäuschungen. Unklarheit. Fehlschläge durch unkorrektes Verhalten. Seelische Verworrenheit. Assoziationsfähigkeit. Gemeinsame Verbindung von Vorstellungen. Gemeinsam Pläne und Ideen besprechen. Bewusstlosigkeit. Empfindungsverlust. Nervenschwäche- und Lähmung.

Venus/Neptun = Mondknoten

Falsches Liebesempfinden. Geschmacklosigkeit. Unentschlossenheit. Unsicherheit. Verführbarkeit. Erotische Verirrungen. Ideale und Wünsche lassen sich nur schwer verwirklichen. Ernüchterung und Enttäuschung.

Irrwege der Liebe. Mit einem Partner gemeinsam falschen Liebesverbindungen nachgehen. Liebesverbindung mit folgender Enttäuschung. Unglückliche Verbindung. Schlaffe Drüsenfunktionen. Drüsenausweitung. Schwäche der Zeugungsorgane. Neigung zu Blasensteinen.

Venus/Pluto = Uranus

Übersteigertes Triebleben. Wollüstiges Begehren. Außergewöhnliche Spannungen im Liebesleben. Starkes Liebesempfinden. Liebe auf den ersten Blick. Fanatische Liebe.

Mars/Jupiter = Pluto

Organisationstalent. Erfolgreiche Unternehmungen. Vereinbarungen. Verträge. Heirat. Tatendrang. Neigung zu Übertreibungen. Voreiligkeit und Unregelmäßigkeit. Klärung nach Auseinandersetzungen. Unternehmergeist. Schaffenskraft. Propagandist. Herzmuskel.

Mars/Saturn = Mondknoten

Ausdauer. Unermüdlichkeit. Herbheit. Eigenwilligkeit. Die Energie wächst mit der Überwindung von Schwierigkeiten im Leben. Mit negativ eingestellten, schwachen oder kranken Personen zusammenleben. Verbindung mit kranken Personen. Organtod. Knochenentzündung. Lähmung der Atemmuskulatur (Erstickungstod).

Die Deutung der Asteroiden ab dem Widderpunkt

Chaos rückläufig & Eris rückläufig 10,15 Grad im Zeichen Widder Konjunktion Mond, Chaos rückläufig & Eris rückläufig im Quadrat zum rückläufigen Saturn und Lilith

Die unbewältigte Mutterbeziehung. Das Gefühlschaos. Emotional sehr verletzbar. Angst vor fordernden Frauen. Ablehnung der Weiblichkeit und Spiritualität. Probleme mit Behörden. Alpträume und Schlafstörungen.

Nessus 25,20 Grad im Zeichen Stier im Quadrat zum rückläufigen Chiron

Übertriebene Sinnlichkeit. Perversionen. Sexuelle Probleme. Unbewusste und latente Ängste um den Verlust der Sicherheit. Frustessen.

Orcus 5,25 Grad im Zeichen Krebs Konjunktion Lilith, Orcus Sextil Pluto, Orcus im Trigon zum rückläufigen Neptun

Findet schwer Geborgenheit. Erreicht mit Boshaftigkeit die Massen. Durchschaut und täuscht andere. Gesundheitliche Probleme mit der Blase. Erhöhtes Krebsrisiko.

Fortuna 14,28 Grad im Zeichen Krebs Sextil Mondknoten und Mars, Fortuna Quadrat Mond, Fortuna Opposition rückläufiger Saturn

Sein Glück im Kreis der Familie und bei Reisen ans Meer finden. Durch Rückzug und Innenschau seine Bestimmung erkennen. Das gut gefüllte Bankkonto und der volle Kühlschrank als Sicherheit sehen. Neigung zu Spekulationen und Übertreibungen. Sein Glück herausfordern. Karmische Konflikte der Vorfahren blockieren das innere Glück.

Sisyphus 16,24 Grad im Zeichen Löwe Konjunktion Uranus, Sisyphus Quadrat Mars, Sisyphus Trigon Mond

Nervöse Störungen. Hat Probleme mit der Esoterik und Astrologie. Ist Neuerungen gegenüber skeptisch. Schlafstörungen. Erhöhtes Verletzungs- und Unfallrisiko. Gibt sich nach außen stark, um eine innere Schwäche zu verbergen.

Karma 21,55 Grad im Zeichen Skorpion im Quadrat zu Mars, Uranus und rückläufigen Achilles, Karma Trigon Sonne

Schicksalhaftes Überschreiten seiner Grenzen. Heimliche Aktivitäten. Fordert andere unbewusst heraus. Der Unruhestifter. Möchte um jeden Preis Aufmerksamkeit erregen. Schicksalhafter Rückzug. Leidet durch Esoterik. Karmische Verletzungen und Nervenprobleme.

Pholus 12,35 Grad rückläufig und Damocles 13,03 Grad rückläufig im Zeichen Wassermann im Quadrat zu Mars, Pholus und Damocles in Opposition zu Uranus und Sisyphus

Der unbewusste Kampf gegen die Astrologie und Esoterik. Innovationen bedrohen seine innere Sicherheit. Angriffe gegen die Esoterik erweisen sich als Bumerang. Nervöse Störungen. Unbewusste Ängste.

Achilles 23,14 Grad im Zeichen Wassermann Quadrat Karma, Achilles Opposition Sisyphus

Schicksalhafter Kampf gegen die Esoterik, welcher ihn eine Menge Substanz und Lebenszeit kostet. Die karmische schmerzhafte Bloßstellung in der Öffentlichkeit.

Zeus 9,58 Grad rückläufig im Zeichen Fische im Trigon zum rückläufigen Neptun

Hervorragendes Talent für Technik und Kunst. Liebe zur Musik. Intuitives Gespür für lukrative Geschäfte. Heimliche Aktivitäten in Bezug zur Esoterik.

Die Deutung der Transneptuner ab dem Widderpunkt

Planet Neun 18,44 Grad im Zeichen Widder Konjunktion Mond, Planet Neun Sextil Mars, Planet Neun im Quadrat zur Sonne und zum rückläufigen Saturn, Planet Neun Trigon Uranus

Seelische Erschütterungen. Familienkonflikte. Wissensdrang. Reiselust.Tierliebe. Kreative Talente, welche vor allem technisch umgesetzt werden. Die Angst, zu wenig zu wissen. Schwankende Ziele. Wirre Gedanken und Handlungen. Vorschnelle Aussagen, welche unbewusst geschehen. Suggestiver Einfluss auf andere Menschen. Die Erschütterung der Massen. Ehrlosigkeit. Auf Kosten anderer zum Erfolg kommen. Trennungen wegen niederer Handlungen. Schwankende Zielsetzungen. Unbewusste karmische Verstrickungen mit den Geschwistern und Nachbarn führen zu Prozessen.

Admetos 27,27 Grad im Zeichen Widder im Quadrat zum rückläufigen Merkur und Venus

Blockaden in der Kommunikation. Negative Gedanken. Probleme und Verluste in Beziehungen und bei Finanzen. Aus Mangel an Geborgenheit kam Zynismus ins Spiel. Sexuelle Probleme. Gesellschaftliche Anfeindungen. Durchsetzung löst Widerstände aus.

Hades 9,48 Grad im Zeichen Stier Trigon Pluto, Hades in Opposition zum rückläufigen Neptun

Falsche Freunde und fragwürdige Gruppenaktivitäten. Wird durch Idealismus leicht ausgenutzt. Destruktive fixe Meinungsbildung an die Massen weitergeben. Suchtproblematik verstärkt körperliche und psychische Leiden.

Waldemath-Schwarzer Mond 21,57 Grad im Zeichen Stier Konjunktion Mars, Waldemath-Schwarzer Mond Sextil Sonne, Waldemath-Schwarzer Mond Quadrat Uranus

Gestörtes Triebleben. Finanzielle und sexuelle Abhängigkeiten. Ungeklärte Todesfälle in der Herkunftsfamilie. Sich über gesellschaftliche Grenzen hinwegsetzen und damit Prozesse auslösen. Unbewusstes Verhalten lenkt vom Weg der Seele ab. Die Mutter nicht als nährend und fürsorglich empfinden. Destruktive Gefühle. Unbewusster Hass auf Frauen. Ablehnung weiblicher Eigenschaften. Denken und Handeln sind nicht in Balance. Psychosen. Neurosen.

Vulcanus 29,07 Grad im Zeichen Krebs Konjunktion Venus

Harmoniesucht. Protektion. Der Stratege. Liebe zu Dekoration, gutem Essen und Trinken sowie zur Musik. Fehlgeleitete Energien. Leidet unter anderen. Schwierigkeiten mit Kunden und Geschäftspartnern. Unbewusste Handlungen im Affekt.

Cupido 7,00 Grad im Zeichen Waage Quadrat Lilith

Interesse an Kunst und Musik Das eigene Recht als einzig wahres betrachten. Sich oft ungerecht behandelt fühlen. Der Außenseiter. Sich verstellen, um die Gunst der Mitmenschen nicht zu verlieren. Unerbittlicher Kampf ums Recht. Rechtskonflikte mit Geschwistern und Nachbarn werden als Angriff auf die eigene Identität empfunden.

Priapus 14,39 Grad im Zeichen Steinbock in Konjunktion zum rückläufigen Saturn, Priapus Quadrat Mond, Priapus Trigon Mars

Beeinträchtigte Zeugungsfähigkeit. Geistige Beeinträchtigungen. Starres Denken. Mangelndes Gesundheitsbewusstsein. Gute Intuition für Wertanlagen. Konservatives und zwanghaftes Denken hemmt die kreative Entfaltung. Plötzliche Leidenschaften. Nervliche Probleme und angeschlagenes Selbstwertgefühl lösen sexuelle Blockaden aus. Homosexuelle Neigung.

Die Deutung der Fixsterne ab dem Widderpunkt

Baten Kaitos 21,15 Grad im Zeichen Widder Konjunktion Mond, Baten Kaitos Quadrat Sonne, Baten Kaitos Trigon Uranus

Seelische Spannungen und Depressionen. Das verlieren, was man liebt. Erhöhtes Verletzungs- und Unfallrisiko. Hemmungen. Vorsicht. Wechselfälle des Schicksals. Epilepsie. Vertritt Ideen, welche das Leben beschwerlich machen. Paranoia. Todesgedanken. Angst vor dem Tod.

Menkar 13,37 Grad im Zeichen Stier Konjunktion Mars, Menkar Quadrat Uranus, Menkar im Trigon zum rückläufigen Saturn und Mondknoten

Übler Umgang. Unmoralisch. Selbstsüchtig. Egoistisch. Wacher Geist. Künstlerische, wissenschaftliche und mystische Fähigkeiten und Interessen. Krankheiten. Verluste durch falsche Freunde. Erbschaft von Problemen belastet. Glück und Unglück wechseln sich ab (zyklisch alle 3,5 Jahre). Halsleiden. Zahnprobleme.

Alhena 8,24 Grad im Zeichen Krebs Konjunktion Lilith, Alhena Sextil Pluto, Alhena im Trigon zum rückläufigen Neptun

Künstlerische Fähigkeiten. Scheu. Argwöhnisch. „Prahlhans". Reserviertheit. Gelehrsamkeit. Prominent in Bezug zur Wissenschaft. Hang zur Vergnügung, Bequemlichkeit, Luxus, Zierde und Zurschaustellung. Philosophisch interessiert. Selbstbezogen. Sparsam in kleinen Dingen aber extravagant in großen. Emotional. Wankelmütig. Unpraktisch. Stark durch Gewohnheiten beeinflusst. Esoterische Interessen und geheime psychische Fähigkeiten. Erhöhtes Krebsrisiko. Leidet unter Indiskretion. Schwache Gesundheit am Lebensende. Zwei oder mehr Ehen, davon eine sehr früh und extrem unglücklich. Ungünstig für Heim und Kinder. Feinde unter den Frauen.

Pollux 22,32 Grad im Zeichen Krebs in Konjunktion zur Sonne und zum rückläufigen Merkur, Pollux Quadrat Mond

Feinsinnige, gewitzte, geistreiche, gleichzeitig verwegene, grausame und hitzige Natur. Der Stratege. Der Tyrann. Bekanntheit in esoterischen Kreisen. Esoterisch und theosophisch interessiert. Unausgeglichen. Probleme mit dem Vater wegen Verwandten oder Feinden. Häusliche Zwietracht. Angst. Besitzt Eigentum. Viele Reisen. Wankelmütig. Fehlleistungen. Von anderen Personen wird ihm böse mitgespielt. Starke und unkontrollierte Leidenschaften. Verluste durch Frauen. Missmutig. Jähzorn. Geisteskrankheit. Verbittert. Sarkastisch. Skandale. Fehlschläge im Leben. Medikamentenmissbrauch. Sehfehler und Augenleiden. Ernste Unfälle. Operationen. Magenerkrankungen. Homosexuelle Veranlagung.

Procyon 25,06 Grad im Zeichen Krebs in Konjunktion zur Sonne und zum rückläufigen Merkur und Venus, Procyon Quadrat Mond

Gute Rhetorik und literarisches Talent. Beruflicher Aufstieg. Der Wille, Gedanken und Pläne rasch zu verwirklichen. Mannhaftes Auftreten. Gefahr von Hundebissen. Wasserscheu. Stolz. Launisch. Frech. Schwindelgefühle. Leicht verärgert. Unterstützung und Vergünstigungen durch einflussreiche Freunde. Erbschaft. Esoterisch interessiert. Niederer Vorgesetzter unter Aufsicht. Schwierigkeiten und Skandale durch das andere Geschlecht.

Merak 18,44 Grad im Zeichen Löwe Konjunktion Uranus, Merak Quadrat Mars, Merak Trigon Mond

Hohes spirituelles Potenzial. Kann Menschenmassen über die Medien beeinflussen. Duldet keinen Widerspruch. Kontrollsucht. Führungskraft.

Ras Elased Australis 20,03 Grad im Zeichen Löwe Konjunktion Uranus, Ras Elased Australis Quadrat Mars, Ras Elased Australis Trigon Mond

Gute Rhetorik. Künstlerisches Talent. Überschreitet persönliche Grenzen anderer Menschen. Er ist Angriffslustig und drängt sich auf.

Acrux & Gemma-Alphecca 11,10 & 11,35 Grad im Zeichen Skorpion in Konjunktion zum rückläufigen Neptun

Starkes Interesse für Astrologie und Okkultismus. Forschergeist. Geheimniskrämerei. Religiöser Fanatismus. Fühlt sich durch erhöhte Schwingungen gestört. Kommunikationstalent. Schreibt über esoterische Themen. Viele Reisen zu Wasser in frühen Lebensabschnitten. Aggressiv. Unsympathisch. Ungünstig für Kinder. Aktiver, brillanter Verstand. Viele Feinde. Erhöhtes Risiko von Herzproblemen.

Lesath & Shaula 23,18 Grad im Zeichen Schütze in Konjunktion zum rückläufigen Jupiter

Verborgenes erforschen. Geschäftstüchtigkeit. Der Geschichtenerzähler. Begabung im Umgang mit Zahlen (Mathematik). Probleme beim Blinddarm. Hämorrhoiden. Geistig eine Menge Unheil anrichten. Die Massen gegeneinander aufhetzen. Geheime Feinde. Über andere schlecht reden, sie abhören und bespitzeln.

Aculeus & Acumen 25,52 Grad im Zeichen Schütze in Konjunktion zum rückläufigen Jupiter

Ausgezeichneter Verstand und gute Wahrnehmung. Glaubenskonflikte. Blind vor Hass. Unbewusste Ängste.

Galaktisches Zentrum 26,09 Grad im Zeichen Schütze in Konjunktion zum rückläufigen Jupiter

Der Kontakt mit der göttlichen Quelle ist blockiert. Scharfer Verstand und überdurchschnittliche Auffassungsgabe. Negativität. Pessimistische Weltsicht. Anti-religiöse und Anti-göttliche Haltung. Missbrauch der Macht. Erblindung.

Etamin-Ettanin 27,15 Grad im Zeichen Schütze in Konjunktion zum rückläufigen Jupiter

Interesse an Esoterik. Religiöser Fanatismus. Hang zur Einsamkeit. Scharfer Verstand. Esoterische und philosophische Studien. Gute Konzentrationsfähigkeit. Pessimistische Weltsicht. Schmach, Fall und Ansehensverlust.

Sinistra 29,03 Grad im Zeichen Schütze in Konjunktion zum rückläufigen Jupiter

Schwarze Magie. Unmoralisch. Der Skandal. Ehrlos. Bekämpft Esoterik.

Manubrium 14,17 Grad im Zeichen Steinbock in Konjunktion zum rückläufigen Saturn, Manubrium Trigon Mars und Mondknoten

Tatkraft. Erhabenheit. Trotz. Aggressivität. Sehstörungen. Blindheit.

Wega 14,36 Grad im Zeichen Steinbock in Konjunktion zum rückläufigen Saturn, Wega Trigon Mars und Mondknoten

Musikliebhaber. Materialismus. Geiz. Wissenschaftlich und Esoterisch interessiert und mit esoterischen Zirkeln verbunden. Unpopuläre Ansichten. Praktisch und wissenschaftlich ausgerichtet. Leidenschaftlich. Starrsinnig. Viele merkuriale Probleme (in Wort und Schrift). Der Ruf leidet durch falsche Anschuldigungen. Probleme mit Vorgesetzten. Häusliche Schwierigkeiten. Verluste durch Rechtsstreitigkeiten.

Sadalmelik 2,39 Grad im Zeichen Fische in Konjunktion zum rückläufigen Chiron, Sadalmelik Opposition Pluto

Unruhe im Denken und Handeln. Leidet unter Esoterik. Schriftsteller. Esoterische Forschung. Originell. Einfallsreich. Leidender Ehepartner. Bringt Partnern Unglück. Probleme durch Feinde. Verluste durch Prozesse. Probleme, die Ideen oder Erfindungen praktisch umzusetzen. Gewinn durch Firmen, Spekulation und erdig- natürliche Materialien. Chronisch kranke Frau und Kinder. Vergünstigungen sind nicht von Dauer.

Fomalhaut 3,09 Grad im Zeichen Fische in Konjunktion zum rückläufigen Chiron, Fomalhaut Opposition Pluto

Instabil. Vergeudete Talente. Geheime Geschäfte bringen viele Probleme und Feindschaft. Einige Einschränkungen im Leben. Leicht hinters Licht zu führen. Heimliche Liebesaffären. Unfälle. Leiden an Lunge, Hals und Füßen. Schätzt Fotografie. Verluste durch viele geheime Feinde. Freunde durch kommunikative Angelegenheiten, in Gruppenaktivitäten und Firmen, verliert die Freunde aber wieder. Unpraktische Einfälle. Utopische Pläne. Drogen- Nikotin oder Alkoholsucht. Wird fälschlich angeklagt. Bringt die Familie um ihre Rechte. Leidender Ehepartner. Bringt Partnern Unglück. Üble Umgebung. Gegen Lebensende in Affären verwickelt. Böswilliger, schädlicher Charakter. Rachsucht. Lehnt Spiritualität ab.

Deneb- Deneb Adige 4,38 Grad im Zeichen Fische in Konjunktion zum rückläufigen Chiron, Deneb- Deneb Adige Opposition Pluto

Intelligenz. Zwanghafte Kommunikation. Möchte sich mit Gewalt Aufmerksamkeit verschaffen. Durch das, was man sagt, verletzend auf andere wirken. Giftiger oder kein Humor. Schmerzvolle Beziehungen.

Achernar 14,36 Grad im Zeichen Fische in Konjunktion zum absteigenden Mondknoten, Achernar im Sextil zu Mars und zum rückläufigen Saturn (eine ähnliche Konstellation hatte Arthur Schopenhauer, Atheist und Philosoph)

Eigene Ansichten werden unabhängig von den gesellschaftlichen Konventionen ausgelebt. Wechselvolles Beziehungsleben. Sehr von sich überzeugt. Tendenz zu Skandalen. Ein einmal eingeschlagener Weg wird ein Leben lang verfolgt. Vorgabe zu höherem Wissen. Hohe berufliche Position. Unterstützung durch andere.

Astromedizinische Analyse

„Ein Doktor ohne Wissen über die Astrologie hat nicht das Recht, sich Arzt zu nennen"

Hippokrates

Die Astromedizin ist ein Teilgebiet der Astrologie und schenkt dem, der sie studiert, wertvolle Erkenntnisse über die Physis und Psychosomatik. Diese Analyse weist alle „Schwachstellen" bei Michael Kunkel auf. Entscheidend ist die Lebensweise, die Gesundheitsvorsorge und das Bewusstsein des Individuums, um Krankheiten abzuwenden.

Organische und psychosomatische Auffälligkeiten

Augenerkrankungen. Neigung zur Herzschwäche (Angina pectoris). Häufige Erkältungen. Schwache Konstitution. Labiles Nervensystem. Psychische Gefährdung. Die schlaffe oder gelähmte Zelle. Wasseransammlungen in der Zelle. Wassersucht. Blutkrankheiten. Ödeme. Zwangsneurosen. Chronische Störungen des Wasserhaushaltes. Schleimhautdefekte. Nässende Wunden. Ernste Unfälle. Blasenleiden. Gemütskrankheiten. Erbkrankheiten. Harnverhaltung. Hautkrankheiten. Bewusstseinsstörung. Sehfehler und Augenleiden. Erblindung. Gelähmte Durchblutung. Verwässerung des Organismus. Mangelnde Salz-Verwertung. Blutkrankheit. Bewusstlosigkeit. Empfindungsverlust. Nervenschwäche- und Lähmung. Schlaffe Drüsenfunktionen. Drüsenausweitung. Schwäche der Zeugungsorgane. Neigung zu Blasensteinen. Herzmuskel. Organtod. Knochenentzündung. Lähmung der Atemmuskulatur (Erstickungstod). Alpträume und Schlafstörungen. Gesundheitliche Probleme mit der Blase. Erhöhtes Krebsrisiko. Karmische Verletzungen und Nervenprobleme. Psychosen. Seelische Spannungen und Depressionen. Halsleiden. Zahnprobleme. Medikamentenmissbrauch. Operationen. Magenerkrankungen. Drogen-

Nikotin oder Alkoholsucht. Hämophilie. Bindegewebsschwäche (blaue Flecken). Erhöhte Fieberneigung. Ischias. Stottern. Krampfadern. Knochenschwund (auch Osteoporose). Nervenentzündungen aller Art. Potenzstörungen. Entzündungen der Venen. Zähneknirschen. Thrombosen. Neigung zu Verbrennungen. Verdrängung weiblicher Seelenanteile. Extremer seelischer Druck.

Halbsummenpunkte

Die Halbsummenpunkte zeigen die sensiblen Organe des Körpers und die zeitlichen Auslösungen von Beschwerden oder Erkrankungen an.

Halbsummenpunkt Saturn/Neptun

10, 27 Grad im Zeichen Schütze

Linke Lymphgefäße, Anzieher des Schenkels, Ellbogen, Unterarm und Insektenstiche ausgelöst im 8. Lebensjahr.

Halbsummenpunkt Mars/Saturn

15,83 Grad im Zeichen Jungfrau Konjunktion Mondknoten

Warzenhügel, Leberfurche und Zwölffingerdarm ausgelöst im 42. Lebensjahr.

Halbsummenpunkt Mars/Neptun

11,88 Grad Löwe

Schlüsselbeinvene, Wirbelsäule und Haut ausgelöst im 56. Lebensjahr.

Astrologische Prognosen für Michael Kunkel

Für die Prognosen berücksichtige ich die laufenden Transite und Direktionen von Michael Kunkel. Zusätzliche Informationen erhielt ich über die Daten seiner Gattin Heike Kunkel, geboren am 28. Februar 1963 in Jena. Michael Kunkel gesteht, dass er 2002 den Wahrsagercheck einführte, da einigen Prognosen in ihm Ängste auslösten. Ängste sind keine guten Ratgeber, sondern ziehen unweigerlich herausfordernde Situationen an. Ratsam ist es, sich diesen Ängsten zu stellen und sie aufzulösen. Unbewusst kann es leicht zu einer self fulfilling prophecy – Selbsterfüllenden Prophezeiung kommen. Herausfordernde Transite lösen kein Ereignis aus, das nicht schon im Radix angelegt ist. Das Bewusstsein das Individuums spielt eine wesentliche Rolle, in welcher Form sich eine herausfordernde Konstellation auswirkt. Bei Jörg Wipplinger, einem Skeptiker aus Wien, entluden sich seine spannungsvollen Transite als Unfall, da sich seine Aggressionen ein Ventil suchten. In meinem Buch „Wissenschaft unzensiert – Die Wahrheit der Skeptiker" prognostizierte ich seine herausfordernde Zeitphase.

Herausfordernde zukünftige Transite

16. Dezember 2019

4. Januar 2020

25. Januar 2020

20. März 2020

3. April 2020

13. April 2020

23. April 2020

17. Mai 2020

7. Juni 2020

8. August 2020

25. August 2020

10. November 2020

20. Dezember 2020
18. Januar 2021
6. Februar 2021
23. März 2021
7. Juli 2021
8. August 2021
16. Oktober 2021
24. November 2021
1. Februar 2022
19. April 2022
29. August 2022
10. November 2022
9. März 2023
31. Mai 2023
10. September 2023
26. November 2023
4. März 2024
9. Mai 2024
11. Juli 2024
26. November 2024
26. März 2026
5. August 2026
2. April 2027

Lebensveränderungen der Zukunft in den Direktionen
62. bis 63. Lebensjahr – Spannungen und Verluste
67. bis 68. Lebensjahr – Ein neuer Lebensabschnitt

Kritiker der Skeptiker

Dr. Edgar Wunder

Dr. Edgar Wunder, geboren am 31. Oktober 1969 in Nürnberg, Deutschland, ehemaliges Gründungsmitglied der GWUP, Austritt 1999, Sozialwissenschaftler, Geograph, Anomalistiker, Politiker (Die Linke), betreibt den Blog GWUP.WATCH

Leben

Wunder studierte an der Ruprecht-Karls-Universität Heidelberg Soziologie, Politikwissenschaft, Psychologie, Geographie und Geologie und schloss 1999 mit einer Magisterarbeit zu einem familien- und religionssoziologischen Thema ab. 2004 promovierte er mit „Religion in der postkonfessionellen Gesellschaft", einer Studie zu Säkularisierungsprozessen und religiösem Wandel in der Moderne. Bis 2010 war er wissenschaftlicher Angestellter in der Abteilung für Wirtschafts- und Sozialgeographie und ist seitdem Lehrbeauftragter am Geographischen Institut der Universität Heidelberg. Seit 2015 ist er Lehrkraft für besondere Aufgaben am Geographischen Institut der Ruhr-Universität Bochum. Seine Arbeiten als Sozialwissenschaftler konzentrieren sich auf Konflikte zwischen orthodoxen und heterodoxen Systemen des Wissens in Wissenschaft und Religion (vgl. Buch „Clashes of Knowledge"). Als sozialwissenschaftliche Studien zu nicht oder schwach institutionalisierten Sozialformen von Religion hat er unter anderem Bücher zur Astrologie und zum UFO-Glauben veröffentlicht. Er ist Sprecher des Arbeitskreises Religionsgeographie der Deutschen Gesellschaft für Geographie. Wunder gehörte 1987 zu den Begründern der Gesellschaft zur wissenschaftlichen Untersuchung von Parawissenschaften (GWUP) und war bis 1998 Redaktionsleiter der GWUP-Zeitschrift „Der

Skeptiker".Darin publizierte er u.a. ab 1992 eine jährliche Auswertung von Vorhersagen von Wahrsagern und Astrologen, die eine breite Resonanz in den Medien fand. 1999 trat er wegen zunehmender Differenzen aus der GWUP aus und gründete mit anderen ehemaligen Mitgliedern der GWUP und Vertretern verschiedener Parawissenschaften das Forum Parawissenschaften, das später in Gesellschaft für Anomalistik umbenannt wurde und dessen Vorstand er weiterhin angehört. In der Folgezeit trat er als Kritiker der GWUP und der Skeptikerbewegung hervor. Auch mit seiner Studie zum angeblichen Unglückstag Freitag, der 13. fand Wunder größere mediale Aufmerksamkeit. Er ist gefragter Experte zu den Themen Aberglaube und Astrologie. Edgar Wunder lebt in Edingen-Neckarhausen bei Mannheim, ist verheiratet und hat eine Tochter.

Politik

Wunder trat 2005 der WASG bei und ist seit 2009 Kreisrat im Rhein-Neckar-Kreis und Fraktionsvorsitzender der Linken im Kreistag. Er gehört dem Landesvorstand der Partei Die Linke Baden-Württemberg an und wurde von 2010 bis 2013 in das Präsidium des Bundesparteitags der Linken gewählt. Wunder gilt als Experte für den Ausbau direktdemokratischer Instrumente der Bürgerbeteiligung und koordinierte den ersten Bürgerentscheid in Heidelberg, mit dem 2008 eine geplante Privatisierung städtischer Sozialwohnungen verhindert wurde. Dafür wurde er mit der Demokratierose 2009 ausgezeichnet, einem Preis für vorbildliches bürgerschaftliches Engagement. Bei der Volksabstimmung zu Stuttgart 21 im Jahr 2011 gehörte er zu den leitenden Organisatoren der Landeskampagne für ein Ja zum Ausstieg aus Stuttgart 21. Seit Anfang 2011 gehört Edgar Wunder dem Landesvorstand von Mehr Demokratie e.V. in Baden-Württemberg an.

Reaktionen der Skeptiker nach dem Ausscheiden von Edgar Wunder

Zum 'Rauswurf' von Edgar Wunder aus der GWUP

(Dieser Text gehört zum übergeordneten Artikel "Kritiker der GWUP")

Herr Fritzsches Hauptgewährsmann für den "Dogmatismus" der GWUP ist der Heidelberger Soziologe Dr. Edgar Wunder, der bis 1998 u.a. Redaktionsleiter der GWUP-Zeitschrift "Skeptiker" war. Herr Wunder gründete nach seinem Austritt (der sich parallel zu einem Vereinsausschlussverfahren vollzog) das "Forum Parawissenschaften" (heute: Gesellschaft für Anomalistik) und veröffentlichte die Aufsätze "Die Skeptiker-Bewegung in der kritischen Diskussion" sowie das "Das Skeptiker-Syndrom". Die Legendenbildung hat aus Herrn Wunder eine Art "Märtyrer" des Skeptizismus gemacht, der für sein Bemühen um eine gründlich "reformierte" Skeptiker-Bewegung mit mehr "Offenheit" und "Toleranz" von aufgebrachten GWUP-Funktionären abgestraft worden sei. Tatsächlich aber hatte Herr Wunder schon einige Jahre vor der entscheidenden Mitgliederversammlung 1999 in Darmstadt eine zunehmend aggressive "anti-skeptische" Haltung angenommen - die er allerdings erst nach seinem Austritt/Ausschluss aus der GWUP öffentlich vertrat. In seiner Zeit als "Skeptiker"-Redaktionsleiter vergraulte Herr Wunder erst einmal eine ganze Reihe von Redaktionsmitgliedern, die sich von seinem autokratischen Führungsstil abgestoßen fühlten. Auch die Zusammenarbeit zwischen dem GWUP-Vorstand und dem "Skeptiker"-Redaktionsleiter Edgar Wunder gestaltete sich mehr und mehr problematisch. Vom offenen Bruch, der sich schließlich bei der besagten Mitgliederversammlung im Mai 1999 vollzog, wurde dennoch die große Mehrzahl auch der GWUP-Mitglieder überrascht - nicht verwunderlich, ließ Herr Wunder doch erst hier in einer Rede erstmals explizit erkennen, dass er seinen "geistigen Abschied" von der GWUP schon längst genommen hatte (konkret 1997, was auch in Herrn Wunders "Skeptiker-Syndrom" nachzulesen ist). Überraschend war dies für die damals Anwesenden unter anderem deswegen, weil Herr Wunder bis dahin sich bei Mitgliederversammlungen oder Zusammenkünften der verschiedenen Gremien der GWUP in erster Linie durch ausdauernde Diskussionen um Formalien und Satzungsfragen hervorgetan hatte ("Wer darf die Mitgliederversammlung leiten?", "Wo sitzt der Vorstand bei einer Mitgliederversammlung?" etc.pp.) Die Darstellung, Herr Wunder sei nach langwierigen und quälenden Auseinandersetzungen inhaltlicher Art von der GWUP "abgesägt" worden, stellt die tatsächlichen Entwicklungen bis zum Mai 1999 auf den Kopf. Es war Herr Wunder, der erklärte, er sei "gar kein Skeptiker" und "ohne jede Einschränkung der Anomalistik-Bewegung zuzuordnen". Dies redlicherweiser offen (und frühzeitig) kundzutun, hätte beiden Seiten vieles erspart. Denn was Herr Wunder im Grunde von Anfang an wollte, war keine "reformierte" GWUP, sondern eine "andere" GWUP - nämlich eine anomalistische, etwa nach dem Vorbild der amerikanischen "Society for Scientific Exploration".

Das "Skeptiker-Syndrom"

Vor diesem Hintergrund desavouiert sich auch Herrn Wunders "Skeptiker-Syndrom" selbst als das, was es ist: eine von persönlichen Ressentiments mühsam zusammengehaltene Talentpolemik, deren Funktion zuvörderst darin zu bestehen scheint, Kritiker der GWUP mit Pseudo-„Insider-Informationen" über "die" Skeptiker zu bedienen. Und die erkennbar Herrn Wunders Enttäuschung widerspiegelt, dass seine langjährige Wühlarbeit als anomalistischer "Maulwurf" in der GWUP umsonst gewesen war (so jedenfalls kommt es in seinem "Skeptiker-Syndrom" zum Ausdruck, wo Herr Wunder ganz offen bekennt, auch persönliche Gespräche, private E-Mails etc. von GWUP-Mitgliedern für seine Zwecke gesammelt und verwendet zu haben) - dass es ihm also letztendlich nicht gelungen ist, die gut organisierte, mitgliederstarke und etablierte GWUP zu "übernehmen" und nach seinen Vorstellungen umzugestalten. Kaum hatte Herr Wunder sich in Rage geschrieben, widmete er sich ohne großen Verzug dem "Skeptiker-Syndrom II" ("Die Skeptiker-Bewegung in der kritischen Diskussion"). Diesmal nicht als persönliche Abrechnung mit der GWUP angelegt, in der er seine ganz eigenen Ziele und Bestrebungen nicht hatte verwirklichen können - sondern als Versuch einer soziologischen Studie über die Skeptiker-Bewegung im Allgemeinen und Besonderen.

So schreibt Herrn Wunder darin unter anderem:

„Die eigene Gruppe wird nicht als „wissenschaftliche (Forschungs-) Gemeinschaft" verstanden, sondern als soziale Bewegung, als „verschworene (Gesinnungs-) Gemeinschaft" mit letztlich politischen Zielen, nämlich der eigenen Vorstellung von „Rationalismus" in der gesamten Gesellschaft zum Durchbruch zu verhelfen."

Wer – wie Dr. Wunder – als promovierter Soziologe einen solchen Vorwurf erhebt, muss sich die kritische Rückfrage gefallen lassen, wie viel Raum er in seinem Forschungsbeitrag nackter Rhetorik einräumt – und wie viel echter Analyse? Als Gründungs- und langjährigem Mitglied der GWUP hätten Herr Wunder auch nach seinem Ausscheiden alle Möglichkeiten offen gestanden, eine fundierte soziologische Studie zur „Skeptiker-Bewegung" in Deutschland zu erstellen. Stattdessen entstand seine "kritische Diskussion" im berühmten stillen Kämmerlein aus Buch- und Zeitschriftenzitaten einiger prominenter internationaler "Ober-Skeptiker" und deren anomalistischen Widerparts - aber ohne Interviews mit/Befragungen von GWUP-Mitgliedern und ohne Recherche bei der GWUP selbst etwa zur Mitgliederstruktur oder anderen Routinedaten, auf die sich eine echte Studie stützt. Da, wo Herr Wunders Schreibtischanalyse sich auf die GWUP beziehen lässt, geht diese von der fiktiven Annahme aus, dass es möglich sei, einen eingetragenen Verein, dessen aktuell 780 Mitglieder

geografisch über den gesamten deutschsprachigen Raum verteilt sind;

aus individuell unterschiedlichen Motiven und Interessen der GWUP beigetreten sind;

jeweils ihren ganz eigenen persönlichen, beruflichen, familiären, religiösen, weltanschaulichen Hintergrund mitbringen;

einen hohen Bildungsgrad haben;

in der Regel nur einmal im Jahr zusammenkommen (zur GWUP-Konferenz im Mai mit jeweils 100 bis 120 Teilnehmern) und ansonsten sich über eine Mailing-Liste austauschen

zu einer quasi sektenähnlichen, „verschworenen Gesinnungsgemeinschaft" zu formen und widerspruchslos auf eine Art hyperrationalen Dogmatismus einzuschwören.

Schade eigentlich, dass Herr Wunder auf "Skeptiker" wie "Anomalisten" nicht die üblichen Methoden seines Faches Soziologie anwendet, das per definitionem „soziale Systeme, Institutionen, Gruppen oder Organisationen" wissenschaftlich erforscht - das hätte durchaus interessant und anregend werden können. Zum Beispiel die Fragestellung, ob die verschiedenen "inhärenten strukturellen Probleme der Skeptiker-Bewegung", die Herrn Wunder glaubt ausmachen zu können, so oder in vergleichbarer Form nicht grundsätzlich bei allen sozialen Gruppen entstehen können – also auch bei Anomalisten, die Herr Wunder federführend vertreten möchte?Was also bleibt übrig vom viel zitierten "Skeptiker-Syndrom" des Herrn Wunder, der mit seiner inhaltlichen Position und seinem persönlichen Verhalten in einem demokratisch organisierten Verein keine Mehrheit gefunden, ein paar interne E-Mails und persönliche Gespräche gesammelt und diese "Daten" pseudowissenschaftlich aufbereitet hat, um daraus die Gründungslegende seines "Forums Parawissenschaften" zu basteln? Herr Wunder nennt es "Skeptiker-Syndrom". Zutreffender wäre "Egozentrik-Syndrom".

Kritische Artikel über die Skeptiker

Grabenkämpfe - Die Skeptiker gebärden sich wie eine Politsekte

Es ist schon ein Kreuz mit den Esoterikern. Wer heute eine Buchhandlung betritt, der findet zwischen lauter Astrologie, Heilkristallen und Pferdeflüsterern kaum noch den Weg zu den richtigen Büchern. Große Teile der fernsehenden Bevölkerung nehmen die Episoden von Akte X und neuerdings Operation Phoenix für bare Münze und glauben an Geister, Telepathie und Außerirdische.Ganz Deutschland im Griff des Aberglaubens. Ganz Deutschland? Es gibt noch ein Häuflein Aufrechter, die der Unvernunft Paroli bieten. Gesellschaft zur wissenschaftlichen Untersuchung von Parawissenschaften (GWUP) heißt der Verein, der im vergangenen Jahr sogar den Weltkongress der Skeptiker ausrichtete (ZEIT Nr. 32/98). Kein Scharlatan entgeht seinem skeptischen Auge - etwa wenn alljährlich die Bilanz der Fehlprognosen von Wahrsagern veröffentlicht wird. Doch jetzt wird den Skeptikern aus den eigenen Reihen Dogmatismus vorgeworfen. Der Vereinsname sei Augenauswischerei, behauptet eine Gruppe um den Heidelberger Astrologieexperten Edgar Wunder. Es würden nämlich kaum kritische Untersuchungen durchgeführt. Für die meisten Mitglieder sei die Einstellung zu den Parawissenschaften eine längst entschiedene Glaubensfrage, man verstehe sich als Kampfverband gegen alles, was der etablierten Wissenschaft zuwiderlaufe. Der Verein reagierte hart: Die Kritiker wurden aller Ämter enthoben. Wunder, der als Chefredakteur des Vereinsblatts Skeptiker auch schon einmal Vertreter der anderen Seite zu Wort kommen ließ, verlor seinen Job. GWUP-Geschäftsführer Amardeo Sarma wolle das Blatt weniger zur wissenschaftlichen Aufklärung als zur "Meinungsmache" nutzen, so Wunder. Was dieser vehement abstreitet: Der Rausschmiss der Gruppe um Wunder beruhe auf rein persönlichen Differenzen, einen Richtungsstreit gebe es nicht. Das alles erinnert fatal an das politische Sektenwesen der siebziger Jahre, als die Unerbittlichkeit der Auseinandersetzung stets umgekehrt proportional zur Bedeutung der Partei war. Damals scherzte man, der letzte Maoist sei bei dem Versuch umgekommen, sich selbst zu spalten. Der Skeptikerverband reagierte zunächst mit Geschichtsbereinigung: Binnen Tagen waren alle Spuren der Abtrünnigen aus den Web-Seiten der GWUP getilgt. Die Mitglieder wurden bis heute nicht über die Richtungskämpfe informiert. Die Renegaten haben inzwischen einen neuen Verein mit dem Namen Forum Parawissenschaften gegründet. Und gleich ein Zeichen gesetzt: Am vergangenen Freitag trafen sie sich mit den Parapsychologen vom Freiburger Institut für Grenzgebiete der Psychologie - für dogmatische Skeptiker gewiss ein Fall von Verbrüderung mit dem Feind.

Die Zeit, 28. Januar 1999

Die GWUP und ihre „Wissenschaftler"

Ob Scientology, Germanische Neue Medizin oder GWUP, weltanschauliche Gruppierungen haben nur dann Erfolg, wenn sie die Lösung eines vermeintlichen Problems versprechen und wenn sie ihre Problemlösungs-Kompetenz überzeugend darstellen. Die GWUP betrachtet sich selbst als Avantgarde, die unsere Gesellschaft vor den aus irrationalen Überzeugungssystemen resultierenden Gefahren schützt. Der Verein versteht sich als eine Art Bollwerk mit dem Ziel, NLP Coachs, Astrologen, Homöopathen, Feng Shui Innenarchitekten usw. als Scharlatane zu entlarven und als leichtgläubige Idioten der Lächerlichkeit preiszugeben. Spott, Häme, Zynismus aber auch Hass dominieren in der Welt selbst ernannter so genannter Skeptiker. Gewinnt Scientology neue Mitglieder mit Psychotests, so besteht der Trick der GWUP darin, wissenschaftliche Kompetenz vorzutäuschen. Der Verein wirbt auf seiner Homepage mit „850 Wissenschaftlern und wissenschaftlich Interessierten", deren Strahlkraft nochmals durch 21 Personen mit Doktor- bzw. Professorentitel verstärkt wird. Leichtgläubige Menschen interpretieren dies schnell als wissenschaftliche Kompetenz.Die Formulierung „850 Wissenschaftler und wissenschaftlich Interessierte" wird vom GWUP-Vorstand bewusst gewählt, um die Achillesferse der Vereinsmythologie zu schützen. Dipl.-Ing. Amardeo Sarma (Gründer und seit 20 Jahren Vorsitzender der GWUP) muss eine peinliche Blöße kaschieren: Die GWUP hat zwar viele Mitglieder mit akademischem Titel. Darunter befinden sich jedoch keine echten Wissenschaftler, die Parawissenschaften oder Komplementärmedizin mit wissenschaftlichem Anspruch und Reputation erforschen und die Ergebnisse ihrer Arbeit in wissenschaftlichen Journalen publizieren. Echte wissenschaftliche Forschungseinrichtungen wie z. B. das Institut für Grenzgebiete der Psychologie und Psychohygiene (IGPP) in Freiburg beschäftigt sich mit der systematischen und interdisziplinären Erforschung von bisher unzureichend verstandenen Phänomenen und Anomalien an den Grenzen unseres Wissens. Es gibt jedoch kein einziges GWUP-Mitglied, welches aktiv und mit wissenschaftlicher Reputation in der Anomalistik-Forschung aktiv ist. Gleiches gilt für die wissenschaftliche Erforschung der Komplementärmedizin. Wissenschaftler wie z. B. Klaus Linde, Dieter Melchart, Stefan Willich & Claudia Witt, Gustav Dobos, Karin Kraft, Reinhard Saller, Rainer Lüdtke oder Harald Walach und George Lewith erforschen Verfahren der Alternativ- und Komplementärmedizin systematisch, publizieren in wissenschaftlichen Journalen wie z. B. der Forschenden Komplementärmedizin und organisieren sich in der International Society for Complementary Medicine Research. Die GWUP verfügt jedoch sowohl auf dem Gebiet der Anomalistik als auch im Bereich der komplementärmedizinischen Forschung über kein einziges Mitglied, welches aktiv forscht, publiziert und über Reputation verfügt. Die Wortwohl „850 Wissenschaftler und wissenschaftlich Interessierte" ist so gesehen eine bewusste Irreführung der Öffentlichkeit, um real fehlende wissenschaftliche Kompetenz vorzutäuschen. Betrachtet man die Themen, mit denen sich die GWUP auseinandersetzt, so müsste es korrekt heißen: „0 Wissenschaftler und 850 wissenschaftlich Interessierte".

GWUP.WATCH, 14. März 2009

Aktualisierung 2012:

Inzwischen hat der Verein GWUP e.V. die grob irreführende Wortwahl „850 Wissenschaftler und wissenschaftlich Interessierte" durch eine neue Sprachregelung ersetzt. Auf der Seite WAS WIR WOLLEN heißt es nun: „Die GWUP setzt sich zusammen aus Wissenschaftlern aller Fachrichtungen und wissenschaftlich Interessierten." Auch diese Formulierung ist ein Etikettenschwindel, weil die GWUP unter ihren Mitgliedern keine Wissenschaftler hat, welche im Bereich der Themengebiete des Vereins aktiv forschen und in wissenschaftlichen Fachzeitschriften (Journalen) publizieren.

Eingestellt von Rajiv Singh

Unabhängige Wissenschaftler überprüfen Skeptiker-Aktion

1 Million Dollar für paranormale Fähigkeiten - eine Mogelpackung?

Anfang 2004 versprach die deutsche "Skeptiker"-Organisation GWUP in einem öffentlichen Aufruf die Auszahlung eines Preisgeldes von 1 Million Dollar für jede Person, der es gelänge, in einem kontrollierten Test paranormale Fähigkeiten nachzuweisen. Inzwischen fanden die Versuchsreihen statt. Zwar wurde dabei der Test-Misserfolg der Teilnehmer gefilmt, doch weder die Auswahl der Teilnehmer noch die Planung der Versuche waren transparent, indem die GWUP explizit eine angemessene Überprüfung der gesamten Aktion durch unabhängige Wissenschaftler verweigerte. Aufgrund einiger Verdachtsmomente bestehen derzeit Zweifel, ob die Versuche fair und korrekt vorbereitet und durchgeführt wurden. So sind beispielsweise die genauen Gründe und Kriterien unklar, warum über 85% der ursprünglichen Bewerber schließlich gar nicht getestet wurden. Weil dieses "Preisausschreiben" von sog. "Skeptikern" immer wieder als Pauschalargument mit wissenschaftlichem Anspruch vorgebracht wird, findet nun eine umfassende unabhängige Überprüfung durch Mitglieder der Gesellschaft für Anomalistik statt. Weil die GWUP trotz mehrfacher Anfragen jede Kooperation verweigert hat, suchen wir mit diesem Aufruf nach Personen, die

1.) als Versuchspersonen an den GWUP-Experimenten teilgenommen haben, unabhängig vom Testergebnis oder

2.) sich bei der GWUP beworben haben, bei denen die Teilnahme dann aber doch nicht zustande kam (aus welchen Gründen auch immer), oder

3.) mit dem Gedanken gespielt haben, sich von der GWUP testen zu lassen, dann aber eine Bewerbung doch unterlassen haben (aus welchen Gründen auch immer).

Falls einer dieser Punkte auf Sie zutrifft, melden Sie sich bitte bei der unten genannten Adresse - egal ob sie positive oder negative Eindrücke gewonnen haben. Für Sie ist es nicht viel Aufwand: Wir werden Sie telefonisch zurückrufen und Ihnen einige konkrete Fragen stellen, um Ihre Erfahrungen zu dokumentieren. Ihre Erfahrungen sind wesentlich für uns, um die Seriosität des gesamten Vorgehens der GWUP angemessen beurteilen zu können. Dazu ist ein klares Urteil aufgrund der

Kooperationsverweigerung der GWUP bislang nicht möglich, sodass wir um Ihre Mithilfe bitten. Unser unabhängiger Untersuchungsbericht wird für alle denkbaren Bewertungen offen sein. Wir versichern Ihnen strikte Vertraulichkeit und Anonymität, d.h. ihre persönlichen Angaben werden an keine andere Stelle weitergegeben und nur im Rahmen dieser Untersuchung verwendet. Bitte melden Sie sich bei der

Gesellschaft für Anomalistik e.V.
Postfach 1202, D-69207 Sandhausen
Tel. (06224) 922292;
Fax: (06224) 922291
email: info@anomalistik.de
www.anomalistik.de

Wissenschaftler öffnen sich dem Unsichtbaren
Prof. DDR. Johannes Huber - Es existiert

Die Medizin entdeckt uraltes Wissen neu. Unser Körper lässt Karma entstehen und Planeten beeinflussen uns. Wir haben es immer schon gespürt, aber die Ärzte haben bisher die Nase gerümpft: Menschen haben eine Aura, die sich fühlen lässt, Orte haben magischen Einfluss auf uns, Gedanken können sich übertragen und manchmal ist es, als hätten wir einen Schutzengel. Prof. DDR. Johannes Huber aus Wien berichtet in seinem neuen Buch von den neuesten Forschungsergebnissen.

erschienen im Oktober 2016

Adieu Standardmodell?

Ein Nachruf auf die alte Teilchenphysik - vor ihrem Begräbnis

Die theoretische Physik ist in den letzten Jahrzehnten von Erfolg zu Erfolg geeilt. Und hat sich, so scheint es, in eine Sackgasse manövriert: Alle vorhergesagten Teilchen wurden nachgewiesen. Doch die großen Rätsel der Natur bleiben unbeantwortet. Das Standardmodell der Elementarteilchen ist, sagt der amerikanische Nobelpreisträger David Gross, "die erfolgreichste Theorie der Natur, die wir je hatten." Nimmt man die Präzision der Berechnungen als Maßstab, hat Gross zweifelsohne Recht. Das Standardmodell beschreibt die elementaren Bausteine der Materie und die zwischen ihnen wirkenden Kräfte. Von Supraleitern bis zur Strahlung von Sternen, von den für unsere Sinne unsichtbaren Neutrinos bis hin zur exotischen Antimaterie - all diese Phänomene lassen sich durch die Prinzipien des Standardmodells erklären.Die Theorie wurde Tausende Male getestet und bisher immer bestätigt. Der jüngste Triumph war der Nachweis des "Gottesteilchens" - das 2012 entdeckte Higgs-Boson ist der letzte Puzzlestein in dieser Theorie. Nun ist der Teilchenzoo komplett. Alle Teilchen, die vom Standardmodell vorhergesagt wurden, haben die Physiker bei ihren Experimenten auch entdeckt. Also Erfolg auf ganzer Linie? Ja, gleichwohl nur insoweit, als es der Horizont der Theorie zulässt.

Supersymmetrische Antworten

Das Standardmodell wurde in den 60er Jahren entwickelt. Das darin formulierte Weltbild ist nun ein wenig in die Jahre gekommen: Heute sehen sich Physiker mit Fragen konfrontiert, zu denen das Standardmodell nichts zu sagen hat. Warum sind die Quarks gerade so schwer, wie sie es sind? Waren die vier Grundkräfte der Natur kurz nach dem Urknall in einer Urkraft vereint? Warum gibt es im Universum kaum Antimaterie? Und woher kommen Dunkle Materie und Dunkle Energie - die zwei geheimen Regenten des Universums? Das Standardmodell schweigt. Es besitzt nicht das Vokabular, diese Rätsel aufzuklären. Ein Grund für Physiker nun nach Alternativen, nach einer "neuen Physik" Ausschau zu halten. Peter Higgs, der geistige Vater des Higgs-Teilchens, glaubt, dass die Theorie der Supersymmetrie (kurz "SUSY" genannt) einen Ausweg bieten könnte. Sie sagt voraus, dass jedes vorhandene Teilchen einen supersymmetrischen Partner besitzt. Eines davon ist etwa das Neutralino - das ist der Stoff, aus dem die Antimaterie gemacht ist, glauben neben Higgs auch viele andere Physiker. Leider haben die Wissenschaftler des Kernforschungszentrums CERN bislang keine Spur der vorhergesagten Teilchen entdeckt.

"Wenn ich wetten müsste"

Die Physik, sagt der Theoretiker Josef Pradler, ist nun an einem Scheideweg angekommen. Irgendetwas muss passieren. "Wenn die Natur nicht supersymmetrisch ist, dann ist damit auch eine Aussage über die Natur getroffen." Sein Kollege Jochen Schieck übt sich in Optimismus: "Die Supersymmetrie ist zu schön um nicht wahr zu sein." Wird sich SUSY jemals im Experiment zeigen? Oder werden sich ihre Teilchen für ewig in Energiebereichen verstecken, die mit irdischen Mitteln niemals zu erreichen sind? Albert Einstein bemerkte einmal: "Raffiniert ist der Herrgott, aber boshaft ist er nicht." Diese Hoffnung kommt aus dem Mund eines Berufenen - gleichwohl bleibt es eine Hoffnung, beweisen lässt sich der Satz nicht. So heißt es: Weitersuchen, Weitermessen. Und Warten. David Gross betreibt derweil existenzielle Erkenntnistheorie: "Die Natur sagt zu uns: Euer Optimismus war übertrieben. Ich habt geglaubt, ihr könnt alle Frage beantworten? Nichts da! Ich bin klüger als ihr - und ich bin auch interessanter als ihr!" Und der Theoretiker Greg Landsberg betrachtet die Dinge - ganz Physiker - probabilistisch: "Wenn ich wetten müsste, würde ich sagen: Da ist noch etwas!"

Robert Czepel, orf.at am 26. Oktober 2016

Empfehlungen

Astrologe & Autor Rainer Bardel

www.rainerbardel.com

meine Publikationen erscheinen als Bücher und ebooks exklusiv auf Amazon

Buchreihe „Fortuna Das Glück im Horoskop"

Fortuna Das Glück im Horoskop für den Widder
(Aspekte, Transite und Ephemeride des Asteroiden Fortuna, Glückssteine- Orte und Pflanzen, Prognosen bis 2022)
ISBN 979-8711688297

Fortuna Das Glück im Horoskop für den Stier
(Aspekte, Transite und Ephemeride des Asteroiden Fortuna, Glückssteine- Orte und Pflanzen, Prognosen bis 2022)
ISBN 979-8711698258

Fortuna Das Glück im Horoskop für den Zwilling
(Aspekte, Transite und Ephemeride des Asteroiden Fortuna, Glückssteine- Orte und Pflanzen, Prognosen bis 2022)
ISBN 979-8711704102

Fortuna Das Glück im Horoskop für den Krebs
(Aspekte, Transite und Ephemeride des Asteroiden Fortuna, Glückssteine- Orte und Pflanzen, Prognosen bis 2022)
ISBN 979-8711710219

Fortuna Das Glück im Horoskop für den Löwen
(Aspekte, Transite und Ephemeride des Asteroiden Fortuna, Glückssteine- Orte und Pflanzen, Prognosen bis 2022)
ISBN 979-8711716082

Fortuna Das Glück im Horoskop für die Jungfrau
(Aspekte, Transite und Ephemeride des Asteroiden Fortuna,
Glückssteine- Orte und Pflanzen, Prognosen bis 2022)
ISBN 979-8711722618

Fortuna Das Glück im Horoskop für die Waage
(Aspekte, Transite und Ephemeride des Asteroiden Fortuna,
Glückssteine- Orte und Pflanzen, Prognosen bis 2022)
ISBN 979-8711731887

Fortuna Das Glück im Horoskop für den Skorpion
(Aspekte, Transite und Ephemeride des Asteroiden Fortuna,
Glückssteine- Orte und Pflanzen, Prognosen bis 2022)
ISBN 979-8711757535

Fortuna Das Glück im Horoskop für den Schützen
(Aspekte, Transite und Ephemeride des Asteroiden Fortuna,
Glückssteine- Orte und Pflanzen, Prognosen bis 2022)
ISBN 979-8711765813

Fortuna Das Glück im Horoskop für den Steinbock
(Aspekte, Transite und Ephemeride des Asteroiden Fortuna,
Glückssteine- Orte und Pflanzen, Prognosen bis 2022)
ISBN 979-8711773634

Fortuna Das Glück im Horoskop für den Wassermann
(Aspekte, Transite und Ephemeride des Asteroiden Fortuna,
Glückssteine- Orte und Pflanzen, Prognosen bis 2022)
ISBN 979-8711780823

Fortuna Das Glück im Horoskop für den Fisch
(Aspekte, Transite und Ephemeride des Asteroiden Fortuna,
Glückssteine- Orte und Pflanzen, Prognosen bis 2022)
ISBN 979-8711788997

Astrologe & Autor Rainer Bardel

www.rainerbardel.com

Astrologische Lehrbücher

Astrologie Lehrbuch 1
(Geschichte der Astrologie, Zeichen und Häuser,
Aspekte und Transite, Berechnung Aszendent)
ISBN 978-1983088186

Astrologie Lehrbuch 2
(Lilith, Asteroiden, Mondknotenachse, Transneptuner,
Fixsterne, sensitive Punkte, Herrschersystem)
ISBN 978-1983089275

Astrologie Lehrbuch 3
(Halbsummen, kritische Grade, Prognosetechniken, Partnervergleiche,
Astromedizin, Astrokartographie, Stundenastrologie)
ISBN 978-1983089800

Enzyklopädie der Astrologie
(Umfassendes Nachschlagewerk zu Fachbegriffen,
Astrologischen Schulen und Methoden)
ISBN 979-8567155172

Die astrologische Deutung der Fixsterne
(Analyse eines britischen Staatsmannes
und die Deutung von 124 Fixsternen)
ISBN 978-1549883330

Die astrologische Deutung der Asteroiden
(Analyse von Osho und die Deutung
von 50 Asteroiden in den Zeichen und Häusern)
ISBN 978-1976897276

Die astrologische Deutung der Transneptuner
(Analyse von Donald Trump und die Deutung
von 20 Transneptunern in den Zeichen und Häusern)
auf BoD.de Nr. 21549444 erhältlich

Die astrologische Deutung der sensitiven Punkte
(Deutung der 33 wesentlichsten sensitiven Punkte
in den Zeichen und Häusern inklusive den Analysen
von Donald Trump, Wladimir Putin, Papst Franziskus,
Angela Merkel, Alice Schwarzer und Gerda Rogers)
ISBN 978-1090828439

Die astrologische Deutung der Mondknoten
(Aspekte und Transite der Mondknoten in den Zeichen und Häusern
Verbindungen mit den Fixsternen, Asteroiden und Transneptunern)
ISBN 979-8683765873

Die astrologische Deutung des Chiron
(Anlagen und Transite inklusive Deutungen
von schmerzhaften und heilsamen Entsprechungen)
ISBN 979-8657363524

Die astrologische Deutung der Lilith
(Umfassende Deutungen des schwarzen Mondes inkl.
Verbindungen mit den Fixsternen, Asteroiden und Transneptunern)
ISBN 979-8668796038

Astrologe & Autor Rainer Bardel
www.rainerbardel.com

Astrologische Dokumentationen

Sucharit Bhakdi & das goldene Brett
(Eine Dokumentation zu Hass im Netz, die Biographien
und astrologischen Analysen von Prof. Dr. Sucharit Bhakdi,
der GWUP, Psiram und zweier Funktionäre)
ISBN 979-8592204739

Das Coronavirus Die astrologische Synchronizität der globalen Krise
(Analyse von Xi Jinping und seine Rolle beim Ausbruch der Pandemie
sowie den Börsencrash am 9. März 2020, Prognosen zur Entwicklung)
ISBN 979-8632431316

Horoskope und deren Qualität
(Kommentare zu Tages,- Wochen,- Monats,- und Jahreshoroskopen
und professionelle Analysen als Manifest für qualitätsvolle Horoskope)
ISBN 979-8672944999

Xavier Naidoo Verschwörungstheoretiker oder Visionär?
(Die astrologische Analyse des Popstars samt Prognosen
inklusive einer Dokumentation über Hass im Netz)
ISBN 979-8696108346

Der Lottomillionär im Horoskop
(Die Biographie und Analyse eines Politikers
vom Millionengewinn bis zum Herzinfarkt)
ISBN 978-1092707855

Der ehrliche Politiker Die aufrichtige Politikerin
Ein astrologisches Manifest für die Gesellschaft
(Astrologische Analysen von 15 PolitikerInnen
inklusive der Physiognomie und Körpersprache)
ISBN 978-1546452713

Der Suizid im Horoskop
Ein astrologisches Manifest für die Gesellschaft
(Astrologische Analysen von 9 Personen
samt den Biographien bis zum Suizid)
ISBN 978-1521961582

Pädophilie im Horoskop
Ein astrologisches Manifest für die Gesellschaft
(Astrologische Analysen von 8 pädophilen Personen,
7 Männer und 1 Frau)
ISBN 978-1549730450

Der Fall Jörg Haider
Die astrologische Analyse einer Verschwörung
(Die astrologische Aufdeckung des Attentats
auf einen außergewöhnlichen Politiker)
ISBN 978-1793009128

Der Fall Friedrich Felzmann
Die astrologische Analyse eines Amokschützen
(Umfangreiche astrologische Analyse
als progressive kriminalistische und forensische Technik)
ISBN 978-1729446393

Kärnten neu betrachtet
(Analyse der Astrokartographie mit Bildern
von Kraftorten und belasteten Plätzen in Kärnten)
ISBN 978-1544616261

Skeptiker versus Astrologie
Ein astrologisches Manifest der Erkenntnis
(Aufdeckung unseriöser Agitation inklusive
Analysen und Prognosen von 6 österreichischen Skeptikern)
ISBN 978-1796752335

Der Wahrsagercheck Cybermobbing der Skeptiker
(Beispiele und Erfahrungsberichte von Cybermobbing,
Analysen und Prognosen für Michael Kunkel)
ISBN 978-1671788831

Esowatch-Psiram-GWUP Cybermobbing bis zum Suizid
(Reportage zum Cybermobbing bis zum Suizid von Claus Fritzsche,
Analysen von 3 involvierten Skeptikern)
ISBN 979-8616802569

Wissenschaft unzensiert - die Wahrheit der Skeptiker
(Die Wahrheit über Homöopathie, Erdstrahlen,
Chemtrails, Granderwasser und Astrologie)
ISBN 978-1543029680

Wissenschaft unzensiert
Die Ideologie der Skeptiker zu übersinnlichen Phänomenen
(Fakten von Naturwissenschaftern und Energetikern)
ISBN 978-1540410221

Astrologe & Autor Rainer Bardel

www.rainerbardel.com

Astrologische Prognosen

Pandemie 2019-2023
(Analysen von Xi Jinping, der WHO und Entscheidungsträgern der Finanzwelt sowie Prognosen zur Entwicklung der Coronapandemie bis zum Jahr 2023 und der Finanzwelt bis zum Jahr 2030
ISBN 979-8551603474

Der zyklische Börsencrash
(Analysen der vergangenen 16 Börsencrashs und Prognosen für zukünftige Finanzkrisen bis zum Jahr 2044 anhand der New Yorker Börse und 5 Entscheidungsträgern der Finanzwelt)
ISBN 979-8613916382

Das große Jahreshoroskop 2022 - Das Jahr des Jupiters
(inklusive Prognosen von globalen Entscheidungsträgern)
ISBN 979-8705133352

Das große Jahreshoroskop 2021 - Das Jahr des Saturn
(inklusive Prognosen von globalen Entscheidungsträgern)
ISBN 979-8648614239

Das große Jahreshoroskop 2020 - Das Jahr des Mondes
(inklusive Prognosen von globalen Entscheidungsträgern)
ISBN 978-1075889257

Das große Jahreshoroskop 2019 - Das Jahr des Merkur
(inklusive Prognosen von globalen Entscheidungsträgern)
ISBN 978 1719846516

Das große Jahreshoroskop 2018 - Das Jahr der Venus
(inklusive Prognosen von globalen Entscheidungsträgern)
ISBN 978-1549556425

Astrologe & Autor Rainer Bardel

www.rainerbardel.com

Coaching und Heilung

Selbstheilung - mein Weg der Transformation
(Persönlicher Erfahrungsbericht und
Anleitung zur ganzheitlichen Heilung)
ISBN 978-1503229402

Heile dich selbst - Gesundheit auf allen Ebenen
(Anleitung zur ganzheitlichen Heilung samt heilsamen Visualisierungen)
ISBN 978-1543028119

44 Visionen - Bewusstsein für dich und die Gesellschaft
(Persönliches Coaching und gesellschaftliche Veränderungen
samt Prognosen bis zum Jahr 2032)
ISBN 978-1521249352

44 Visionen-Channeling - Bewusstsein für dich und die Gesellschaft
(Visionen zu den gesellschaftlichen Veränderungen bis zum Jahr 2032)
ISBN 978-1517351670

44 Visionen - Bewusstsein fuer dich und die Gesellschaft
(44 heilsame Affirmationen und Visualisierungen)
ISBN 978-1543028676

Entfremdete Kinder verlorene Seelen
(Gesellschaftliche Ursachen und die persönlichen Schicksale von 4
entfremdeten Kindern)
ISBN 978-1545579602

Papa du fehlst mir
(Persönliche Erfahrungen aus der Sicht eines entfremdeten Kindes)
ISBN 978-1545519288

Drei Euro am Tag - Bewusst preiswert leben
(Erfahrungsberichte und Anleitungen
zu einem bewussten, entschleunigten Leben)
ISBN 978-1521264379

Astrologe & Autor Rainer Bardel
www.rainerbardel.com

Photographie und Inspiration

Mutter Erde Wasser
(44 Bilder und Affirmationen zum Element des Lebens)
ISBN 978-1543266474

Mutter Erde Kunstwerke
(44 kunstvolle Bilder und poetische Texte)
ISBN 978-1544637686

Mutter Erde Steiermark
(44 inspirierende Bilder der grünen Mark)
ISBN 978-1544778495

Mutter Erde Wien
(44 inspirierende Bilder der lebenswertesten Stadt der Welt)
ISBN 978-1544916538

Mutter Erde Burgenland
(44 inspirierende Bilder des österreichisch-ungarischen Grenzlandes)
ISBN 978-1545138717

Mutter Erde Kärnten
(44 inspirierende Bilder von Kraftorten in Kärnten)
ISBN 978-1546807544

Mutter Erde Italien
(55 inspirierende Bilder von Bella Italia)
ISBN 978-1546902539

Mutter Erde Slowenien
(55 inspirierende Bilder von ehemaligen Kriegsschauplätzen samt Luftaufnahmen)
ISBN 978-1546990406

Mutter Erde Nizza
(55 inspirierende Bilder von der Perle der Cote d'Azur und Stadt der Engel)
ISBN 978-1547053209

Mutter Erde Kreta
(55 inspirierende Bilder von der griechischen Insel der Götter)
ISBN 978-1547142996

Mutter Erde Goa-Indien
(99 inspirierende Bilder der spirituellen Hippie-Kolonie Indiens)
ISBN 978-1547188413

Mutter Erde Fauna
(83 inspirierende Bilder aus der Tierwelt)
ISBN 978-1547242405

Mutter Erde Flora
(74 inspirierende Bilder aus der Pflanzenwelt)
ISBN 978-1548000752

Inspiration Venedig
(347 inspirierende Bilder als Hommage an das Weltkulturerbe in Italien)
ISBN 978-1549962349

Astrologe & Autor Rainer Bardel

www.rainerbardel.com

Publikationen in englischer Sprache

Self-healing - my path of transformation
ISBN 978-1793908476

44 Visions - Awareness for you and the society
ISBN 978-1793860828

44 Visions channeling
ISBN 978-1794612648

44 Visions and wholesome images
ISBN 978-1795208895

Science uncensored -
the ideology of the sceptics to supersensible phenomena
ISBN 978-1794286122

The horoscope of the year 2019 - The year of Mercury
ISBN 978-1796447378

weitere Empfehlungen

Bertold Ulsamer
Ohne Wurzeln keine Flügel
ISBN 978-3442141661

Osho
Die Kraft der Wahrheit – Authentisch leben
ISBN 978-3548745947

Osho
Das Buch der Heilung - Von der Medizin zur Meditation
ISBN 978-3548742137

Osho
Freude: Das Glück kommt von innen
ISBN 978-3548741536

Andreas Moritz
Krebs ist keine Krankheit
ISBN 978-3981221510

Andreas Moritz
Impf-Nation - Vergiftung der Bevölkerung
ISBN 978-3954830169

Rupert Sheldrake
Der siebte Sinn des Menschen
ISBN 978-3596168705

Univ. Prof. Dr. Dr. Johannes Huber
Es existiert: Die Wissenschaft entdeckt das Unsichtbare
ISBN 978- 3990011683

Wolfgang Reinicke
Praktische Astrologie
ISBN 978-3426861493

Reinhold Ebertin
Kombination der Gestirneinflüsse
ISBN 3-925100-70-9

Erik van Slooten
Klassische Stundenastrologie
ISBN 978-3-89997-165-5

Erich Bauer
Der Kraft der Ahnen
ISBN 978-3426871461

Ingrid Zinnel
Familienkonstellationen im Horoskop
ISBN 978-3925100932

Danke

Ich bedanke mich bei meinen Ahnen
Durch euch empfange ich viele Botschaften
und spüre euren Schutz

Ich bedanke mich bei meinen Eltern
Ihr habt mich geprägt, meine Talente gefördert
und mir Liebe und Geborgenheit gegeben

Ich bedanke mich bei meinen Geschwistern
Ihr habt mich bei meiner Entwicklung unterstützt
und seid immer für mich da

Ich bedanke mich bei meinen Freunden und Wegbegleitern
Ihr habt mir neue Erkenntnisse vermittelt
und mich durch Höhen und Tiefen des Lebens begleitet

Ich bedanke mich bei den Frauen
Ihr habt meine weiblichen Anteile gefördert
und Empathie vorgelebt

Ich bedanke mich bei den Kindern
Ihr macht mir viel Freude
Durch euch heilte ich mein inneres Kind

Ich bedanke mich beim Universum und den Engeln
Ihr wart und seid meine ständigen Begleiter
und führt mich im Leben

Ich bedanke mich bei den Tieren
Ihr liebt mich bedingungslos
und versteht mich mit allen Sinnen

Ich bedanke mich bei den Astronomen und AstrologInnen
der letzten Jahrhunderte, welche die Grundlagen
für die Erforschung dieser Wissenschaft schufen

Ich bedanke mich bei den organisierten Skeptikern
Ihr habt mich gut unterhalten
und für mehrere Bücher inspiriert

Ich bedanke mich bei meinen LeserInnen
welche die Kunst der Astrologie schätzen
und sie zur Selbsterkenntnis nutzen

Ich bedanke mich beim Verlag
der es mir ermöglicht
meine Erkenntnisse zu verbreiten

www.ingramcontent.com/pod-product-compliance
Lightning Source LLC
Chambersburg PA
CBHW071409180526
45170CB00001B/34